牦牛科学养殖
及疾病防控

MAONIU KEXUE YANGZHI

JI JIBING FANGKONG

王淑芳　王福财　主编

甘肃科学技术出版社

图书在版编目（CIP）数据

牦牛科学养殖及疾病防控 / 王淑芳，王福财主编
. -- 兰州 : 甘肃科学技术出版社，2022.9
ISBN 978-7-5424-2973-5

Ⅰ．①牦… Ⅱ．①王… ②王… Ⅲ．①牦牛－饲养管
理②a 牦牛－牛病－防治 Ⅳ.①S823.8②S858.23

中国版本图书馆 CIP 数据核字（2022）第 159830 号

牦牛科学养殖及疾病防控

王淑芳　王福财　主编

王占斌　牛　彬　参与编写

责任编辑　李叶维

封面设计　雷们起

出　　版　甘肃科学技术出版社
社　　址　兰州市城关区曹家巷 1 号新闻出版大厦
网　　址　www.gskejipress.com
电　　话　0931-2131575　（编辑部）　0931-8773237　（发行部）

发　　行　甘肃科学技术出版社　　　印　刷　甘肃城科工贸印刷有限公司
开　　本　710 毫米×1020 毫米　1/16　　印　张　26.5　插页 2　字　数 413 千
版　　次　2022 年 9 月第 1 版
印　　次　2022 年 9 月第 1 次印刷
印　　数　1~300
书　　号　ISBN 978-7-5424-2973-5　　定　价　68.00 元

前　言

　　牦牛素有"高原之舟"之称,是中国高寒民族地区的主要畜种和重要的生产资料,是青藏高原和川西北牧区不可替代的生物物种,具有肉用、役用、奶用等多种价值。中国是世界上饲养牦牛最多的国家,约占世界牦牛总数的94%以上,高度适应高寒生态条件的特定生态牦牛养殖产业,是牦牛养殖区国民经济的支柱产业,更是广大牧民世代经营并赖以生存和发展的基础产业。

　　中国牦牛饲养管理水平和技术措施,受牦牛分布地区生态环境条件和传统的生产方式以及生产者的科技文化水平、生产经验、劳动技能、风俗习惯,甚至宗教信仰等因素的制约和影响,地区间存在很大差异。既有现代畜牧科学技术的推广和应用,又有原始传统的自然生产方式,现代和原始的生产技术相互并存,这是中国牦牛饲养管理的一大特点。科学养殖是指根据养殖对象的生物学特性,运用生态学、营养学原理来指导养殖生产,也就是说要为养殖对象营造一个良好的、有利于快速生长的生态环境,提供充足的全价营养的饲料,使其在生长发育期间最大限度地减少疾病的发生,使生产的食用产品无污染、个体健康、肉质鲜嫩、营养丰富与天然鲜品相当。

　　为了普及牦牛科学养殖模式,提升牦牛养殖中科学化水平,减少疫病损失和兽药等投入品的使用,降低健康养殖成本,保持牦牛产品天然、绿色、有机的特色和优势,提高养殖效益。同时,充分利用牦牛养殖区优质、优良的牧场资源,在保护生态环境、实现草畜平衡的基础上大力发展牦牛养殖产业,促进牦牛产业发展,助力乡村振兴。根据国家有关法律法规,参考国内外最新资料并结合笔者多年的基层一线畜牧兽医技术推广经验,编写了《牦牛科学养殖及疾病防控》一书。

　　《牦牛科学养殖及疾病防控》一书以基层兽医从业者、养殖场户为读者对象,本着普及、提高与实用相结合的原则,针对牦牛健康养殖与疫病防控专业性强、涉及的知识点杂而广,基层兽医从业人员和广大牦牛养殖场户知识面窄而不全的特点,着重就牦牛科学养殖、主要传染病与寄生虫病防控、兽药安全使用等知识进行了比较全面的归纳介绍。本书力求语言通俗，内容易懂，注重实践，适合广大牦牛养殖户、各级畜牧兽医从业者和技术推广人员阅读，也可作为畜牧兽医类专业师生的参考用书。

全书分科学养殖和疫病防制上下两篇，共十四章98节共413千字，其中第一章、第二章、第三章、第四章、第八章共5个章节123千字由王福财同志编写；第五章、第六章、第七章、第十一章、第十二章共5个章节124千字由王淑芳同志编写；第九章，第十章2个章节83千字由王占斌同志编写；第十三章、第十四章共2个章节83千字由牛彬同志编写。

本书在编写过程中，参考了大量著作、期刊、资料汇编、各类工具书等文献，有的还作了应用，限于篇幅，未及一一列出，谨向作者致谢并敬请谅解。

由于编者水平有限，书中一定有不少遗漏甚至不足或错误之处，恳请广大读者朋友、专家和同行提出宝贵的批评意见。

编　者

2022年1月于甘肃天祝

目 录

上篇　科学养殖篇

上篇 科学养殖篇

第一章　概　述

牦牛的世界通用名为雅克（yak），是藏语的音译。牦牛的叫声似猪，尾形似马尾，所以又称它为猪声牛或马尾牛。西方国家见其主产于中国青藏高原藏族地区因而也称它为西藏牛。牦牛的分布主要限于亚洲的高原和山地，包括了喜马拉雅地区、帕米尔高原、昆仑山脉、天山山脉和阿尔泰山脉地段。中国是世界上牦牛数量最多的国家，世界其他地区的牦牛主要分布在蒙古国的杭爱山、阿尔泰山和肯特山区；前苏联的塔吉克吉尔吉斯、布里亚特和阿尔泰山区等地；印度北部喜马拉雅山区和喜马拉雅山南坡高山地区的尼泊尔、不丹、克什米尔等国和地区。阿富汗东北部兴都库什山脉高山地区和巴基斯坦北部高山地区也有少量分布。

牦牛分布的区域是中国西北、西南的少数民族聚居区，是海拔 3000m 以上的生态脆弱区，是中国高寒民族地区的主要畜种和重要的生产资料。牦牛养殖业是高度适应高寒生态条件的特定养殖模式，是该地区国民经济的支柱产业，更是广大牧民世代经营并赖以生存和发展的基础产业。牦牛是中国西部特别是藏区人民饲养的能适应高寒、缺氧环境的一种多功能动物，像沙漠之舟——骆驼一样，牦牛被誉为高原之舟。牦牛具有肉用、役用、奶用等多种价值，其肉、奶等是具有半野生风味的天然食品。藏族人民的衣、食、住、行都与牦牛息息相关。中国是世界上饲养牦牛最多的国家，牦牛提供的奶产品，分别在西藏、青海、四川等区域中占该类产品的 95%、90% 和 70% 以上。因此，牦牛作为一种自然资源、生态资源和经济资源在西部大开发和全面建设小康社会的进程中理应发挥更大的作用。

第一节　牦牛的种属

当代动物分类学上,采用的系统等级主要有 6 个,即门、纲、目、科、属和种。若这 6 个主要等级不够应用时,可增加一些补充等级,例如亚门、亚纲、亚目、亚科和亚属等。

按照当代动物学分类,牦牛种属于:

脊椎动物门(Vertebrata)

　哺乳纲(Mammalia)

　　单子宫亚纲(Monodelphia)

　　　偶蹄目(Artiodactila)

　　　　反刍亚目(Ruminantia)

　　　　　牛科(Bovidae)

　　　　　　牛亚科(Bovinae)

　　　　　　　牛属(Bos)

　　　　　　　　牦牛亚属(Poephagus)

　　　　　　　　　牦牛种(Bos grunniens)

第二节　牦牛的生物学特征

在特殊而严酷的生态地理环境下生育和繁衍的牦牛,经过漫长的自然选择和人工选择,形成了不同于其他畜种的生物学特性。

一、对缺氧环境的适应性

牦牛生存在海拔 3000m 以上地区,暖季可上升到 5000m 以上。这些地区空气中含氧量只有海平面的 1/3 ~ 1/2。牦牛之所以能够惊人地适应空气稀薄、大气压低的缺氧环境,是由它的生理特点所决定的。

牦牛的气管短而粗大,由 50 ~ 53 个软骨环组成,长 44 ~ 51cm,较普通牛短 14 ~ 21cm,且断面呈半月形,口径为 13 ~ 14.5cm。气管软骨环两端间的距离大,且软骨环两端间的肌肉长而发达。牦牛胸腔和普通牛相比,大而发达。心脏、肺脏相应地发育良好,心、肺指数较普通牛高。牦牛具有呼吸快、脉搏快,血液红细胞和血红蛋白高的生理特点。牦牛的呼吸为每分钟 9 ~ 77 次,比普通牛快而且变化幅度大。可见,牦牛的这些生理特征使其能适应频速呼吸,提高了气体交换机能,在高原少氧环境下较普通牛增加了气体交换量,以获得更多的氧。

二、耐寒惧热的特性

牦牛是一个极不耐热的畜种。每遇炎热季节,即表现体温、呼吸、脉搏浅表、烦躁不安,毛、绒脱落等种种不适应的现象。相反,牦牛对低温环境却具有惊人的适应性和很强的可塑性。

三、对高山草原环境的适应性

牦牛是一个较少或基本不进行补饲,全靠从高山天然草原摄取食物维持营养,并且为需要放牧的畜种。在适应高原牧草低矮稀疏、枯草期长的过程中,形成了牦牛独特的采食特性。牦牛鼻镜小,嘴唇薄而灵活;舌稍短,而舌端宽而钝圆有力,舌面的丝状乳头发达并角质化;牙齿齿质坚硬耐磨。至 15 岁第一对门齿磨蚀呈近圆形,较黄牛长 5 年,且门齿齿面较黄牛宽而平直。所以,牦牛既能卷食高草,也能用牙齿啃食 5cm 高的矮草,冬春季还能用舌舔食被踏碎或被风吹或鼠咬断的浮草。这样多种采食方式结合,才能充分利用不同草层的牧草,尽可能多采食。

四、牦牛的驮、乘特性

牦牛四肢较短,后臀短而窄,使牦牛行走轻捷而平稳。加之蹄质致密坚实,蹄尖狭窄锐利,蹄底侧及前端有突出的边缘围绕,足掌有柔软的角质,使牦牛具有很强的驮载和乘用性能。

第三节　牦牛的行为习性

一、护犊行为

牦牛护犊性很强,如遇它不熟悉的人接近或抓捕犊牛,牦牛即刻表现出敌意,并低头前去抵人。

二、行动行为

牦牛机敏而强悍,怕人接近。正在牧地卧息反刍的牦牛,如看到生人向它接近,会立刻停止反刍站立出走。不拴系之时,人很难接近,更难触摸。如强行接近,牦牛便扬蹄奔跑,并不时回头,以示警惕。

三、鸣声特点

牦牛叫声如猪,又被称为猪声牛。

四、喜食特性

牦牛不像其他畜种喜吃精料。即使在冷季,也不主动采食精料。在食槽前,不像采食牧草、食盐时那样主动采食。牦牛进入堆放料、盐的帐篷,目的在于偷吃食盐,而很少偷吃精料。这主要是牦牛长期放牧,不予补饲而形成的特性,如经过一定时期的补饲,也可适应人工饲喂。

五、性行为特点

牦牛较其他牛种晚熟。青藏高原的牦牛,公母参配年龄多在 3.5 岁以上。公牛 2.5 岁有性要求,但发育不足;母牛仅有个别的在 3.5 岁以前发情。牦牛发情症状很不明显,不像普通牛那样不安、追逐和爬跨。细心观察并看公牛接近母牛才能判断发情。配种后,阴道流出黏稠如脓汁一样的液体,阴户和尾根毛绒黏成毡状,则认为已经配怀。

六、同感特点

牦牛富有感情。当某一头牦牛被宰杀后,其他牦牛常表现某种异常情绪。出牧时,本群牦牛在原屠宰之地用嘴偎地,发出哀鸣,迟迟不愿离去。归牧时,则首先奔向此地,疯狂地跳跃怒吼,嘴偎地皮或牛皮,表现出沮丧的情绪。

七、排乳行为

由于产地气候干燥、寒冷,牦牛挤奶前一般不进行热敷和按摩。多引犊牛吸吮,引起排乳反射。犊牛拱顶数次后,开始吸吮,待吸吮出乳汁时,立即将犊牛拉开,开始挤乳。排尿是母牛排乳的一种信号。

第二章　中国牦牛分布及主要品种

第一节　中国牦牛的起源

牦牛起源于中国,是流淌着远古血液的珍稀物种。在中国古代,牦牛的分布极为广泛。由于生态环境的变迁和人类经济活动的影响,现在牦牛主要分布在青藏高原地区。

有关牦牛的记载最早可见于3000年前殷商文化的金文之中,明代李时珍在其所著医书《本草纲目》中对牦牛也有所记载,在此书中犝牛指的就是生长在深山中的野牦牛,而牦牛则是已被驯化的家养牦牛。

现在的家养牦牛,在国内外的一些文献上,都说是起源于中国的西藏,现在的野牦牛,是家养牦牛的祖先。但从中国华北、内蒙古自治区,西伯利亚、阿拉斯加等地发现的牦牛化石考证,不论现今分布在中国藏北高原昆仑山区的野牦牛,还是由野牦牛驯养而来的家牦牛,都是距今300多万年前生存并广泛分布在欧亚大陆东北部的原始牦牛,后来由于地壳运动、气候变迁而南移至现世界屋脊——中国青藏高原地区,并适应高寒气候而延续下来的牛种。因此,可以这样说,牦牛起源于欧亚大陆的东北部,现今的家养牦牛和野生牦牛都是同一祖先的后代,它们之间不存在先代、后代的关系。现在的野牦牛,也不是家牦牛的始祖、始源或祖先。另外,在中国历史上,殷周时期就开始用牦牛与普通牛、瘤牛进行杂交,现今沿青藏高原边缘还有一个广阔的接触地带,它们之间通过能育的母犏牛进行基因交流。因此,可以这样认为,现存的牦牛在起源和形成的一定程度上吸收了普通牛及瘤牛的一些基因。

第二节 中国牦牛的分布

牦牛是中国高寒民族地区的主要畜种和重要的生产资料,是青藏高原和川西北牧区不可替代的生物物种。牦牛养殖业是高度适应高寒生态条件的特定生态养殖模式,是牦牛养殖区国民经济的支柱产业,更是广大牧民世代经营并赖以生存和发展的基础产业。中国是世界上饲养牦牛最多的国家,现有牦牛 1600 万余头,约占世界牦牛总数的 94% 以上。2015 年以来,全国牦牛存栏量总体呈上升趋势,从 2015 年的 1506 万头逐步增加到 2019 年的 1621 万头,年均增长 1.5%;牦牛肉产量也由 2015 年的 45 万吨增加到 2019 年的 53 万吨,年均增长 3.6%。

中国牦牛主要分布在喜马拉雅山、昆仑山、阿尔金山及祁连山所环绕的青藏高原及其毗邻高山地区,集中于东经 70°~115°,北纬 27°~155°,即海拔 3000m 以上的西藏、青海、新疆、甘肃、四川、云南等省区。产区地势高峻,地形复杂,气候寒冷潮湿,空气稀薄,年平均气温在 0℃以下,最低温度可达 -50℃,年温差和日温差极大,相对湿度 55% 以上,无霜期 90d(5~8 月)。牧草生长低矮,质地较差。中国内蒙古自治区的贺兰山区以及河北省北部山地草原和北京市西山地草原,也有少量饲养,其中河北和北京地区的牦牛,是近年来从青海、甘肃引种试养且适应于该地自然生长环境的。

第三节　中国主要的牦牛品种

根据牦牛的种群特征与分布信息将牦牛分为两大类型：第一种是青藏高原型被称为高原型或草原型，主要分布在青藏高原腹地，包括青海、西藏大部分地区、川西北高寒草原、甘肃甘南草原和祁连山区，其中西藏牦牛是引进到新疆山地草原地区的牦牛本源。第二种是横断高山型简称高山型或谷地型，主要分布在青藏高原的东南部横断高山脉的高山地带，还包括西藏东部的高山草原、青海玉树藏族自治州的南部和四川西南部的高山峡谷地区，云南西北部的迪庆藏族自治州也有所分布。中国牦牛由于各个种群牦牛主产区的地理环境、水草类型、气候特征等一系列人为或天择条件导致了种群间的分歧和变化，不同地域孕育不同特质的牦牛品种。

一、九龙牦牛

产地（或分布）：主产区分布在甘孜藏族自治州九龙县和康定县南部的沙德区以及雅安石棉县、绵阳市平武和北川，主产地海拔 3500m 以上，地形多是高山峡谷，草场为高山灌丛及高山草甸，牧草以杂类草为主。九龙牦牛是国内外牦牛种群中体型最大的一种，并且品质相当优良，属于中国横断高山型牦牛的一种。

主要特性：分为高大和多毛两个类型，多毛型产绒量比一般牦牛高 5 ～ 10 倍。额宽头短，额毛丛生卷曲，公母有角，角间距大；四肢、胸前、腹侧裙毛着地，全身被毛多为黑色，少数黑白相间；颈粗短，鬐甲稍高，有肩峰，胸极深，背腰平直，尻欠宽而略斜，尾根低，尾短；四肢相对较短。3.5 岁公牛体高约为 114cm，母牛为 110cm，公牛体重为 270kg，母牛为 240kg。成年阉牛屠宰率为 55%，净肉率为 46%，骨肉比 1∶5.5，眼肌面积为 88.6cm²；公牛分别为 58%、48%、1∶4.8 和 83.7cm²；母牛分别为 56%、49%、1∶6.0 和 58.3cm²。泌乳期 5 个月，产奶量约 350kg，乳脂率 5% ～ 7.5%。公牛产毛量为 13.9kg，母牛为 1.8kg，阉牛为 4.3kg，绒、毛各半。驮载 60～70kg。母牛初配年龄为 2～3 岁,公牛为 4～5 岁,一般是 3 年 2 胎,繁殖率为 68%,成活率为 62%。

二、青藏高原牦牛

产地(或分布):分布于青海省南、北部的高寒地区。

主要特性:该牦牛由于混有野牦牛的遗传基因,因此带有野牦牛的特征,结构紧凑,黑褐色占 72%,嘴唇、目框周围和背线处短毛,多为灰白色或污白色。公牛头大,角粗;母牛头长,额宽,有角;鬐甲高长而宽,前躯发达,后躯较差;乳房小,呈碗碟状,乳头短小。成年公牛体高为 129cm,母牛为 111cm,体重分别为 440kg 和 260kg。成年阉牛屠宰率为 53%,净肉率为 43%。泌乳期一般是 150d,年产奶为 274kg, 日产奶 1.4～1.7kg, 乳脂率为 6.4%～7.2%。成年牦牛年产毛为 1.2～2.6kg,粗毛和绒毛各半,粗毛直径 65～73μm,两型毛直径 38～39μm,绒毛直径 17～20μm。粗毛长 18.3～34cm,绒毛长 4.7～5.5cm。驮重为 50～100kg,最大驮重为 304kg。公牛 2 岁性成熟,母牛为 2～2.5 岁,繁殖成活率为 60%,1 年 1 胎占 60%,双犊率为 3%。

三、天祝白牦牛

产地(或分布):甘肃省天祝藏族自治县。

主要特性:结构紧凑,全身被毛白色,皮肤粉红色。公牛头大而额宽,额毛卷曲,角粗长;母牛头俊秀,额较窄,角细长,角向外上方或外后上方弯曲;颈粗,垂皮不发达;前躯发育良好,鬐甲明显隆起,胸深,后躯发育差;尻多呈屋脊状;四肢较短。成年公牛体高为 121cm,体重为 260kg;成年母牛体高与体重分别为 108cm 和 190kg。驮重为 75kg,最高达 100kg,日行 30～40km。成年公牛屠宰率为 52%,净肉率为 36%, 骨肉比 1:2.4;母牛分别为 52%、40% 和 1:3.7; 阉牛分别为 55%,41% 和 1:4.1。成年公牛剪毛量为 3.6kg,最高为 6.0kg,抓绒量 0.4kg,尾毛重 0.6kg;母牛分别为 1.2kg、0.8kg 及 0.4kg;阉牛分别为 1.7kg、0.5kg 和 0.3kg。公牛尾毛长 52cm,母牛为 45cm。年产奶 400kg,日产奶最高 4.0kg,乳脂率为 6.8%。公牛初配年龄为 3 岁,母牛为 2～3 岁,繁殖率为 56%～76%。

四、麦洼牦牛

产地(或分布):四川省阿坝藏族羌族自治州。

主要特性:被毛全黑为主。头大小适中,额宽平,额毛丛生卷曲,绝大多数有角,角尖略向后、向内弯曲;颈较薄,鬐甲较低而单薄,背腰平直,腹大不下垂,尻部较窄略倾斜;四肢较短,蹄较小,蹄质坚实。成年公牛体高为126cm,体重为410kg;母牛体高与体重分别为106cm和220kg。驮重100kg,日行30km,可连续走7~10d。成年阉牛屠宰率为55%,净肉率为43%。泌乳期6个月,泌乳量365kg,乳脂率6%~7.5%,乳蛋白为4.91%,干物质为17.9%。年剪毛1次,成年公牛平均剪毛量为1.4kg,母牛为0.4kg。公牛肩毛长38cm,股毛长47.5cm,裙毛长37cm,背毛长10.5cm,尾毛长者超过60cm。公牛初配年龄3~4岁,母牛3岁,3年2胎。繁殖成活率为44%。

五、西藏高山牦牛

产地(或分布):西藏西北部青藏高原和藏南三江流域。

主要特性:按体型外貌分山地牦牛和草原牦牛两个类群。被毛以黑色、花色为主。头稍偏重,额宽平,绝大多数有角,草原型角为抱头角,山地型角向外向上开张;胸深,背腰平直,腹大不下垂,尻窄略斜,尾根低,尾短;蹄小而圆。成年公牛体重为280~300kg,体高为118~122cm;母牛体高与体重分别为190~200kg和104~106cm。日产奶为1~1.5kg,年产酥油为9~10kg,泌乳期305~396d,年产奶量为138~230kg。成年阉牛屠宰率为53%,成年母牛为46%。驮重为50~80kg。公牛剪毛量为1.6kg,母牛为0.5kg,阉牛为1.7kg,平均产绒为0.5kg。公、母牛3岁时性成熟,公牛初配年龄3.5岁,母牛4.5岁,繁殖率为31%~51%,大部分是2年1胎。

六、木里牦牛

产地(或分布):四川省的木里藏族自治县。

主要特性:有纯黑和白花毛两种。头大额宽,耳小灵巧,公母牛都有角;公牛颈粗无垂肉,母牛颈薄;公牛肩峰高耸而圆凸,母牛鬐甲低而薄,胸深宽,背腰较平直;四肢粗短,蹄质结实。平均日产奶 1kg,8 月份产奶量最高,一个泌乳期产奶 407kg。屠宰率为 53%。公牛 4 岁可配种,使用年限为 6~8 年,母牛利用年限为 13 年。每年 7~10 月为母牛发情配种季节。犊牛成活率为 97%。

七、中甸牦牛

产地(或分布):云南省迪庆藏族自治州。

主要特性:体格健壮结实,体型大小不一。公牛性情凶猛好斗,母牛性情比较温顺。毛色以黑色为多,其次为黑白花。公母牛均有角,角细长向外上方伸展,角尖稍向前或向后,角为黑色或灰白;额宽面凹,眼圆大而凸,耳较小而下垂;颈细薄无肉垂,胸深大,背腰平直而稍长,臀部倾斜,尾短毛长,形如帚;四肢短;被毛长,尤以四肢及腹部裙毛甚长,长者可及地。公牛体高为 113cm,体重为 230kg;母牛体高与体重分别为 105cm 和 190kg;阉牛体高与体重分别为 120cm 和 300kg。泌乳期一般为 210~220d,在带犊哺乳的条件下,每头母牛产奶 202~216kg,乳脂率为 6.2%左右;不带犊的母牦牛年产奶 529~575kg,乳脂率为 4.9%~5.3%。未经肥育的成年牛屠宰率为 48%,净肉率为 36%。母牛一般 4 岁开始配种,繁殖率为 66%,成活率为 93%。

八、帕里牦牛

产地(或分布):西藏自治区日喀则地区。

主要特性:以黑色为主,深灰、黄褐、花斑也常见,还有少数为纯白个体。头宽额平,角间距大,有的达 50cm;颈粗短,鬐甲高而宽厚,前胸深,背腰平直,尻部欠丰,四肢强健较短。母牛初配年龄为 3.5 岁,一般利用率为 14 年。公牛初配年龄 4.5 岁,一般利用到 13 岁左右。大多数是 2 年 1 胎。屠宰率为 52%,日产奶量为 1.6kg(8 月份)。平均产绒量为 0.6kg,年产酥油平均为 12.5~15kg/头。

九、斯布牦牛

产地(或分布):西藏自治区的斯布山沟。

主要特性:体形硕大,外形近似矩形。角形向外、向上,角尖向后,角间距大;胸深宽,大多背腰平直,腹大不下垂,但多数后躯股部发育欠佳。屠宰率为 50%,

日产奶量为 1.8kg,乳脂率为 5.9% ~ 10.7%。性成熟期 3.5 岁,初配年龄 4 岁,7 ~ 10 月为配种季节,多为 1 年 1 胎。

十、娘亚牦牛

产地(或分布):西藏自治区那曲地区。

主要特性:毛色较杂,纯黑约占 60%。头粗重,额短宽,颜面稍凹;公牛鬐甲高、宽厚,母牛相对较低,腹大不下垂,尻斜;四肢强健;母牛一般 3.5 岁开始配种,2 年产 1 犊。母牛繁殖利用年限为 15 年。7 ~ 8 月是配种旺季。犊牛成活率为 90%,产乳高峰期为每年草质最好的 7 ~ 8 月份。公牛屠宰率为 55%,母牛为 49% ~ 54%。

十一、新疆牦牛

产地(或分布):分布于新疆天山南麓。

主要特性:毛色以黑色、褐色、灰色为主,其次为黑白花及红白花。哈密地区以全身纯黑色为主,其次为灰色、黑白花。头粗重,额短宽;鬐甲高耸,胸深,四肢粗短;全身披长毛,腹下长毛下垂呈裙状,尾毛呈扫帚状。成年公牛体高为 123cm,体重为 290kg,母牛体高为 113cm,体重为 210kg。屠宰率一般为 47% ~ 59%,母牛平均日产乳量为 2.6kg,平均产毛为 1.3kg,产绒为 0.4kg。公母牛 2.5 ~ 3 岁初配,繁殖率各地不一,在 37% ~ 97%,成活率为 90% 以上。

第三章　牦牛繁殖

第一节　牦牛繁殖期的生理特点

一、性成熟与体成熟

幼年牦牛,发育到一定时期,开始表现出性行为,生殖器官发育成熟。公牦牛产生成熟精子,与母牦牛交配,使母牦牛怀孕。母牦牛能正常发情排卵并能正常繁殖,称为性成熟。牦牛性成熟的时间,尚无系统精确的测定。据在生产实践中观察,公牦牛在1岁左右就出现爬跨母牦牛的性行为,但此时没有成熟精子产生,也不能够使母牛受孕。在2岁以上才有成熟精子产生,并能够使母牛受孕。所以,公牦牛的性成熟时间是在2周岁以后。

所谓体成熟是指公母牦牛骨骼、肌肉和内脏器官已基本发育完成,而且具备了成年时固有的形态和结构。因此,母牦牛性成熟并不意味着配种适龄。在牦牛整个个体的生长发育过程中,体成熟期比性成熟期晚得多。如果育成公牛过早地交配,会妨碍它的健康和发育。育成母牦牛交配过早,不仅会影响其本身的正常发育和生产性能,并且还会影响到幼犊的健康。

牦牛的种用年限为10年左右,公牦牛配种能力最旺盛的时间是3~7岁,以后逐渐减弱。对配种能力明显减弱的公牛,应及时淘汰。公牦牛的嗅觉异常灵敏,能在成百头母牦牛中迅速找到发情母牛。有的公牦牛只在配种季节才合群于母牛群中,且护群性强,配种季节过后,即自动离群到高山中去,翌年配种季节再回到母牛群中,这一习性,与某些野生动物相似。母牦牛一般是 2 ~ 2.5 岁时第1 次配种。有的个体 1.5 岁时即出现发情并受配怀孕,也有的个体到 3 ~ 4 岁时才发情受配。母牦牛的初配年龄取决于当地的草场和饲养管理条件,营养状况好,个体发育正常,初配年龄就早;营养状况差,发育受阻,初配年龄就推迟。根据对四川甘孜地区九龙牦牛的调查统计,2 岁配种、3 岁产犊者占 32.49%,3 岁配种、4 岁产犊者占 59.90%。因此,一般初配年龄以公牦牛 3.5 岁、母牦牛 3 岁为宜。

二、牦牛的发情与排卵

发情是母牦牛性成熟的表现, 是由于性腺内分泌的刺激和生殖器官形态变化的结果。它主要是受卵巢的活动规律所制约。当母牦牛卵巢上的卵泡发育与成熟时所分泌的雌二醇在血液中浓度增加到一定量时, 就引起了母牦牛生殖生理的一系列变化。母牦牛表现出的性冲动是愿意接近公牦牛,并接受交配。母牦牛发情持续期不一致,平均为 41.6 ~ 51h,个别短的 12h,长的 94 ~ 118h,一般 24 ~ 36h。青年牦牛较正常,一般平均 28 ~ 44h;经产牦牛不正常,一般为 12 ~ 118h。在配种季节,母牦牛发情后经交配,未受孕者则经若干日后,再度出现发情。由这一次发情开始到下一次再次发情开始为止,这段时间称为发情周期。母牦牛的发情周期平均为 21d,但存在个体差异,最短者 5 ~ 6d,最长者 60d 以上,一般14 ~ 28d 占多数,为 56.2%。母牦牛排卵时间,大约在发情终止后 12h,范围 5 ~ 36h,黄体形成时间,约在排卵后 64h,范围 30 ~ 120h。

母牦牛的发情症状不像普通牛那样明显。发情初期,外阴部略有充血肿胀,阴道黏膜充血呈粉红色, 这时仅有育成后备公牛追逐, 壮龄公牛不追逐。发情10 ~ 15h 后,逐渐达到发情旺期,精神不安、兴奋、吼叫,爬跨其他母牛、食欲减退、产奶量下降。为了及时准确地检出发情母牦牛,可用结扎输精管或移位的公牛做试情公牛,也可用去势的软牛为试情牛。但简便易行的是用 1、2 代杂种公牛做试情公牛。杂种公牛本身无生育能力,不需做手术,且性欲旺盛,判断准确。一般每百头母牛配备 2 ~ 3 头试情公牛即可。配种季节放牧时,放牧员一定要跟群放牧,认真观察,及时发现发情母牛。发情初期阴道黏膜呈粉红色并有黏液流出,此时不接受尾随的试情公牛的爬跨,经 10 ~ 15d 进入发情旺盛期,才接受尾随试情公牛爬跨,站立不动,阴道黏膜潮红湿润,阴户充血肿胀,从阴道流出混浊黏稠的黏液。后期阴道黏液呈微黄、糊状,阴道黏膜变为淡红色。放牧员或配种员必须熟悉母牦牛发情的特征,准确掌握发情时期的各个阶段,以保证适时输精配种。在人工授精实践中,一般是将当日发情的母牦牛在晚上收牧时进行第1次输精,次日早晨出牧前再输精1次。晚上发情的母牛,次日早晚各输精1次。

母牦牛产后到第1次发情的间隔时间多为100d左右,也有113.2d。3～4月份产犊的第1次发情间隔时间最长,以后逐渐减少,有产犊越早第1次发情越晚的情况。据各地观测结果:海拔低、气温偏高、牧草萌发早的地区,除3月份产犊的母牦牛在7月份有较多的(33.3%)第1次发情外,其余的都在8、9月才发情;海拔高、气温低、牧草萌发迟的地区,3～4月份产犊早的母牦牛,一般要到8～9月发情,与产犊晚的牛甚至同一时期内第1次发情,这说明产犊早的母牦牛产后第1次发情不一定就早,而是集中在生态条件好的月份。

三、牦牛繁殖季节

牦牛的繁殖有明显的季节性,发情配种集中在7～9月,6月以前和10月以后发情的牛很少。产犊则集中于4～6月。母牦牛的发情时间,与上年的繁殖状况有密切关系。母牛上年未产犊发情最早,上年产犊母牛次之,当年产犊的母牛发情最晚,甚至不发情。个别牛于每年1～3月发情受配,其明显季节性是相对而言,不是绝对的。

母牦牛在整个发情季节,多数只发情1次。据在青海大通牛场观察统计,发情1次者占73%,发情2次者占21%,发情3次以上的只占6%。因此,抓好第1次发情的配种工作,对提高牦牛的繁殖率具有重要意义。同时,也告诉我们,用母牦牛在下两个发情周期是否发情来判断是否妊娠是很不可靠的。

四、牦牛妊娠期

牦牛的妊娠期平均为256.8d(250～260d),若牦牛怀杂种犊牛(犏犊牛),则妊娠期延长,一般为270～280d,即延长15d左右。

第二节　牦牛的繁殖技术

一、牦牛的配种

配种是牦牛繁殖技术的重要环节，它不仅直接影响牦牛的增殖和牦牛群的管理、产品的生产，而且与牦牛的选种选配、后代的品质等有着密切关系。因而在牦牛管理中应引起足够的重视。

牦牛的配种方法主要有人工授精和自然交配，一般采用自然交配的方法。根据公牦牛的性行为特点，充分利用处于优胜地位公牦牛的竞配能力而达到选配的目的，也应注意及时淘汰虽居优胜地位而配种能力减退的公牦牛。公牦牛配种年龄为 3~8 岁，以 4.5~6.5 岁的配种能力最强，8 岁以后很少能在大群中交配。母牦牛的初配年龄为 3 岁左右。公母牦牛的比例以 1∶（14~25）为宜。有条件的地区可采用人工辅助配种，来提高受胎率和进行选配。即当发现发情母牦牛后，将其留于定居点，用绳捆绑其两肢，套于颈上，左、右 2 人牵拉保定，然后驱赶 3 头以上公牦牛来竞配。当母牦牛准确地受配 2 次后，将公牦牛驱散，并将新鲜牛粪涂抹在受配母牦牛臀部，防止公牦牛再次爬跨配种，松去绳索。

二、牦牛分娩预兆

母牦牛分娩前，在生理、形态和行为上会发生一系列变化，以适应排出胎儿及哺育犊牛的需要。通常把这些变化称为分娩预兆。从分娩预兆可以大致预测分娩时间。

（一）乳房变化

分娩前母牦牛乳房膨胀增大，有的并发水肿，且乳头挤出少量清亮胶状液体或少量初乳，直到前 2d，不但乳房极度膨胀，皮肤发红，而且乳头中充满白色初乳，乳头表面被覆一层蜡样物，由原来的扁状变为圆柱状。有的牛有漏乳现象，乳汁成滴成股流出来,漏乳开始后数小时至 1d 即分娩。

(二)产道变化

子宫颈在分娩前 1~2d 开始胀大、松软,子宫颈管的黏液流出阴道,有时吊在阴门之外,呈半透明索状。阴唇在分娩前 1 周开始逐渐柔软、肿胀、增大,一般可增大 3~5 倍,阴唇皮肤皱襞展平。

(三)骨盆韧带变化

骨盆韧带在临近分娩时开始变得松软,一般从分娩前 1~2 周开始软化。产前 12~36h,荐坐韧带后缘变得非常松软,外形消失,尾根两旁只能摸到一堆松软组织,荐骨两旁组织明显塌陷。

(四)体温变化

母牛妊娠 7 个月开始体温逐渐上升,可达 39℃。至产前 12h 左右,体温下降 0.4℃~0.8℃

三、牦牛繁殖率的影响因素

牦牛所处的生态环境和饲养管理条件是影响牦牛繁殖的主要因素。牦牛是青藏高原及毗邻地区特有的遗传资源。牦牛生活地区具有海拔高、气温低、昼夜温差大、牧草生长期较短、氧分压低的特点,草场以高山及亚高山草场为主体。在严酷生态环境条件下生存的牦牛,具有极强的生活能力,耐粗耐寒,经过长期强烈的自然选择和轻微的人工选择形成了有别于其他牛种的体型结构、外形特征、生理机能和生产性能,可在极其粗放的饲养条件下生存并繁衍后代。牛奶是牧民重要的生活资料,为满足牧民对牛奶的需求,过度挤奶也是影响牦牛繁殖的主要原因。另外,犊牛的断奶时间和断奶方式、牛群的健康状况对繁殖都有一定的影响。与此同时,还必须重视种公牛的数量、质量和配种能力,否则也会使牦牛的繁殖受到影响。

(一)海拔对母牦牛发情和受胎的影响

牦牛的繁殖季节与海拔密不可分,母牦牛的发情季节随海拔的升高而推迟。海拔 2400~2500m 地区的牦牛配种多数处在 6 月底到 7 月底;海拔 3000m 以上地区,配种时间则在 7 月中旬到 9 月初。海拔高度有利于提高牦牛受胎率。牦牛的神经敏感,对周围环境反应灵敏,性行为易受高温、低海拔或流动空气中氧含量较高等不利因素的干扰。在繁殖季节应防止长时间驱赶牛群,避免不利因素干扰牦牛的性行为。应尽可能早地把牦牛迁移到高海拔的夏季牧场,这也是牦牛世代繁衍的选择结果。

(二)海拔对牦牛妊娠的影响

牦牛一般在 2.5～3.5 岁开始发情配种。由于繁殖具有明显的季节性,因此产犊也多集中在 4～8 月份。初生牛犊体重较轻(出生重 13kg 左右),这可降低母体和胎儿对氧的需要量;初生犊牦牛血液中的血红蛋白含量高,以增加血液氧含量或运氧能力,使初生犊牛在高山少氧条件下,保持正常呼吸,这对新生犊牛非常重要,也是一些培育品种牛在高海拔地区所生犊牛难以成活的主要原因。牦牛妊娠期短,胎儿体重较轻,这是由于牦牛妊娠后期,正处于高原冷季,牧草枯黄、营养匮乏所致。妊娠期短,有利于母牦牛自身保持一定的活重,降低营养物质的消耗,有利于分娩后产乳。说明了牦牛对高寒草原生态环境具有良好的适应性,不会因少氧、营养水平低等原因致胎儿死亡、流产或分娩后犊牛难以成活。

(三)气温对母牦牛繁殖的影响

牦牛生活最适温度为 8℃～14℃,高于 14℃,牦牛产热增加,低于 8℃时产热减少,这一现象在其他牛种是罕见的,这是牦牛在 0℃～40℃气温环境中观测能正常生存的重要原因。另外牦牛发情持续期的长短与天气因素密切相关。牦牛发情后如遇烈日不雨、气温高时,发情持续期将延长,7 月份天气炎热(平均气温 14.2℃),牦牛发情持续期为 1.9 ± 1d;如发情后遇到多雨或气温低的阴天,发情持续期一般变短为 1.3 ± 0.5d。

(四)牦牛繁殖障碍

牦牛的繁殖过程包括一系列顺序协调的环节,从产生正常生殖细胞开始,经过配种、受精、胚泡附植及妊娠,终结于分娩及泌乳。其中任何一个环节遭到破坏,均可导致繁殖力下降或不能繁殖的异常生理状态,称为繁殖障碍。繁殖障碍严重地影响牛群的改良和繁殖,防止繁殖障碍对发展畜牧业生产具有重要的意义。

母牦牛的繁殖障碍主要有乏情、异常发情(短发情、长发情、慕雄狂、安静发情)、受精障碍(卵巢发育不全、卵巢机能衰退、卵巢萎缩和硬化、卵巢囊肿、卵巢炎、持久黄体)、子宫疾病、阴道炎、胚胎和胎儿死亡(胚胎早期死亡、流产、胎儿干尸化)、围产期和初生犊牛死亡、妊娠、分娩和泌乳异常等。如果母牦牛出现屡配不孕,应及时淘汰。

公牦牛的繁殖障碍主要有射精障碍(缺乏性欲、交配无能)、受精障碍(隐睾、睾丸发育不全、阴囊积水、精囊腺炎)、热应激、免疫因素、营养障碍等。如果公牦牛出现无授精能力,也应及时淘汰。

四、提高繁殖率的技术措施

(一)加强牦牛的饲养管理,确保母牦牛繁殖生理正常

饲养管理的好坏,直接影响牦牛的生产性能。合理解决高山草原牧草生产与牦牛生产之间的季节不平衡,在牦牛生产中主要是在冷季保持最低数量的畜群,以减轻冷季牧场和补饲所需饲料的压力,使冷季牧场的贮草量(加上补饲)与牛群的需草量大致平衡。在暖季,由产乳母牦牛、幼牦牛和肥育牛充分利用生长旺季的牧草来生产畜产品。冷季来临前,及时将肥育牛、淘汰牛出售,将部分幼牛转农区或半农半牧区饲养,尽量减少高山草原牧区冷季的牛只。充分发挥由牦牛直接利用暖季内牧草的生长优势,合理组织四季放牧,缩短生产周期,加速畜群周转。发情率、受胎率、产犊率、犊牛成活率影响牦牛繁殖率的 4 项指标中,发情率是基础指标,提高发情率应成为主攻方向。在发情配种季节使母牦牛具有适当的膘情,保证正常的发情生理机能,促进牦牛正常发情。

(二)加强选种,选择繁殖力高的优良公、母牦牛进行繁殖

选种就是选择基因型优秀的个体进行繁殖,以增加后代群体中高产基因的组合频率,即牦牛群遗传性生产潜力的高低,取决于高产基因型在群体中的存在比例。从生物学特性和经济效益考虑,对种公牦牛着重在积极的选种,对母牦牛除本种选育核心群外,一般采用消极的选种。对本种选育核心群或人工授精使用的公牦牛要严格要求,进行后裔测定或观察其后代品质。对选育核心群的母牦牛,要拟定选育指标,突出重要性状,不断留优去劣,使群体在外貌、生产性能上都具有较好的一致性。有计划、有目的、有措施地选择繁殖力高的优良公、母牦牛进行繁殖,既通过不断选种,积累有利于人类的经济性状或高产基因的牦牛,也可以培育出新的类群或品种。

(三)保证生产优良品种的精液

优良牦牛品种的精液是保证受精和早期胚胎发育的重要条件。因此,在生产

中对种公牦牛的选择、饲养管理和使用,都要制定严格的制度。对于精液品质进行检查时,不仅要注意精子的成活率、密度,还要做精子形态方面的分析,这种分析既能发现某些只通过一般的活力检查所不能发现的精子形态缺陷,也可借助精液中精子形态的分析,了解和诊断公牛生殖机能方面的某些障碍。在发情母牦牛输精前,无论是采用常温保存或冷冻精液,都要对精液活力做检查,以保证精液的质量。

(四)准确地发情鉴定和适时输精

准确掌握母牛发情的客观规律,适时配种,是提高受胎率的关键。母牦牛的发情,具有普通牛种的一般症状,但不如普通牛种明显、强烈,相互爬跨、阴道黏液流出量、兴奋性等均不如普通牛明显。一般来说,输精或自然交配距排卵的时间越近受胎率越高。准确地发情鉴定是做到适时输精的重要保证,母牦牛的发情鉴定主要采用外部观察法,母牦牛的人工授精技术主要采取直肠把握子宫颈授精法,严格要求,并做到细致、准确,消毒工作彻底,严格遵守技术操作规程。

(五)加速对新繁殖技术的试验研究和推广

随着牦牛业的不断发展,一直沿用传统的繁殖方法将不能适应时代的要求,必须对家畜的繁殖理论与科学的繁殖方法进行深入探讨与创新,用人工的方法改变或调整其自然方式,达到对家畜的整个繁殖过程进行全面有效的控制目的。目前,国内外从母牛的性成熟、发情、配种、妊娠、分娩,直到幼畜的断奶和培育等各个繁殖环节陆续出现了一系列的控制技术。如人工授精→配种控制、同情发情→发情控制、胚胎移植→妊娠控制、诱发分娩→分娩控制、精子分离→性别控制,以及精液冷冻→冻精控制,这些技术的应用与进一步的研究将大大提高牦牛的繁殖效率。

第三节 公牦牛的采精及冻精制作

一、公牦牛的采精

为了提高优秀种公牛在本种选育中的利用率，并给国家基因库提供优质资源，2007年天祝县牦牛育种场对牦牛进行了采精及冻精制作试验，获得成功。以下具体方法可作参考：

（一）调教时间

因所需条件不同，选择调教的时间各有差异。季节性采精的牛只一般选在配种前1月（6月初）最好。此时正值牧草生长期，牦牛膘情刚刚开始恢复，体质单薄，对人的危害性比较小，到配种季节时，已基本调顺，正值采精时机。时间较早会增加饲养管理费用，晚了不易驯服。

（二）公牦牛的调教步骤

1.首先是需要调教人员与公牦牛建立感情。调教人员尽量与公牦牛多接触，如触摸、刷拭、牵溜、喂料等，使它感到人们对它无伤害之意。在调教过程中对牛只绝对不能施以暴力，只能耐心细致，用巧妙的方法对待牛只。对野性特别大、易攻击人的牛只能用刺丝拴脖环，在它攻击人的同时也用自己的力量拽疼自己，这样做既能使它感觉不到你对它的惩罚，又能制约它。

牦牛虽说家养程度相对较高，但野性犹存，因调教训练时年龄偏大，又来自不同的牛群，各群补饲习惯不同，要实行全舍饲封闭式强化管理训练，对无实际操作经验的技术人员与面对陌生环境的种公牛而言，无疑是一次严峻的挑战和考验。因此，在牦牛的调教驯化和采精训练过程中，除参照青海大通牛场对野牦牛的驯化调教做法之外，还要结合自己的实际，采取3项技术措施：一是选用一名年轻、胆大、谨慎、责任心强、有放牧饲管经验、熟悉牦牛秉性的牧工为饲管调教员。为了防止意外事故发生，也为了使采精牦牛及早消除对假阴道的恐惧，让饲管调教员在饲喂、饮水、牵引种公牛时,穿着工作服,手持形似假阴道的木棍,饲管调教员既可防卫,公牛又能熟悉器械。二是将种公牛系在木桩上,定时饲喂、刷拭、饮水、运动,并使其对人、物、周围环境熟悉,适应新生活。三是精心饲管,因牦牛种公牛原本是在全放牧环境状态下生存或自然交配的,正常年不补饲精料,一般补饲少量的青干燕麦草。要使其在全舍饲的环境条件下,保证配种体况和优良的精液品质,这本身就是有待探讨研究的课题之一。介于初步试制的需要,在饲喂上仅从满足采食习惯,饲草以青干草为主,充足供给,让其自由采食。起初补饲混合全价饲料,因含鱼粉、骨粉、添加剂等有异味的成分,而拒绝采食,所以补以燕麦、青稞为主的精料,并加入适量的食盐。日补饲量,起初 0.5kg,后期达到 1kg,每天分早、晚 2 次饲喂。

2. 拴系牵引。刷拭抚摸。对不主动攻击人、也不怕人的公牦牛进行拴系牵引、梳刷、抚摸。拴系时最好带鼻圈(将鼻中隔戳通,串上木条圈或铁丝圈)或用笼头拴系。带鼻圈的方法适合于基本调乖的公牦牛,不适合新调的公牦牛。因为新调的牛只野性大,不怕疼,甚至于越疼越拽,容易出现鼻镜拉豁的严重后果。所以,对于新调的公牦牛只适合拴笼头,拴系管理后进行梳刷、抚摸。梳刷时先用扫帚等长把器具,逐步接近牛体,用手抚摸。抚摸时由背至腹,逐步抚摸阴茎基部、睾丸、牵拉包皮,多次重复。

3. 习惯于采精架上交配。将发情或人工催情后的母牦牛保定在采精架内,牵引已调教的公牦牛接近,习惯采精架,并逐步在采精架内进行配种。在采精架内交配 2 次后,即进行假阴道采精训练。对性野难驯服攻击人以及调教能力差的公牦牛应解除调教。

4. 台牛的选择及催情方法。台牛是保定在采精架内引诱公牦牛爬跨配种的母牦牛。台牛用自然发情的母牛最好,但往往采精场地远离草原或没有随时发情的母牦牛。一般多采用人工催情的方法,促使母牦牛发情。选择台牛时要选择经产母牦牛,不要选择过老准备淘汰的母牦牛或初次发情的母牦牛,这是因为公牦牛配种时对母牦牛有一定的选择性。催情方法采用雌二醇肌肉注射法:为了降低雌激素对母牦牛的危害,保持发情旺盛,最好用 2 头以上的母牛轮换做台牛,即每头母牛 1 周循环 1 次,用雌二醇与黄体酮交替使用。具体做法是:采精前 3d 对母牦牛注射黄体酮注射液,2 次 /d,8mg/ 次,然后停药 1d。采精前 1d 用雌二醇注射液肌肉注射 2 次,第 1 次 8mg,第 2 次 12mg,采精当天早上注射 1 次,用量为 16mg。采精时使母牛保持旺盛的发情状态。

(三)采精方法

采用假阴道法:按普通种公牛常规采精法进行。假阴道内壁保持润滑,温度为 39℃~42℃,压力适中,保定好母牦牛,由饲养员牵引公牦牛接近采精架,引起性兴奋。采精员持假阴道在采精架右侧等候,待公牦牛爬跨台牛时,靠近台牛,右手持假阴道,左手扶助公牦牛包皮,将阴茎插入假阴道,待公牦牛纵身向前时即可采精。

供试牦牛种公牛实施调教 30d 后,即进入训练采精阶段。4 岁以上公牛因其天性而均有程度不同的自交配史,附近有发情母牦牛出现就会产生性反射表现,一般不需交配诱导驯育。起初将发情母台牛保定于采精架内,采精员持假阴道等待采精,进入实际操作时,公牛虽有较强的交配欲,出现靠近台牛,伸颈翻唇亮齿,闻舔外阴部等表现,随即爬跨交配,但采精员迅速靠近采精时,即刻爬跨中断而躲避或是围绕台牛转圈,野性大者会向采精人员发起攻击。对此,在采精架上做了临时调整改进,将保定架左后侧用木料适当加高延伸阻挡,以防其躲闪,右后侧设置活动布帘,或是将公牛右眼用布蒙挡,以便采精员隐蔽或减少公牛的警觉。经 3~5d 的反复采精训练即可适应。牦牛育种实验场于 2000 年 9 月至 11 月对 7 头供试种牛进行采精,试验有 2 个血统的公牛初步采精成功,提供了可供镜检和活力测定的鲜精。试期内其他 5 头公牛均未采精成功,其中 2 头无性欲表现,1 头虽有性交配过程,但始终未能射精,1 头 6 岁公牛性情骠野,体大愚笨,性反应迟钝,有性表现,但无爬跨举动,1 头 4 岁公牛胆小敏感性非常强,不论是先期调教饲喂,还是训练采精均未能与人员亲近。

(四)公牦牛的精液品质

牦牛成年种公牛(3~4 岁),经调教后拴系饲养,只喂青干草和青草,不补饲精料所采的精液品质:射精量为 0.5~3mL,鲜精活力 0.7~0.9,精子数 8.0 亿~24.3 亿。

二、采精

(一)种公牛的准备与采精

鲜精在冷冻前进行的采精及精液品质检查等操作技术与一般人工授精技术要求相同，由于应用冷冻精液进行人工授精，最大限度提高了种公牛的配种能力，一头种公牛的优劣，对今后畜群的质量影响非常大，和一般用新鲜精液进行人工授精相比应更严格地重视种公牛的选择及饲养管理等工作。

1.种公牛的选择

(1)凡供冷冻精液采精用的种公牛，其体型外貌应符合本品种的标准，综合鉴定均要求在一等、特等以上，同时对未经后裔测定公牛的精液除要求给一定数量的母牛配种外，其余的冷冻精液可保存起来，待后裔测定合格后，再大量用于配种。

(2)公牛要体质健壮，经检疫确无布氏杆菌、结核菌等传染性疾病。除定期检疫外，随时发现有流行病者，立即停止使用其精液，进行隔离，并向业务部门上报。

(3)公牛的原精液品质应符合以下标准：每次射精量须在 4mL 以上，精子的密度达到 6 亿个／mL，直线前进的精子 60% 以上，畸形精子率不超过 15%，并具有耐冻性。

(二)公牛的饲养管理

1.必须给公牛创造良好的饲养条件。按公牛的品种、年龄、体重、个体特点合理配合日粮，按时定量饲喂，按时运动，每天刷拭等，建立一套科学的饲养管理制度。保证种公牛性欲旺盛、精液品质优良。

2.优良的成年公牛，每周最多采 1~2 次精，每次连续采 2 回精液，混合后进行冷冻，因为一般公牛第 1 回射精活率较差，第 2 回采的精液要比第 1 回的量多而且品质也高。采精时间最好安排在上午，在炎热的暑天，若精液品质降低，可延长采精的时间间隔，或停止一段时间采精。在冬季，牛的精液品质较好，可适当增加采精次数。

3.采精前公牛应进行淋浴和紫外线照射消毒，否则需要在采精前用温开水或 1% 的苏打水擦洗公牛的阴部和下腹部，以减少采精过程中对精液的污染。

（三）采精前的器械准备及采精

采精前应对假阴道外壳、内胎、集精杯、橡皮圈等大小用具进行详细检查。必需的器械按顺序依次用肥皂水、清水清洗，安装，并按规定严格消毒。台牛尽量满足公牛的要求，选用体格适应公牛大小、性情温顺、无疫病、发情旺盛的母牛。

2～7 岁的公牛每周采精 2 次，对长时间未采精的公牛，间隔 10min 再采精 1次。采精要固定时间、场地、人员和工作服，不要喧哗和围观。

三、精液的稀释

对精液进行稀释，是为了延长精子在体外的存活时间，提高受胎率，增大精液量，扩大人工授精头数。

（一）稀释液应具备的条件和稀释方法

稀释液应当具备抑制精子的代谢过程，减少精子本身养分的消耗，补充精子代谢所需的营养物质等作用。一般由营养物、pH 缓冲剂、抗冻剂、抗菌素组成并与精液等渗。稀释液应与鲜精在同温下（温度不可过高或过低）尽快稀释。一般采用一次稀释法，稀释精液时应尽量避免振荡，要轻拿轻放。首先缓慢沿壁注入一部分稀释液，再注入部分精液，这种方法要比先注入精液好，因为精液比重小，稀释液比重大，应尽量创造互相扩散和混匀的条件。

（二）稀释液配方及稀释比例

配制精液用的稀释液，必须用新鲜的双重蒸馏水和卵黄，二级品以上的化学试剂。根据《中华人民共和国国家标准》规定的牛冻精用的稀释保护剂配方如下：

1. 细管用

第一液：蒸馏水 100mL，柠檬酸钠 2.97g，卵黄 10mL；第二液：取第一液 41.75mL，加入果糖 2.5g，甘油 7mL，脱脂奶 82mL，卵黄 10mL，甘油 8mL。

2. 颗粒用

12% 蔗糖液 75mL，卵黄 20mL，甘油 5mL。

2.9% 柠檬酸液 73mL，卵黄 20mL，甘油 7mL。

上述各类稀释液在每 100mL 中应加入青霉素、链霉素各 5 万～10 万单位。

（三）稀释比例

精液的稀释倍数，视精液的密度和活力而言。一般稀释比为 1∶2～3。密度特别大的精液也可做 1∶4 或更大倍数的稀释,但应保证稀释后每个颗粒含精子数不少于 2500 万~3000 万个。

四、精液的降温和平衡

稀释好的精液应逐渐降温至 4℃以下,才能进行冷冻,冷冻前的降温决不可骤然降至 4℃以下。其具体方法是:将稀释好的精液放入温水中,一并移入 0℃~5℃的冰箱或自然冰中,平衡 4~6h,使其温度逐渐下降。

五、精液的冷冻

精液的冻结是利用低温冷源能抑制精子的活动和代谢过程的特性,使精子处于休眠状态,达到延长精子寿命的目的。用于冻结的精液应是在 38℃的恒温箱中镜检平衡后的精液。如活力有明显降低的就不宜做冻精。在这种情况下应检查平衡温度和稀释液,冻结前精子的活力和运动状态不低于原精液,方可冻结。

(一)冷冻前的准备

制备冻精的操作室,应符合人工授精技术操作规程,细管冻精应采用与细管冻精相配套的器具;颗粒冻精应采用聚四氟乙烯板(简称氟板)、铜纱网或尼龙网(80~120 目)、铝板、铝饭盒均可;安瓿冻精应采用净容量为 0.5mL 的硅酸盐中性玻璃安瓿。上述容器在冻精时,容器应与液氮面保持一定距离,初冻温度为 -80℃~-120℃。

(二)精液的冻结

1. 细管法

可用简易急速冻结器冻结,如无冻结器可用国产大型广口保温瓶或铝锅、大的铝饭盒盛装液氮,上面悬挂或飘浮铜纱网或尼龙纱网,底部与液氮面相距 1~2cm,直接熏蒸 5~7min 即可,大批量生产可以用英制 Cpr—250 型罐、日制 DALI—200 型罐及 DR—245、275 型罐、法制 RCB60T(垂直冷冻)和 RCB400T(水平冷冻)进行冷冻。

2. 安瓿精液冷冻

利用大号广口玻璃保温瓶或铝锅(外用泡沫塑料隔温)等作冷冻容器,把安瓶精液平放(一层)在铜、铝框或尼龙纱网上,距液氮面 2~3cm,熏蒸 7~8min。

3. 颗粒精液冷冻法

将稀释平衡后的精液按每毫升滴冻 10±1 粒的要求。用事先预冷好的滴管滴入预冷好的氟板、铝板或铝饭盒盖中(预冷时容器距液氮 1~1.5cm),经 3~5min 待颗粒发白发亮时铲下分装,并系以标签在液氮中保存。

(三)冷冻精液的解冻和检查

每批冻精制好后应随机抽样 2 份,分别解冻检查,每个样品应观察 3 个以上的视野,注意不同液层的精子运动状态,进行全面评定。每批冻精的检查次数应在冷冻后 1 次(或间隔 24h 后再做 1 次),合格者贮存。冻精发放前再进行 1 次,合格者方可发放。解冻后的冻精要求每毫升含直线前进的精子数 1000 万~1500 万个,活力达到 0.3 以上,细管冻精解冻后不再稀释;颗粒冻精用 2.9%二水柠檬酸钠液 1~1.5mL 加温到 38℃±2℃投入精液解冻,在 38℃~40℃下镜检,在 5℃~8℃或 37℃下贮存。

六、冷冻精液的包装,标记和保存

盛装颗粒冻精用灭菌纱布袋、绸布袋、塑料盒、硬质玻璃瓶均可,以 25~50 粒为 1 袋(瓶、盒)。保存方法为超低温保存(干冰 –79℃,液氮 –196℃)。标记:每头公牛、每批冻精应分别包装,拴系标牌或贴标记,注明冷冻时间、公牛品种、牛号、精子活力、数量等。在精液合格证上应有冻精鉴定员验收签字。每次发放前应解冻评定活力,进行登记,以保证受胎效果。

七、冻精的管理和使用

凡盛有冻精的液氮罐必须做到:罐子有号,提筒有签,冻精布袋有印,登记造册;凡每次每批入罐保存、发放、转移、破损都必须分别登记,严防种公牛品种、血统、个体精液的混淆。

牦牛的精子比其他家畜的精子耐冻性强。但受胎率降低的原因多半是保管不当。因此,贮精罐应定期检查冷源损耗情况,冷源不足原容量的 1/2~1/3 时应及时补充。用干冰保存,精液包装不得外露。如遇液氮罐表面结霜应及时更换。取放精液时不可将提筒、精液保存袋提出贮存容器的外边,只能提到颈部的

10cm 处,停留时间不宜过长,动作越快越好。放入时要轻、要慢,过快会使液氮大量气化。运送时要选用适当的交通工具或手提步行。为防止外部冲击或倾倒,可在液氮罐外部罩外套,底部加海绵垫。对于每次制作的冻精须按表1进行记录。

牦牛细管冻精的制作工艺流程:精液品质检查→稀释→降温→平衡→分装→冻结→保存。

牦牛冻精的制作,不但可以加大优秀公牦牛的利用率,利用遗传加性效应,提高牦牛的数量及质量,为牦牛种质资源保护、品种扩繁提高和提升牦牛品牌效应起到积极的推动作用,而且通过牦牛细管冻精的制作与推广应用,增加农牧民收入,对当地民族经济的振兴和牧民脱贫致富奔小康等都具有重要的现实意义。

表 1 种公牛采精和冷冻贮存记录表

采精	性欲	精液品质							稀释		冷冻				贮存		备注
												活 力					
月日	爬跨表现	量毫升	活力	密度亿/mL	气味	畸形率	pH值	380存活时间指数(h)	时间	倍数	活力	冻前	冻后	数量	废弃数	入库数	

第四节 牦牛人工授精技术

牦牛为自然交配,且野性较大,利用冻精对牦牛进行授配是对牦牛传统繁殖方式的一个更新和挑战。

一、参配母牦牛的组群和管理

参配母牦牛的组群时间,应在母牦牛发情季节前1月内完成,并从牛群中隔离公牦牛。参配母牦牛,应选择体格大,体壮健康的经产母牛,最好是当年未产犊的母牛,或上年产犊的母牦牛。参配母牦牛的数量应根据计划确定,一定要考虑到人工授精点的放牧草场、人力和物力等条件。每配1头母牦牛,平均需冷冻精液4~6支。

配种点应设在交通和水源方便,参配牛群比较集中及放牧条件较好的地区。参配牛群最好集中放牧,及早抓膘,促进发情配种,提高受胎率,也便于管理。参配牛只应选择有经验、认真负责的放牧员放牧,准确观察和牵拉发情母牦牛。产过种间杂种的母牦牛,将其相对固定为参配牛,除每年整群进行必要的淘汰、补充外,一般不要有大的变动,因这些牛只一般受胎率较高,对人工输精操作的良好条件反射,容易开展工作。

输精点要相对分散,并要安排好配种放牧牧场,避免因集中参配牛群过多、过集中,造成过牧,影响牛只发情和草原的生产力。

要抓好母牦牛发情盛期的配种工作,冷冻精液人工授精时间不宜拖得过长,一般约70d。期间要严格防止公牦牛混入参配牛群配种。人工授精结束后放入公牦牛补配零星发情的母牦牛。这样做可以大大降低人力、物力(液氮、药品等)的消耗,提高经济效益。

二、液氮罐的保养

(一)液氮罐内部的洗涤与干燥

液氮罐内部在使用过程中,出现积水,并有杂菌繁殖,也会精液落入,有时会出现腐蚀现象,大大降低使用期,易发生事故。因此每年必须清洗、干燥内部 1～2次。具体步骤为:①从液氮罐内取出提筒(将冷冻精液移入另一容器内),倒出液氮放置 48h,使内部温度回升到 0℃左右;②用 40℃～50℃温水(禁止水温在60℃以上)配以中性去垢剂,注入液氮罐内,然后用软布擦洗;③用清水冲洗,倒置于木架上,使其自然风干备用。液氮罐无论是否盛液氮都不得在日光下暴晒、置于火炉旁或炕头边;④风干的容器(或新购的容器)盛液氮时,先用少量液氮对容器进行预冷,要让容器内已蒸发的氮气顺利排出,然后注入液氮,但不可过多,至颈管基部以下为限。

(二)使用中不能碰撞、倾倒或过度冲击

液氮容器内和外壳之间存在真空夹层,内胆经常处于向外的大气压力下,外壳则相反。这种压力是很大的,容器虽有一定的硬度,但使用过程中要十分小心,万万不可碰撞、冲击,使容器凹陷、损伤,轻者可能降低性能,重则报废。为防止碰撞,要加厚软的外套保护,草原上用驮牛(阉牦牛)驮运容器时,最好在专门的木箱里面用海绵或干草垫好,在驮鞍上捆紧,驮牛要有专人牵引。

液氮罐经长期使用,有时颈管内壁附霜或结冰,如不影响提筒出入暂不必清除,清除时必须按洗涤与干燥步骤进行,不得用金属或其他用具刮冰,以免刮碰伤内壁。

使用绕性软管往液氮罐中注入液氮,装入提筒及盖塞时,要小心操作,防止弄伤颈管。如果操作粗暴,造成盖塞磨损严重,将会增加液氮蒸发损失或不能固定提筒位置,甚至使盖塞从连接处脱落。

三、冷冻精液的提供、验收、运输和贮存

(一)冷冻精液的提供和验收

各牦牛输精点应按主管部门的计划,向提供冻精的单位提取公牦牛的冻精。分别按公牛号、制作日期、批号,分装在液氮容器的提筒内,并分别系牢标签,以

免发生错误。提供冻精的单位应填写冻精出售或发送单据,写明上述公牛号、冻精数量(或支数)及冻精的质量指标。

输精点按发送单据及液氮容器上的标签,仔细验收,必要时要进行活力检查,并在冻精收纳簿上进行详细登记。

(二)液氮容器或冻精的运输

无论用何种运输工具运输液氮罐,都要加外套、毡垫或胶垫,要用带子固定。车辆运行要平稳,尽量减少颠簸,防止倾倒或碰撞,降低液氮损耗,延长液氮罐的使用寿命。

长途运输应根据路程选择相应的容器,途中要及时检查和补充液氮。液氮罐要用厚纸箱或木箱装好,由防震胶垫或泡沫塑料垫固定,火车运输时要有专人看护,轻提轻放,防止重压及磁撞,禁止横放和叠放液氮罐。

(三)冷冻精液的贮存

贮存冻精的液氮罐,应放在阴凉距火炉较远的地方,由专人管理。液氮减至容器的 1/3 时应立即补充液氮。减量程度能开盖看出(用手电筒照明),但为了减少开盖次数,应给每一容器贴上重量表,每隔 3~5d 称重 1 次,并做好消耗记录,以便及时补充液氮。

液氮罐中氮液消耗过快,颈管及盖上挂霜、露,液氮罐外壳出现碰撞所致的凹陷等,都是液氮罐性能失常的现象,须更换液氮罐。液氮罐事前应装入液氮检验 24h,确定性能符合要求后再存入冷冻精液。

从液氮罐中提取冻精要迅速,动作要轻和稳,存放冻精的提筒提出或放入不可用力过猛。细管冻精在容器外停留不得超过 5s,如向另一容器中转移、分装等需较长时间的,应在广口液氮容器中浸泡下处理,否则就会影响冻精的质量。工作人员在操作过程中一定要细心认真,穿工作服、戴防冻手套,避免液氮溅出冻伤皮肤及眼睛。

四、冷冻精液的解冻

冻精解冻操作应在帐篷或室内进行,不允许在露天或圈地上操作。要经常保持帐篷内(或室内)的卫生,操作时严禁吸烟、生火炉等,防止烟、灰尘等污物污染或危害精液。工作人员要清洗消毒,穿清洁的工作服。

解冻需 2 人协作,1 人加温解冻,另 1 人从液氮罐中取冻精,动作要快,将冻精提筒提至液氮罐口取出细管冻精,在 3 ~ 5s 钟内完成。取 1 支或数支灭菌玻璃试管(或盛过青霉素的小瓶),按发情配种母牦牛的头数计量注入解冻液(2mL / 头)或加温后投入冻精颗粒(1 粒 / 头),再将加解冻液后的试管或小瓶,浸入事先准备好盛有开水的烧杯或瓷茶杯内加温(注意开水不得淹过试管或小瓶口),用温度计测量试管内稀释液温度达到 38℃ ~ 40℃时,立即用竹夹子或金属无钩镊子(在液氮罐口先预冷数秒钟),取出所需的精液颗粒投入解冻液中,摇动数秒钟使其加速解冻,然后快速进行活力检查,精子活力在 0.3 以上即可用于输精。

五、输精

(一)发情母牦牛的保定

套捉、牵拉发情母牦牛进入配种保定架内输精费时费力,有些性野的母牦牛由 4 个全劳力协同牵、赶,仍难以进入保定架,有的鼻镜系绳或用牛鼻钳时,可能会撕断鼻镜而逃。发情母牦牛牵入保定架后,要拴系和保定好头部,左右两侧(后躯)各有 1 人保定,防止牛后躯摆动。严禁保定不好就给母牦牛输精。

(二)输精前的准备工作

输精前要准备好洗涤消毒干燥的输精管、纱布、水桶、肥皂、毛巾等物品。将解冻精液按输精剂量吸入输精管。为避免高原强紫外线、寒冷天气等对精子的危害,应将吸有精液的输精管,用纱布包好,置于牛用假阴道内,在橡胶内胎夹层加 25℃温水保温,或制做一个输精管保温箱,箱为两层,上层放输精管,在输精前现场取用,下层置一热水袋,加温水保温。

输精员应将指甲剪短磨光,手臂洗净消毒,带好长臂乳胶手套,穿工作服、长筒靴、围裙,防止人畜共患病传染。

(三)输精

要求输精剂量准确(冻精颗粒 1 粒,解冻液 2mL,或细管冻精 1 支)、冻精质量合格(活力 0.3 以上,有效精子约 1000 万个)。不够标准者不能使用。

输精要适时,掌握母牦牛接受试情公牦牛爬跨的时间,每一情期输精 2 次,以早、晚凉爽时间输精最佳。

采用直肠把握子宫颈输精法,做到"慢插、适深、轻注、缓出",防止精液逆流。

输精员用手(一般用右手)轻微刺激母牦牛肛门排粪,然后伸入肛门掏直肠宿粪后,另一人用清水冲洗肛门和阴门,并用生理盐水冲洗。输精员用未伸过直肠、干净的手持输精器由阴门插入,先向上斜插,避开尿道口,然后平插至子宫颈口。同时伸入直肠的手指隔直肠壁把握子宫颈并稍提持平(母牦牛子宫颈比普通牛的短,长约5cm,直径约3cm,有软骨性感触),此时两手协同动作,通过感触,两手配合,将输精器慢慢插入子宫颈口内(子宫颈内壁一般有3个子宫颈环,每1环上有大小不等的紧缩皱襞),将精液注入子宫内,然后抽出输精器,再用伸入直肠内的手按摩一下子宫,刺激子宫收缩,然后将手抽出。

母牦牛子宫颈距阴门近(阴门至子宫颈外口的长度22.5cm),子宫颈壁硬,子宫在骨盆腔内的游动幅度小,通过直肠较容易把握住子宫颈,操作比奶牛省力。但子宫颈内壁有明显的3个子宫颈环。特别是外环,皱襞多、细小且紧缩。直肠把握子宫颈输精时,向子宫颈插入输精器比较困难,一定要细心、缓慢,以免刺破出血,影响受胎率或导致炎症等。

在给母牦牛输精过程中,工作人员要密切配合,认真负责,坚守岗位,特别要注意安全,严防出现人、畜受伤,或输精器折断于母牦牛阴道或子宫颈内等事故。

输精后要仔细进行输精受配母牦牛的登记或有关记录,并按人工授精操作规程,进行器械、用具的清洗和消毒工作。

在授配中大部分发育正常的母牦牛在第1、2情期屡配不孕,有的甚至要配上3~4次才能受精。为了提高母牛的受胎率,除了在操作中消毒、解冻、输送等环节中认真细致,还要对母牦牛的发情过程进行细致的观察。因为母牦牛相互爬跨、阴道黏液流出量及兴奋性均不如普通母牛明显、强烈,牧民难以及时辨认,加之发情持续期较短,一般为12~48h,发情结束后3~36h才排卵,因而很难确定适宜的输精时间。输精过早,卵子尚未排出,等到卵子排出时,精子活力已经降低,失去受精能力;输精太迟,卵子排出后,精子尚未到达输卵管,而精子到达时,卵子可能已经衰老,失去受精能力,结果致使母牦牛屡配难孕。

第五节　牦牛胚胎移植

　　胚胎移植也称受精卵移植。其含意是将一头良种母畜配种后的早期胚胎取出,移植到另一头同种生理状态相同的母畜体内,使之继续发育成为新个体,俗称人工受胎或借腹怀胎。其中提供胚胎的个体称供体,接受胚胎的个体称受体。胚胎移植产生的后代其遗传物质来自真正的亲代即供体母畜和与之交配的公畜,而发育所需的营养物质则来自受体母畜。因此供体只决定后代的遗传特性,受体只影响后代的体质发育。在多数情况下移植体不是刚完成受精或第 1 次卵裂阶段的受精卵,而是发育至多细胞、桑葚胚或胚泡阶段的胚胎(3～8 日龄),所以称为胚胎移植。

一、牦牛胚胎移植技术应用研究进展

　　牦牛胚胎移植试验研究是一项生物育种技术,在药物处理、同期发情、超数排卵、人工授精、冲胚和胚胎移植等技术环节上有所突破,并应用于生产当中。从 2003 年开始,天祝县牦牛育种实验场与甘肃农业大学合作进行牦牛胚胎移植试验研究工作,共组建供体牛 10 头,受体牛 15 头,在 2004 年喜获成功。从供体牦牛体内取出 20 枚胚胎,移植到 9 头受体黑牦牛体内并着床,有 8 头牦牛犊牛于 2005 年 5 月出生。西藏科研人员 2005 年 8 月把 5 枚牦牛胚胎移植到 5 头受体牛体内,12 月经 B 超声波检查,有 4 头怀孕,被移植胚胎的受体牦牛怀孕率达到 80%。经过近 9 个月的悉心饲养管理,6 月 12 日有 3 头母牛顺利产下犊牛。在从事牦牛胚胎移植科研过程中,科研人员还成功导入了野牦牛遗传基因,有效改良了牦牛的遗传性和生产性能。

　　2019 年青海省牦牛胚胎细胞及体细胞核移植技术取得新突破,牦牛胚胎细胞及体细胞核移植技术项目由青海大学畜牧兽医科学院实施,项目开展了牦牛体细胞传代培养、牛卵母细胞成熟培养、牦牛体外受精、成熟卵母细胞去核、牦牛体细胞和胚胎细胞核移植重构胚的构建等多项研究。根据研究成果,牦牛体外受精率达到 37.13%,胚胎细胞核移植、体细胞核移植囊胚率分别达到 24.47% 和 20.33%,胚胎冷冻保存解冻后成活率达到 80.67%。

二、胚胎移植的意义

牦牛具有唯一性、排他性,充分利用胚胎移植等先进育种技术在牦牛生产中的应用,解决牦牛繁育生产中存在的周期长、速度慢、效益差的问题。不但可以首开牦牛胚胎移植的先河,为牦牛种质资源保护、品种扩繁提高和提升牦牛品牌效应起到积极的推动作用,而且通过对牦牛胚胎的移植,增加农牧民收入,对当地经济的振兴和脱贫致富奔小康等都具有重要的现实意义和深远的历史意义。

(一)可以增加牦牛的优秀遗传基因

通过超排技术的应用,可使 1 头优秀的母牦牛 1 次排出多于平时的卵子数,移植技术可以留下多于平时的后代。增加牦牛优秀基因的重合率,提高牦牛优秀母牛的繁殖率,进一步提升牦牛的品质,增加牦牛的数量。

(二)保种

对牦牛具有的特殊优点,可借胚胎冷冻长期保存,而且方便运输;可以控制牦牛群中优秀公牛的基因稳定性;加快淘汰杂色牦牛,达到保种的目的。

(三)提高牦牛的繁殖率

通过胚胎移技术可以提高供体牦牛的繁殖力和后代牦牛群的生产力。

(四)克服不孕

对一些不孕母牦牛可以通过胚胎移植技术达到繁殖后代的目的。

三、胚胎移植的基本原则

(一)胚胎在移植前后所处的环境必须统一

即胚胎移植后的生活环境和胚胎的发育阶段相适应。一是供体和受体在分类学上的同属性,即同一物种,若属不同物种则不易成活或成活时间很短。二是生理上的一致性,即供体牦牛和受体牦牛必须同期发情。三是解剖部位上的一致性,即胚胎在供体牦牛和受体牦牛的部位相同。

(二)胚胎发育的期限

胚胎采集和移植的期限不能超过周期黄体的寿命,最迟要在受体同期黄体退化之前数天进行,通常是供体牦牛发情配种后 3 ~ 8d 收集胚胎,决不能在胚胎开始附植时进行。受体也需在同期接受移植。

(三)胚胎的质量

用于移植的胚胎必须通过鉴定,符合标准。

四、胚胎移植的技术操作

胚胎移植的操作类似于人工授精技术,包括收集、检查、培养保存和移植等几个基本步骤。

(一)供、受体母牦牛的选择和准备

供体母牦牛必须是具有育种价值的优秀个体,其繁殖机能必须处于较高水平,最好是经产母牦牛。母牦牛产后 6 ~ 9 周不宜做超排处理,一个泌乳期内不宜做 2 次以上的超排处理。受体母牦牛可以采用非优良品种或杂色个体,但应具有良好的繁殖性能和健康的体态。1 头供体母牦牛需准备数头受体母牦牛。其发情期必须与供体母牦牛一致,前后不应超过 1d。

(二)供体母牦牛超数排卵

超数排卵是在母牦牛发情的某一时期,用促性腺素处理母牦牛,诱发卵巢发育并排出比自然状况下多且具有受精能力的卵子。常用的方法有:

1. PMSG(孕马血清促性腺激素)+PGF2a(前列腺素)法

即在母牦牛性周期的 8 ~ 12d 中任何 1d 肌注 PMSG2000 ~ 3000(初产 2000,经产 2500 ~ 3000,老年牦牛酌情加大剂量),2d 后再肌注 PGF2a15 ~ 20mg,或子宫灌注 PGF2a2 ~ 3mg,在做 PGS 处理后 2 ~ 4d 内多数母牛会发情。

2. FSH(促卵泡素)+PGF2a 或 FSH+PGF2a+GnRH(促性腺素释放激素)法

在母牛发情的第 8 ~ 12d 内的任意 3 ~ 4d 肌注 FSH,每天早晚各 1 次,总剂量 30 ~ 40mg,在第 3d 第 5 次注射 FSH 的同时注射 PGF2a,剂量同"PMSG+PGF2a"法;如用 GnRH 则在看到母牦牛发情后肌注其类似药物 LPH– A2 或 LRHA3 200 ~ 300μg。

3. FSH 或 PMSG+ 抗 PMSG(APMSG)血清配合 PGF2a 法

注射方法同前。在注射 PMSG 的 72～80h 后注射相同剂量的 APMSG。APMSG 可以中和排卵后血液中的 PMSG，从而提高卵子的质量，清除 PMSG 半衰期过长的作用。

超数排卵的理想状态是每次排卵 10～15 个，但在实践中尚不能准确控制。

（三）受体母牦牛的同期发情和供体母牦牛配种

在为供体母牦牛做超数排卵处理的同时要选择同期自然发情的母牦牛或对受体母牛做同期发情处理的。供体母牦牛在超数排卵处理后站立发情，接受公牛爬跨后 8～12h 进行第 1 次输精，间隔 8～10h 进行第 2 次输精，有必要时可以进行第 3 次输精，输精时应采用活率高、密度大的精液。

（四）胚胎收集

胚胎收集是用冲洗液将胚胎由生殖管道中冲出并予以收集。

1. 手术法收集胚胎

术前母牦牛禁食 24h，按常规剖腹术操作。在软肋或乳房至肚脐白线处切开，拉出一侧子宫角、输卵管和卵巢露于腹壁处。按胚胎在生殖道内运行的速度选择合适的部位用针头穿刺，输入冲洗液冲洗回收胚胎。处于 16 个细胞以前的胚胎采用 6 号针头穿刺宫管结合部注入冲洗液，伞部接收冲洗液并用一玻璃细管或塑料细管插入固定，用集卵皿或玻璃皿接收，此法采卵率高。当确认胚胎已进入子宫角时可采用子宫角上端注入冲洗液，基部接取的方法，在排卵后 4～5d 有的胚胎已进入子宫角，有的仍在输卵管内时，可将上述两种方法结合使用。

2. 非手术法收集胚胎

此法用于晚期桑葚胚或早期胚囊（配种后 6～8d），牦牛的非手术胚胎收集可用二路式导管冲卵器。

（五）胚胎的检查

回收后的冲洗液置于玻璃器皿中静待 10～20min，待胚胎沉到底部，移去上层冲洗液即可检查。将确定发育正常的胚胎收集到注射器或移植管内供作移植，或进行培养保存。如即时移植则应保持在不低于 25℃的环境温度下，最好在 37℃恒温下保存。受精卵的识别有两个标准，一是二级体出现，二是卵周隙扩大。发育正常的胚胎透明带发亮，卵周隙明显，分裂球大小均匀。一般配种后 5～6d 收集的胚胎为桑葚胚，7d 后收集的为囊胚期。不正常的胚胎是透明带变化,胚胎也变形,有时透明带是圆的,但胚胎发暗、卵裂球界限不清或细胞萎缩,卵周隙很大等现象。

(六)胚胎移植

牦牛胚胎移植和采集一样,有手术法和非手术法 2 种。

1. 手术法移植

供体母牦牛和受体母牦牛同时做好术前准备。在胚胎检查的同时或获得可用胚胎之后立即动手术,若移植一个胚胎则在一侧软肋处切口。若移植两个胚胎,则取腹中线切口。3 日龄前的胚胎移到输卵管,将吸有胚胎的细管由喇叭口插入输卵管内,把其中带有胚胎的液体注入输卵管,5 日龄以后的胚胎移到子宫角顶端。在离宫管结合部 5cm 处用钝针头刺孔,再将吸有胚胎的细管插入子宫,将胚胎注入子宫。然后复位缝合。

2. 非手术法移植

非手术法移植胚胎和直肠把握深部输精一样,是将胚胎吸入输精器内,或将含有胚胎的塑料细管装在细管输精器上,把胚胎注入到有黄体存在的一侧子宫角内,此法只限于移植取自供体母牛子宫角的胚胎。

(七)胚胎的保存和培养

胚胎在培养液中放在室温条件下能存活 10～20h,当温度降至 20℃以下时胚胎已停止发育,存活时间可以延长。据试验,牛的胚胎在 5℃、10℃可以存活数天,早期胚胎对于低温较为敏感,比发育较晚的桑葚胚或胚泡更易受到低温损害。

关于胚胎在体温环境下(37℃)的培养也进行了大量试验和研究,结果表明,一部分可以正常发育,但发育时间和达到的阶段非常有限。一般只能持续 3～4d,最好的试验结果是两细胞牛胚胎培养 7d 后发育的胚泡。

(八)胚胎的超低温冷冻保存

是指在极低的温度(液氮 -196℃,液氮 -269℃)中保存胚胎。在此温度条件下胚胎的新陈代谢停止,因而可以达到长期保存的目的。其技术过程复杂,要求也比较高。

第四章　牦牛育种

第一节　牦牛繁育

牦牛繁育方式可分纯种繁殖和杂交两大类。纯种繁殖是指在品种或品系内的相互交配。杂交是指不同品种或品系之间的相互交配。纯种繁殖的目的是保持并提高某一品种或品系的优良性能。如天祝白牦牛是中国珍稀特产牛种，其白色的牦牛毛和牛尾，经济价值很高，远销国内外。由于其白色的被毛特征有别于其他牦牛，所以只有通过纯种繁殖来进行选育，才能保持其特色。纯种繁育，主要依靠选种选配，并在品种内建立若干品系来保持和提高其性能。

杂交的目的是从该品种之外引进新的遗传特性或利用杂交优势来提高生产性能，如用野牦牛杂交家牦牛，进行提纯复壮；家牦牛与普通牛（黄牛等）的杂交等。杂交方式有级进杂交、导入杂交、育成杂交、经济杂交等。一般来说，品种之间差异越大，所获得的杂交品种优势也越大。

一、牦牛本品种选育

本品种选育，即通过对一个牦牛类群或群体内公、母牦牛的选种、选配和改善饲养管理，不断提高生产性能和体型外貌，使其更适合牧民或市场的需要。一些古老的品种，长期通过人为的选育，生活在相似的饲养管理及自然条件下，形成了稳定的遗传性，能稳定地把优良性状遗传给后代。本品种选育的目的，不仅要保持这些优良的特性、特点及生产性能,还要增加品种内优良个体的比重,克服该品种的某些缺点,达到保持品种纯度和提高整个品种质量的目的。在保持纯种的基础上进一步加以发展和提高,使之更适合于国民经济的需要。本品种选育主要包括近交和品系育种两个方面。进行本品种选育,首先要确定选育方向,制订选育计划和选育标准,深入细致地进行选种和选配,始终坚持既定的目标进行选育。

(一)本品种选育的目的和条件

本品种的生产性能较高,体型外貌也较为一致,基本上符合国民经济的需要,为了保持和发展品种的特性,需采用本品种选育方法。引进品种的保种,也需要采用本品种选育的方法。杂交育种的最后阶段,牛群进入横交固定以后,为了使牛群质量进一步提高并趋于一致,需要进行自群繁育,严格进行选择,淘汰不良个体,增加良种牛的数量,提高质量,实质上就是采取了本品种选育的方法。

(二)近交

近交的作用是增加后代继承相同性状的概率。一般在下述几种情况下可采取近交:

1. 固定优良性状。由于近交可以逐代地使成对基因变为纯合子,因此可以固定优良性状。

2. 淘汰有害性状。在家畜育种中有些需要淘汰的有害性状是隐性基因造成的。因此在杂合子的情况下,它们得不到暴露,而这种基因却总是在畜体中保留着,偶尔表现一次,总是淘汰不净,然而通过近交,这些隐性的有害基因就躲藏不住了。

3. 保持优良祖先的血统。牛群中如果有个别或少数特别优良的个体出现,可采取近交的方法来继承和保留它们的血统。但是,在近交时要严格选择,选优去劣,对近交过程中出现的不良个体,应毫不犹豫地把它们淘汰。

(三)品系育种

品系育种是家畜育种工作的高级阶段。它是育成新品种和不断提高品种质量水平的有效方法。其最大特点是有目的地培育牛群在类型上的差异,以便使畜群的有益性状继续保持并扩大。按照如下步骤与方法建立品系:

1. 首先要创造和培育系祖。系祖必须是卓越的优良种公牛,不仅本身表现好,而且能将其本身的优良特征、特性遗传给后代。如果系祖的特征、特性不显著,特别是遗传不稳定时,当与同质的母牛选配,所生后代就不一定都具有品系的特征、特性。因此,当牛群中还未发现有理想的种公牛作为系祖时,就不要急于建系,应当从积极创造和培育系祖着手。

2.认真挑选品系基础母牛。与配的同质母牛(即品系基础母牛)必须认真挑选,不能因为有了系祖公牛就随便降低与配母牛的标准。

3.积极培育系祖的继承者。品系建立之后,为了保持这个品系,要积极培育品系的继承者。培育品系的继承者也必须按照培育系祖的要求,通过后裔测定选出来的卓越公牛。

建立品系是增加品种内部的差异性,以保持品种丰富的遗传性,而品系的结合则是增强品种的同一性。由此可见,建立品系的最终目的是品系的结合,通过品系的结合,使品系间的优良性状相互补充,取长补短,来提高整个牛群的质量。

4.采用顶交防止近交退化。在建系过程中为了创造优秀的系祖和巩固其遗传性,常采取近交的方法。由于近交往往出现后代衰退的现象,给经济带来很大损失,为了防止近交退化问题,采取两种解决方案。一是近交系数不宜过高;二是当发生近交退化现象时,可让近交公牛与无血缘关系的母牛交配,在同品种内取得杂交优势的结果,达到增强牛群体质,提高生产性能的目的,这就叫做"顶交"。

二、根据外形选择牦牛

家畜的体质外形,不仅是一定生产力的直接表征,也是发育情况、健康状况和结实性的外表反映,通常用肉眼鉴定和体尺测量来选择牦牛。

肉眼鉴定时,人与牦牛保持一定距离,一般以 3 倍于牦牛体长的距离为宜。从正面、侧面和后面看其体型是否与选育方向相符,体质是否结实,整体发育是否协调,品种特征是否典型,肢蹄是否健壮,有何重要失格以及一般精神表现。再令其走动看其动作、步态以及有无跛行或其他疾患。取得一个概括认识后,再走近对其各部位进行细致审查,最后根据印象进行分析,评定优劣。

体尺测量鉴定可以避免肉眼鉴定带有的主观性。测量体尺的多少,可依研究目的而定。一般只测体高、体长、胸围和管围。为了使测得数据准确,除核对工具使之正确以外,还必须让家畜站在平坦地方,肢势保持端正。人一般站在家畜左侧,态度温和,测具应紧贴该部体表,防止悬空测量。

三、牦牛杂交改良

牦牛由于长期生活在特定的高原生态条件下,形成了适应高原严酷环境的抗逆能力,但它是一个自然选择大于人工选择的原始畜种,生产性能低,产品商品率低,经济效益差。通过本品种选育,虽可提高牦牛的生产性能,但提高的速度很慢,难以适应当前国民经济迅速发展的要求。所以在抓好本种选育的同时,有计划积极地开展牦牛杂交改良,充分利用种间杂交优势,大幅度提高乳肉生产性能,来提高其产品的商品率。另外,通过杂交改良还可以为育成新牛种创造条件。

(一)用西门塔尔和野血牦牛做双父本

利用世界著名的乳肉兼用牛西门塔尔,通过种间杂交方式生产西杂牛,后代的乳肉生产性能得到显著提高。公牛犊能够实现 2 年育肥出栏,提高了青藏高原的生态效益,也增加了牧民的收入。但是,到第 2 代之后,西杂牛对青藏高原严酷环境的适应性降低,生活能力下降。

解决这一难题,需要引入野血牦牛作并列的双父本,进行种内杂交生产野杂牛。由于野血牦牛种内杂交的参与,既提升了牦牛种群的生长活力,还能继续保持了较高的肉奶生产性能。

用西门塔尔等良种肉牛,对家牦牛进行杂交改良,生产犏牛的技术,在中国已有多年悠久的历史。其后代活体重量、产肉量、产乳量均显著提高。用野血牦牛对家牦牛进行改良复壮,在中国也已取得成功。

用西门塔尔和野血牦牛作双父本杂交生产西犏牛和野犏牛,是将二者集成在一起。把种间杂交与种内杂交组合在一起,使二者互相取长补短,实现集成创新,是符合青藏高原生态环境和牦牛产业实际的技术路线。

(二)用西门塔尔做第一父本生产西犏牛

西门塔尔牛是世界上著名的乳肉兼用牛,它的乳用性能好,肉用性能也很出色。实践证明,西门塔尔牛与家母牦牛杂交效果是好的,其后代(F1 代)生长发育快,产肉量提高 50% 左右,产乳量提高 2 倍左右。用西门塔尔牛作父本改良牦牛,能够做到乳肉双收,乳肉皆优。由于西门塔尔是乳肉兼用牛种,有较好产乳性能,其杂交后代产乳量显著提高,除满足牧民食用外,还能剩余大量乳汁满足犊牛生长发育的营养需要,实现在 2 年内育肥出栏。西犏牛具有良好的肉用性能,在牦牛产品中,牦牛肉占整个牦牛产出的比重大、特色显著、商业价值高,市场前景好、潜力大。牦牛肉加工、储藏、运输能够采取工业化方式,进行规模化商品化生产。因此,需要突出牦牛的肉用价值,把肉当作主攻方向,作为主导支柱产品。

(三)用野血牦牛做并列父本生产野犏牛

用野血牦牛进行种内杂交,对家牦牛进行改良复壮,经中国牦牛科学家的多年努力,已经获得巨大成功。据文献报道,导入野血后牦牛的各期活重,产肉产奶生产性能明显提高,生活力与抗逆性也明显提高,有效地阻止了家牦牛的退化。

由于利用西门塔尔杂交生产的西犏牛,到了第 2 代之后,生产性能与生活力都急剧下降。为解决这一问题,牦牛杂交改良方案,吸收继承了野血牦牛种内杂交技术成果。在引入西门塔尔提高肉乳生产性能的同时,也安排野血牦牛作并列父本,进行交叉轮交。及时提升牦牛血统的比例,使之在 30%以上,能保持其后代在高寒草原的适应能力。

第二节　牦牛选配方法

选配是指在牛群内,根据牛场育种目标有计划地为母牛选择最适合的公牛,或为公牛选择最适合的母牛进行交配,使其产生基因型优良后代。不同的选配,有不同的效果。根据交配个体间的表型特征和亲缘关系,通常将选配方法分为品质选配和亲缘选配。

一、品质选配

品质选配就是考虑交配双方品质对比的选配。根据选配双方品质的异同,品质选配可分为同质选配和异质选配。同质选配是选择在外形、生产性能,或其他经济性状上相似的优秀公、母牛交配,其目的在于获得与双亲品质相似的后代,以巩固和加强它们的优良性状。同质选配的作用主要是稳定牛群优良性状,增加纯合基因型的数量,但同时亦有可能提高有害基因同质结合的频率,把双亲的缺点也固定下来,从而导致适应性和生活力下降。所以必须加强选种,严格淘汰不良个体,改善饲养管理,以提高同质选配的效果。异质选配是选择在外形、生产性能,或其他经济性状上不同的优秀公、母牛交配,其目的是选用具有不同优良性状的公、母牛交配,结合不同优点,获得兼有双亲优良品质的后代。异质选配的作用在于通过基因重组综合双亲的优点或提高某些个体后代的品质,丰富牛群中所选优良性状的遗传变异。在育种实践中,只要牛群中存在着某些差异,就可采用异质选配的方法来提高品质,并及时转入同质选配加以固定。

二、亲缘选配

亲缘选配是根据交配双方的亲缘关系进行选配。按选配双方亲缘程度的远近,又分为近亲交配(简称近交)和非近亲交配(简称非近交)。一般认为5代以内有亲缘关系的公、母牛交配称为近交,否则称为非近交。从群体遗传的角度分析,一个大的群体在特定条件下,群体的基因频率与基因型频率在世代相传中应能保持相对的平衡状态,如果上下两代环境条件相同,表现在数量上的平均数和标准差大体上相同。但是,如果不是随机交配,而代之以选配,就会打破这种平衡。当选配个体间的亲缘关系高出随机交配的亲缘程度时就是近交,低于随机交配的程度时就是杂交。

三、牦牛常规选种方法

一头好的种用牦牛,不仅要求本身生产性能高、体质外貌和繁殖性能好、发育正常、合乎品种标准,而且重要的是种用价值要高。因为种畜的主要价值,不在乎它本身生产性能的高低,而在于能否生产优质的后代,也就是说是否具有优良的遗传型。所以,牦牛的选种,实质上就是对牦牛遗传型的选择。

(一)性能测定

性能测定或称成绩测验,是根据牦牛个体本身成绩的优劣决定留种与淘汰,以牦牛的增重、阶段活重、体格大小、饲料利用率等遗传力较高且能够活体测定的性状作为选种条件,它是一种十分有效的选择方法。1.5~3岁牦牛的二选和定选均采用这种方法。在实际选种中,当被选个体同一性状只有一次成绩记录时,应先校正到同一标准条件下,然后按表型顺序选优去劣;当被选个体同一性状有多次成绩记录时,先把多次记录进行平均,然后按平均值进行排序选种。

(二)系谱测定

系谱测定就是通过查阅和分析各代祖先的生产性能、发育情况以及其他材料,来估计该种畜的近似种用价值,以便基本确定种畜的去留。在实践中,往往是将多头种畜的系谱直接进行针对性的分析比较。鉴定时,重点放在父母代的比较上,其次是祖父母代上,因为近代亲属影响大,远亲影响小,审查和鉴定不能针对某一性状,要以生产性能为主做全面的比较,不同系谱要同代祖先相比,即亲代与亲代、祖代与祖代比较。系谱测定多用于幼年和青年时期,本身尚无生产性能记录时的选种,是早期选种的方法之一。在牦牛生产中主要用于种用牦牛的初选。

(三)同胞测定

同胞测定是根据其同胞的成绩来评定某一个体的价值。可分为全同胞测定、半同胞测定、全同胞混合测定等 3 种。而牦牛选种中的同胞测定主要是半同胞测定,另两种同胞测定较少应用。对于牦牛的产乳量、乳脂率、产后发情长短、排精量等限性性状和屠宰率、净肉率等活体难于准确度量的性状,用同胞测定是最好的方法之一。

(四)后裔测定

后裔测定是根据后代的成绩,来评定种畜种用价值好坏的一种方法。它是评定种畜种用价值最可靠的方法,因为后代是亲代的产儿,是亲代遗传型的直接继承者。常用的有以下几种方法。

1. 母女对比法

这种测定方法多用于公牛。它是通过母女间生产性能的直接比较来选择公牛的一种方法。做法是母女成绩相比较,凡女儿成绩超过母亲的,则认为公牛是改良者,可留作种用,否则就淘汰。此法还可通过计算公牛指数(F),依指数的大小排序选留。公牛指数计算公式为:

$$F=2D-M$$

式中:F 为公牛指数

　　　D 为女儿成绩

　　　M 为母亲成绩

这种方法简单易行,一目了然,适用于小群体的选种,但由于母女所处的年代不同,存在一定的环境差异。同一头公牛与不同的母牛群配种会得到不同的结果。

2. 同期同龄比较法

同期同龄比较法是将被测公牛的女儿与其他同期、同群、同龄母牛的生产性能加以比较，来评定种公牛的遗传性能好坏的一种方法。其优点是可以消除场地、季节等非遗传因素的影响,且方法简单,在资料不全时,可按单一性状进行选择。不足之处是所得结果只是对表型值的一个估计,没有消除预测中的误差。

3. 总性能指数法

该法是将各数量性状的预期遗传传递力结合起来,编制成一个简单的指数,即总性能指数(TPI),然后按指数大小排序选种。其指数的计算公式为:

$$TPI= \sum_{j=1}^{n} W_j R_{uj}$$

式中:TPI 为总性能指数

n 为性状数

W_j 为加权值

R_{vj} 为相对育种值

后裔测定是一种评定种畜种用价值的最可靠的方法,但也具有所需时间长、改进速度慢等不可克服的缺点。在实际应用中,要消除对方遗传因素和生理因素的影响,要消除环境因素的影响,要有一定的数量,除测定主要的生产性能外,还应全面分析其体质外貌、生长发育、适应性及有无遗传病等。

四、种用牦牛选择步骤

(一)种公牦牛的选择步骤

初选:在断奶前进行,一般从 2~4 胎母牦牛所生的公犊牛中选拔。按血统和本身的状况进行初选,选留头数比计划要多出一倍。血统一般要求审查到 3 代,特别对选留公犊牛的父母品质要进行严格审查。本身的表现主要看外貌、日增重,牦牛要求被毛纯白等选留。牧民选公牦牛是"一看根根,二看本身",可见初选中血统状况是首要的依据。对初选定的公犊牛要加强培育,在哺乳和以后的饲牧管理方面予以照顾,并定期称重和测量有关指标,为以后的选留提供依据。

再选:在 1.5~2 岁时进行。主要按本身的表现进行评定。对优良者继续加强培育,对劣者,特别是生长发育缓慢,具有严重外貌缺陷的应去势育肥或淘汰。

定选:在3岁或投群配种前进行。最好由畜牧技术人员、放牧员等人员组成小组共同评定,即进行严格的等级评定。定选后的种公牦牛按等级及选配计划可投群配种。如发现缺陷(配种力弱、受胎率低或精液品质不良等)可淘汰。对本种选育核心群或人工授精用的公牦牛,要严格要求,进行后裔测定或观察其后代品质。

(二)母牦牛的选择步骤

对进入选育核心群的母牦牛,必须严格选择(步骤基本同公牦牛)。对一般的选育群,主要采取群选的办法:拟订选育指标,突出重要性状,不断留优去劣,使群体在外貌、生产性能上具有较好的一致性;每年入冬前对牛群进行一次评定,大胆淘汰不良的个体;建立牛群档案,选拔具有该牛群共同特点的种公牦牛进行配种,加速群选工作的进展。

五、牦牛选种中注意事项

种公牛应当来自选育群或核心群经产母牛的后代,对其父的要求是:体格健壮,活重大,强悍但不凶猛,额头、鼻镜、嘴、前胸、背腰、尻都要宽,颈粗短、厚实,肩峰高长,尾毛多,前肢挺立,后肢支持有力,阴囊紧缩,毛色全黑为佳。母牦牛的选择应当着重于繁殖力,初情期超过4岁而不受孕者、连续3年空怀者、母性弱不认犊者都应及时淘汰。

第五章　牦牛饲养管理

第一节　牦牛的采食和消化特性

一、牦牛的消化特点

牦牛是反刍动物,饲料在消化道内经过物理、化学及微生物的作用,将大分子的有机物质分解为简单的小分子物质,被牦牛吸收利用。牦牛的胃分为瘤胃、网胃、瓣胃(三者合称前胃)和皱胃(真胃)4 个室,几乎占据腹腔的 3/4。

(一)瘤胃的消化功能

牦牛的消化主要在于瘤胃。瘤胃庞大,达 95 ~ 130L,是一个微生物连续接种的高效活体发酵罐,在其中栖居着数量巨大、种类繁多的微生物,它们协助宿主消化各种饲料(粗饲料中 70% ~ 85%的干物质和 50%的粗纤维),同时合成蛋白质、氨基酸、多糖和维生素,在供自身生长繁殖的同时,也将自己提供给宿主作为饲料。瘤胃中的微生物在牦牛的消化中起主导作用,每克瘤胃内容物中有细菌 150 亿 ~ 250 亿个,纤毛虫 60 万 ~ 180 万个。牛的瘤胃及其微生物、细菌、纤毛虫互相协调或制约,保持瘤胃内小生态的平衡,使瘤胃的消化过程顺利进行。待瘤胃内容物进入真胃或后段消化道时,微生物本身及其合成、分解的营养物质被牛消化吸收并利用,牛不能利用的则成为粪尿等排出体外。所以,瘤胃微生物在牦牛饲料消化中起着重要作用,也是牦牛消化生理的主要特征。另外,牦牛不同于其他牛种的最大特点是消化粗纤维能力强。

根据瘤胃微生物或瘤胃小生态环境的需要,在牦牛的饲养中,特别是在犊牛培育、种公牛饲养、全舍饲育肥等生产活动中,饲草料要多样化,要多搭配容积大、粗纤维丰富的青粗饲料。不能大量饲喂单一饲料,特别是精料,以免破坏微生物的生存条件,影响微生物的繁殖和相互关系。如精料过多,粗饲料较少时,纤毛虫数量减少,细菌增加,正常的消化、发酵功能就会受到不同程度的影响,甚至导致瘤胃发病。更换饲料时不能过急过快,要有 1~2 周的适应期,使瘤胃微生物对更新的饲料有逐渐适应的过程。

(二)反刍

反刍,就是反刍动物在采食时先将饲料粗略咀嚼就吞咽,饲料在瘤胃浸泡和软化,在卧息或停止采食后 0.5~1h,由瘤胃内再逆呕或倒入口腔,反复咀嚼并混合唾液,然后再吞咽入瘤胃的过程,是牦牛等反刍动物的重要消化过程之一。饲料经再次仔细咀嚼、混入唾液后,增加瘤胃微生物对饲料成分的分解和分解效果,以提高饲料的利用率。在广大牧区,农牧民群众将反刍称为"倒草""倒磨"或"回嚼"。

牦牛犊牛开始采食牧草或粗饲料时,瘤胃内就有微生物孳生,出现反刍现象。如果较早给犊牛补饲优质青干草,出生 3 周龄后就可出现反刍。

牦牛 1 次反刍时间为 40~60min,倒入口腔的 1 个草团咀嚼 30~60 次,咀嚼时间为 30~50s。反刍和咀嚼的时间与牧草的质量有关,随着天然牧草的枯黄、纤维增多以及水分减少或补饲秸秆等,反刍的时间也会相应增加。反刍是否正常,也是兽医和饲牧人员判断牦牛消化是否正常、有无消化道疾病的观测指标之一。

二、放牧牦牛的采食特点

(一)放牧采食速度

放牧采食速度是指单位时间内牦牛采食口数或每分钟啃草次数。受遗传特性、牧草的适口性和牧草中营养物质含量等因素的影响,牦牛不仅特别喜食某些牧草,而且对同一牧草的不同生长期或同一植株的不同部分也有不同的采食偏好,这种特殊的采食现象为选择性采食。

据测定,牦牛在暖季的采食速度为 65 ~ 71 口 /min,在 11 月份枯草季节的采食速度为 42 ~ 53 口 /min。在一天的放牧时间中,早晨初牧或晚牧时,采食速度快,定牧时采食速度慢。因为牦牛在初牧时因饥饿、贪食而采食速度快;而在定牧时,经过初牧时单调而频繁的采食后,牛只口腔肌肉出于疲劳而使采食速度降低;经卧息、反刍后,牛只又开始积极采食。

(二)放牧采食量

放牧采食量是指放牧条件下每口采食量和每日采食牧草的量。据报道,当年产犊的母牦牛,在 8 月上旬草场质量高、牧草生长茂盛的情况下放牧,日采食量为 42.64kg(其中白天采食 25.02kg,晚上为 17.62kg)。约占活重的 17%,每口采食量为 0.7492g;混合牛群 7 ~ 10 月份放牧日采食青草 15.2 ~ 35.6kg,平均为 23.1kg,日采食口数为 15486 ~ 37573 口,每口采食量为 0.5826 ~ 1.2844g。应该指出的是,每口采食量和每日采食量随牦牛的品种、年龄、性别、牧草的高度、盖度和放牧的季节的不同而不同。

(三)放牧行进速度

产奶母牦牛群放牧行进速度为 7.04 ~ 9.66m/min,初牧时因牛只贪食而行进速度慢(7.04m/min),定牧及晚牧时较快(9.66m/min)。混合牛群放牧行进速度(8.16 ~ 14.1m/min),比产奶母牦牛快,初牧为 14.1m/min,定牧为 9.07m/min,晚牧为 8.16m/min。牦牛放牧行进速度比 2.5 岁的杂种牛快,牦牛为 10.73m/min,犏牛为 8.56m/min。

(四)采食、卧息和游走

牦牛在放牧的过程中,采食、卧息和游走时间的分配,关系着放牧的质量,也间接反映了牛群的健康状况及草原的生产力。当采食及卧息时间较长,而游走时间较短时,说明牛群营养状况或生产性能较好,草原利用充分。反之,游走时间较多,运动量加大,能量消耗增加,营养状况或生产性能就低。如牛在平地上行走时能量消耗为站立时的 1.2 ~ 2 倍;上坡所消耗的能量随坡度的提高而增大;下坡时消耗的能量与平地无差别。此外,游走增多,草原遭践踏,采食不匀,好草易被淘汰,利于劣草滋生,影响草原生产力。

在放牧过程中,一般用于卧息和采食的时间占 2/3,用于游走的时间占 1/3。如产奶母牦牛采食和卧息时间约占日放牧时间的 65.47%(其中采食占 33.7%,

卧息时间占 31.77%），其余为游走时间。气候、蚊蝇干扰和牧草的高度、覆盖度等都是影响放牧采食、卧息和游走的主要因素，掌握和控制牦牛放牧采食、卧息和游走时间分配的比率，是提高放牧质量、提高草场利用率的重要手段。所以，有经验的放牧员可根据具体的情况，较好地控制牛群的采食、卧息和游走时间，这对牛群的健康是非常有利的。

第二节　种牦牛的饲养管理

牦牛以自然交配为主，种公牦牛在牛群中所占的比例大，最适宜比例为 1∶12～15。种公牦牛饲养管理得好坏，不仅直接影响当年的配种任务，而且也影响翌年后代的质量，种公牦牛的选育对整个牛群的改良利用方面有着重要的作用。农牧民所说的"母牛好，好一窝，公牛好，好一坡"，就足以说明种公牦牛在牛群繁育中所起的作用。但种公牦牛的优良性状的遗传和有效利用率，只有在良好的饲养管理条件下才能得到充分显现。

一、种公牦牛饲养管理的基本要求

1. 增强体质健康　种公牦牛的体质健康程度反映在它的精力是否充沛，雄性的威力是否凛然，膘度是否适于种用要求。所谓种用膘度，应是中上等体况，其腰角明显而不突，肋骨微露而不显，肌肉显露而不丰。如果饲养过丰而缺乏运动，就会使种公牦牛发胖并且精神萎靡，如果营养不良，就会降低种公牦牛的精液质量和性欲。

2. 提高精液品质　使种公牦牛的射精量、精液活力、密度及生存指数都能达到标准要求，且能耐冻，符合冷冻精液制作的要求。

3. 延长利用年限　牦牛种公牛在 12 月龄开始有性表现，但是体成熟一般在 4 岁，利用年限相对较短。因此，应从种公牦牛的生长发育规律入手，加强饲养管理，合理利用公牛，确保种公牦牛具有良好的繁殖力。

二、种公牦牛的饲牧管理要点

(一)非配种季节的饲养管理

为了使种公牦牛具有良好的体况和繁殖力,在非配种季节,应和母牦牛群分群放牧管理,或和阉牦牛、育肥牛组群,在远离母牦牛群的牧场上放牧,有条件的应少量补饲,在配种季节到来时达到种用体况。要使种公牦牛在配种季节到来之前达到良好的膘情,就应加强冷季的补饲。应饲喂品质优良的青干草、青贮料及精料等。如果公牦牛的膘情好,少喂精料可保持配种能力;相反如果膘情差而饲草品质不好,就必须多喂精料。用麦麸、玉米、大麦、燕麦、油饼类搭配成混合料饲喂公牦牛是比较好的。饲喂量可视体重、膘情而定。

(二)在配种季节的饲养管理

在配种季节公牦牛日夜追逐发情母牦牛,体力消耗大而持续时间长,采食时间减少,因而无法获得足够的营养来补充能量的消耗,至配种结束后,往往体弱膘差。因此,在配种季节,对性欲旺盛、交配力强的优良种公牦牛,应设法隔日或每天给予补饲,喂给一些含蛋白质丰富的精料和青干草或青草,在缺少精料的情况下可喂给奶渣(干酪)、脱脂乳等。也可以将种公牦牛定期隔离单独系留放牧或补饲,使其有短期的休息,待一定时间后再投群配种,来提高精液品质或母牦牛的受胎率。总之,要尽量采取一些补饲或放牧措施,减少种公牛在配种季节体重的下降量及下降速度,使其保持良好的配种能力和精液品质。另外,种公牦牛在放牧过程中,采食及卧息时间比母牦牛少,游走及站立时间比较长。种公牦牛的这些特征,在放牧过程中应予以重视。

三、母牦牛的饲养管理

加强饲养管理,满足母牦牛不同时期的营养需要,是保证母牛正常发情排卵、妊娠和胎儿发育的物质基础,这是任何先进的繁殖技术和药物都不可能替代的。

(一)怀孕母牦牛的饲养管理

怀孕母牦牛的饲养管理十分重要,营养需要从怀孕初期到后期随胎儿的生长发育呈逐渐增加趋势,同时还要维持怀孕母牦牛自身的新陈代谢和增重需要,所以要加强怀孕母牦牛的营养补充。每日除放牧、补饲粗饲料外,还要补饲一定量(根据饲料储备情况定量)的能量饲料(谷物)和蛋白质饲料(豆类)。防止因营养不全或缺失造成死胎或胎儿发育不良。

另外在放牧时应注意避免怀孕母牦牛剧烈运动、冰雪地摔倒、拥挤及其他易造成流产的事件发生。

(二)产后母牦牛的饲养管理

产后母牦牛的营养供给要兼顾哺乳、挤乳和母牛自身体力恢复的营养需要。

1. 合理组织放牧

产奶母牦牛要挤奶及带犊或哺乳,因此,暖季放牧工作的好坏,不仅影响到产奶和牦牛犊的生长发育,而且影响到当年母牦牛的发情和配种。放牧工作要细致,应分配给距棚圈较近的优良牧场,放牧员最好跟群放牧。

暖季母牦牛挤奶和哺育犊牛所占用的时间相对较多,部分母牦牛受发情配种的干扰大,因而采食时间相对减少。要尽量缩短挤奶时间,早出牧或在天亮前先出牧(犊牛仍在圈地拴系),日出后收牧挤奶,还可采取夜间放牧。要注意观察牛只的采食及奶量的变化,适当控制挤奶量,及时更换牧场或改进放牧方法,让母牦牛多食多饮,尽早发情配种。

2. 防止过度挤奶

牦牛奶相比奶牛奶具有乳脂率高、蛋白质含量高、乳脂肪球直径较小的特点。据资料显示中国不同品种牦牛奶蛋白质含量范围为 4.71% ~ 5.73%,脂肪含量在 5.52% ~ 7.14%,均比普通牛奶含量高。是制作酥油、酸奶的主要原料,也是产区人民的主食之一。但是往往会出现过度挤奶、人与犊牛争奶的现象,致使 2/3 的当年产犊母牦牛在发情季节不能正常发情或推迟发情,同时也影响犊牛的生长发育。一般认为日挤奶一次为好,坚决杜绝日挤奶 2 ~ 3 次,尽量减少因哺乳兼挤奶而延长系留,缩短了母牛采食时间,使母牛得不到充足的营养补给,体况较差而影响到当年和来年的生产任务

3. 及时断奶

犊牛哺乳至 6 ~ 8 月龄(即进入冷季)后,一般应断乳并分群饲养管理。使母牛获得干乳期的生理补偿。对母牦牛当年未孕者可适当延长哺乳期。

第三节　犊牦牛哺乳及犊牛培育

一、犊牛哺乳

(一)犊牛要及时吮食足初乳

初乳,即母牛产犊后最初几天所产的奶,牧民们也叫胶奶,营养成分比正常奶高1倍以上。犊牛吮食初乳,可将其胎粪排尽,如吮食初乳不够,生后10d左右,犊牛将会出现肠道便秘、梗塞、发炎等胃肠病和生长发育不良的现象,更重要的是初乳中含有大量免疫球蛋白、乳铁蛋白、微量元素和溶菌酶等物质,对防止一些犊牛传染病如大肠杆菌、肺炎双球菌、布氏杆菌和病毒等起很大作用。另据测定,牛初乳中免疫球蛋白含量仅在产犊后第1d保持较高水平,第2d含量就明显下降,仅剩第1d的1/5左右。第4d以后含量已很低,第6d基本降至常乳水平。

据报道,犊牛血液中免疫球蛋白的含量跟犊牛的死亡有很大的关系,免疫球蛋白含量高,犊牛死亡率相对较低。因此,犊牛及时足量地吮食足初乳,对于犊牛以后的生长发育有着十分重要的意义。

(二)犊牛的哺乳量

牦牛犊牛一般为自然哺乳。为使犊牛生长发育好,必须根据牧场的产草量、犊牛的采食量及其生长发育、健康状况,对母牦牛的挤乳量进行相应的调整。经测定,牦牛犊在6月龄内的自然哺乳量为248.1kg,其中1月龄哺乳量最多,为64.5kg;2~6月龄哺乳量依次为50.4、43.8、37.8、27.2、24.4kg,实践证明这一哺乳量饲养的牦牛犊生长发育正常。

犊牛哺乳至6月龄(即进入冷季)后,一般应断乳并分群饲养管理。如果一直随母牦牛哺乳,幼牦牛恋母,母牦牛带犊,均不能很好地采食。在这种情况下,不仅影响到母、幼牦牛的安全越冬度春,而且使犊牛的生长发育受到影响。

二、犊牛培育

(一)犊牛培育的原则

1. 加强怀孕母牦牛的饲养管理,给新生犊牛一个健壮的体质基础

犊牛在胚胎阶段,母体是胎儿的外界环境,母牦牛的新陈代谢状况,直接影响着胎儿的生产发育。在胚胎前期(约 34d),器官和组织分化迅速,发育十分旺盛,重量增加快,同时母体的新陈代谢也开始旺盛。到了怀孕 150d 以后,胎儿的增重加快,体内沉积的 N、C、Ca、P 等营养物质的数量与日俱增,生长发育更加迅速。因此,在母牦牛怀孕前期要加强饲养管理,给予足够的、营养丰富的饲料。怀孕后期要根据胎儿和母体子宫的发育规律适当增加各种营养物质的给量,以保证胎儿的正常生长发育。

2. 适当使用优质粗饲料,促进犊牛消化机能的形成和消化器官的发育

为适应高山环境,牦牛犊必须具有发育良好的消化、呼吸、血液循环器官。不仅能够采食大量的精粗饲料,而且可以很好地把这些饲料中的营养物质转化成为畜产品。如果早期给犊牛饲喂草料,可加速瘤胃发育、促进瘤胃微生物的繁殖。因此要加强犊牛消化器官的锻炼,养成较强的饲料采食能力。

3. 合理利用放牧条件,加强犊牛运动

为了培育出体质健壮的幼牦牛,犊牛断奶后,进行放牧管理,以保证犊牛采食到新鲜可口、营养丰富的牧草,有充足的运动和阳光,可促进其生长发育。冷季放牧条件差时,要适当补饲。

(二)犊牛培育方法

1. 全哺乳培育法

母牦牛不挤奶,犊牛进行全哺乳,并在冷季补饲青干草(100~150kg/头),相比传统方法(日挤奶 1 次,挤奶量 0.5~1kg,其余供犊牛哺食,冷季不补饲)饲养的同龄犊牛,体重要高出大约 1/3。据调查,天祝白牦牛全哺乳公犊牛 11 月龄平均活重为 92.3kg;按传统方法饲养的平均活重仅为 61.34kg。

2. 犊牛的放牧管理

犊牦牛在 2 周龄后即可采食牧草,3 月龄左右即可大量采食,随月龄的增长和哺乳量的减少,母乳越来越不能满足其需要,促使犊牛加强采食牧草。同成年

牛比较,犊牛每天采食时间较短(占日放牧时间的 1/5),卧息时间多(占 1/2),这一特点在放牧中应予以重视。保证充分的卧息时间,防止驱赶或游走过多而影响生长发育。不要让犊牛卧息于潮湿、寒冷的地方,不要远牧,天气变冷,遇暴雨或下雪时及早收牧,应有干燥的棚圈供卧息。

3. 犊牛冷季暖棚加补饲培育法

针对犊牦牛在第一个冷季里生长发育容易受阻、乏弱死亡严重的问题,建议将牛舍改建为拱形塑膜暖棚,减少牛营养损失降低病死率,保障正常发育成长。

天祝县畜牧推广站做了天祝白牦牛犊牛冷季培育试验对比:试验组牛舍为改建后规范化拱形塑膜暖棚,对照组为原始的无棚牛圈。两组犊牛白天均在草原围栏内放牧或在圈舍附近放牧,每日饮水 1 次。归牧后试验组在棚舍内补饲少量青干草和少量精料,随着冷季的向后推移和自然牧草的减少,每头日均补喂青干草量由少到多,由 0.5kg 增至 1kg,每头日均补喂精料由少到多,由 0.25kg 增至 0.5kg;对照组无补饲。犊牛体重及体尺等变化见下列表 2-1 至表 2-4。

表 2-1 犊牛体重变化

组别	试验初体重(kg)		试验末体重(kg)		体重增减(kg)
	n	X̄ ± S	n	X̄ ± S	
对照组	20	65.32 ± 10.52	18	55.34 ± 8.99	−9.98
试验组	20	65.52 ± 9.94	20	76.60 ± 8.98	+11.08

表 2-2 犊牛体高变化

组别	试验初体高(cm)		试验末体高(cm)		体高增减(cm)
	n	X̄ ± S	n	X̄ ± S	
对照组	20	87 ± 6.5	18	87 ± 6.0	0.0
试验组	20	87 ± 6.5	20	89 ± 7.0	+2.0

表 2-3 犊牛体长变化

组别	试验初体高长(cm)		试验末体长(cm)		体长增减(cm)
	n	X̄ ± S	n	X̄ ± S	
对照组	20	86 ± 6.5	18	86 ± 6.0	0.0
试验组	20	86 ± 6.5	20	89 ± 7.0	+3.0

表 2-4 犊牛胸围变化

组别	试验初胸围(cm)		试验末胸围(cm)		体尺增减(cm)
	n	$\bar{X} \pm S$	n	$\bar{X} \pm S$	
对照组	20	104 ± 7.5	18	96 ± 6.0	-8.0
试验组	20	104 ± 7.5	20	110 ± 7.0	+6.0

试验结果表明,试验组比对照组减损、增重 21.06kg,体高增高 2cm,体长增长 3cm,胸围增大 14cm,试验组保活率达 100%,对照组因春季风雪乏弱死亡 2 头,保活率为 90%,试验组比对照组高 10 个百分点。

通过试验可以看出,在冷季仅改变棚舍条件(舍内温度小于 15℃),少量补饲青干草、精料情况下,就能达到保膘、保活的目的,这是解决牦牛犊牛在第 1 个冷季里生长发育受阻、减少乏弱死亡的有效途径之一,也为牦牛培育工作的连续性和其他犊牛的越冬度春提供了科学依据。

因此,改善犊牦牛哺乳期的饲养,对幼牦牛冷季进行补饲,是提高牦牛生产性能或冷季活种增长的重要措施。

第四节 放牧牦牛饲养管理

中国牦牛饲养管理水平和技术措施,受牦牛分布地区生态环境条件和传统的生产方式以及生产者的科技文化水平、生产经验、劳动技能、风俗习惯,甚至宗教信仰等因素的制约和影响,地区间存在很大差异。既有现代畜牧科学技术的推广和应用,又有原始传统的自然生产方式,现代和原始的生产技术相互并存,这是中国牦牛饲养管理的一大特点。但从总体而言,牦牛的饲养管理比较粗放,没有脱离"靠天养畜"的范畴,仍依靠天然草地牧草获取维持生命、生长、繁殖等所需的营养物质。牦牛群的管理则随季节而定,概括为以下几句话。

夏初:接产护犊,整群分群,去势阉割。

入夏:抓绒剪毛,预防接种,药浴驱虫。

夏秋:挤乳制乳,抓膘配种,打草贮草。

冬前:淘汰屠宰,清点圈存,整修棚圈。

入冬:停奶保胎,保膘度春,进入冬房。

翌春:少量补草,控制死亡,丰年在望。

一、两季草场划分和放牧管理

牦牛分布区的气候条件属于高寒草地气候,综合牧场的海拔高度、地形地势、离定居点的远近和交通条件等情况一般将牧场划分为暖季(夏秋)、冷季(冬春)两季牧场,暖季6~10月份,冷季一般为11月份至翌年5月份。暖季(夏秋)牧场选在远离定居点,海拔较高、通风凉爽、蚊蝇较少、有充足水源的阴坡山顶地带;冷季(冬春)牧场则选在定居点附近,海拔较低、交通方便、避风雪的阳坡低地。牦牛分布的有些地区,属高山峡谷地貌,牦牛可利用的草地总面积虽很广阔,但被深谷分隔为相对"零星"的草地,往往一个村、组、户使用的草地分散在几条山梁上,每一牦牛群只使用其中一两个山梁的草地。因此,也有将牧场划分为春、夏、秋、冬四季牧场的,只是春、秋牧场使用的时间短,面积较小,由冬牧场去夏牧场,或由夏牧场回冬牧场的过渡性牧场,多以山沟、林边草地为冬牧场,以岭端草甸为夏牧场,山坡地带为春、秋牧场。

牦牛群的放牧日程,因牦牛群类型和季节不同而有所区别。总的原则是:"夏秋季早出晚归,冬春季迟出早归",以利于采食、抓膘和提供产品。

(一)冷季牧场放牧管理

冷季牧场放牧的主要任务是保膘、保胎,减少牛只体重下降的速度,防止牛只乏弱,使牛只安全越冬过春,妊娠母牦牛安全分娩,提高犊牛的成活率。冷季,天然草原处于1年的"亏供"状态,牦牛处于亏食状态,是牛群死亡率最高的季节。因此冷季饲养牦牛要在培育和合理利用草原、提高草原牧草的产草量等措施的基础上,通过调节畜群结构使牛群数量保持最低水平,尽量保持草畜相对平衡。

冷季时间长,牧场应选留距定居点或棚圈较近,小气候好,干燥而不易积雪,即避风或南向的低洼地、牧草生长好的山谷、丘陵或平坦地段。刚进入冬春季牧场的牦牛,一般体壮膘肥,应尽量选择未积雪的边远牧地、高山及坡地放牧,推迟进定居点附近的冬春季牧地放牧的时间。若年景差或冷季储草不足,还应增加

10%～25%的面积作为后备牧场。放牧要晚出牧,早归牧,充分利用中午暖和时间放牧和饮水,晴天放较远的山坡和阴山;风雪天近牧,放避风的洼地或山湾,即牧民说的"晴天无云放平摊,天冷风大放山湾"。放牧牛群朝顺风方向行进,怀孕母牦牛避免在冰滩地放牧,也不宜在早晨或空腹时饮水。冬春季风雪多,应注意气象预报,及时归牧。

在牧草不均匀或质量差的牧地上放牧时,要采取散牧的方式,让牛只在牧地上相对分散的自由采食,以便使牛只在较大的面积内每头牛都能采食较多的牧草。冬春季是牦牛一年中最乏弱的时间,除跟群放牧外,有条件的地区还应加强补饲,特别是大风雪天,剧烈降温及寒冷对乏弱牛只造成的危害严重,如风力达到5～6级时,可造成牛只体表强制性对流,体热损失过多,牛只采食也会不安;8级以上大风可吹散牛群,使牛群顺风而跑,大量消耗体能,一般应停止放牧,在棚圈内补饲,使牦牛安全越冬过春。春末,妊娠母牦牛开始产犊,一群牛最好由两人放牧,挡强护弱、接产和护理犊牛,要特别注意母牦牛离群产犊而发生意外事故,这段时期不宜远牧和爬高山,放牧中要控制牦牛群的行进速度,使牛只少跑路多采食。

从牧草枯黄的冬季牧场向牧草萌发较早的春节牧场转移时,先在夹带黄草的牧场上放牧,逐渐增加青草的采食量,即需2周的适应期,这样可避免牛只"抢青",误食萌发较早的有毒、有害植物,引起腹泻、中毒甚至死亡。对草原牧草来说,春季牧草多处于危机期,放牧强度不宜过大(达正常放牧强度的40%～50%),可以促进牧草增产1.5～2倍,否则可使牧草大量减产。

(二)暖季牧场放牧管理

经历了漫长的冬春季节,暖季是草原的黄金季节,牧草逐渐丰盛,是牦牛恢复体力,增重,增加畜产品的好时节,也是牦牛超量采食为下一个冷季打好基础的季节。将牦牛的妊娠、产犊和育肥调节到夏季,有利于充分利用夏季牧草的生长优势,提高牧草—畜产品的转化率,增加畜产品的收获量。

牦牛暖季放牧的主要任务是:增产牛乳、搞好配种及抓膘,供肉用的牦牛在进入冷季前出栏,并为其他牛只越冬过春打好基础。夏秋季要早出牧、晚归牧,延长放牧时间,让牦牛多采食。暖季牦牛生产生活的高海拔地区,实际日照时数的2500～2700h,太阳辐射强,这一光照条件,对牦牛的生长发育具有良好的促进作用,可促进新陈代谢,增强抵抗疾病及灾害性天气的能力。由于高原阳光紫外线强,杀菌力强,减少了病菌对牛只的危害,还能增强钙磷的吸收和代谢作用,尤其对幼牛骨骼生长发育具有重要作用。暖季平均气温 8℃ ~ 13℃,适宜牦牛生长发育,加之牧草丰盛,有利于抓膘。

一般选择地势高、远离居民点、降雪早、气温低且变化剧烈,只有暖季才能利用的边远牧场,尽量推迟进入冷季牧场,以节省冷季牧场的牧草和冷季补饲的草料。天气炎热时,中午让牦牛在凉爽的地方反刍和卧息。出牧后由低逐渐向通风凉爽的高山放牧,由牧草质量差或适口性差的牧场,逐渐向牧草质量好的牧场放牧,可在前 1d 放牧过的牧场上让牦牛再采食一遍,这时牦牛因刚出牧而饥饿,选择牧草不严,能采食适口性差的牧草,可减少牧草的浪费。在牧草质量较好的牧地上放牧时,要控制好牛群,让牦牛成横队采食,保证每头牛能充分采食,避免乱跑践踏牧草或采食不均而造成浪费。

当定居点距牧场 2km 以上时就应搬迁,以减少每天出牧、归牧赶路的时间及牦牛体力的消耗。带犊泌乳的牦牛,10d 左右搬迁 1 次,3 ~ 5d 更换 1 次牧地。应按牧场的放牧计划放牧,而不应该赶放好草或抢放好草地,以免每天驱赶牛群为抢好草而奔跑,造成对牦牛健康和牧场的不利影响。

放牧饲养牦牛应有计划地进行划区轮牧,及时更换牧场或搬圈,充分利用草原资源,是避免过度放牧、防止草原退化和保证牦牛安全过冬的基本措施。同时,牛只的粪便在牧场上得以均匀散布,对牧场特别是圈地周围的牧场践踏较轻,可改善植被状态,有利于提高牧草产量,还可以减少寄生虫病的感染。

关于带露水牧草的放牧问题,有人主张不宜放牧,其理由是易发生瘤胃臌胀,其实只有在带露水的豆科牧草地上放牧才会发生腹胀。一般在高山草原的天然牧草中,豆科牧草较少。因此,暖季要早出牧,露水草适口性好,让牛只多采食,民谚有“牛吃露水草,发情配种早”。在有大量豆科牧草或人工栽培豆科草地上放牧时,一般每次采食不超过20min(全天不超过 1h),及早将牛群转移到其他牧场。

暖季应给牛只补饲食盐,每头每月补饲量为 1 ~ 1.5kg,可在圈地、牧地设盐槽,供牛只舔食,盐槽要注意防雨淋。还可以制作尿素食盐砖:尿素 40%、糖蜜10%、食盐 47.5%、磷酸钠 2.5%,压成砖块放置于距水源较远处供牛只舔食。要避免淋雨,还要防止舔食过多而致尿素中毒。

二、放牧牦牛群控制

牦牛的气质属强健不平衡型,表现粗暴、性野、胆怯、易惊,但合群性强,经训练建立的条件反射不易消失,比较能听从指挥。因而大群牦牛放牧,一般只需一个放牧员,不易发生丢失。根据牦牛易惊的特性,牦牛群进入放牧地后,放牧员不宜紧跟牦牛群,以免牦牛到处游走而不安静采食。为防止牛只越界和狼害偷袭,放牧员可选择一处与牦牛群有一定距离,能顾及全群的高地进行守护、瞭望。

控制牦牛群使其听从指挥的方法是:放牧员用特定的呼唤、口令声,伴以甩出小石块,用小石块投击离群的牦牛,一般多采用徒手投掷,投掷距离远及数十米。距离较远时也可用放牧鞭投掷,石块的落地以及它在空中飞行的"嗖嗖"声和放牧鞭的抽鞭声,都是给牦牛的警告和信号。牦牛会根据石块落地点和声响的来源,判断应该前去的方向。放牧员利用放牧鞭驱使牦牛前进,集合或分散,走远离群的牦牛,听见鞭和飞石的声音以及落石点,会很快地合群。

三、牦牛组群及分类管理

(一)牦牛组群

为了放牧管理和合理利用草场,提高牦牛生产性能,对牦牛应根据性别、年龄、生理状况进行分群,避免混群放牧,使牛群相对安静,采食及营养状况相对均匀,减少放牧的困难。

1. 泌乳牛群,又称为奶牛群。是指由正在泌乳的牦牛组成的牛群,每群100头左右。对泌乳牦牛群,应分配最好的牧场,有条件的地区还可适当补饲,使其多产乳,及早发情配种。在泌乳牦牛群中,有相当一部分是当年未产犊仍继续挤乳的母牦牛,数量多时可单独组群。

2. 干乳牛群。该牛群是指由未带犊牛而干乳的母牦牛,以及已经达到初次配种年龄的母牦牛组成的牛群,每群150~200头。

3. 幼牛群。是指由断奶至周岁以内的牛只组成的牛群。幼龄牦牛性情比较活泼,合群性差,与成年牛混群放牧相互干扰很大。因此,一般单独组群,且群体较小,以50头左右为宜。

4. 青年牛群。是指由周岁以上至初次配种年龄前的牛只组成的牛群,每群

150~200头。这个年龄阶段的牛已具备繁殖能力,因此,除去势小公牛外,公、母牛最好分别组群。隔离放牧,防止早配。

5. 育肥牛群。是指由当年秋末淘汰的各类牛只组成,育肥后供肉用的牛群。每群150~200头,在牛只数量少时,种公牛也可并入此群。对于这部分牦牛可在较边远的牧场放牧,使其安静,少走动,快上膘,建议进行适当补饲,加快育肥速度。

上述牦牛群的组织和划分以及群体的大小并不是绝对的,各地区应根据地形、草场面积、管理水平、牦牛数量的多少,来因地制宜地合理组群和放牧,才能提高牦牛生产的经济效益。

(二)公牦牛的放牧管理

公牦牛放牧管理得好坏,不仅直接影响当年配种和来年任务,也影响后代质量,公牦牛选择对整个牦牛群的改良利用方面有着重要的作用。俗话说的"母牛管一窝,公牛管一坡",足以证明公牛在牛群中所起的作用,但优良公牛优异性状的遗传和有效利用率,只有在良好的放牧管理条件下才能充分显示出来。

1. 配种季节的放牧管理

牦牛配种季节一般在6~10月份。在配种季节,公牦牛容易乱跑,整日跟寻发情母牛,消耗体力大、采食时间减少,无法获取足够的营养物质来补充消耗的能量。因此,在配种季节应执行1d或几日补喂1次谷物、豆科粉料或碎料曲拉(干酪)、食盐、钙粉、尿素、脱脂乳等蛋白质丰富的混合饲料。开始补喂时可能不采食,应采取留栏补饲或将料撒在石板上或青草多的草地上诱其采食,待形成条件反射就习以为常了。总之,应尽量采取一些补饲及放牧措施,减少种公牦牛在配种季节体重下降量及下降速度,使其保持较好的繁殖力和精液品质。在自然交配情况下,公、母为1:14~25,最佳为1:12~13。

2. 非配种季节放牧管理

为了使种公牛具有良好的繁殖力,在非配种季节应和母牦牛分群放牧,与育肥牛群、阉牦牛组群,在远离母牦牛群的放牧场上放牧,有条件的仍应少量补饲,在配种季节到来时达到种用体况。

(三)参配母牦牛的组群和管理

参配母牦牛的组群时间,可根据当地生态条件,在母牦牛发情前1个月内完成,并从母牛群中隔离其他公牦牛。选好参配母牦牛是提高受配、受胎牦牛的关键。选择体格较大,体质健壮,无生殖器官疾病的牛犊断奶的母牛和产肉高的母牛作为参配牛。参配牛群集中放牧,及早抓膘,促进发情配种和提高受胎率,也便于管理。参配牛应选择有经验、认真负责的放牧员放牧。放牧员、配种员实行承包责任制,准确观察和牵拉发情母牦牛,做到责任明确,分工合作。

冷冻精液人工授精时间不宜拖得过长,一般约 70d 即可,抓好当地母牦牛发情时期的配种工作,在此期间严格防止公牦牛混入参配牛群中配种。人工授精结束后放入公牦牛补配零星发情的母牦牛,这样可大大降低人力、物力的消耗,提高经济效益。

(四)怀孕母牦牛饲养管理

怀孕母牦牛的饲养管理十分重要, 营养需要从怀孕初期到怀孕后期随胎儿的生长发育呈逐渐增加趋势。一般来说,在怀孕 5 个月后胎儿营养的积聚逐渐加快,同时,妊娠期母牛自身也有相当的增重,所以要加强怀孕母牛营养的补充,防止营养不全或缺失造成的死胎或胎儿发育不正常。放牧时要注意避免怀孕母牛剧烈运动、拥挤及其他易造成流产的事件发生。

(五)牦牛犊的饲养管理

牦牛犊出生后,经 5~10min 母牦牛舔干体表胎液后就能站立,吮食母乳并随母牦牛活动,说明牦牛犊生存力旺盛。牦牛犊在 2 周龄后即可采食牧草,3 月龄可大量采食牧草。随月龄增长和哺乳量减少,母乳越来越不能满足其需要时,促使犊牛加强采食牧草。同成年牛比较牦牛犊每日采食时间较短(占 20.9%),卧息时间长(占 53.1%),其余时间都是在游走、站立。采食时间短及一昼夜一半以上时间卧息的这一特点,在牦牛犊放牧中应给予重视,除分配好的牧场外,应保证所需的休息时间,应减少挤乳量,以满足牦牛犊迅速生长发育对营养物质的需要。

1. 牦牛犊的哺乳

充分利用幼龄牛的生长优势,从出生到半岁的 6 个月中,牦牛犊如果在全哺乳或母牛日挤奶 1 次并随母放牧的条件下日增重可达 450~500g, 断奶时体重可达 90~130kg,这是牦牛生长最快的阶段。利用幼龄牦牛进行放牧育肥十分经济,所以在牦牛哺乳期,为了缓解人与犊牛争乳矛盾,一般认为日均挤奶 1 次为好,坚决杜绝日挤奶 2~3 次。尽量减少因挤奶母牛系留时间延长,采食时间缩短,母畜哺乳兼挤乳,得不到充足的营养补给,而导致其体况较差,其连产率和繁活率都会受到较大的影响。

2. 犊牛必须全部吮食初乳

初乳即母牛在产犊后的最初几天所分泌的奶,牧民叫胶奶,营养成分比正常奶高一倍以上。犊牛吮食足初乳,可将其胎粪排尽,如吮食初乳不够,引起生后10d 左右患肠道便秘、梗塞、发炎等肠胃病和生长发育不良后果。更重要的是初乳中含有大量免疫球蛋白、乳铁蛋白、微量元素和溶菌酶等物质,对防止一些犊牛传染病如大肠杆菌、肺炎双球菌、布氏杆菌和病毒等起很大作用,所以应宣传这方面的科学知识,杜绝人取食胶奶。

3. 犊牛补饲

当犊牛会采食牧草以后(初生后 2 周左右)可补饲饲料粉、钙粉配制的简易混合料或采用简单的补喂食盐的方法增加食欲和对牧草转化率。此补饲方法如不可能实行每日补饲,但应采取每隔 3～5d 补喂 1 次。

4. 改进诱导泌乳、减少牛犊意外伤害

牦牛一般均需诱导条件反射才能泌乳,诱导条件反射为犊牛吮食和犊牛在母牛身边两种,是原始牛种反射泌乳的规律。所以强行拉走刺激母牛反射泌乳的犊牛,要注意以免使牛奶呛入牛犊肺内、器官内引起咳嗽,甚至患异物性肺炎,轻者生长发育不良,重者导致死亡。应改为一手拉脖绳,另一手托犊牛股部引导拉开。

5. 及时断乳

牦牛犊哺乳至 6 月龄(即进入冬季)后,一般应断乳并分群饲养。如果一直随母牦牛哺乳,幼牦牛恋乳,母牦牛带犊,均不能很好地采食。在这种情况下,母牦牛除冬季乏弱自然干乳外,妊娠母牛就无法获得干乳期的生理补偿,不仅影响到母、幼牦牛的安全越冬过春,而且使牛犊的生长发育受到影响,如此恶性循环,很难获得健壮的幼牦牛及提高牦牛的生产性能。为此,对哺乳满 6 个月的牦牛犊分群断奶,对初生迟哺乳不足 6 月龄的母牦牛或当年未孕者,可适当延长哺乳期后再断乳,但一定要争取对妊娠母牛在冬季进行补饲。

四、牦牛补饲

牦牛在极为艰苦的条件下维持着简单的再生产,养牛不是为了活命,而是为了生产更多的畜产品,建立完善的牦牛补饲制度和方法,可以使牦牛处于一种良好环境,进行产品生产。冷季枯草季到来后,必须对妊娠母牛和犊牛用刈割干草和混合精料进行补饲。一般在放牧归来后,有专门的补饲栏进行补饲,青干草放在草架上让牛自由采食,精饲料在补饲槽中让牛集中食用,补盐可以在补精料时进行。暖季应给牦牛补饲食盐,每头月补饲量 1~1.5kg,可在圈地、牧地设盐槽,供牛舔食,盐槽要防雨淋。还可以制作食盐舔砖,放置于离水源较远、不被雨淋的牧地或挂在圈舍中让牛舔食。给牦牛饮水,冷季要定时,每天 2 次,暖季放牧时要有意识放牧到有水源的地方,让牛群自由饮水。

五、牦牛群的系留管理

牦牛归牧后将其系留于圈地内,使牛只在夜间安静休息,不相互追逐和随意游走,减少体力的消耗,不仅有利于提高生产性能,而且便于挤奶、补饲及开展其他畜牧兽医技术工作。

(一)系留圈地的选择

系留圈地随牧场利用计划或季节而搬迁。一般选择有水源、向阳干燥、略有坡度或有利于排水的牧地,或牧草生长差的河床沙地等。暖季气温高的月份,圈地应设于通风凉爽的高山或河滩干燥地区,有利于放牧或抓膘。

(二)系留圈地的布局

系留圈地上要布以拴系绳,即用结实较粗的皮绳、毛绳或铁丝组成,一般每头牛平均需 2m。在拴系绳上按不同牛的间隔距离结上小拴系绳(牧民称为母扣),其长度母牦牛和幼牦牛为 40~50cm,驮牛和犏牛为 50~60cm。一般多用毛绳。

拴系绳在圈地上的多采取正方环形系留圈,也有长方并列系留圈,但没有前者应用广泛。拴系绳之间的距离为 5m。牦牛在拴系圈地上的拴系位置,是按不同年龄、性别及行为等确定的。在远离帐篷的一边,拴系体大、力强的驮牛及暴躁、机警的初胎牛,加上不拴系的种公牦牛,均在外圈担当护群任务,兽害不易进入牛群。母牦牛及其犊牛在相对邻的位置上拴系,以便于挤奶时放开犊牛吸吮,减少恋母、恋犊而卧息不安的现象出现。

牛只的拴系位置确定后,不论迁圈与否,每次拴系时不要随意打乱。牦牛对自己长期拴系的位置,有一定的识别力,归牧后一般能自动站准位置,如站错位置,嗅后即离开,拴错位置即表现不安。新迁圈后第 1 次拴系较困难,但拴系 1 ~ 2 次在位置上排了粪便后,大部分牛只能站准位置。

(三)拴系方法

在牦牛颈上拴系有带小木杠的颈拴系绳,小木杠用坚质木料削成,长约 10cm。当牛只站立或牵入其拴系位置后,将颈拴系绳上的小木杠套结于母扣上,即拴系妥当。

六、牦牛的剪毛、去势

(一)剪毛

牦牛一般在 6 月中旬左右剪毛(农历端午前后),因气候、牛只膘情、劳力等因素的影响可稍提前或推迟。牦牛群的剪毛顺序是先驮牛(包括阉牦牛)、成年公牦牛和育成牛群,后剪干奶母牦牛及带犊母牦牛群。患皮肤病(如疥癣)等的牛(或群)留在最后剪毛。临产母牦牛及有病的牛应在产后 2 周或恢复健康后再剪毛。

剪毛是季节性的集中劳动,要及时安排人力和准备用具。根据劳力的状况,可组织捉牛、剪毛(包括抓绒)、牛毛整理装运的作业小组,分工负责和相互协作,有条不紊地连续作业。所剪的毛(包括抓的绒),应按色泽、种类或类型(如绒、粗毛、尾毛)分别整理和打包装运。

当天要剪毛的牦牛群,早晨不出牧也不补饲。剪毛时要轻捉轻放倒,防止剧烈追捕、拥挤和放倒时致伤牛只。牛只放倒保定后,要迅速剪毛,1 头牛的剪毛时间最好不要超过 15min。为此,可 2 人同剪。兽医师可利用剪毛的时机对牛只进行检查、防疫注射等,并对发现的病牛及时治疗。

牦牛尾毛 2 年剪 1 次,并要留 1 股用以摔打蚊、虻。驮牛为防止鞍伤,不宜剪鬐甲或背部的被毛。母牦牛乳房周围的留茬要高或留少量不剪,以防乳房受风寒龟裂和蚊蝇骚扰。乏弱牦牛仅剪体躯的长毛(裙毛)及尾,其余留作御寒,以防止天气变化。

（二）去势

耗牛成熟晚,去势年龄比普通牛要迟,一般在 2～3 岁,不宜过早,否则影响生长。有围栏草场或管理好时,公耗牛可不去势育肥。同样情况下,阉耗牛的增重不及公耗牛。3 岁活重,阉耗牛为 266kg,公耗牛为 311kg,比阉耗牛高 45kg。耗牛公牛的去势重点是不符合种用标准要求的 2～3 岁的公牛。去势一般结合剪拔毛进行(剪毛后去势),这时气候温暖,有利于伤口的愈合,并为暖季放牧育肥打好基础。去势手术要迅速,牛只放倒保定时间不宜过长。术后要缓慢出牧,1 周内就近放牧,不宜剧烈驱赶,每天检查伤口,发现出血、感染化脓时请兽医师及时处理。公耗牛常见的去势方法如下:

1. 钳压精索法。助手站于耗牛的后方,用右手抓住耗牛的右侧睾丸向下后方牵引,使其右侧精索紧张,用左手食指和拇指在阴囊颈部将右侧精索紧贴于阴囊颈右侧皮肤处。术者站在助手右侧,将无血去势钳嘴张开,在睾丸上方 2～3cm 处轻轻夹住精索,猛力下压钳柄,即可听到精索被挫断的音响(类似腱切断清脆的“咯吧”声),但皮肤保持完好。稍停 1min 左右,轻轻松开无血去势钳。为了保证可靠,一般在钳夹处上或下方 1.5～2cm 处再钳压 1 次。用同样方法钳压另侧精索。术后皮肤局部涂以碘酊。

2. 手术摘除睾丸法。术者以左手握住阴囊颈部,将睾丸挤向阴囊底,使囊壁紧张,局部洗净、消毒。右手持刀,在阴囊底部,做一与阴囊缝际相垂直的切口,一次切开两侧阴囊皮肤和总鞘膜(适于小公牛);或在阴囊底部距阴囊缝际 1～2cm 处与缝际平行地切开皮肤及总鞘膜(适于成牛公牛),左手随即用力挤出睾丸,分离与睾丸相联系的韧带,露出精索。贯串结扎精索,于结扎处下方 1～2cm 处割断精索,除去睾丸及附睾。术后阴囊皮肤切口开放,局部涂以碘酊消毒。

3. 勒断精索法。勒断器由 60cm 长一根麻绳和 30cm 长的脚踏板以及手提棒 3 部分组成。将牛倒卧保定后,把勒断器的绳索在阴囊颈部绕一周,术者两脚踏板,两手紧握提棒,一松一紧反复向上拉动提棒,持续 10min 左右,以精索被勒断为度,术后皮肤局部涂以碘酊。

4. 阴囊颈部结扎术。术者两手将精索握住向下撸搓,进行消毒后。将睾丸挤压到阴囊底部,助手将消毒好的双股缝合线或橡皮筋牢牢扎在精索下 1/3 处数圈,把橡皮筋捆箍于阴囊基部。1 周后睾丸自行脱落。

5. 精索穿刺术。用消毒好的弯曲缝合针穿上双股 10 号缝合线,刺入精索处外皮内,顺精索外围沿精索环绕到针眼处出针,两线牢固打结,将线结消毒后送入阴囊皮肤内,术后 2～3d 睾丸实质变软,逐渐萎缩、坏死而自然脱落。

6. 化学去势法。将要去势的公牦牛保定,将睾丸推到阴囊的端部,用注射器抽取 6mL 10% 福尔马林溶液,在阴囊上滴 2 滴,进行注射部位的消毒。之后用针头插入一只睾丸内,旋转针头,分 2～3 个点注射,每点注射 2mL 10% 福尔马林溶液,再以同样的方法对另一只睾丸进行注射;或每个睾丸注射 10～20mL 化学去势药液(10g 氯化钠溶于 100mL 蒸馏水中,再加 1mL 甲醛)一般处理 3 周后公畜便失去性能力。

近年来,国内外有非手术的提睾去势法(又称人工隐睾)。将公牦牛保定后,用手将睾丸尽力挤到阴囊上端,使其紧贴腹壁,然后用弹性好的橡皮圈套好下端的阴囊,使睾丸不能再下降,因睾丸紧贴腹壁后温度升高,致使精子不能成活,生理上达到去势的目的。但因雄性腺体仍继续存在,故生长速度比摘除睾丸的阉牛要快,产肉量高。提睾去势的公牦牛仍有性欲,可作试情公牛。但因相互爬跨、离群等而不安静采食,后期应加强管理。

七、防止狼害

近年来,由于狼被列入国家二级保护动物,受到保护,狼的数量得到恢复和发展,因此,危害牦牛生产的兽害中,以狼害为最多。狼力大而持久力强,一夜可缓跑 100km 以上。狼群多为 1 只母狼所生的后代,一般每群 6～9 只。狼凶恶、狡猾和善于偷袭,发现离群的幼牦牛时,尾随或潜伏下来伺机残害。冷季几只狼将掉群的牦牛前引后赶,与之恶斗,使牛只疲乏进而捕食。1 只成年狼可拖跑与之相同体重的犊牛。成年狼的胃容量可达 7～8L,1 只体重 40kg 的狼,1 次可吞下 10kg 以上的血和肉,每只狼 1 年大约能吃掉 1t 肉。狼在 1～3 月份发情配种,妊娠期为 63～65d,即 3～5 月份为狼产崽季节,狼觅食或伤害牛只较多。放牧员要掌握当地的狼害规律,加强牦牛的放牧管理,使狼无机可乘。在秋雾、阴雨天气和夜牧时,要控制好牛群,人不远离,注意从高处观察牛群动静,归牧后要仔细清点,发现有牛只丢失要及时寻找。冷季狼的地面食物减少后,多在牛群或圈地周围徘徊,月亮出没前后狼的活动最为频繁,应加强夜间值班。

第六章　牦牛育肥技术

第一节　育肥前准备工作

牦牛肥育不仅可以提高牦牛出栏率，增加牛肉产量，还能改善牛肉品质，获得良好的经济效益，充分发挥牦牛、草场和饲草料生产资源优势，引导农牧民群众开展牦牛的科学肥育生产，使牦牛的生产方式发生根本的改变和结构的有效调整。同时，在冬季枯草期前除选留后备公犊牛作种用外，有计划、有组织地淘汰多余公犊牛，以减轻冬春草场压力，减少牲畜死亡率，并提高次年母畜的繁殖率，是推动高寒畜牧区季节性畜牧业生产，提高经营效益的有力措施之一。

一、前期准备工作

根据牦牛育肥时间、育肥规模、放牧草地生物量、牧草消化率、放牧率、放牧强度等情况，拟定出育肥牛组群方案和饲草料需要量等计划，结合育肥实施区域及其周边地区的饲料资源、市场价格、饲草料的适口性等，配制牦牛育肥饲料。建造棚圈和相关配套设施，棚舍建造位置应处于住房或居民点的下风向，环境干燥、背风向阳、易排水、无污染源，且水源可靠，交通便利。

（一）组群

选购育肥牛时，要通过观察、触摸、询问、称重等方法严格选择，并进行严格的健康检查，避免购入早期发育受阻、体质差、患有慢性疾病和各种传染病的牦牛。

育肥牛要根据性别和年龄进行适当分群,特别是集中育肥时更应分群,一般淘汰的种牛(育肥前阉割)和成年公牛为一群,成年母牛为一群,小于 2 岁的牛为一群。

放牧育肥前的牦牛也要检查其健康状况,对年龄过老(超过 12 岁)、有病(特别是消化系统疾病)等无育肥价值的牛只进行淘汰,以免浪费饲草料及人力、物力。育肥期要及时剪毛,根据活重、膘情、性别进行组群和编号,使同一组牦牛的体况尽可能相近。肥育前和育肥期的每个阶段结束后进行称重,计算增重情况,分析经济效益。

(二)防疫

无论暖季强度放牧育肥还是冷季半舍饲育肥的牦牛,都要进行防疫注射和驱虫。一般要结合当地牦牛疫病流行动态及牦牛寄生虫区系调查研究结果进行疫苗免疫接种,或者是选用安全、广谱、高效、低毒、低残留、价格低廉的驱虫药物进行防疫,如金刚驱虫王、阿维菌素等。一般在牦牛驱虫最后 3d,每天人工配制健胃药(或中草药)进行健胃。健胃药处方:生石膏 60g,知母 50g,淡竹叶 50g,麦芽 100g,山楂 100g,神曲 100g,甘草 50g,水煎服,每日一剂,连服 3d,也可用中成药健胃散。

二、正式育肥前准备工作

在选定育肥牛后,待其进入育肥场时,先饮水(冷季饮温水),然后放牧或供给良好的粗饲料,自由采食,根据排便情况,逐渐增加精料,适应期少喂精料(不超过活重的 1%)。粗精料比一般为 7∶3。如育肥地的饲料同育肥牛来源地的饲料相差很大时,要准备一些原地饲料,防止转换过急,育肥牛出现不适反应。

正式育肥前,一般要有 10 ~ 15d 的过渡饲养期,观察育肥牦牛有无疾病、恶癖等,发现病牛要及时隔离治疗。对牛群中角长而喜角斗的牛应设法去角或栓系管理。随着过渡饲养期的结束,育肥牛逐渐适应所处环境及饲料,饲喂的草料也要接近育肥期的喂量和标准。

第二节　肥育方式

一、全舍饲育肥

一些专门从事育肥的商贩实行易地育肥,即牧区繁殖、农区育肥。做法是牧区的老牛、阉牛、2～3岁的小龄牛收集运往农区,利用农区丰富的精饲料和副产品集中育肥,经3～4个月的育肥后出栏。这种育肥方式虽投资多,成本较高,但周转快,效益也高,牛肉品质好,随时调整出栏时间,市场销售好。更重要的是减轻了牧区冬春草场压力,避免了冬春牦牛掉膘和死亡。

目前,舍饲肥育的主要饲料有青贮、糟类及甜菜渣等。

(一)酒糟育肥法

育肥期为80～90d,育肥初主要喂干草等粗饲料,只喂少量酒糟,以训练其采食能力。经过10～20d后逐渐增加酒糟,减少干草的喂量。

成年牛鲜酒糟日喂量可达30～40kg。并合理搭配少量精料和适口性好的青粗饲料,特别是青干草,以促使育肥牛有较好的食欲。日粮组成:酒糟40kg,干草4kg,秸秆3kg,玉米或燕麦1.5kg,食盐40g。干草等粗饲料要铡短,将酒糟拌入草内让牛采食,采食到七八成饱时,再拌入酒糟,促使牛尽量多采食。一般每天饲喂2次,饮水3次。育肥牛拴系管理,在育肥的中、后期,缰绳要拴系短(35cm为宜),以限制牛的活动,避免互相干扰。

用酒糟育肥时应注意:开始牛不习惯采食酒糟时,必须进行训练,可在酒糟中拌一些食盐,涂抹牛的口腔;酒糟要新鲜,发霉变质的不能喂;如发现牛体出现湿疹、膝关节等红肿或腹胀时,暂时停喂酒糟,适当调剂饲料,增加干草喂量,以调节消化机能;应保持正常的牛舍温度,及时清除粪便,牛舍保持干燥和通风良好,预防发病;喂饱后牵牛慢走或适当运动,防止转小弯或牛跑、跳而致牛腹胀或减重。

(二)青贮料育肥法

用大量青贮料加少量的精料育肥牛,可减少精料的消耗和降低成本。育肥期和饲喂原则基本和酒糟育肥法相同。育肥初期牛只不习惯采食青贮料时,应逐渐增加喂量使其适应。

成年牦牛青贮料日喂量为 25～30kg,并搭配少量秸秆或干草,补饲一定量的精料和食盐。如青贮料品质好,可减少精料。育肥后期要增加精料和减少青贮料的喂量。日粮组成:青贮料 25～30kg,干草 3kg,混合精料 2kg,食盐 50g。

(三)甜菜渣肥育

利用甜菜渣肥育牛经济实惠,新鲜的和干燥压制的均可。干渣在饲喂前须充分浸泡,清除杂质,初期可喂 40～50kg,以后加到 70～80kg,肥育后期可给与 40～50kg。由于这饲料水分含量高,大量喂时可减少饮水,但应有优质干草和少量精料,补喂食盐成年牛 50～60g,幼年牛 40～50g。此外,豆腐渣肥育牛效果也很好,每日喂 10～20kg。用甜菜渣肥育,平均日增重可达 0.8～1kg。

(四)粗饲料加适量精饲料肥育

刈割牧草以苜蓿或豆科加禾本科类牧草为最好,每天可喂 4～6kg,干草自由采食,精料每天可喂 2～2.5kg。精饲料配方为(%):玉米粉 58.5%,胡麻 20%,蚕豆 10%,小麦 10%,食盐 0.5%,生长素 0.5%。也可以氨化麦秆为主,加适当精料肥育,增重效果明显。一般开始少量,日喂 2kg 左右,逐渐增加到 4.7kg。

二、放牧加补饲育肥

该方式采用者多为一些养殖大户。他们既有牛源,又有草场及饲草基地,做法是每年把出栏的牦牛分群以后,白天放牧,早晚补饲少量精饲料和饲草。根据市场、草场、气候等条件确定适宜出栏时间,该方式是放牧加补饲的结合,效益较好,且出留自由,经营灵活。

三、全放牧育肥

牦牛放牧育肥是牧区传统育肥方式,特点是育肥期长,增重低,但不喂精料,成本低。一般在暖季选择牧草茂盛、水草相连的草场,放牧育肥 100～150d。每天早出牧,中午在牧地休息,晚归牧,放牧时控制牛群,减少游走时间,放牧距离不超过 4km,让牛群多食多饮,获得高的增重。据研究,放牧育肥较适合幼龄牛,日增重以 1~2 岁牛只最高,成年牦牛最好是放牧后期集中短期强度育肥。经放牧肥育的牦牛,在进入冷季前应及时出栏或屠宰,以免减重。为缩短肉用牦牛及种间杂种牛的饲养期和提高产肉量,饲料条件好的牧区,在暖季可采取放牧兼补饲肥育方式,提高其胴体重或肉品质。

四、冷季半舍饲育肥

(一)育肥模式

采取放牧 + 半舍饲补饲(舔砖和精料)。

(二)育肥时间

适宜 3~5 月份育肥。

(三)草场选择

一般选择在秋季牧场、冬季牧场或过渡牧场育肥。专门划定冷季半舍饲育肥草场进行围栏封育,要求牧草丰茂,草子多盈,水源充足,离圈较近。

(四)育肥牛选择

选择 8~10 岁的经产淘汰母牛、空怀母牛或犊牦牛以及体况较差的阉牛。

(五)补饲

根据体重,每头牛每天定时定量饲喂混合精饲料 1.5~2.0kg,分 1~2 次饲喂,自由饮水,冬季饮水要适当加温,避免饮用结冰水,一般白天饮水 2~3 次。

每天进行矿物质舔砖饲料补饲,舔食剂量一般为 100~150g。牦牛晚上归牧后,集中在圈内舔食 1h 左右。牦牛饲草要求多样化搭配,禁喂发霉变质饲料,精料拌入草料中喂给。催肥期尽量减少长距离放牧,外界气温低时,注意保温和能量饲料的增添。

(六)放牧时间

放牧在早霜消融后(9:00~10:00)出牧,下午在太阳落山时(17:00~18:00)收牧。早上应选择在阳坡山腰地段放牧,下午选择在阴坡山根地段放牧。

(七)饮水

每日保证饮水 2 次,有水源时自由饮水。

（八）育肥期

育肥期一般90～100d为宜。也可根据肉价、上市季节、市场行情适当缩短或延长。

五、冷季短期全舍饲育肥

（一）育肥架子牦牛选择

3～8岁健康牦牛都可以进行舍饲育肥，4～6岁为牦牛最佳育肥年龄，一般选择3岁以上健康、性子相对温顺的成年牦牛。同等条件下优先选择成年公牦牛进行育肥，其次是淘汰牛、阉牛和母牛。挑选体质健硕、精神状态良好，身体各部发育良好、匀称，四肢高挑，躯体长，皮肤弹性佳，毛色光亮，性情相对安静，"野心"较小，体况健康无疾病症状的牦牛。

（二）进舍前准备

牦牛野心较大，对环境、饲养人员、饲养管理方式等很敏感，为避免牦牛因应激反应过度而发生"绝食"现象，影响育肥效果，在正式育肥前进行称重、健胃、驱虫、固定饲管人员以及"人牛熟悉"等工作是必不可少的。正式育肥前将圈舍牛粪等垃圾全部清扫干净，对所有圈舍、场地、器具进行全面消毒处理，尽量避免用刺激性气味比较重的消毒药品，牦牛正式进舍前，消毒药品保证气味全部散尽，日常饲管人员消毒最好采用紫外线灯照射杀菌。

育肥前必须准备足够的饲草料。饲草方面就地取材，选用本区域常种植的青干草、豌豆草、扁豆草或邻近县区种植的青贮玉米秸秆和干玉米芯及苜蓿草等。饲草应该备足，保证整个育肥期牦牛采食的需要，同时要加强饲草的储存管理，避免发霉等。牦牛精料应选用浓缩料、玉米、小麦、燕麦、菜籽饼等配合使用，根据育肥数量、育肥时间储备足够的精料。

育肥前称重是衡量和检测育肥效果必要的手段，但由于牦牛具有一定的野性，称体重比较麻烦，称重引起牦牛应激反应而影响育肥效果，尽量减少育肥过程中的称重次数，一般在进舍前和育肥结束时各称重1次即可。

全舍饲育肥前再次进行一次健胃驱虫，健胃药中成药"健胃散"500～750g，酵母片（食母生）50片，小苏打片30片，灌服；驱虫药选用高效低毒广谱廉价的药品，一般选用阿苯达唑片和伊维菌素片，灌服。

一旦选好准备育肥的架子牦牛,从进舍开始必须确定专职饲管人员,饲管人员必须做到按时添料添草,逐渐和牦牛熟悉,建立"人牛情感"。饲管人员不得穿戴色彩艳丽的衣服,中途不得变更人员或勤换衣服。

(三)育肥管理

牦牛舍饲育肥,应综合考虑牦牛体质、育肥成本、经济效益等因素,确定牦牛育肥的最佳周期。为了确保育肥效果,获取必要的育肥经济效益,一般牧区牦牛舍饲育肥分为 3 个阶段:第 1 阶段 15 ~ 20d,主要目标确保育肥牦牛对育肥生活管理小环境、饲喂方式、饲草饲料充分适应,期间日增重较低甚至无日增重;第 2 阶段 20 ~ 30d,牦牛已适应育肥生活环境,能自由、正常采食,为主要增重期,能保持相对较高的日增重;第 3 阶段 60 ~ 90d,可能出现食欲降低情况,日增重不如第 2 阶段,应尽量保证前期育肥效果,避免体重下降,尽可能提高日增重。

育肥牦牛精料补充建议配方:浓缩料 26%,玉米 55%,小麦 10%,菜籽饼 7%,骨粉 1.1%,尿素 0.5%,食盐 0.4%。精料每天的饲喂量自开始的 1.0 ~ 1.5kg 起步,逐渐适应、过渡到日饲喂量保持在 4kg 左右,分早晚 2 次饲喂。饲草原则上就近取材,优先选择青干草,可节约育肥成本,自由采食。保证每天充足、清洁饮水。

(四)其他注意事项

牦牛是半野性的,从牧区收购的架子牛开始人工饲喂时,牦牛会出现"绝食"现象,不同个体对适应期有很大差异,一般有 10 ~ 15 d 的"绝食"适应期,期间体重可能明显下降,而后才开始逐渐进食,体重增加。故育肥牦牛要充分考虑育肥前的适应期,采食刚开始少喂精料,以青干草为主。育肥期饲管人员应注意观察牦牛精神状态、采食情况等,及时淘汰乏弱病牦牛,保证育肥效果。

试验表明,牧区牦牛进行全舍饲育肥,仅靠牦牛育肥期增重获取一定的经济效益是不可行的;广大牧区在牦牛出栏高峰期牦牛肉市场收购价格较低,但在枯草期(冷季)正好避开牦牛肉销售高峰,市场缺乏新鲜、绿色、无公害的牦牛鲜肉,市场收购及销售价格普遍较高。因此,在枯草期通过全舍饲保膘育肥,能获取牦牛育肥错峰经济效益,且体重越大的牦牛通过保膘育肥所获的经济效益越高。

第三节　牦牛舍饲暖棚建设

　　修建的棚舍保温性能好、成本低,能保证育肥牦牛自由活动,易于管理、操作简单、使用方便,能形成有利于牦牛育肥所需的小气候环境,降低牦牛维持机体所需能量消耗。

　　选择地势平坦,远离村庄、水源和动物诊疗场所,背风、无遮阴物易采光的地址进行育肥暖棚建设。通用做法是采用坐南向北坐向,可根据实际建设位置采用坐东朝西等坐向,但必须保证采光充足,避免潮湿环境。

　　牦牛棚建设建议:暖棚长 16m,宽 6m,后墙高度 2m,前墙高 1.8m,屋脊高 2.7m,地基深度 0.4m,宽 0.4m。圈长 16m,宽 9m,高 1.5m,地基深度 0.4m,宽 0.4m,为砖结构,圈的正中央设一个钢管铁门。暖棚前门设在南墙,中间为双扇门,高 1.55m,宽 1.66m;后门设在东墙或西墙,宽 0.97m,高 1.98m。在牦牛棚内沿着后墙修建饲槽,长 16m,宽 0.7m,高 0.6m,为"U"型水泥砂浆结构。每个棚前墙设 2 个窗户,规格为 0.6m×0.9m,离地面 0.8m。在每个暖棚的东侧或西侧修建饲料库 1 座,长 6m,宽 3m,墙壁为水泥砖,内墙粉刷,打水泥地坪,饲料库设一个铁门。屋顶阳面用阳光板,阴面用彩钢。阳光板为空心中等材料,彩钢为中等材料,房顶为木料。

第四节　影响育肥效果的因素

一、育肥的有利及不利因素

(一)有利因素

一是牦牛能利用大量的天然牧草和农村的自产饲料(如农作物秸秆),为粗饲料提供了一个可变通的出路。特别是在农区育肥草原地区的牦牛,就可以将秸秆和谷物生产中至少15%的麸皮、糠、渣等充分利用起来,转化成畜产品,可以增加农业生产的稳定性。

二是牧区利用暖季丰富的牧草,再加补饲来育肥牦牛,所需的劳力少,饲养成本低廉。

三是育肥牦牛所用的建筑和设备投资少。

四是牦牛发病率低,死亡风险小。

(二)不利因素

一是幼牛生长期长,饲料报酬较低。

二是对技术、市场价格和成本变化的反应慢,资金周转也慢。

三是受一些传染病,特别是外来的传染病的威胁大。

四是运输和购销牛只时减重多等因素。

五是牦牛有很强的应激反应,特别是个别成年牛对陌生环境很难适应。

二、育肥牛的年龄

(一)幼牦牛

牦牛一般在1周岁内生长快,随年龄增长而增重渐减。幼牦牛对饲料的采食量比成年牦牛少(瘤胃容量小),放牧育肥时增重速度比成年牛低。即采食的牧草量不能满足其最大增重的需要。幼牦牛在生长期采取放牧或喂给生长的日粮,以后进行短期舍饲育肥最为有利。也可放牧兼补饲,或生长与育肥同时进行。但总的来讲,幼牦牛延长饲养或育肥期比成年牦牛有利。1周岁的幼牛,收购时投资少,经过冷季"拉架子",喂给较多的粗饲料和有保暖的牛舍,在翌年暖季育肥出售,可提高经济效益。

（二）成年牦牛

包括淘汰的老牛、驮牛等。年龄越老,每千克增重所消耗的饲料就越多,成本也越高。成年牦牛育肥后,脂肪主要贮积于皮下结缔组织、腹腔及肾、生殖腺周围及肌肉组织中。胴体和肉中脂肪含量高,内脏脂肪多,瘦肉或优质肉切块比例减少。如成年阉牛经3个月的育肥,活重由450kg增至540kg时,增重部分主要是脂肪,或其增重主要以增加脂肪为主。在有丰富的碳水化合物饲料的条件下,短期进行育肥并及时出售,经济效益较高。因成年牛采食量大,耐粗饲,对饲料要求不如幼牛严,比幼牛容易上膘。

三、育肥牛的性别

同龄的公、母牦牛比较,母牦牛比公牦牛的增重稍低,成本较高,母牦牛较适于短期育肥,特别是淘汰母牦牛,经2～3个月育肥,达一定肥度后及时出售比较有利。母犏牛及一些成年母牦牛,育肥期不利的因素是发情的干扰,有些地区实施卵巢摘除手术。试验证明,卵巢摘除后增重速度要比正常的母牦牛低,而且手术后需要一段时间的恢复期,所以没有必要做此手术。事实上母牦牛的发情在育肥初期较多,达到一定肥度后就会减少。

过去认为,公牦牛去势后易育肥,产肉量高。但据近年的研究,育成公牦牛比同年的阉牦牛生长速度快,每千克增重的饲料消耗比阉牦牛少12%,而且屠宰率高,胴体有更多的瘦肉。国内外均有增加公牛肉生产的趋势。因此,单独组群育肥的幼公牦牛、种间杂种公牛可不去势。如在同一饲牧条件下,牦牛1.5岁时平均活重,公牦牛为271.9kg,阉牦牛为176.6kg,比公牦牛低19%;3岁时相应为311kg和226kg,比公牦牛低27%。

四、育肥牛的营养水平

饲养是提高育肥效果的主要因素。饲养(或营养)水平高,可缩短育肥期,牛只用于维持的饲料少,单位增重的成本低。

　　幼牦牛在育肥过程中,生长骨骼、增加肌肉的同时,也贮积了一定的脂肪。因此,在育肥幼牦牛时,除供给丰富的碳水化合物饲料外,还要喂给比成年牦牛高的蛋白质饲料,如果日粮中能量较高而蛋白质不足,就难以充分发挥幼牦牛肌肉生长迅速的特性,更不能获得最高的日增重。

　　成年牦牛在育肥过程中,以增加脂肪为主,蛋白质增加较少。日粮中应有丰富的碳水化合物以合成脂肪。

五、最佳屠宰时机

　　在牛肉生产中,确定屠宰时机是十分重要的,在市场需求、价格信息、增重峰值和储运能力的最佳结合,具有很强的科学性和变动性,它不但对集约化的牛肉生产系统有很重要意义,而且对粗放的高原牛肉生产系统也有极其重要的经济意义。

　　有关专家为了确定牦牛最佳屠宰时机,进行了较大规模的试验。试验表明,牦牛从初生到4岁,度过4个暖季和4个冷季,体重增长205.7kg,4岁末的体重是220.2kg,而实际上4个暖季共增重391.3kg,4个冷季却损失了185.6kg,暖季日增重以3岁时为最高,补偿生长能力最强,冷季减重以3岁以后的第1个冷季幅度最大,绝对值最大,由此可见,牦牛3岁半时屠宰最为适宜,大量资料表明,牧草枯黄后20~30d屠宰最为适宜。

第五节　舍饲育肥饲料

　　用于育肥牦牛的饲料种类很多,但是各种饲料按其组成,可分为水和干物质两大类。按饲料的营养成分含量及功能,常常把饲料分为能量饲料、蛋白质饲料、粗饲料、青饲料、青贮饲料、酒糟饲料、粉渣饲料、矿物质饲料、维生素饲料和添加剂饲料等多种。

一、能量饲料

能量饲料的特点:一是含淀粉等无氮浸出物多,占饲料含量(干物质为基础)的 70%~80%;二是含蛋白质较少,占饲料含量的 9%~12%;三是含粗纤维少,占饲料含量的 2%~8%;四是能量饲料中矿物质含量中钙含量少、磷含量多;五是能量饲料维生素 A、维生素 D 含量极少。常用于育肥牦牛的能量饲料有玉米、大麦和高粱。

(一)玉米

从提供能量角度比较各种饲料,玉米是育肥牛最好的能量饲料,富含淀粉,是一种高能量、低蛋白质饲料。饲料玉米依其颜色可分为黄色和白色 2 种,两者的营养成分含量略有差别。黄色玉米含有较多的叶黄素,此叶黄素和牛体内脂肪有极强的亲和力,两者一旦结合,就很难分开,将白色脂肪染成黄色,降低了牛肉品质,因此不能长期大量饲喂黄玉米。

在育肥牛饲养中,如何更好更有效地利用玉米,是肉牛生产研究工作的重点。中国到目前为止,对玉米的利用以粉状玉米喂牛为唯一形式。在国外试验研究了很多种利用玉米粒喂牛的形式,包括玉米粒粉碎、玉米粒压碎、玉米粒磨碎、玉米粒压成片、玉米粒湿磨、带轴玉米粉碎、带轴玉米切碎、全株玉米青贮、整粒玉米、高水分(含水量 26%~30%)玉米粒贮存等,在不同条件(玉米粒价格、人员工资水平、育肥牛生产目的,等等)下都取得了较好的效果。中国生产的玉米,60% 以上用于畜禽饲料。玉米品种不同,其营养成分有较大的差别,尤其是油分的含量,差别高达 1 倍以上。用于养牛的玉米,含油分多,能量就高,饲用价值就高。同等重量的不同玉米品种,喂牛会产生不同的饲养效果有经济效益。因此,在采购玉米喂牛时,要进行品种挑选。

玉米利用的方法有以下几种。

1. 玉米粉

目前育肥牛利用玉米籽实以粉碎为主,但是对玉米粉碎细度没有标准,普遍认为玉米粉碎越细,牦牛对玉米的消化利用率越高,其实这是一种误解。玉米磨碎的粗细度不仅影响育肥牛的采食量、日增重,还会影响玉米本身的利用率及肉牛饲养总成本。玉米用辊磨机粉碎,粗粉碎时牛的采食量和饲料转化率要比细粉碎时提高 10%。玉米粒用锤片机粉碎,粗粉碎时牛的采食量和饲料转化效率要比细粉碎时提高 10%~15%。细粉碎后饲料转化效率低的原因,是由于精饲料粉碎过细,在瘤胃内被降解的比例提高了,被牛利用的比例就低,因而饲料的经济性和牛的增重量都受到了不利影响。

饲料粉碎过细会造成育肥牛采食饲料的量下降,原因是饲料的适口性下降。育肥牛采食较粗的精饲料量比采食较细粉末饲料的量要高一些。因此,在目前条件下舍饲育肥牦牛,喂牛的玉米粉碎的细度(粉状料的直径)以 2mm 为好。

2. 压片玉米

压片玉米喂牛,已在国外广泛利用 30 多年了,近年来有更多的肉牛饲养场采用压片玉米喂牛。压片玉米可分为干燥玉米(含水量 12%~14%)压片和蒸汽(温度 100℃~105℃,含水量 20%~22%)压片玉米,其中以蒸汽压片玉米饲喂效果最好。

(1)饲喂蒸汽压片玉米的好处。一是玉米结构中所含有的淀粉受高温高压作用而发生糊化作用,玉米淀粉糊化作用致使糊精和糖形成,使玉米变得芳香有味,因而提高了适口性;二是玉米淀粉糊化作用,使淀粉颗粒物质结构发生了变化,消化过程中酶反应更容易,从而使玉米饲料转化率提高 7%~10%;三是玉米淀粉糊化减少了甲烷的损失,增加 6%~10%的能量滞留,从而使育肥牛的日增重提高 5%~10%;四是玉米淀粉糊化作用,减少了瘤胃酸中毒的概率;五是蒸汽压片玉米的吸水率提高 5%~8%;六是玉米用蒸汽压片后改变了形状,与牛消化液接触面积增加了,从而使饲料消化率提高 6%;七是新生牛犊饲喂蒸汽压片玉米后,死亡率减少 4%~5%;八是在牦牛的配合饲料中采用蒸汽压片玉米后,兽药费用明显下降。普遍认为压片玉米厚度以 0.791mm 较好。

(2)蒸汽压片玉米制作工艺。玉米→提升输送(除尘)→初筛(除杂质)→除铁→提升输送→贮存→计量 (饲料含水量 20%~22%)→增湿→蒸煮 (蒸汽 105℃~110℃,40min)→压片(片厚 0.5~1mm)→离心除尘→冷却(用排风机散热器降温降湿)→干燥→垂直风送→离心除尘→计量包装 (含水量 12%~14%)→成品库→销售

(3)玉米蒸汽压片的厚度与喂牛效果。试验研究证明,玉米蒸汽压片的厚度会影响育肥牦牛的采食量,进而影响育肥牦牛的增重以及饲料报酬。用厚度小于

1mm 的压片玉米喂牛时,育肥牛平均日增重比厚度 2 mm 和 6mm 玉米片分别提高增重 4.07% 和 6.67%。用厚度小于 1mm 的玉米薄片喂牛时,每增重 1kg 体重,饲料 (干物质) 需要量为 5.6kg,比厚度 2mm 和 6mm 玉米片利用效率分别提高 2.78% 和 3.62%。因此,在实际工作时,蒸汽压片玉米的厚度应选择小于 1mm。

3. 玉米湿磨

湿磨是玉米在饲料应用中的新成果,湿磨玉米饲料分玉米面筋粉、玉米面筋饲料、玉米胚芽饲料和玉米浸泡液等几种。

(1)玉米面筋粉。玉米面筋粉是玉米在湿磨加工过程中被分离的谷蛋白和在分离过程中没有被完全回收的少量淀粉、粗纤维。粗蛋白质含量高达 60%,蛋氨酸、叶黄素的含量都较高。在使用玉米面筋粉饲料饲喂架子牛时,应适量使用,尤其是在育肥结束前 100d 左右应停止饲喂玉米面筋粉或限量饲喂。

(2)玉米面筋饲料。玉米粒经过湿磨加工工艺生产玉米淀粉,玉米淀粉衍生物以后的剩余产物。粗蛋白质含量达 20%。

(3)玉米胚芽饲料。玉米粒经过湿磨加工工艺提取的玉米胚芽及玉米胚芽榨取油后的剩余物。粗蛋白质含量达 20%。

(4)玉米浸泡液。玉米浸泡液是浸泡玉米粒的溶液,溶液中含有较多的水溶性物质,如 B 族维生素、矿物质和一些未确定的促生长物质。溶液浓缩后可形成固形物。玉米浸泡液的干物质含量 4% 左右。

4. 高水分玉米利用

玉米含水量达 30% 以上称为高水分玉米。玉米是育肥牛的优质能量饲料,但对玉米进行不同的加工,喂牛后会产生不同的增重效果。以玉米薄片蒸的效果最好,用蒸汽玉米薄片饲喂育肥牛时,比用玉米粒喂牛平均日增重提高 5%,每增重 1kg 体重,饲料的需要量减少 0.5kg 左右的干物质,比用黄玉米粒喂牛平均日增重提高 1% 以上, 每增重 1kg 体重的饲料需要量减少了 0.7kg 左右的干物质,用蒸汽玉米薄片饲喂育肥牛效果显著。

(二)大麦

大麦籽实是生产高档牛肉的极优质能量饲料, 在育肥期结束前 120~150d,每头每天饲喂 1.5~2kg 大麦,会获得很好的效果。大麦籽实与玉米籽实不同,大麦籽实外面包有一层质地坚硬并且粗纤维含量较高的种子外壳 (颖苞)。整粒大麦饲喂牛时，在牛粪中可以看到较多的整粒大麦。大麦的加工方法有蒸汽压片法、切割法、粉碎法和蒸煮法等几种，蒸汽压片法、切割法能够获得更好的饲养效果。中国目前利用大麦的方法为粉碎法和蒸煮法。

1. 大麦的特性

据分析测定，脂肪含量低和饱和脂肪酸含量高，是大麦作为饲料的两大特性，为其他饲料不能替代。在育肥牛的后期饲喂大麦，可以获得洁白而坚挺的牛胴体脂肪，这是因为大麦成分中脂肪的含量较低，仅为 2%，淀粉含量却较高，并且此淀粉可以直接变成饱和脂肪酸。牛瘤胃在代谢大麦过程中能把不饱和脂肪酸加氢变成饱和脂肪酸，饱和脂肪酸颜色洁白且硬度好，因此牛屠宰后胴体脂肪颜色白且坚挺。大麦本身又富含饱和脂肪酸、叶黄素、胡萝卜素的含量都较低，故在育肥牛屠宰前 120～150d，每头每天饲喂 1.5～2kg 大麦，能提高胴体和牛肉品质。

2. 大麦饲喂牦牛的效果

玉米、大麦、燕麦和小麦等都可以用来做育肥牛的精饲料，但是由于加工方法的差异，饲养和经济效益也不同，大麦细磨碎后喂牦牛的效果好于整粒大麦喂。

（三）高粱

高粱用来喂牛时必须进行加工，不能整粒饲喂。加工方法有碾碎、裂化、粉碎、挤压与蒸汽压片(扁)等。因为高粱受到碾碎挤压或蒸汽压片的作用后，既破坏了高粱成分中淀粉的结构，又破坏了高粱胚乳中蛋白质与淀粉的结合，使得高粱的适口性得到改善，同时营养价值还可以提高 15%。

不能单一用高粱喂牛，必须与其他能量饲料搭配，才会获得较好的效果。如高粱与玉米搭配喂牛，效果较好。根据试验，用 75% 的高粱与 25% 的玉米配合，喂牦牛时增重效果较好。用 25% 的高粱与 75% 的玉米配合，喂牦牛时饲料报酬较好。

（四）能量饲料的加工方法

能量饲料饲喂育肥牦牛一般都要进行加工，加工方法有多种，各有优缺点。

1. 粉碎法。一是使用锤片式机械将玉米、大麦与高粱击碎成粉状，这是目前养牛场用得最多的方法；二是使用辊磨式机械将玉米、大麦与高粱磨碾碎成粉状。据试验，育肥牛对高粱粒的细度有较强反应，细度过小，会降低饲料利用率。

生产实践证明，能量饲料破碎得细度过细，提高了能量饲料在瘤胃内的降解率，饲料不到小肠等消化吸收部位，能量就被耗尽，从而降低了饲料的利用效率。

另外,能量饲料破碎粒度过细,会降低育肥牛的采食量。

2. 膨化法。膨化法是将玉米、大麦和高粱等能量饲料放在一容器内加热加压,饲料在高温高压下软化膨胀,喷出来时饲料松软、芳香可口。这样方法加工的饲料适口性好,提高了育肥牛的采食量。又因在加热加压过程中饲料中的淀粉被糊化,提高了育肥牛对饲料的消化率。

3. 微波化法。微波化法是将玉米、大麦和高粱等能量饲料放在红外线微波下,加温高达140℃以上,再送入辊轴,压成片状。饲料在红外线微波作用下,内部结构发生变化,提高了饲料的消化率。

4. 湿磨法。将饲料加水粉磨成浆体的一种生产方法,多用于玉米饲料生产,生产的饲料种类有玉米面筋粉、玉米面筋饲料、玉米胚芽饲料和玉米浸泡液等。

5. 烘烤法。烘烤法是将玉米、大麦和高粱等能量饲料放在专用的烘烤机内加温,烘烤温度为135℃～145℃。经过烘烤的玉米、大麦具有芳香味,育肥牛的采食量有显著增加。

6. 颗粒化法。颗粒化法是将玉米、大麦和高粱等能量饲料先粉碎,而后通过特制制粒机制成一定直径的颗粒。此法可依据育肥牛的体重大小压制成直径大小不等的颗粒饲料,还可以在压制颗粒过程中添加其他饲料,提高颗粒料的营养价值。育肥牛采食颗粒料量要大于其他饲料量。

7. 压扁法。分为干压扁和蒸汽压片。干压扁是将玉米、大麦和高粱等能量饲料装入锥状转子的压扁机,被转子强压碾成碎片,再将大片状饲料打成小片状。据资料介绍。整粒玉米的消化率为65%,粉碎玉米的消化率为71%,碾压片玉米的消化率为74%。碾压片玉米的消化率高于整粒玉米和粉碎玉米。

(五)能量饲料料型与喂牛效果

在生产实践中,用来喂牛的能量饲料料类型有细粉状、颗粒状和压片(扁)状几种。

1. 细粉料型饲料。细粉料型饲料是传统饲料,是将能量饲料粉碎而制成,生产设备较简单,生产成本较低。其缺点是饲料成粉末后,不利于牛采食,易造成牛的厌食而降低牛的采食量。育肥牛采食不到应有量,既影响舍饲育肥牛的增重,又增加了牛的饲养成本。

2. 颗粒状饲料。把能量饲料首先粉碎,而后制成颗粒料。颗粒饲料便于变更饲料配方,有利于运输和降低运输成本;便于在饲料内添加微量元素、维生素、保健剂和抗氧化剂,改善饲料中一些营养物质的利用率;便于包装和贮存,减少尘埃和有毒有害细菌的侵害,更大程度上保证饲料产品的品质。此外,颗粒饲料便于养殖场运输、贮存和保存,有利于饲料的分配饲喂,减少了饲料的损耗,改善了牛场的卫生条件。颗粒饲料适口性好,提高了采食量,杜绝了育肥牛挑剔饲料的毛病,提高了饲料的消化率、转化率。但是,制作颗粒饲料的设备成本要比制作粉状饲料设备成本高 18%~20%,生产颗粒饲料的成本要比生产粉状饲料成本高 8%~9%,能源消耗量大,造粒模型易损坏。饲喂颗粒饲料后,育肥牛的日增重提高不多。

3. 蒸汽压片饲料。用高温高压的蒸汽将饲料压成片状。蒸汽压片玉米饲喂效果最好。

二、蛋白质饲料

在育肥牛的配合饲料中,常选用的蛋白质饲料有饼类(大豆饼、棉籽饼、棉仁饼、菜籽饼、葵花籽饼、花生饼、亚麻仁饼)和豆科籽实类(蚕豆、豌豆、大豆)。

(一)棉籽饼

棉籽饼是带壳棉籽经过榨油后的副产品,既具有蛋白质饲料的特性,又具有能量饲料的特性,还具有粗饲料的特性。由于棉籽饼含有较高的粗纤维,是育肥牛的优质蛋白质饲料,而且在育肥牛的日粮中可以大量搭配。目前,棉籽饼的使用方法有浸泡法与粉碎法。

1. 浸泡法

先将棉籽饼用水淹没浸泡 4h 以上,去掉棉籽饼中的毒素,喂牛时把水溶液倒掉。但是,棉籽浸泡以后会有很多缺点,一是有一部分水溶性营养物质溶解到水中,使棉籽饼的营养价值降低,致使育肥牛的饲料成本增加;二是浸泡后的棉籽饼与其他饲料搅拌混匀, 难度很大; 三是在温度较高时浸泡棉籽饼易发酵变酸,从而降低牛的采食量,延长牛的育肥期。

2. 粉碎法

将棉籽饼用粉碎机械粉碎。此法有很多缺点, 一是因棉籽饼带有部分棉絮(棉籽上带的),经粉碎后,棉籽松软成团,很难与其他饲料搅拌均匀,往往浮在配合饲料的表面;二是部分棉絮会侵害牛鼻孔,诱发牛的呼吸系统疾病。根据实践经验,使用棉籽饼时既不浸泡,也不粉碎,直接将棉籽饼与其他饲料混合制成配合饲料喂牛,效果较好。

(二)葵花籽饼

葵花籽饼是葵花籽实经过榨油后的剩余物,是育肥牛较好的蛋白质饲料,价格较棉籽饼和大豆饼便宜。饲喂前无须做任何再加工,牦牛喜欢采食。在生产中使用葵花籽饼时需要注意两点。一是葵花籽饼在制作过程中残留的脂肪量较多,燃点低,故在存贮过程中极易自燃,故在堆放葵花籽饼时要采取防火措施,保持通风良好,堆码不能太厚,应经常检查;二是葵花籽饼虽然含蛋白质较多,但是含有增重净能值较低,每千克只有 0.04MJ。在配制育肥牛配合饲料时必须和含有增重净能值高的饲料配合使用,才能获得较为满意的增重效果。

(三)菜籽饼

菜籽饼是菜籽榨油后的残留物。菜籽饼因含芥子苷或称硫苷毒素(含量6%以上)而未能在养殖业上得到广泛利用。菜籽饼最有效的利用办法是与青贮饲料混贮,在制作青贮饲料时将菜籽饼按一定比例加到青贮原料中,入窖发酵脱毒。

(四)胡麻饼

胡麻饼是胡麻的籽实榨取油脂后的副产品,味香,牛喜欢采食。由于胡麻籽实加热榨取油脂过程中,一些耐热性较差的维生素、氨基酸被破坏,因此,饲料中胡麻饼的配比不宜太高,以 10%为宜。另外,胡麻饼饲喂量太多,会使育肥牛的脂肪变软,降低胴体品质。

(五)其他饼类

大豆饼、花生饼、棉仁饼等虽然都是育肥牛的优质蛋白质饲料,但是由于其价格贵,增加饲养成本高,一般不被养牛户选用或尽量少用,以降低成本。

三、糠麸饲料

用于育肥牛的糠麸饲料主要有麦麸、米糠、大豆皮、高粱糠、玉米皮和玉米胚芽饼等。

(一)麦麸

麦麸是麦类加工面粉后剩余物的通称,在育肥牛日粮中常用的麦麸饲料为小麦麸,俗称麸皮。麦麸饲料含磷多,具有轻泻性的特点,因此,在利用麦麸饲料时要牢牢记住它的特性。有些养牛户利用秸秆、麦麸加水,在食槽内搅拌后任牛采食,其实此法并不科学。

在架子牛经过较长时间的运输到达育肥场时,在清水中加麦麸(含量 5% ~ 7%),供牛饮用,一连 3d,对恢复架子牛的运输疲劳很有帮助。前 5 ~ 7d,在牛的饲料中麦麸配比达 30%,有利于架子牛轻泻去火,排除因运输应激反应产生的污物,并对尽快恢复正常采食量有积极作用。但是麦麸饲料在架子牛的育肥后期饲喂量不能过大,主要原因是麦麸富含磷及镁元素,当牛进食过量磷及镁元素后,会导致育肥牛尿道结石症。育肥牛在催肥后期麦麸饲料在日粮中的比例以 10%左右为好。

(二)米糠

米糠是碾制大米的副产品,一般分为细米糠和粗米糠,细米糠为去稻壳的糙米碾制成精白米的副产品,粗米糠则是未去稻壳加工精白米的副产品。米糠又有脱脂米糠和未脱脂米糠之分。在饲喂育肥牛时,以脱脂米糠较好,因为未脱脂米糠含脂肪量较多,当育肥牛采食较多量的未脱脂米糠后,会导致育肥牛腹泻,胴体脂肪松软,胴体品质下降。为避免产生不良的后果,米糠在日粮中应以 5%的比例比较安全。未脱脂米糠不易长期保存,极易产生哈喇味,变质,影响适口性。

(三)大豆皮

大豆皮是采用去皮浸提油脂加工大豆的副产品。大豆皮含干物质 90%、粗蛋白质 12%、粗纤维 38%,这是近年新增加的糠麸饲料,无须加工便可喂牛,育肥牛喜欢采食。

在育肥牛日粮中,当混合日粮的精料低于 50%时,大豆皮饲养效果要好于混合日粮。当混合日粮的精料含量达到 50%以上时,用大豆皮饲养的育肥牛平均日增重、增重效率就不如用混合日粮的高。

(四)玉米胚芽饼

玉米胚芽饼是玉米的胚芽榨取玉米油后的副产品,味香,牛十分喜欢采食,无须加工就可以和其他饲料搅拌均匀后喂牛。

(五)玉米皮

玉米皮是玉米制造淀粉、酒精时的副产品。玉米皮具有较高的能量,价格便宜。但是,在使用时务必注意去除铁钉等尖锐杂物。

四、粗饲料

育肥牦牛可以采食的粗饲料种类很多,如青干草、玉米秸、麦秸、牧草、野草等。

(一)青干草

青干草是指天然草地牧草、栽培牧草或其他青绿饲料作物,在盛花期末结实期前刈割后经晾晒或机器烘干调制而成的能够长期贮存的饲草。合理调制的青干草呈青绿色、叶面平整,具有芳香味,适口性好,营养价值高。干物质中粗蛋白质含量约 8.3%,粗纤维含量约 33.7%,含有较多的维生素和矿物质,是草食动物越冬的良好饲料。青干草粉碎后即为草料,也是进一步加工颗粒饲料的原料。

1.青干草种类。按植物种类分,有豆科青干草、禾本科青干草、谷类青干草和混合青干草。豆科青干草如苜蓿、沙打旺、草木樨、野豌豆、毛苕子等。豆科青干草营养价值较高,富含可消化粗蛋白质、钙和胡萝卜素等,草食家畜日粮中配合一定数量的豆科青干草,可以弥补饲料中蛋白质数量和质量方面的不足。如用豆科青干草和玉米青贮饲料搭配饲喂草食家畜,可以减少精料用量或完全省掉精料。禾本科青干草如披碱草、冰草、黑麦草、无芒雀麦、猫尾草等,其来源广、数量大、适口性好。天然草地绝大多数是禾本科牧草,是牧区、半农半牧区的主要饲草。这类青干草一般含粗蛋白质与钙较少,其营养价值因种类和刈割时间不同而差异较大。谷类青干草为栽培的饲用谷物,于抽穗—乳熟期刈割调制成青干草。如谷子、燕麦、黑麦、大麦、稗子干草等,这一类干草虽含粗纤维较多,但仍是农区草食家畜的主要饲草。混合青干草如像用天然割草场及混播牧草草地刈割调制的青干草。

按干燥方法分,可分为自然干燥青干草和人工干燥青干草。自然干燥青干草是指自然晾晒或阴干调制而成,是目前最普遍最简便的一种青干草,但营养物质损失较多。人工干燥青干草是指利用各种能源,如常温鼓风或热空气,进行人工脱水干燥而成。由于干燥速度快,因而可减少干草营养成分的损失,特别是减少胡萝卜素的损失,其缺点是成本高,而且缺乏维生素 D 的来源。

2.青干草的营养价值。因牧草种类、刈割时期、干燥过程中的外界条件及贮藏方式等因素不同差异很大。一般粗蛋白质含量为 10% ~ 20%,比秸秆高 1 ~ 2

倍或以上；粗纤维含量为 22%～23%，比秸秆低 1 倍左右；无氮浸出物含量在 40%～54%，与秸秆相似；矿物质含量较丰富，特别是豆科牧草含有较多的钙、磷等。此外，优良青干草还含有胡萝卜素、维生素 E、K、B 等多种维生素。值得指出的是，晒制干草是草食家畜维生素 D 的重要来源，这是由于植物体内所含的麦角固醇经阳光紫外线的照射，可转化为维生素 D，一般晒制青干草维生素 D 含量为 100～1000 个国际单位 /kg。

优质青干草具有较高的饲用价值，是草食家畜冬春季的基础饲草，是反刍动物日粮中能量、蛋白质、维生素的主要来源。虽然干草中纤维素含量较高，各种营养物质的消化率较低，但干物质含量较多，家畜随意采食量也较高，对于乳用家畜，还有提高乳脂率的作用。如用优质干草喂乳牛，在不补加任何精料的情况下，日产牛奶可达 5kg。生产实践证明，各种草食家畜的日粮中，饲喂一定数量的青干草，均有良好效果。如以优质干草为基础日粮适当搭配精料、青贮饲料等，所育成的家畜体质、体型、生产力和经济效益均最佳。

但在实际生产中，青干草品质差异极为悬殊，优质青干草营养价值接近小麦麸，而劣质干草，有时还不如秸秆，如秋后收割的枯黄草，加之晒制不当，营养物质损失常达 50%～60% 以上，特别是胡萝卜素，几乎损失殆尽。因此要获得优质干草，关键在于要特别重视影响青干草品质的各种因素，尽量设法减少牧草营养的损失。

3. 影响青干草品质的因素。牧草调制成青干草的目的，除便于贮藏外，更重要的是要尽量保持牧草原有的营养物质和较高的消化率与适口性，尤其要注意尽量减少青绿牧草中粗蛋白质、胡萝卜素及必需氨基酸等成分的损失。影响青干草这些优良品质的因素很多，除牧草种类及品质的差异外，最重要的是牧草收割时期、干燥方法与干燥时期的长短、外界条件及贮藏条件和技术等。其中牧草的刈割时期，对青干草品质的影响最大，也最容易被忽视。

（二）玉米秸

收获玉米穗后的玉米秸秆，经风干后粉碎，是架子牛较好的粗饲料。牦牛消化玉米秸粗纤维的能力为 50%～65%。玉米秸的加工可采用两机联合作业，铡草机和粉碎机各 1 台（两机功率类同），铡草机在前，粉碎机在后，铡草机喷出的碎草正好落在粉碎机入口处，进入粉碎机粉碎成 0.5～1cm 长的玉米秸饲料。

（三）麦秸

麦秸分为小麦秸、大麦秸、燕麦秸、青稞秸、荞麦秸等几种,各种麦秸加工方法类同,在喂牛时根据其营养成分确定在配方中的比例。目前,小麦秸是育肥牛主要的麦生秸资源。收集小麦秸时最好用打捆机打捆（长 600～1200mm,宽460mm,厚 360mm）,既省事又效率高,便于搬运贮藏。小麦秸用粉碎机粉碎成长0.2～0.7cm,即可和其他饲料混合均匀喂牛。还可用辊(碾)压法将小麦秸压扁压软,或用揉搓机将已铡短的麦秸用揉搓等方法加工。

（四）苜蓿干草

苜蓿为多年生豆科牧草,品种较多。苜蓿干草富含蛋白质(20%左右),是育肥牛的优质粗饲料。但是苜蓿干草品质的优劣很大程度上取决于收割后的烘干条件。优质苜蓿干草颜色青绿,叶茎完好,有芳香味,含水量 14%～16%。苜蓿干草含钙量较高,在配合育肥牛的日粮时要注意磷的补充。在当前农业产业结构调整中,种草养畜是其中十分重要的内容。

（五）其他粗饲料

除上述粗饲料外,其他农作物籽实脱壳后的副产品,如谷壳(谷糠)、高粱壳、花生壳、豆荚、棉籽壳、秕壳等。除稻壳、高粱壳外,其他荚壳类的营养成分均高于作物秸秆。另外,玉米芯、甘薯、马铃薯、瓜类藤蔓类、胡萝卜缨、菜类副产品、向日葵茎叶和向日葵盘等,均可作为育肥牛的粗饲料。

五、酒糟、粉渣饲料

酒糟类、粉渣类饲料是酿造业、制糖业、加工业的副产品,包括白酒糟、啤酒糟、玉米淀粉渣、白薯(红薯、甘薯)渣、甜菜渣、醋糟、酱油渣、豆腐渣等,育肥牛使用这些副产品,既经济(饲料成本低)又实惠(育肥牛增重好)。

（一）酒糟

中国白酒酿造业发达,每年酿造白酒几千万吨,副产品酒糟的产量多达亿吨。酒糟是育肥牛的上等粗饲料和诱食剂饲料。由于酿造白酒时选用的原料种类、掺加辅助料种类与发酵过程千差万别,因此,白酒糟的营养价值也有较大的差别。在配制育肥牛饲料时,应首先测定酒糟的营养成分,然后设计配方。采用酒糟喂牛,特别要注意在饲料中补加维生素 A。白酒糟是育肥牛的好饲料,但极易酸败和发霉变坏。当天购买当天用完是最佳方案,但贮存 2 ~ 3d 才能用完的情况较多。贮存方法是砌水泥池,将酒糟装入水泥池内,厚度 30cm 左右压实 1 次,越实越好。顶部用塑料薄膜封闭,不能透风。也可以在池顶部加水,使酒糟与空气隔绝。农户可以用水缸贮存酒糟,也可以挖土坑(铺垫塑料薄膜)贮存酒糟,或采用厚塑料薄膜制成塑料袋贮存酒糟。在少雨季节,也可晒干贮存。育肥牛长期饲喂酒糟时,牛粪便稀软而呈黑色,要增加清扫粪便次数,保持牛舍清洁。

(二)啤酒糟

啤酒糟含有丰富的营养物质,育肥牛喜欢采食,价格较低,大多养牛场都愿意用啤酒糟饲喂育肥牛。用啤酒糟饲喂育肥牛,可采用 3 种方法。一是直接喂牛。育肥牛饲喂新鲜的啤酒糟,应先将啤酒糟与其他饲料混合,搅拌均匀后喂牛。单槽养牛时,也可以先饲喂啤酒糟,然后饲喂其他饲料。每头每天饲喂啤酒糟 15 ~ 20kg,饲喂啤酒糟过量会影响育肥牛的采食量,进而影响育肥牛的增重,延误出栏时间,增加饲养成本;二是贮存后喂牛。啤酒糟的贮存方法类同于白酒糟,不过要把水分调节到 65% ~ 75%,添加的辅助饲料有能量饲料、粗饲料或糠麸饲料等;三是脱水后喂牛。干燥啤酒糟的方法与白酒糟类似。利用啤酒糟无论采用哪种方法喂牛,都会给养牛户带来较好的饲养效益,尤其在高精料饲喂育肥牛时,利用干啤酒糟防治肝脓肿有较好的作用。据研究,高精料中没有添加干啤酒糟时,粗纤维分别占日粮的 5%、10%、15%时,肝脓肿的发病率相应为 38.0%、32.6%、32.3%;如果玉米等能量饲料达 80% ~ 90%、粗纤维水平为 3.6% ~ 5%,添加 10% ~ 20%干啤酒糟,试验牛未发现肝脓肿病例。

(三)玉米淀粉渣

用玉米加工提取淀粉、酒精等产品后的剩余物称为玉米淀粉渣,这是近年来玉米加工业迅速发展的产物,为养殖业增加了新的饲料来源。用玉米提取酒精为主的副产品称之为玉米酒精渣。新鲜玉米酒精渣黄色,含水量 74%左右,干物质中含有粗蛋白质 29.82%、钙 0.21%、磷 0.38%。在配制育肥牛饲料时,玉米酒精的比例为 8% ~ 10%(干物质为基础),以鲜重为基础时的比例为 15% ~ 20%。烘干后(含水量 14% ~ 16%)的玉米酒精渣具有芳香味,牛喜欢采食。因此,以烘干贮存为好。

（四）甜菜渣

甜菜渣是甜菜制糖工业的副产品，为育肥牛的优质饲料。保存甜菜渣的方法有冷冻成块法(寒冷地区利用自然条件)、制成颗粒法(甜菜干粕)和厌氧贮藏法。在各种保存方法中以制成颗粒法 (甜菜干粕) 效果最好。甜菜渣中含水 10% ~ 11%，含杂质小于 1%，粗蛋白质含量 9% ~ 9.5%，代谢能 9.83MJ/kg，维持净能 6.3MJ/kg，增重净能 3.47MJ/kg，可消化粗蛋白质 50g/kg，钙 0.96%，磷 0.34%。用甜菜干粕替代 40%玉米饲育喂肥牛，能取得较好的增重效果和经济效益。

（五）玉米酒精蛋白饲料

玉米酒精蛋白饲料可分为干玉米酒精蛋白饲料和湿玉米酒精蛋白饲料两种，前者含水量小于 12%，后者含水量 70% ~ 80%。玉米酒精蛋白饲料含粗蛋白质 28%，消化能为 9.63MJ/kg，钙 0.34%，磷 0.6%。

六、青贮饲料

青贮饲料指在厌氧条件下经过乳酸菌发酵调制保存的青绿多汁饲料。它具有很多优点，是主要的发酵饲草饲料，因此，在牦牛育肥生产中应用广泛。这部分在第七章第四节详细介绍。

七、矿物质饲料

（一）矿物质对育肥牦牛的重要性

对牦牛的生长、发育和生产有重要作用的矿物质元素至少有 20 种，牦牛体内所有的体细胞、体组织、体液中都含有不同含量的矿物质，可见其重要性。矿物质的缺少或严重不足会导致育肥牛的生产力下降，甚至死亡。

1. 钙。钙元素是育肥牛骨骼组成的主要元素之一，钙元素在谷物类饲料中的含量较少。育肥牛在缺钙时，会出现食欲不振，采食量减少，啃食异物，如砖头、石头、木头、土块等。用石灰石给育肥牛补充钙，经济实惠。

2. 磷。磷元素是育肥牛骨骼组成的主要元素之一，骨骼的 80%是由磷酸钙组成，牦牛体内 80%的磷在骨骼内，所以，磷元素对于牦牛骨骼乃至整个身体和生长都很重要。磷元素在谷物类饲料中的含量较丰富，尤其在麦麸中含量较高。当育肥牛缺乏磷元素时，也会出现食欲不振，采食量减少，啃食异物，如砖、石、木头、土块等。用麦麸补充磷和调节钙磷平衡,简单易行。

3.镁。镁元素是育肥牛骨骼组成的主要元素之一,镁元素在许多酶系统和蛋白质的分解与合成中,是十分重要的活化剂。镁缺乏会发生痉挛(抽搐)症,步态不稳,到处乱撞。补充磷酸镁可以避免镁的不足。

4.硫。硫元素是构成一些氨基酸的必需成分,硫元素缺乏时,蛋白质的形成就会受到影响。一般育肥牛不会发生硫的缺乏。但是,给育肥牛饲喂含有尿素的饲料时要补充硫元素。用含硫的盐类补充较好。

5.钠。钠是血浆的重要组成部分,在机体软组织周围有很多分布。钠可以帮助控制肉牛体内的水分平衡。育肥牛缺少钠元素时,食欲下降,啃食泥土、砖块,喝尿液。在饲料中添加食盐或在牛舍内放置由多种矿物质制成的营养舔砖,可以补充钠元素。

6.钾。钾、钠、氯共同完成育肥牛体内水分的平衡,钾在能量代谢过程中是一种必需元素,饲料中很少发生钾元素缺乏,但在较大量利用粉渣类饲料时,易发生钾的缺乏。钾缺乏时,会影响能量饲料的消化,最终影响育肥牛的生长。用多种矿物质制成的专用添加剂,可补充钾元素。

7.铁。铁元素是育肥牛血液中血红素的重要组成部分,也是多种酶的构成物质,饲料中很少发生铁元素的缺乏。发生缺铁时,育肥牛会出现贫血症(组织苍白色),生长受阻。饲料中常用的铁补充物为含一个结晶水的硫酸亚铁,每千克饲料129mg,或用多种矿物质制成的专用添加剂,也可补充铁元素。

8.碘。碘元素是育肥牛甲状腺体的重要组成部分,育肥犊牛发生碘缺少时,可引起甲状腺肿大,体质虚弱,严重时可导致死亡。用多种矿物质制成的专用添加剂,可补充碘元素。

9.铜。铜元素是能量代谢酶的一个重要组成部分,它对牛骨骼血红蛋白的产生、皮肤色素的沉着、毛发的生长都很重要。育肥牛发生铜元素缺乏时,皮毛变得干燥、粗糙,易脱落,严重时会发生腹泻,出现贫血症状,食欲下降。补充铜元素时,每千克饲料加4mg铜,或用多种矿物质制成的专用添加剂补充铜元素。

10.锰。锰元素对育肥牛骨骼形成和肌肉发育有重要作用,一般情况下饲料中锰元素的含量能够满足育肥牛的需要。当饲喂青贮饲料(特别是玉米青贮料)的量较大时,会发生锰元素缺乏。日粮中锰元素含量影响育肥牛的屠宰率。在实践中采用多种矿物质制成的专用添加剂,可以弥补锰元素的不足。

11.锌。锌元素在育肥牛体内有广泛的分布,它是育肥牛皮毛和骨骼生长发育的必需物质。缺少锌元素,会使育肥牛皮肤角质化,皮毛粗糙,口鼻发生炎症,关节僵硬等。补充锌元素时,每千克饲料添加锌 30～40mg 即可。用多种矿物质制成的专用添加剂,也可补充锌元素。

12.钴。钴元素对牛胃肠利用微生物形成维生素 B2 起关键作用,育肥牛缺乏钴元素时,使已进入牛体内的维生素 A、维生素 D、维生素 C、维生素 E 的消化吸收率下降,影响蛋白质的合成和铜元素的利用。补充钴元素的方法:每头 0.3～1mg/d,或用多种矿物质制成的专用添加剂,按说明书要求添加在饲料中。也可用多种矿物质制成的专用舔块,放在饮水槽边,任由牛自由舔食。

13.硒。硒元素具有抗氧化作用,对生物氧化酶系统起催化作用,与育肥牛体内细胞壁、细胞膜的有效生长有关。硒缺乏时,育肥牛生长缓慢或停止,体重下降。补充硒元素要谨慎,因为硒元素有毒性,皮下注射长效硒酸钠安全可靠,注射剂量为每千克体重 1mL。一次注射可持续 4 个月。但是,对将要屠宰上市的牛,不要注射。对已注射过的牛,屠宰后要注意将注射点去掉。

14.氯。氯元素和其他元素结合形成氯化物,最有代表性的为氯化钠。缺少氯元素会造成牛食欲不振和体重下降。补充食盐即可补充氯元素。

(二)矿物质需要量

育肥牦牛不同体重阶段、不同增重速度对矿物质有不同的需要量 (见表 5-1)。

表 5-1 育肥牛日粮中矿物质元素需要量

名　称	每千克日粮需要量	名　称	每千克日粮需要量
锌	30～40 mg	硒	0.1 mg
铁	80～100 mg	钾	0.6%～0.8%
锰	1～10 mg	食盐	0.2%～0.3%
铜	4 mg	钙	0.36%～0.44%
钼	0.01 mg	磷	0.18%～0.22%
碘	0.08 mg	镁	0.18%
钴	0.1～0.30 mg	硫	0.01%

（三）矿物质的相互作用

矿物质在育肥牛体内不是孤立的，一种矿物质量的多少往往会对另一种矿物质的作用会产生增大或缩小的效果。例如，钙和磷的适当比例为 1~2：1,钙的比例超出或不足时，就会影响牛对钙、磷和其他元素的吸收利用。

八、维生素饲料

育肥牛对维生素需要量虽少,但不能缺少,因此,维生素在育肥牛的营养中有十分重要的作用。维生素可以分为脂溶性维生素和水溶性维生素两大类。维生素 A、维生素 D、维生素 E 为育肥牛的必需维生素,要由饲料中补充。维生素 K、维生素 C 和 B 族维生素在牛的瘤胃中能够合成。育肥牛很少发生维生素缺乏症，因为育肥牛从采食的粗饲料、青饲料和青贮饲料中很容易获得必需维生素 A、维生素 D、维生素 E。

在实际生产中，添加维生素饲料要注意几点。一是当育肥牛长期采食大量白酒糟时，必须补充维生素 A；二是生产高档牛肉时,优质牛肉或要求牛肉的颜色更鲜红,补充维生素 E 会获得满意的结果。补充量为每头每日 300 万 ~ 500 万单位；三是在用高精饲料育肥牛时,饲料中胡萝卜素含量很少,要注意补充维生素 A；四是如果黄玉米贮存时间过长,胡萝卜素几乎全部损失,要注意补充维生素 A；五是出栏前高强度育肥牛时,育肥牛增重迅速,极易发生维生素 A 的缺乏,要注意添加。

九、添加剂饲料

用于育肥牛的添加剂分很多种类,有长得快、省饲料型添加剂,有健康、疾病少、低成本型添加剂,有防腐、黏合、调味型添加剂等。使用添加剂总的目的是达到育肥牛在正常健康条件下长得好、长得快、低成本、高效益,对牛对人对环境无害。常用的育肥牛添加剂有矿物质添加剂、维生素添加剂、保健添加剂。

（一）矿物质添加剂

矿物质添加剂的种类和规格较多,今后还有增加的趋势。养殖场在使用矿物质添加剂时必须看清楚规格、型号、用量等。

（二）维生素添加剂

常用的维生素添加剂有维生素 A、B 族维生素和维生素 E。

（三）保健缓冲剂

保健缓冲剂是保持瘤胃环境 pH 值稳定的添加物，目前用于育肥牛的保健缓冲剂有碳酸氢钠、倍半碳酸钠、天然碱、氧化镁、斑脱钠、碳酸氢钠 – 氧化镁复合物、丙酸钠、碳酸氢钠 – 磷酸二氢钾、石灰石等。

第七章　牧草加工调制技术

第一节　青干草

　　青干草是指天然草地牧草、栽培牧草或其他青绿饲料作物,在盛花期末结实期前刈割后经晾晒或机器烘干调制而成的能够长期贮存的饲草。合理调制的青干草呈青绿色、叶面平整,具有芳香味,适口性好,营养价值高。干物质中粗蛋白质含量约 8.3%,粗纤维含量约 33.7%,含有较多的维生素和矿物质,是草食动物越冬的良好饲料。青干草粉碎后即为草粉,也是进一步加工颗粒饲料的原料。

一、青干草种类

　　按植物种类分,有豆科青干草、禾本科青干草、谷类青干草和混合青干草。豆科青干草如苜蓿、野豌豆等。豆科青干草营养价值较高,富含可消化粗蛋白质、钙和胡萝卜素等,草食家畜日粮中配合一定数量的豆科青干草,可以弥补饲料中蛋白质数量和质量方面的不足。禾本科青干草如披碱草、冰草、燕麦草、无芒雀麦等。禾本科青干草来源广、数量大、适口性好,天然草地绝大多数是禾本科牧草,是牧区、半农半牧区的主要饲草。这类青干草一般含粗蛋白质与钙较少,其营养价值因种类和刈割时间不同而差异较大。谷类青干草为栽培的饲用谷物,于抽穗—乳熟期刈割调制成青干草,如谷子、燕麦、黑麦、大麦等。这一类干草虽含粗纤维较多,但仍是农区草食家畜的主要饲草。混合青干草是指以天然割草场及混播牧草草地刈割调制的青干草。

按干燥方法分,可分为自然干燥青干草和人工干燥青干草。自然干燥青干草是指自然晾晒或阴干调制而成,是目前最普遍最简便的一种青干草,但营养物质损失较多。人工干燥青干草是指利用各种能源,如常温鼓风或热空气,进行人工脱水干燥而成。由于干燥速度快,因而可减少干草营养成分的损失,特别是减少胡萝卜素的损失,其缺点是成本高。

二、青干草的营养价值

青干草的营养价值因牧草种类、刈割时期、干燥过程中的外界条件及贮藏方式等因素不同差异很大。一般粗蛋白质含量为 10% ~ 20%,比秸秆高 1 ~ 2 倍或以上;粗纤维含量为 22% ~ 23%,比秸秆低 1 倍左右;无氮浸出物含量在 40% ~ 54%,与秸秆相似;矿物质含量较丰富,特别是豆科牧草含有较多的钙、磷等。此外,优良青干草还含有胡萝卜素、维生素 E、K、B 等多种维生素。值得指出的是,晒制干草是草食家畜维生素 D 的重要来源,这是由于植物体内所含的麦角固醇经阳光紫外线的照射,可转化为维生素 D,一般晒制青干草维生素 D 含量为 100 ~ 1000 个国际单位 /kg。

优质青干草具有较高的饲用价值,是草食家畜冬春季的基础饲草,是反刍动物日粮中能量、蛋白质、维生素的主要来源。虽然干草中纤维素含量较高,各种营养物质的消化率较低,但干物质含量较多,家畜随意采食量也较高,对于乳用家畜,还有提高乳脂率的作用。生产实践证明,各种草食家畜的日粮中,饲喂一定数量的青干草,均有良好效果。

但在实际生产中,青干草品质差异极为悬殊,优质青干草营养价值接近小麦麸,而劣质干草,有时还不如秸秆,如秋后收割的枯黄草,加之晒制不当,营养物质损失常达 50% ~ 60% 以上,特别是胡萝卜素,几乎损失殆尽。因此要获得优质干草,关键在于要特别重视影响青干草品质的各种因素,尽量减少牧草营养的损失。

三、影响青干草品质的因素

牧草调制成青干草的目的,除便于贮藏外,更重要的是要尽量保持牧草原有的营养物质和较高的消化率与适口性，尤其要注意尽量减少青绿牧草中粗蛋白质、胡萝卜素及必需氨基酸等成分的损失。影响青干草这些优良品质的因素很多，除牧草种类及品质的差异外，最重要的是牧草收割时期、干燥方法与干燥时间的长短、外界条件及贮藏条件和技术等。其中牧草的刈割时期，对青干草品质的影响最大，也最容易被忽视。

（一）青干草的适时刈割

为获得品质优良的青干草，不论采用何种加工方法与先进技术，不论是天然草场牧草，还是栽培牧草及饲料作物，都必须在牧草的营养物质产量最高时期进行刈割，即首先要保证原料的品质优良，这是生产优质青干草的基本前提。

牧草在生长发育过程中，其营养物质在不断变化，处于不同生育期的牧草或饲料作物不仅产量不同，而且营养物质含量也有很大的差异。随着饲料作物生育期的推移，豆科牧草叶片易脱落或枯萎，易造成营养损失。尽管牧草的干物质产量还继续增长，但其体内最宝贵的营养物质如粗蛋白质、胡萝卜素等的含量会大大减少，而粗纤维的含量却逐渐增加，因此，在单位面积上，饲料作物的产量和各种营养物质含量主要取决于饲料作物的收割期。因此，要根据不同饲料作物的产量及营养物质含量适时刈割。

目前，有些地方由于受气候条件、劳动力安排不当等因素的影响，往往不能适时刈割，导致牧草的营养物质严重损失，干草品质差，饲料报酬低，经济效益差，应该引起高度重视。

确定牧草的最适刈割期，必须考虑两项指标：一是产草量；二是可消化营养物质的含量。而实际上，牧草在整个生育期中的产量和可消化营养物质推进变化较大。豆科牧草进入开花期以后，下部叶片开始枯黄，晒制干草时，叶片损失就更为严重。实践证明，刈割越晚，叶片脱落越多，干草品质也越差。因此，在晒制豆科牧草时，避免叶子的损失是头等重要的问题。

豆科牧草茎秆比禾本科牧草充实、坚硬、木质化程度较高，且含胶体物质较多，茎内部的水分向外散失的阻力较大。而豆科牧草的叶柄细、叶片又较薄、表面积大，干燥速度比茎快得多。如苜蓿的茎含水量降到50%左右时，叶片含水量已下降至10%左右。故由于叶较茎提前干燥，致使叶片大量脱落。豆科干草叶片损失率一般为20%～30%，甚至高达50%～70%。刈割越晚，茎叶干燥的速度差异越大,造成的损失也越大。豆科牧草茎叶干燥速度因种类不同而异,茎秆较粗硬、木质化程度较高的牧草,茎叶干燥速度差异大。茎秆较柔软、木质化程度较低的牧草,茎叶干燥速度差异较小,叶片脱落也较少,如野豌豆等。

多年生豆科牧草的适宜刈割期应根据生长当年的营养动态、产量、再生性以及对翌年的产量和寿命的影响等因素综合考虑。豆科牧草的适宜刈割期一般在孕穗—初花期。但对于具体到某一种豆科牧草来说,应视具体情况来确定。如苜蓿一般认为在现蕾—开花期为最适刈割期。生产实践证明,苜蓿1年中前几次刈割,在现蕾—始花期,既能获得粗蛋白质、维生素含量高的饲草,又有利于防除田间杂草和病虫害,而最后一次刈割应在开花期或霜前1个半月。又如草木樨中含有低毒的生物碱香豆素,在孕蕾期最高,因此最适刈割期在营养生长期。

(二)牧草干燥过程中营养物质的损失

为减少青干草营养物质的损失,牧草刈割后,最重要的是使牧草迅速脱水,促进植物细胞及早死亡,营养物质的损失减少到最低。

目前,农牧区主要采用地面晒制干草,干物质、粗蛋白质的损失一般在20%～30%左右,胡萝卜素损失高达90%以上,这些损失主要由于饥饿代谢、机械作业等使叶片脱落及嫩枝折断所致。

(三)机械作业引起的损失

在晒制干草时,在搂草、翻晒、搬运及堆垛等一系列作业中,叶片、枝及花序等易折断脱落损失。一般禾本科牧草损失2%～5%,豆科牧草损失15%～30%,有的高达60%～70%。

机械损失的多少与牧草种类、刈割时期及干燥技术有关。为了减少机械损失,应适时刈割,并在牧草细嫩部分尚未脱落时,及时集成各种草垄或小草堆进行干燥,已经干燥的牧草,进行压捆时,应在早晨或傍晚湿度较大时进行。

(四)雨淋损失

晒制干草时,最忌雨淋。雨水淋洗对青干草造成的损失,主要发生在植物细胞死亡后。刚刈割的牧草细胞尚未死亡,阴雨天延长了干燥时间,增加了由于呼吸作用消耗营养物质而造成的损失。雨淋对青干草的危害,主要发生在牧草水分含量降到40%左右。此外,当未干或已干燥的牧草,受下雨或露水的浸湿,胡萝卜素的损失严重。例如,刈割后的三叶草,受露水浸湿时,胡萝卜素含量减少

11%;当水分含量为 41% 的青干草受潮时,干燥过程被延缓,比未浸湿的干草,其胡萝卜素含量减少 76.6%。

(五)霉烂变质的损失

青干草霉烂原因取决于牧草的含水量、气温和大气湿度。一般青干草最低含水量在 30% 左右、气温在 25℃~30℃、空气相对湿度在 85%~95% 以上时,可导致青干草霉烂变质。发霉的青干草易使家畜得肠胃病、流产等,尤其对马危害最大。

四、牧草干燥方法

(一)自然干燥法

可以根据天气预报,在 3~5d 内天晴无雨时刈割,将割倒的青草铺在地上翻晒 1~2d,使其大量失水。如果天热日照强,第 2d 下午可堆成疏松的小堆或长条,减少曝晒面积,使其继续干燥,随着青草含水量的下降(含水量在 20%~25%),再将小堆并成大堆干燥。青干草湿度或含水量在 15%~17% 时,即可打捆运输,进行堆垛、贮存。

青干草湿度或含水量在 15%~17% 时,用手紧握有微凉的感觉,拧不出水来,松手可散开,但散开得不彻底,这样的干草就可打捆贮存。如果一拧就断,发出喀嚓声,用手紧握干草有明显的凉感和沙沙声,表明晒得太干,估计含水量在 15% 以下。干草易拧成辫条,松手后几乎不散或散开得很慢,估计含水量在 17% 以上,还不宜打捆贮存。

(二)自然风干法

在牧民定居点或冷季棚圈周围,有晒草木架,把青草刈割后搭在木架上风干。这种方法的好处是通风好,干得快,比晒干草能保存较多的营养成分。挪动方便,适于在多雨潮湿地区青草数量较少的牧户采用。

选择晴天刈割牧草并平铺晾晒,使其半干,然后上木架风干。木架的形状较多,常见的有:

1."人"字形架。根据风干草量做两个以上的"人"字形木架,用横木连接起来,两个坡面搭半干草,中间通风。也可靠院墙、畜圈墙斜搭木柱,用横木连接,在斜坡面上搭半干草。

2. 三角锥形木架。用 3～4m 的 3 根木柱,上端捆住,下端置于地面,分开呈三角锥形,然后在角架上用横木连接成多层,自上而下搭半干草风干。

此外,还可因地制宜采用木桩、树木下挂草风干。自然晒干、风干的青干草,牧草营养物质损失较大, 调制好的干草养分损失约 10%～20%, 差的损失可达35%～40%。

(三)人工(干燥机)干燥法

国内外的一些饲料厂,将刈割的青绿牧草送入干燥机,经几秒钟高温干燥,然后贮存或制成干草粉,或加工成配合饲料。养分可保存 90%～95%。

五、青干草的贮藏

青绿牧草干燥后应集中堆成草垛贮存起来,草垛要选择在高燥、利于排水又靠近棚圈的地方。草垛可以是圆、方、长方等形状,大小依干草数量来定。草多时可堆成长方形垛。无论何种形状,都要求下部窄小,中部宽大,顶部呈屋脊状,以利排水。

牧民群众在贮存干草上有很多好经验:如用石头筑垛台(高 30～50cm),使垛台空起。在垛台中间栽一根长木柱,再堆垛,不仅中间通风防霉,还可防草垛倒斜;在垛台中间先放上一草袋,再在周围堆垛,把草袋不断往上提,堆到顶时将袋抽出,成为空心草垛;在垛台上先放一层小麦秸秆或干灌木枝条,再垛草 1m 厚,再加一层小麦秸,这样一层一层地分层垛好,小麦秸吸收青干草的水分可防霉,同时能使小麦秸柔软,有青干草味,牛只喜采食。

草垛堆好以后,最好用麦秸或稻草编个草顶覆盖青干草,也可覆盖麦秸并用草绳网起来,最后用黑色塑料薄膜覆盖或用草泥灰堰过。对草垛要经常检查,及时修整下沉或漏水处、顶部覆盖的塑料膜及泥皮破损处等,还要注意防火。拆垛饲喂时,先从背风的一面取草,逐渐向里,一次取 1～2d 的喂量即可。

六、对青干草品质的要求

优质青干草要基本保持绿色或浅绿色,保存较多的叶片,具有芳香的草味。禾本科牧草在穗上没有种子,说明在抽穗阶段刈割。如果有种子存在,茎秆下呈小麦秸秆黄色,说明刈割过迟。豆科牧草的青干草如仅在植株下部 2～3 个花序上有种子,说明是在开花时刈割的。如果所有花序上都有种子,茎下部呈褐色,说明刈割过迟,品质较差。

第二节 干草捆与干草块

加工调制后的青干草需要采取适当的贮藏方法及时贮存,如果贮藏方法不当或未能及时贮藏,都会降低干草的饲用价值。散干草体积大,贮运不方便。为了便于贮运和保持青干草的优良品质,生产中常把青干草块压制成长方形或圆形的草捆和草块,进行运输和贮藏。干草捆和干草块不但便于贮藏,而且也便于草产品的商品化。

一、干草捆

干草捆是应用最为广泛的草产品,草捆加工工艺简便,成本低,主要通过自然干燥法使牧草脱水干燥。干草捆加工是牧草商品化生产的主导技术,在国内外早已得到广泛应用。青干草经压捆后,体积大为缩小,同时也体现出一些其他优点。经压缩打捆的干草一般节省一半的劳力,而且在集草装卸过程中叶片、嫩枝等细碎部分不会损失。体积的压缩使得干草捆的贮藏和运输更经济。高密度草捆缩小了青干草与日光、空气、风雨等外界环境的接触面积,干草捆减少了外界条件的不良影响,从而减少营养物质特别是胡萝卜素的损失。贮藏的干草捆不易发生火灾,贮藏更安全。青干草含水量较高时,即可打捆堆垛,从而缩短了晾晒时间。但是,青干草含水量较高时,草垛中间应设置通风道,以利于继续风干。一般禾本科牧草含水量在 25% 以下、豆科牧草在 20% 以下即可打捆贮藏。草捆可以减少饲喂的损失。草捆取用方便,可以减少饲喂的损失,便于家畜自由采食,并能提高采食量。机械化作业压制草捆提高了生产效率,有利于牧草产品的经营管理和商品化。

青干草压制成草捆后要进行草捆堆垛,草捆垛的大小,一般长 20m,宽 5 ~

6m,高 18～20 层干草捆,每层布设 25～30cm² 的通风道,其数目根据青干草的含水量和草捆的大小而定。

二、干草块

干草块是通过牧草压块机械将新鲜牧草压制成高密度的草块。干草块是饲料成型工艺的新产品之一,具有营养物质损失少,便于贮藏运输和贸易的特点。

三、牧草捆裹

牧草捆裹是将新鲜牧草水分降低到 50%左右时,用塑料拉伸膜裹包起来,在密封状态下进行贮存。因为利用新鲜牧草进行捆裹遵循了青贮原理,因此常称为捆裹青贮。捆裹青贮是将新鲜牧草等原料切短后,用捆裹机高密度压实打捆,然后用塑料拉伸膜裹包起来。经过打捆和塑料裹包的草捆处于密封状态,从而造成了一个最佳的发酵环境,在厌氧条件下,经 3～6 周,最终完成自然发酵过程。

牧草捆裹时首先采用圆捆草机将草料压实,制成圆型草捆,外面捆包以丝网,然后利用裹包机用专用拉伸膜将草捆紧紧包裹起来。牧草捆裹系统包括两种设备,一是打捆机,二是裹包机,采用拖拉机索引。牧草捆裹系统一般有大型圆捆和小型圆捆两种类型。大型圆捆尺寸为直径 120cm,高 120cm,在牧草含水量约为 50%时,每捆草重约 500kg。小型圆捆尺寸为直径 55cm,高 52cm,在牧草含水量约为 50%时,每捆草重约为 40kg。

第三节　草粉、草颗粒与草饼

将适时刈割的牧草经人工快速干燥而粉碎成青绿状草粉,并进一步加工成草颗粒和草饼草块,这种方法是新鲜牧草加工的一种重要方式。草粉及草颗粒、草块草饼是比较经济的蛋白质和维生素补充饲料,目前许多国家已把青草粉作为重要的蛋白质和维生素饲料来源,草粉加工业已逐渐形成一种产业。

一、青干草粉的营养价值

目前牧草及青饲料的加工方法,主要是晒制干草、青贮或半干青贮、人工快速干燥后加工成草粉等。从保存营养方面来说,以加工成草粉较好。例如在自然干燥条件下,牧草的营养物质损失常达 30%~50%,胡萝卜素的损失高达 90% 左右。而牧草经人工强制通风干燥或高温烘干,可大大减少营养物质的损失,一般损失仅为 5%~10%,胡萝卜素的损失一般不超过 10%。而以长干草形式贮存,其营养的损失仍然较大。若及时加工成草粉,与其他方法相比较,其营养成分损失最少。例如,苜蓿等豆科牧草经快速干燥加工成青草粉,比晒制干草的营养价值高 1~2 倍,可消化蛋白质含量为干草的 1.7 倍,胡萝卜素含量高 4 倍左右。优质青干草粉营养丰富,含可消化蛋白为 16%~20%,各种氨基酸占 6%。从蛋白质和氨基酸的含量上看,优质青干草粉接近于动物蛋白质饲料。优质青干草粉粗纤维含量不超过 22%~35%。因此,常称青干草粉为蛋白质、维生素补充饲料,其作用优于精料,是畜禽配合饲料不可缺少组成部分。在配合饲料中加入一定比例的青干草粉,具有营养成分齐全、生物学价值高等特点,对畜禽健康和生产性能都有较好的效果。大量试验及生产实践证明,用添加青干草粉的饲料饲喂畜禽,能获得显著的经济效益。随着饲料工业的发展,饲料用粮日益增加,为解决人畜争粮的矛盾,国内外普遍重视研究节粮型饲料配方,寻找新的饲料来源,而优质青干草粉则是畜禽冬春季蛋白质、维生素、微量元素及其他生物活性物质的重要来源,是节粮型饲料配方较理想的原料。青干草粉在国际市场的价格比玉米高 20% 左右。

由于青干草粉的粗蛋白质含量高于禾谷类籽实,对牛、羊、兔等草食家畜,用青干草或碎干草作基础日粮,其蛋白质含量较容易达到 14% 以上的水平。而以猪、禽类的配合饲料,若加入 15% 的青干草粉,可使禾谷类饲料为主的日粮,粗蛋白质的含量由原来的 10% 左右提高到 12%~13%。这个水平接近猪、禽饲料中粗蛋白质的最低需要量,再稍加饼粕类或动物性蛋白质饲料,即可使配合饲料中粗蛋白质的含量达到所需要的水平,这样可大大节省精料,同时降低饲料成本,提高经济效益。

青干草粉具有高蛋白质低能量的特点,在配合饲料中,利用青草粉,既解决了蛋白质的不足,节约粮食,又使配合饲料具有比例合理的蛋白质能量比。

二、青干草粉的生产工艺

生产青干草粉应遵循尽量减少营养物质的损失和降低成本的原则。要获得优质草粉,不仅取决于原料的营养成分,而且需要一套健全并能在生产中付诸实施的规范化工艺流程。所以应根据各地的具体条件,并借鉴先进经验,扬长避短,采用先进的生产优质草粉的技术和规范化的工艺流程。

(一)青干草粉的原料

加工优质青干草粉的原料主要是高产优质的豆科牧草,如苜蓿、草木樨、野豌豆以及豆科和禾本科混播牧草等。不适宜加工青干草粉的有杂类草、木质化程度较高和粗纤维含量高于33%的高大粗硬牧草,如茂茂草、赖草、铁杆蒿等,水分含量在85%以上的多汁青嫩草,如聚合草、油菜等。

要选择优良割草地上的牧草生产青干草粉,在可能的条件下,尽量与种植牧草结合进行,实行单播或混播,建立具有不同营养成分特点和适于不同生长发育期收获的草地植物群落组合,使营养能互补以及原料一条龙连续轮供等。无论是混播或单播,优质豆科牧草的比例应不低于30%~50%。目前市场主要以苜蓿为原料,加工生产大量的蛋白质、维生素草粉和草颗粒。

(二)原料刈割期

青干草粉的质量与原料刈割时期有很大关系,务必在营养价值最高时进行刈割。一般豆科牧草第一次刈割应在孕蕾期,以后各次刈割应在孕蕾末期;禾本科牧草不迟于抽穗期,错过了牧草最适刈割期,青干草粉的纤维素含量就会增加,而胡萝卜素和蛋白质的含量则减少。

人工干燥时,多用牧草联合收割机,同时完成刈割、切碎等工序。对茎秆较粗硬的牧草,应进行压扁,以利于干燥。牧草刈割后,用集草机起垄堆置草垄,然后用捡拾集草机装运,实行刈割、切碎和装运等流水作业。这种方法不受天气条件的影响,能较多地保存牧草原有的品质。

(三)快速干燥

生产青干草粉时采用的自然干燥的方式和原理与调制青干草时所使用的方法和原理相同。青干草粉品质的好坏取决于适时刈割的牧草所采用的干燥方法。

因此,生产青草粉时常采用营养损失较少的人工高温快速干燥方法。人工快速干燥可大大减少青干草粉营养物质的损失。一般胡萝卜素的损失不超过 3% ~ 10%,其他营养物质的营养损失不超过 3% ~ 8%。

(四)粉碎

牧草干燥后,一般用锤式粉碎机粉碎。草屑长度应根据畜禽种类与年龄而定,一般为 3 ~ 5mm,根据实际情况还可长一些。

(五)青干草粉的贮藏

青干草粉属粉碎性饲料,颗粒较小,表面积(表面积与体积之比)比大,与外界接触面积大。因此在贮运过程中,一方面营养物质易于氧化分解而造成损失,另一方面青干草粉吸湿性比其他饲料大得多,因而在贮存运输过程中容易吸潮结块,微生物及害虫又易乘机浸染和繁殖,严重者导致发热变质甚至变味、变色,丧失饲用价值。因此,贮藏优质青干草粉必须采取适当的技术措施,尽量减少蛋白质及维生素等营养物质的损失。贮藏青干草粉的方法主要有以下几种方式。

1. 低温密闭贮藏。青干草粉营养价值的重要指标是维生素和蛋白质的含量,因此贮藏青干草粉期间主要任务是如何创造条件,保持这些生物活性物质的稳定性,减少分解破坏。许多试验和生产实践证明,只有低温密闭的条件下,才能大大减少青干草粉中维生素、蛋白质等营养物质的损失。将青干草粉装在坚固的牛皮纸袋内,置于棚下或仓库内,在常温条件下贮藏 9 个月后,胡萝卜素的损失达 80% ~ 85%,维生素 B1 损失 41% ~ 54%,维生素 B2 损失 80% 以上,粗蛋白质损失 14% 左右。而在低温条件下贮藏,胡萝卜素损失减少 3 倍,粗蛋白质、维生素 B1、B2 以及胆碱等损失很小。

(2)干燥低温贮藏。青干草粉安全贮藏的含水量在 13% ~ 14% 时,要求温度在 15℃ 以下;含水量在 15% 左右时,相应温度为 10℃ 以下,碎干草的安全贮藏含水量为 15% ~ 17%。

贮藏青干草粉、碎干草的库房,可因地制宜,就地取材,但应保持干燥、凉爽、避光、通风,注意防火、防潮、灭鼠及其他酸、碱、农药等造成的污染。贮藏草粉的草粉袋以坚固的牛皮纸袋、塑料袋为好,通透性良好的植物纤维袋也可以。要特别注意贮存环境的通风,以防吸潮。每个包装袋重量以 50kg 为宜,便于人力搬运及饲喂。一般库房内堆放草粉袋时,按 2 袋一行的摆放形式,堆码成高 2m 的长方形垛。

三、草颗粒和草饼

为了减少青干草粉在贮存过程中的营养损失和便于贮运，生产中常把草粉压制成草颗粒。一般草颗粒的容重为散草粉的 2～2.5 倍，可减少与空气的接触面积，从而减轻氧化作用。并且在压粒的过程中，还可以加入抗氧化剂，以防止胡萝卜素及其他营养物质的损失。刚生产出的青干草粉能保留 95% 左右的胡萝卜素，但置于纸袋中贮藏 9 个月后，胡萝卜素损失 65%，蛋白质损失 1.6%～15.7%，而草颗粒分别损失 6.6% 和 0.35%。在需要远销长途运输的情况下，可显著地减少运输和贮藏的费用，而且装卸方便，无飞扬损失。

草颗粒的压制一般采用颗粒饲料加工的饲料成型工艺。青草粉容重小、流动性差，颗粒机的压模厚度和压模孔径选择要适当。

将适时刈割的牧草快速干燥后，切碎成 8～15cm 长的草段，然后压制成草饼或草块。在压制草饼、草块时，常常添加糖蜜、矿物质等其他营养物质，制成全价日粮。

第四节　青贮料

青贮饲料是指把新鲜的青绿饲料填装于密闭容器内，经微生物发酵的一种饲料，是长期保存青饲料的营养物质和多汁性的一种方法，青贮的原料很多，一般无毒的青绿植物均可作青贮原料，如玉米秆、禾本科牧草、豆科牧草、瓜类的块根、块茎类等作物，还有工业副产品，如甜菜渣、洋芋渣、酒糟等，青贮方法有土窖青贮法、塑料袋青贮法和塑料包裹青贮法。它具有很多优点，是主要的发酵饲草饲料，因此，在畜牧业生产中应用广泛。

青绿多汁饲料富含水分、多种维生素、矿物质和品质优良的粗蛋白质。它营养价值完善，适口性好，易于消化，是家畜良好的饲料。将它放在密闭厌氧件下，经乳酸菌发酵而调制成的青贮饲料,使青绿饲料的优点几乎全保持下来,在调制成青贮料的过程中,糖多转化为乳酸,碳水化合物总量却变化不大;蛋白质有些减少,含氮物质总量却极少损失;青绿饲料中大部分胡萝卜素得以存,所以,总营养损失较少。而青绿饲料调制成干草过程中,由于植物细胞呼吸作用和枝叶脱落的原因,营养损失却较青贮料的高。

优质的青贮料不仅保持了青绿饲料鲜态和大部分营养,而且由于它具有香的酸味,柔软多汁,适口性好,能刺激家畜食欲、消化液的分泌和肠道蠕动从而增强了消化功能。实践证明,它能促进精料和粗饲料中营养物质的更好吸收利用。如果秸秆、秕壳等饲料与青贮料混喂,则可提高这些粗饲料的消化率和适口性。

大部分农作物的秸秆质地粗硬,利用率低,如果能适时抢收并进行青贮则可成为柔软多汁的青贮料,故青贮能扩大饲料来源。青贮料单位容积内贮大,便于大量贮存,是一种既经济又安全的贮存饲料方法。青贮饲料所占空间比干草小。在贮存青贮料过程中,不受风吹、日晒和雨淋等不利气候因素的影响,不害怕鼠害和火灾等。在牧区,要进一步推广青贮料,必须解决短期集中青贮与秋收、劳动力不足的矛盾,逐步提高青贮机械化水平。

一、青贮技术发展的新动态

传统的青贮方式主要有窖式青贮(包括坑式、壕式)、塔式青贮及袋式青贮。其中塑料袋青贮牧草技术是 70 年代后期在英国兴起的一种牧草贮存新技术,即将牧草切碎成一定的长度用装袋机装入高强度塑料袋中贮存。与传统的塔式和窖式青贮比较,在塑料袋青贮基础上发展起来的压包青贮和裹包青贮由于低成本,受气候影响小及收割时间和喂食量的灵活性,近几年使用范围越来越广。

压包青贮是一种较新的青贮技术,压包青贮是将饲料作物压进直径 1.8 ~ 3.6m 的聚乙烯管中,管长有 30、60、90m 多种长度。这种青贮方式由于其低成本及青贮容量的灵活控制,发展速度较快。这种青贮调制方式的饲料损失主要受聚乙烯管的质量影响,同时,喂料器的速度也对其产生影响。另外,青贮损失还受饲料密度和取料速度的影响。一般认为干物质含量范围为 150 ~ 200kg/m,在这个范围内,取料速度则是防止发生饲料损失的主要影响因素,一般推荐速度是最少每天 150 ~ 300m,但如果青贮填料时造成聚乙烯管不平,这样的取料速度,避免二次发酵造成浪费。

牧草裹包青贮是在传统青贮基础上研究开发的一种新型的饲草料加工及贮存技术。它是将收割后的牧草直接进行机械打捆,然后用特制的聚乙烯膜包裹密封,所使用的薄膜具有较好的拉伸性能和单面自黏性,可防水、防尘、防止紫外线通过。从 1984 年以来,由澳大利亚和英国研制生产的大型牧草捆裹青贮系统在世界许多国家得到了广泛的应用。中国于 1996 年首次从澳大利亚引进了牧草捆裹技术及其相关设备。裹包青贮由于其收割时间及饲喂的灵活性, 发展也比较快,尤其是在小型农场具有优势。裹包青贮由于表面积与体积比较大,与空气接触的表面积大,贮存中容易产生损失。但当裹包层数分别为 2、4、6 时,霉菌发生率从 21.5%下降至 1.7%及 0.7%。

二、青贮饲料的加工

常规青贮的发酵过程分为 3 个阶段。即好气性活动阶段、乳酸发酵阶段和青贮饲料保存阶段。

(一)好气性活动阶段

新鲜青贮原料在青贮窖内被密封后,植物细胞并未立即死亡,在 1 ~ 3d 仍进行呼吸作用,分解有机质,直到窖内氧气消耗呈厌氧状态时才停止呼吸。在此期间,附着在原料上的酵母菌、霉菌、腐败菌和醋酸菌等好气性微生物,利用压榨植物细胞而排出的可溶性碳水化合物等养分, 进行生长繁殖。植物细胞的继续呼吸、好气性微生物的活动和各种酶的作用, 青贮窖内遗留的少量氧气很快被耗尽,形成了微氧甚至无氧环境,并产生 CO_2、H_2 和部分醇类,还有醋酸、乳酸和琥珀酸等有机酸。同时,植物呼吸作用和微生物的活动还放出热量。所以,此阶段形成的厌氧、微酸性和较温暖的环境为乳酸菌的活动繁殖创造了适宜条件。如果窖内氧气量过多,植物呼吸时间过长,好气性微生物活动旺盛,会使窖温升高,有时达 60℃左右,因而削弱了乳酸菌与其他微生物的竞争能力,使青贮饲料成分遭到破坏,降低饲料的利用率和消化率。因此,要避免产生这种情况。

(二)乳酸发酵阶段

厌氧条件形成后,加上青贮原料中的其他条件适合乳酸菌的生长繁殖,则乳酸菌在数量上逐渐形成绝对优势,并产生大量乳酸,pH 下降,从而抑制其他微生物的活动。当 pH 值下降至 4.2 以下时,乳酸菌的活动也逐渐缓慢下来。一般来说,发酵 5～7d 时,微生物总数达高峰,其中以乳酸菌为主,正常青贮时,乳酸发酵阶段需历时 2～3 周。

(三)青贮饲料保存阶段

当乳酸菌产生的乳酸积累达到高峰,其 pH 值 4.0～4.2,乳酸菌活动减弱,甚至完全停止,并开始死亡。至此青贮饲料处于厌氧和酸性环境中,得以长期积存。

上述的 3 个阶段是一般青贮过程。如果在青贮封窖后 2～3 周期间虽然处于厌氧环境,然而如果青贮原料含糖量嫌少,形成乳酸量不足,或者虽然有足够的含糖量,但原料中含水量太多,或者是青贮过程中窖温偏高等,都可能导致梭菌发酵,降低品质。青贮技术的关键是尽可能缩短第一阶段的时间,以减少由于呼吸作用和有害微生物繁殖,并防止梭菌发酵,以减少养分的损失。

三、青贮饲料的调制

(一)适时收割青贮原料

优质的青贮原料是调制优质青贮饲料的物质基础。青贮饲料的营养价值,除了与原料的种类和品种有关外,收割时期也直接影响其品质。适时收割能获得较高的收获量和最好的营养价值。从理论来讲,禾本科牧草的适宜刈割期为抽穗期,豆科牧草为初花期。但是,适宜收割期是比较复杂的一个问题,要根据实际需要,因地制宜通过试验适时收割。总的趋势是推后禾本科牧草的收割期,豆科牧草则提前。

(二)青贮窖的准备

挖窖地点选在地势高、土层厚、背风向阳、距畜舍较近处。窖壁要垂直、光滑、不透气、不透水,大小应按饲料青贮的多少而定,一般不宜过大,以免启用时间长而引起饲料霉化变质。新窖青贮前要晒几天,旧窖要打扫、补漏、消毒。

(三)切碎和装填

青贮原料切碎的目的,是便于青贮时压实,增加饲料密度,提高青贮窖的利用率,排除原料间隙中的空气,使植物细胞渗出汁液湿润饲料表面,有利于乳酸菌生长发育,提高青贮饲料品质,同时还便于取用和家畜用食。对于带果穗全株青贮玉米来说切碎过程中,也可以把籽粒打碎,提高饲料利用率。

切碎的程度必须根据原料的粗细、软硬程度、含水量、饲喂家畜的种类和侧切的工具等来决定。对牛来说，一般把禾本科牧草和豆科牧草及叶菜类等的原料，切成 2～3cm，玉米等粗茎植物，切成 0.5～2cm 为宜，一些柔软幼嫩的植物不切碎即可青贮。原料的含水量越低，应切得越短；反之，含水量高的，可切得长一些。

青贮原料收割后当天贮完，如果水分含量大，要晒一下，到用手挤出水但不下滴为宜，若太干应适当喷水，一旦开始装填青贮原料时，就要求迅速进行，以避免在原料装满与密封之间的好气分解导致腐败变质。装填时间越短，青贮品质越好。窖底可铺一层 10～15cm 切短的秸秆软草，以便吸收青贮汁液。窖壁四周衬一层塑料薄膜，以加强密封和防漏气渗水。原料装入青贮设备时，要一层一层装匀铺平。

（四）压实

装填原料的时候，一定要层层压实尤其要注意周边部位。而且是压得越紧实越易造成厌氧环境，越有利于乳酸菌的活动和繁殖；反之，则易失败。在压实的过程中，不要带进泥土、油垢和铁钉，以免污染青贮原料，并避免牛采食后造成瘤胃穿孔，伤害家畜健康。

国外广泛应用真空青贮技术，即在密闭填充条件下，将原料中的空气用真空泵抽出，为乳酸菌繁育创造厌氧条件。

（五）密封与管理

原料装填完毕，应立即密封和覆盖。其目的是隔绝空气继续与原料接触，并防止雨水进入。这是调制优质青贮饲料的一个关键。

当装填和压紧到窖口齐平时，中间可高出窖一些，在原料的上面盖一层 10～20cm 的土，踩踏成馒头形。不能拖延封窖，否则温度上升，pH 值增高，营养损失增加，青贮饲料品质差。密封后，还要经常检查，发现漏气处及时修补，杜绝并防止雨水渗入窖内。

四、青贮料饲用和管理

（一）青贮饲料的饲用

青贮饲料具酸味等，在开始饲喂时，牦牛不习惯采食。可先空腹饲喂青贮饲料，再喂其他草料；先少喂青贮饲料，后逐渐加量，或将青贮饲料与其他草料拌在一起饲喂。青贮饲料是良好的饲料,但并非唯一的饲料,必须与精料和其他饲料按畜禽营养需要合理搭配饲用。

(二)开窖取用时注意的事项

青贮饲料一般经过 40～50d 便能完成发酵过程,即可开窖使用。

开窖时间根据需要而定,一般要尽可能避开高温或严寒季节。因为高温季节,青贮饲料容易二次发酵,或干硬变质;严寒季节青贮饲料易结冰,须经融化后才能饲喂。妊娠母畜如采食了结冰青贮饲料易引起流产。一般在气温较低而又缺草的季节饲喂畜禽最为适宜。

一旦开窖利用,就必须连续取用。每天用多少取多少,不能一次取出大量青贮饲料,堆放在畜舍里慢慢饲喂。取用后及时用草席或塑料薄膜覆盖,否则会变质。

取用青贮饲料时,青贮料封窖(袋)40～50d 后即可使用,青贮料颜色接近原色,有芳香味,质地较好且柔软,则表明效果好,可以使用,若颜色变褐和发黑,有腐臭味,则青贮失败,不能使用。开窖时先去土和清除表面腐烂部分,圆形窖应一层一层取用,长方形窖则要垂直切取,一段一段使用,开窖后注意随用随盖,防止水、泥土等流入。因青贮料有轻泻作用,在具体使用时,应给家畜先少量饲喂,而后逐步加大饲喂量,以防止拉稀。开窖后应做好周围排水工作,以免雨水和融化的雪水流入窖内,使青贮饲料发生霉烂。如因天气太热或其他原因保存不当,表层的青贮饲料变质,应及时取出抛弃,以免引起家畜中毒或其他疾病。青贮饲料是在厌氧条件下发酵和保存的,密封良好的青贮饲料,可长期保存,多年不坏。所以,在开窖、取用和管理上都应切忌与空气接触。

(三)防止青贮饲料二次发酵

青贮饲料二次发酵是指青贮成功后,由于开窖或密封不严,或青贮袋破损,致使空气侵入青贮设施内,引起好气性微生物活动,分解青贮饲料中的糖、乳酸和乙酸,以及蛋白质和氨基酸,并产生热量,使 pH 值逐渐升高,品质变坏。所以也称为好气性变质。引起二次发酵的微生物主要为霉菌和酵母菌。

青贮饲料二次发酵大体上有 3 种类型。一是快速败坏型。即在开窖后第 1d,青贮饲料的温度即达到高峰,pH 值也随着上升。当青贮饲料的缓冲能力达到极限时,pH 值急剧上升,从酸性、中性变成微碱性,最后彻底腐烂;二是在开窖后2～3d 后出现第 1 个升温高峰,之后温度下降,5d 左右又出现第 2 个升温高峰,

pH值持续上升,进一步诱发好气性微生物的增殖,从而促使蛋白质、氨基酸分解,6d温度达到高温后随即开始下降;三是缓慢升温型。青贮饲料接触空气后,到5~8d后,温度才开始上升。

二次发酵主要由霉菌和酵母菌的活动引起的,所以,压实和严格密封;青贮和保存过程中防止漏气;开窖后做到连续取用,每日喂多少取多少,防止污染和取后严实覆盖等措施可隔绝空气,造成厌氧环境,都可以起到降低温度、防止二次发酵的作用。

第五节　半干青贮料

一、半干青贮的基本原理

半干青贮又叫低水分青贮,方法是在青饲料刈割后进行预干,使原料水分含量降到40%~60%,植物细胞液变浓,渗透压增高;在密闭的青贮窖中可造成对微生物的生理干燥和厌氧环境。由于干预,发酵作用受到抑制,尤其是丁酸菌、腐生菌等有害微生物区系的繁殖受到阻碍,从而使青贮料中的丁酸显著减少;同时也能克服高水分青贮由于渗液而造成的养分损失。因此,在青贮过程中,微生物发酵较弱,蛋白质分解少,有机酸产生量较少。半干青贮时,原料中的含糖量以及青贮过程中产生的乳酸量或酸碱度的变化显得不很重要,从而较一般青贮法扩大了原料的范围,在一般青贮法中被认为不易青贮的原料也都可以通过半干青贮法获得较好的贮存。但是,尽管半干青贮法可对微生物造成生理干燥状态,限制其生长繁殖,保证高度厌氧的条件仍然十分重要。

半干青贮原理、方法与一般青贮方法基本相同,因为它也需厌氧贮存,只不过一般青贮的原料含水率在70%~80%,而半干青贮要求原料含水量可降到40%~60%。

二、半干青贮操作技术要点

(一)青贮原料应适时刈割

刈割后的青饲料应使水分迅速降到 40%~60%。水分的减少速度与原料中养分的损失以及需氧菌的繁殖存在密切关系，水分减少缓慢不利于青贮质量的控制。例如，9h 内含水量降到 55% 的原料中养分仅损失 2%，而 24~26h 才达到这一含水量的话，养分损失可达 7%。在雨季，含水量降到 55% 的时间需要 72h，养分损失高达 16%。因此，青饲料的刈割时间应选在原料本身含水量相对较低和天气晴朗的时期。

(二)青贮原料铡碎要短

由于半干青贮的原料含水量较低，装填时不易压实，因此原料的铡碎度比一般青贮原料要求更短一些。根据半干青贮效果，将青贮原料铡成 1.5~3.5cm 长度，能保证青贮质量。

(三)装填原料的方法和速度要适宜

半干青贮原料的装填方法和制作速度也是影响青贮品质的一个重要因素。以青贮壕装填为例，若青贮壕体积较大、原料供应分散、青贮制作时间长，青贮时原料装填应从壕一头的两个角开始，分段进行，装满一段再装下一段，一天内装完一段，在装填完的部分及时盖上结实的塑料布和适量的重物。这样分段装填比分层装填(每天只装 0.5~0.6m 厚)的青贮效果好，并以 5d 内装完为好。若青贮壕体积小、原料数量充足，在 2~3d 内能完成原料的装填、压实、封窖等操作过程，那么分批装填更方便些。半干青贮在装填过程的压实要求比一般青贮高，尤其是边角处压得越实越好。

(四)密封必须严实

原料装满压实以后，必须及时密封，密封方法同一般青贮法。半干青贮一般密封 45d 以上就可开窖取用。

三、半干青贮的优点

(一)适用范围广

从青贮技术上来说，半干青贮料的调制，为难以用一般青贮方法调制的含蛋白质高的饲料作物提供了新的青贮方法。特别是可解决大面积生产苜蓿、又难以调制干草的难题,因此,采用半干青贮法是获得优质青贮饲料的有效措施。

(二)保存养分多

与干草调制和制作一般青贮饲料相比,半干青贮能保存更多的养分。将青绿饲料调制成干草,常因落叶、氧化、日晒、光照等作用,很难保留饲料中的叶片和花序,养分损失可高达35%~40%,胡萝卜素损失更达90%;而半干青贮饲料几乎完全保存了青饲料的叶片和花序。与一般青贮饲料相比,由于半干青贮发酵过程慢,同时有高渗压,抑制了蛋白质水解和丁酸的形成,因而养分损失较少,并且干物质含量高,采食量高。

(三)饲喂效果好

用同样原料调制成半干青贮饲料,较干草和一般青贮饲料质量高,饲喂效果好。有些国家发展半干贮饲料,用来代替乳牛和肉牛日粮中的干草、青贮料和块茎饲料,简化了饲喂程序,降低了管理费用,并且均获得了良好的经济效果。

四、半干青贮的缺点

调制半干青贮料的关键所在是青绿饲料刈割后需要预干,为了保证半干青贮料的质量,预干的时间越短越好。在雨水较多地区,青绿饲料生产较丰的夏秋季节,因阴雨天较多、湿度高,较难进行青绿饲料的预干处理。因此,半干青贮的制作受气候条件的限制仍然较大。

第六节　微贮料

微贮料是在秸秆、牧草、藤蔓等饲料作物中添加有益微生物,通过微生物的发酵作用而制成的一种具有酸香气味、适口性好、利用率高、耐贮的粗饲料。微贮饲料可保存饲草料原有的营养价值,在适宜的保存条件下,只要不启封即可长时间保存。

微贮是利用加入的微贮菌剂,在适宜的条件下,益生菌大量生长繁殖,使原料中的粗纤维素类物质在发酵过程中部分转化为糖类,糖类又被有机酸菌转化为乳酸和挥发性脂肪酸,使 pH 值下降到 4.5 以下,抑制了丁酸菌、腐败菌等有害菌的生长繁殖,从而使被贮原料气味和适口性变好,利用率提高,保存期延长。

一、微贮原料及要求

微贮原料主要是指不适合青贮的黄干秸秆或牧草。微贮原料中的植物细胞基本死亡,不再有呼吸作用,含有的可溶性糖分越来越少,粗纤维含量越来越高,水分含量很低,附着在植株上的所有细菌都处于休眠状态,依靠加入的微贮菌剂促进发酵。

可进行微贮的饲料种类主要有各种农作物秸秆、牧草、饲用灌木、藤蔓、薯秧等。

微贮原料在发酵过程中要有足够的营养,一般微贮原料含糖量不应低1.5%。在含糖量不能满足的情况下,可按比例加入糖渣、糖蜜等含糖量高的物质,调节到所需量。微贮原料含水量宜在 60% ~ 70%,质地粗硬的原料水分应稍高,质地细软的原料,水分应稍低。饲料在加水、喷洒菌液和压实过程中,要随时检查原料的含水量是否合适。现场判断水分的方法是:抓取切短的原料,用双手挤压后慢慢松开,指缝见水不滴、手掌沾满水为含水量适宜;指缝成串滴水则含水量偏高;指缝不见水滴,手掌有干的部位则含水量偏低。

二、微贮剂

微贮时应根据所贮原料及微贮菌种的性质来选择合适的菌种。大部分微贮剂对饲草料完成发酵的时间在 20d 左右,也有在一周左右完成发酵的。选择时应根据需要量和需要程度考虑选择合适的微贮剂。无论选择何种菌剂,其关键是对微贮料产生的效果。

有效活菌是指能够在原料中大量繁殖并对被贮的饲料产生有益作用的活菌,这种活菌的数量越多越好,一般有效活菌数在 5000 万个 /g 以上就可以满足发酵的需要。

微贮剂的添加量主要根据微贮原料来确定,一般添加量为 0.5% ~ 1%,具体操作参照产品说明。在使用新微贮剂前,应进行少量微贮试验。试验方法是取5~10kg 微贮原料,粉碎后,按比例加入水和菌剂,装入塑料袋或其他容器中,压实后密封,在适宜的温度下发酵 7~20d,启封观察微贮质量。

三、微贮的主要方法

(一)水泥窖微贮法

将农作物秸秆等微贮原料揉碎切短,加水调制到合适的水分,在加水的同时按比例喷洒菌液,装入水泥窖内,分层压实,加盖塑料薄膜后覆土密封。

(二)土窖微贮法

选择地势高、土质硬、向阳干燥、排水容易、地下水位低、离畜舍近、取用方便的地方,根据贮量挖形状、大小适宜的窖,在窖的底部及周围铺一层塑料薄膜,将揉碎切短的微贮原料放入窖内,分层调制、喷洒水分菌液、压实,上面盖上塑料薄膜后覆土密封。

(三)塑料袋微贮法

将塑料袋放入与袋大小、体积相同或基本相同的耐压模具中待用(模具可以铁制、木制或挖坑等),在光滑干净的地面上,将待贮原料揉碎切短,调好水分,分层喷洒菌液,适当翻搅后,将原料装入塑料袋内压实,将袋口扎紧,脱出模具,放在贮放地点。在没有模具的情况下,可将原料装入袋内,排出空气,或抽出袋内的空气后将塑料袋口扎紧保存。有条件的情况下,可采用机械压缩成块后,装入塑料袋中密封贮存,效果更好。每袋适于处理 50~100kg 秸秆。

(四)大型窖微贮法

超过 100t 的大型窖可分格贮存,采用机械化作业方式,喷洒菌液用扬程为20~30m,流量为 30~50L/min 的潜水泵,放入装有菌液的蓄水池内,在出水管处安上喷头,喷头要保证调制剂能够顺利喷出。压实机械可使用轮式拖拉机、履带式拖拉机或装载车等。

四、微贮操作

根据所贮饲料的种类和贮量,确定所使用的菌种和添加比例,按每层微贮的饲料量,计算出所需的调制剂菌种量,然后倒入 10~20 倍的水中充分搅拌,在常温下放置 1~2h,活化菌种,形成菌液。在有条件的情况下,可在水中加适量白糖,以提高菌种的活化率。用于活化的容器,必须刷洗干净。活化好的菌液应在当天用完,不可隔夜使用。

菌液稀释时,将活化好的菌液,加水至菌种量的 50 倍以上进行稀释。如果微贮料的水分不足,可加大菌液的稀释倍数,直到微贮料的水分满足微贮条件为止;如果微贮料自身的水分已比较高,应减少菌液的稀释倍数,一般每吨微贮料至少加 50kg 的稀释菌液。大型微贮窖需配备较大容量的水箱用来配制稀释菌液。水箱容积根据窖的大小而定,一般在 500~2000L 为宜,最好有 2 个水箱交替使用。

微贮原料入窖前应揉细切短。揉切长度一般以 3~5cm 为宜,比较粗硬的玉米、高粱秸秆等切成 2~3cm 较为适宜。粗硬的原料应经过碾压揉碎,形成细丝。

经揉切后的微贮原料应尽快入窖,分层微贮,每层厚 20~30cm,均匀喷洒菌液,边喷洒边压实,水分不足的干黄原料还要喷洒一定量的水,然后再铺放 20~30cm 厚的原料,再喷洒菌液压实,如此反复操作,直到压实后原料高于窖口 40cm 以上进行封口。装窖尽可能在短时间内完成,小型窖要当天完成,大型窖最好不超过 3d。当天未装满的窖,必须盖上塑料薄膜压严,第 2d 揭开薄膜继续装窖。在微贮麦秸和稻秸等糖分不足的原料时,可根据实际情况,加入含糖量较高的物质进行调节,亦可将添加物放入稀释后的菌液或水中,向窖内均匀喷洒。

在微贮过程中,要随时检查原料的含水量及是否喷洒均匀一致,特别要注意层与层之间水分的衔接,不应出现夹干层或过湿层。

装窖完成后应立即进行封顶。封顶时先在顶层按 200~250g/m² 均匀撒上食盐粉,再铺 20~30cm 厚的麦秸或软草。微贮原料的最上面应铺盖塑料薄膜,薄膜的厚度一般在 0.7mm 以上。当原料装到距窖面 50cm 左右时,在窖壁的一侧先铺好塑料薄膜并拉平,然后继续装料,直到原料高出窖深的 20% 左右。待处理贮料面后,把塑料薄膜从窖壁的一端顺拉到另一端,压好。盖土时应从窖的最里面开始盖,逐渐向窖口方向延伸,覆盖土层的厚度要达到 50cm 以上,边覆盖边拍实,顶部成半圆形,压土后的表面应平整,并有一定的坡度,无明显的凹凸。

中、大型窖在封顶盖土的同时,应在窖的顶部留出排气孔,以利排出窖内的空气,尽快形成厌氧条件。排气孔要留在窖顶的中线上,根据窖的大小,一般隔

4～5m留一个排气孔,排气孔的直径为20～30cm。留排气孔时,要将顶部的塑料薄膜剪开一个20～30cm的洞,然后将玉米秸秆扎成捆插在上面,在玉米秸秆的周围培上土。

封顶后5～7d,空气基本排尽,要将排气孔封死。用大于排气孔径2倍的塑料薄膜将排气孔盖好,覆土,压实拍平。必须做到不漏气、不漏水。

五、微贮窖的管理

微贮完成后,窖内贮料会慢慢下沉,必须对微贮窖进行严格检查和管理。正常情况下,半个月窖顶基本与窖口持平,应及时加盖土使它高出地面,保证微贮窖不漏水不漏气。距窖四周1m处挖排水沟,防止雨水向窖内渗入。对微贮窖应经常检查,发现窖顶有裂纹和漏洞时,应及时覆土压实,防止透气和进雨水。窖顶上面不能堆放柴草,以防老鼠停留打洞。如发现有老鼠洞要及时填堵,以防进水、进气、进鼠,影响微贮质量。

六、开窖取用

开窖取料,应在微贮发酵完成以后进行,随取随喂,取后及时盖好封口。启窖时要先从一个角开始,根据微贮料的用量决定开启口的大小。窖口不宜开得很大,切忌窖顶全部启封,以防顶部的微贮料暴露在空气中,使微贮料发热、发霉,变质。启封时应避免污染。将启封口表面清理干净,去除污物,防止污染物透入下层,造成微贮料霉烂扩散。

根据每天微贮料的用量,计算取料面的大小。每天的创面取料厚度不应小于15cm,刨取时要直取窖底,要分段、分区从上到下垂直取用。取出的料必须在当天用完,防止二次发酵后变质。超过规定长度的贮料在刨取时易形成松动的残留面,造成有氧条件,使原料霉烂变质,遇到这种情况,不要强行刨取,应将过长部分的料铲断或剪断,避免未取用面的松动,不应掏洞取料,减少与空气的接触面。取完料后用草帘、塑料膜覆盖,防止冰冻、雨淋和霉变。发霉变质的微贮料应及时剔除。如果微贮饲料在制作时加入了食盐,这部分食盐应从饲喂的日粮中扣除。

七、微贮饲料的品质鉴定

发酵完成后和饲喂前要对微贮饲料的品质进行鉴定。优质微贮料的色泽接近微贮原料的本色,呈金黄色或黄绿色则为良好的微贮饲料;如果呈黄褐色、黑绿色、或褐色则为质量较差、差或劣质品。微贮饲料具有醇香或果香味,并具有弱酸味,气味柔和,为品质优良。若酸味较强,略刺鼻、稍有酒味和香味的品质为中等。若酸味刺鼻,或带有腐臭味、发霉味,手抓后长时间仍有臭味,不易用水洗掉,为劣等,不能饲喂。品质好的微贮料在窖里压得坚实紧密,但拿到手中比较松散、柔软湿润,无黏滑感,品质低略的微贮料结块,发黏;有的虽然松散,但质地粗硬、干燥,属于品质不良的饲料。正常的微贮料用 pH 试纸测试时,pH 值 4.2 以下为上等,pH 值 4.3 ~ 5.5 为中等,pH 值 5.5 ~ 6.2 为下等,pH 值 6.3 以上为劣质品。

八、微贮料饲喂

微贮饲料以饲喂草食家畜为主,可以作为家畜日粮中的主要粗饲料,饲喂时可以与其他草料搭配。饲喂微贮饲料,开始时有的家畜不喜食,应有一个适应过程,可与其他饲草料混合搭配饲喂,要由少到多,循序渐进,逐渐加量,习惯后再定量饲喂。微贮饲料一般每天饲喂量为 10 ~ 20kg。要保持微贮料和饲槽的清洁卫生,采食剩下的微贮料要清理干净,防止污染,否则会影响食欲或导致疾病。冬季应防止微贮料冻结,已冻结的微贮饲料应溶化后再饲喂,否则会引起家畜疝痛或使孕畜流产。最好在挤奶后饲喂,切忌在挤奶区存放微贮饲料。

第七节　秸秆氨化

秸秆氨化,就是在密闭的条件下,将氨(源液氨、氨水、尿素溶液、碳酸氢氨溶液)按一定的比例喷洒在植物秸秆上,在适宜的温度条件下,经过一定时间的化学反应,从而提高秸秆饲用价的一种处理秸秆方法。秸秆氨化处理是世界公认的秸秆加工有效方法,用尿素等对秸秆进行氨化处理,可使秸秆中的纤维素和半纤维素与木质素分离,引起细胞壁膨胀,结构疏松而易于消化。氨与秸秆中的有机物形成铵盐,铵盐则成为牛羊瘤胃内微生物的氮源。获得氮源后,瘤胃微生物活力将大大提高,对饲料的消化作用也增强。另一方面,氨溶于水形成氢氧化铵,对粗饲料有碱化作用。因此,氨化处理可通过碱化和氨化的双重作用提高秸秆的营养价值。秸秆通过尿素氨化处理90d可显著提高秸秆的粗蛋白含量,降低中性洗涤纤维含量和酸性洗涤纤维含量,提高秸秆干物质消化率。氨化处理可使秸秆的粗蛋白质含量提高4%~6%,使秸秆的粗蛋白质含量越过了反刍家畜饲料中蛋白质含量不能低于8%的既定值,采食量可提高20%~40%,消化率提高10%~20%,可杀死秸秆上的一些虫卵和病菌,减少家畜疾病,并能使含水量30%左右的秸秆得以保存,并且成本低、投资少,操作方法简便易行,氨化设备及操作程序简单,群众容易接受。

秸秆氨化也有一些缺点,最主要的一点是对氨的利用率较低,仅50%左右,多余的氨在打开氨化设施后放入空气,造成了一定的污染,对家畜和人的健康有一定的危害。

一、氨化秸秆的化学药品

目前用于秸秆氨化的化学药品种类很多,各种药剂的使用量也不同。在氨化前应根据氨化秸秆的数量准备好足够的氨化药品。

(一)尿素

可使用市场上销售的农用化肥,其使用量为风干秸秆的2%~5%。用量过高,氨化效果并不提高,造成尿素的浪费,增加氨化秸秆成本,有时还会使家畜发生尿素中毒;用量过低,达不到氨化的目的。

尿素的加入方法:先将尿素溶于少量的温水中,再将尿素溶液倒入用于调整秸秆含水量的水中,然后将尿素溶液均匀地喷洒到秸秆上,这样既使氨化作用均匀,又可避免尿素含量偏高造成家畜尿素中毒。

(二)氨水

盛放氨水必须有专门的设备,运输时要使用运输车,以防发生意外。氨的用量依浓度变化而不同,所以购买氨水时应根据氨化秸秆的数量和氨水浓度确定购买量。氨水易挥发,因此加氨水前应将秸秆密封起来,以防氨气逸出。氨水的扩散半径为 1～1.5m。

将盛有氨水的瓶子放入密封的秸秆中扒翻,氨迅速挥发向四周扩散,氨与秸秆发生氨化作用。氨水瓶在秸秆中放置也应根据氨水的扩散半径而定。

(三)碳铵

一般用量为 4%～5%,若超过 5%,会增加秸秆的咸苦味,影响适口性。使用碳铵氨化秸秆的成本低于尿素,但氨化效果不如尿素。碳铵易挥发,所以操作时必须迅速,将碳铵与用于调整秸秆含水量的水混合,均匀地喷洒到秸秆中,然后迅速密封;或碳铵不用水溶解,直接分层撒入秸秆中,层与层之间距为 0.5m,使碳铵逐渐挥发而发生氨化作用。

二、秸秆氨化技术

目前用于氨化的原料主要有禾本科作物及牧草的秸秆,如麦类秸秆以及其他作物秸秆。所选用的秸秆必须没有发霉变质,最好将收获籽实后的秸秆及时进行氨化处理,以免堆积时间过长而霉烂变质,也可根据利用时间确定制作氨化秸秆的时间。

(一)氨化方法

1. 埋置式氨化法。采用的氨化设施为壕、池、窖。氨化池是砖、水泥结构,一次投资大,但可连续使用多年。氨化壕为长形土壕,投资少,取料方便,一般只能使用 1～2 年,氨化窖为土窖,既可用于冬季贮存蔬菜或青贮,又可用于做氨化,可谓一窖多用。地下水位低的地方适宜挖氨化窖,窖址应选在地势高燥的地方,窖口四周用土坯等砌垒高出地面 0.5～1m,以免雨水、雪水流入。

氨化时应清除设备内的泥土和积水,并在窖的底部和四周铺放塑料,以防秸秆中混杂泥土。适用于该法的氨化药剂为尿素和碳铵。将尿素或碳铵与水溶合,均匀地喷洒到切碎的秸秆,然后装入设备内。装填时应注意压实靠近四壁的秸秆,尽量排除秸秆中的空气。密封要迅速严密,注意随时检查,发现漏氨处应及时修补。

2. 堆垛氨化法。①场地应选择地势干燥、鼠害活动较少的地方,清除石块等易刺破塑料的锐物,底下铺一块旧塑料作为缓冲,再铺上一块新塑料。塑料的厚度应为 0.15~0.2mm,大小视秸秆堆大小而定;②堆垛及密封:堆垛的秸秆应打成 15~20kg 重的捆,垛底四周的塑料应留下一定的宽度,将秸秆堆码到一定高度后,加水调整含水量,然后用塑料覆盖,上下两块塑料的四周重叠卷边用重物压住或用塑料胶带密封。秸秆垛的大小视秸秆的数量以及加氨方便与否而定,垛愈大,每公斤氨化秸秆所需塑料成本就越低,而大小垛的氨化效果没有明显差异;③加氨:堆垛氨化最好使用氨水或液氨,通过氨枪加入秸秆垛中,也可采用倾倒法加氨。加完氨后,取出氨枪,用胶布将注氨孔密封;④管理:堆垛氨化在地面上进行包裹的塑料易被鼠咬破;有时塑料被扎破或冻破,一经发现要马上修补,防止漏氨。目前,有一种真空堆垛法,其操作步骤与上述一致,只是在秸秆垛密封后,用真空泵将垛中空气抽掉 1/3,然后再注入氨。

3. 袋装氨化法。这种方法可省去建立氨化设施,贮存、取用方便,但秸秆氨化时所需塑料费用较高。塑料袋一般长度为 2.5m,宽 1.5m。氨化用塑料袋以双层为好。秸秆装袋时要特别注意,防止扎破塑料袋。装完袋后,扎紧袋口,然后放置在安全地点,也可放在屋顶上。存放期间,应经常检查,若嗅到袋口处有氨味,就重新扎紧,发现塑料袋破损,要及时用胶带等封住。

(二)秸秆含水量

水是氨的"载体",必须有适当的水分,一般以 25%~35% 为宜。含水量过低,水都吸附在秸秆中,没有足够的水充当氨的"载体",氨化效果差。含水量过高,不但因开窖后需延长晾晒时间,而且由于氨浓度低而引起秸秆发霉变质,再者秸秆含水量过高,对于提高氨化效果没有明显的作用。加水时将水均匀地喷洒在秸秆上,然后装入氨化设施中;也可在秸秆装窖时洒入,由下向上逐渐增多,以免上层过干,下层积水。

(三)氨化时间

氨化时间的长短要依据气温而定,气温越高,完成氨化所需的时间越短;相反,氨化时气温越低,氨化所需的时间就越长。

三、氨化秸秆的品质检验

氨化秸秆在饲喂之前应进行品质检验,以确定能否用于饲喂家畜。

（一）质地

氨化秸秆柔软蓬松，用手紧握没有明显的扎手感。

（二）颜色

不同秸秆氨化后的颜色与原色相比都有一定的变化。经氨化的麦秸颜色为杏黄色，未氨化的麦秸为灰黄色；氨化的玉米秸为褐色，其原色为黄褐色。

（三）pH 值

氨化秸秆偏碱性，pH 值为 8.0 左右；未氨化的秸秆偏酸性，pH 值为 5.7 左右。

（四）发霉情况

一般氨化秸秆不易发霉，因加入的氨具有防霉作用。有时氨化设备封口处的氨化秸秆有局部发霉现象，但内部秸秆仍可用于饲喂。若发现秸秆大部分已发霉时，不能用于饲喂家畜。

（五）气味

一般成功的氨化秸秆有糊香味和刺鼻的氨味。氨化玉米秸的气味略有不同，既具有青贮的酸香味，又有刺鼻的氨味。

四、氨化秸秆的饲喂

氨化设备开封后，经品质检验合格的氨化秸秆，需放氨 1～2d，消除氨味后，方可饲喂。放氨时，应将刚取出的氨化秸秆放置在远离畜圈和住所的地方，以免释放出的氨气刺激人畜呼吸道和影响家畜食欲。秸秆湿度较小，天气寒冷，通风时间应稍长。取喂时，应将每天饲喂数量的氨化秸秆于饲前 1～2d 取出放氨，其余的再密封起来，以防放氨后含水量仍很高的氨化秸秆在短期内饲喂不完而发霉变质。

氨化饲料在牦牛生产中尚处于尝试阶段，目前还未见到相关报道。但在其他反刍类家畜中，应用效果良好。

氨化秸秆只适用于反刍家畜如牛、羊等，不适宜饲喂单胃家畜如马、骡、驴、猪等。初喂氨化秸秆时，家畜不适应，需在饲喂氨化秸秆的第 1d，将 1/3 的氨化秸秆与 2/3 的未氨化秸秆混合饲喂，以后逐渐增加，数日后家畜不再愿意采食未氨化秸秆。

氨化秸秆的饲喂量一般可占牛、羊日粮的 70%~80%,这一喂量对牛、羊的增重、维持过冬、产羔率及羊羔初生重等效果均较好。在其他饲料相同的情况下,奶牛饲喂氨化秸秆比对照组提高产奶量约 10%,且氨化秸秆为奶牛提供了优质纤维,使泌乳初期和放牧饲养的奶牛保持乳脂率,牛奶没有任何异常味道;用氨化秸秆饲喂阉牛、犊牛和羊,要比对照组日增重提高 30%~80%,提高屠宰率 2%~4%。对饲喂氨化秸秆的牛、羊进行临床观察、生产力测定和肝功化验等,均未发现有任何不良影响。

为使家畜获取的营养趋于平衡,在饲喂氨化秸秆的同时,应尽可能注意维生素、矿物质和能量的补充,以便取得更好的饲养效果。维生素的补充对于饲喂氨化秸秆的家畜尤为重要,否则易出现缺乏症,应适当搭配胡萝卜及矿物质元素,同时应与青草和青贮饲料混合饲喂。

五、氨化时注意事项

严格按规定操作,氨化时,应尽量避开闷热和阴雨连绵的天气;计算氨的用量要力求准确,并注意好排气和密封工作。否则达不到预期的氨化效果,甚至会产生一些副作用。如尿素用量过大时,在窖内不能全部转化为氨,残留尿素被家畜采食后,有时会发生尿素中毒;氨水和无水氨有一定的腐蚀性,操作时要特别注意,以免伤及人的眼睛和皮肤;氨化秸秆饲喂时,一定要放净氨味,以免影响家畜采食。

下篇　疫病防控篇

第八章　牦牛疫病预防与控制

第一节　传染病传染过程和流行

　　牦牛有较强的抗病能力,患病率相对于其他牛种低。特别是兽医新技术的不断推广应用,基本上控制了长期以来危害和困扰牦牛生产的群发性疾病。但是由于牦牛生存环境和粗放经营的特殊性,其疫病防治仍不容忽视。牦牛疾病包括传染病、寄生虫病、繁殖性疾病以及其他普通病等,其中传染病是对养殖业危害最严重的一类疾病,它不仅可能造成大批牛只死亡和畜产品的损失,而且某些人畜共患的传染病还能给人民健康带来严重威胁。正确诊断并采取适当措施有效控制传染病是传染病学的根本任务。要达到这一目的,首先必须认清传染病的发生、发展规律。

一、感染与传染病

　　病原微生物侵入动物机体,并在一定的部位定居,生长繁殖,从而引起机体一系列病理反应,这个过程称为感染。动物感染病原微生物后会有不同的临床表现,从完全没有临床症状到明显的临床症状,甚至死亡。这是病原的致病性、毒力与宿主特性综合作用的结果。也就是说病原对宿主的感染力和使宿主的致病力表现出很大差异,这不仅取决于病原本身的特性(致病力和毒力),也与动物的遗传易感性和宿主的免疫状态以及环境因素有关。

凡是由病原微生物引起,具有一定的潜伏期和临诊表现,并具有传染性的疾病,称为传染病。传染病的表现虽然多种多样,但亦具有一些共同特性,根据这些特性可与其他非传染病相区别。这些特性是:

(一)传染病是在一定环境条件下由病原微生物与机体相互作用所引起的

每一种传染病都有其特异的致病性微生物存在,如口蹄疫是由口蹄疫病毒引起的,没有口蹄疫病毒就不会发生口蹄疫。

(二)传染病具有传染性和流行性

从患传染病的病畜体内排出的病原微生物,侵入另一有易感性的健畜体内,能引起同样症状的疾病,像这样使疾病从病畜传染给健畜的现象,就是传染病与非传染病相区别的一个重要特征。当一定的环境条件适宜时,在一定时间内,某一地区易感动物群中可能有许多动物被感染,致使传染病蔓延散播,形成流行。

(三)被感染的机体发生特异性反应

在传染发展过程中由于病原微生物的抗原刺激作用,机体发生免疫生物学的改变,产生特异性抗体和变态反应等。这种改变可以用血清学方法等特异性反应检查出来。

(四)耐过动物能获得特异性免疫

动物耐过传染病后,在大多数情况下均能产生特异性免疫,使机体在一定时期内或终生不再患该种传染病。

(五)具有特征性的临诊表现

大多数传染病都具有该种病特征性的综合症状和一定的潜伏期和病程经过。

二、传染病病程的发展阶段

传染病的病程发展过程在大多数情况下具有严格的规律性,大致可以分为潜伏期、前驱期、明显(发病)期和转归期4个阶段。

(一)潜伏期

由病原体侵入机体并进行繁殖时起,直到疾病的临诊症状开始出现为止,这段时间称为潜伏期。一般来说,急性传染病的潜伏期差异范围较小;慢性传染病以及症状不很显著的传染病其潜伏期差异较大,常不规则。同一种传染病潜伏期短促时,疾病经过常较严重;反之,潜伏期延长时,病程亦常较轻缓。从流行病学的观点看来,处于潜伏期中的动物之所以值得注意,主要是因为它们可能是传染的来源。

(二)前驱期

是疾病的征兆阶段,其特点是临诊症状开始表现出来,但该病的特征性症状仍不明显。从多数传染病来说,这个时期仅可察觉出一般的症状,如体温升高、食欲减退、精神异常等。各种传染病和各个病例的前驱期长短不一,通常只有数小时至一两天。

(三)明显(发病)期

前驱期之后,病的特征性症状逐步明显地表现出来,是疾病发展到高峰的阶段。这个阶段因为很多有代表性的特征性症状相继出现,在诊断上比较容易识别。

(四)转归期(恢复期)

疾病进一步发展为转归期。如果病原体的致病性能增强,或动物体的抵抗力减退,则传染过程以动物死亡为转归。如果动物体的抵抗力得到改进和增强,则机体便逐步恢复健康,表现为临诊症状逐渐消退,体内的病理变化逐渐减弱,正常的生理机能逐步恢复。机体在一定时期保留免疫学特性。在病后一定时间内还有带菌(毒)排菌(毒)现象存在,但最后病原体可被消灭清除。

三、传染病流行规律

(一)传染病流行过程3个基本环节

家畜传染病的一个基本特征是能在家畜之间直接接触传染或间接地通过媒介物(生物或非生物的传播媒介)互相传染,构成流行。家畜传染病的流行过程,就是从家畜个体感染发病发展到家畜群体发病的过程,也就是传染病在畜群中发生和发展的过程。传染病在畜群中蔓延流行,必须具备3个相互连接的条件,即传染源、传播途径及易感的动物。这3个条件常统称为传染病流行过程的3个基本环节,当这三个条件同时存在并相互联系时就会造成传染病的发生。因此,掌握传染病流行过程的基本条件及其影响因素,有助于我们制订正确的防疫措施,控制传染病的蔓延或流行。

1. 传染源。传染源(亦称传染来源)是指有某种传染病的病原体在其中寄居、生长、繁殖,并能排出体外的动物机体。具体说传染源就是受感染的动物,包括传染病病畜和带菌(毒)动物。动物受感染后,可以表现为患病和携带病原两种状态,因此传染源一般可分为两种类型。

(1)患病动物。病畜是重要的传染源。不同病期的病畜,其作为传染源的意义也不相同。前驱期和症状明显期的病畜因能排出病原体且具有症状,尤其是在急性过程或者病程转剧阶段可排出大量毒力强大的病原体,因此作为传染源的作用也最大。潜伏期和恢复期的病畜是否具有传染源的作用,则随病种不同而异。病畜能排出病原体的整个时期称为传染期。不同传染病传染期长短不同。各种传染病的隔离期就是根据传染期的长短来制订的。为了控制传染源,对病畜原则上应隔离至传染期终了为止。

(2)病原携带者。病原携带者是指外表无症状但携带并排出病原体的动物。病原携带者是一个统称,包括带菌者、带毒者、带虫者等。病原携带者排出病原体的数量一般不及病畜,但因缺乏症状不易被发现,有时可成为十分重要的传染源,如果检疫不严,还可以随动物的运输散播到其他地区,造成新的暴发或流行。病原携带者一般分为潜伏期病原携带者、恢复期病原携带者和健康病原携带者3类。

潜伏期病原携带者是指感染后至症状出现前即能排出病原体的动物。在这一时期,大多数传染病的病原体数量还很少,此时一般不具备排出条件,因此不能起传染源的作用。但有少数传染病如狂犬病、口蹄疫等在潜伏期后期能够排出病原体,此时就有传染性了。

恢复期病原携带者是指在临诊症状消失后仍能排病原体的动物。一般来说,这个时期的传染性已逐渐减少或已无传染性了。但还有不少传染病如布鲁氏菌病等在临诊痊愈的恢复期仍能排出病原体。

健康病原携带者是指过去没有患过某种传染病但却能排出该种病原体的动物。一般认为这是隐性感染的结果,通常只能靠实验室方法检出。如巴氏杆菌病、沙门氏菌病等病的健康病原携带者为数众多,有时可成为重要的传染源。

病原携带者存在着间歇排出病原体的现象,因此仅凭一次病原学检查的阴性结果不能得出正确的结论,只有反复多次的检查均为阴性时才能排除病原携带状态。消灭和防止引入病原携带者是传染病防制中艰巨的主要任务之一。

2. 传播途径。病原体由传染源排出后,经一定的方式再侵入其他易感动物所经的途径称为传播途径。研究传染病传播途径的目的在于切断病原体继续传播的途径,防止易感动物受传染,这是防止家畜传染病的重要环节之一。传播途径可分两大类。一是水平传播,即传染病在群体之间或个体之间以水平形式横向平行传播;二是垂直传播,即从母体到其后代两代之间的传播。水平传播在传播方式上可分为直接接触和间接接触传播两种:

(1)直接接触传播。病原体通过被感染的动物(传染源)与易感动物直接接触(交配、舔咬等)而引起的传播方式。以直接接触为主要传播方式的传染病为数不多,在家畜中狂犬病具有代表性。直接接触而传播的传染病,其流行特点是一个接一个地发生,形成明显的链锁状。这种方式使疾病的传播受到限制。一般不易造成广泛的流行。

(2)间接接触传播。病原体通过传播媒介使易感动物发生传染的方式,称为间接接触传播。从传染源将病原体传播给易感动物的各种外界环境因素称为传播媒介。传播媒介可能是生物,也可能是无生命的物体。大多数传染病如口蹄疫、牛瘟等以间接接触为主要传播方式,同时也可以通过直接接触传播。两种方式都能传播的传染病也可称为接触性传染病。间接接触一般通过如下几种途径而传播:

①经空气(飞沫、飞沫核、尘埃)传播:空气不适于任何病原体的生存,但空气可作为传染的媒介物,它可作为病原体在一定时间内暂时存留的环境。经空气而散播的传染主要是通过飞沫、飞沫核或尘埃为媒介而传播的。

飞散于空气中带有病原体的微细泡沫而散播的传染称为飞沫传染。所有的呼吸道传染病主要是通过飞沫而传播的,如口蹄疫、结核病、牛肺疫等。这类病畜的呼吸道往往积聚不少渗出液,刺激机体发生咳嗽或喷嚏,很强气流把带着病原体的渗出液从狭窄的呼吸道喷射出来形成飞沫飘浮于空气中,可被易感动物吸入而感染。一般来说,干燥、光亮、温暖和通风良好的环境,飞沫飘浮的时间较短,其中的病原体(特别是病毒)死亡较快;相反,畜群密度大、潮湿、阴暗、低温和通风不良,则飞沫传播的作用时间较长。

从传染源排出的分泌物、排泄物和处理不当的尸体散布在外界环境的病原体附着物,经干燥后,由于空气流动冲击,带有病原体的尘埃在空气中飘扬,被易感动物吸入而感染,称为尘埃传染。尘埃传染的时间和空间范围比飞沫传染要大,可以随空气流动转移到别的地区,但实际上尘埃传染的传播作用比飞沫要小，因为只有少数在外界环境生存能力较强病原体能耐过这种干燥环境或阳光的曝晒。能借尘埃传播的传染病有结核病、炭疽、痘等。

经空气飞沫传播的传染病的流行特征是：因传播途径易于实现，病例常连续发生，患者多为传染源周围的易感动物。在潜伏期短的传染病如流行性感冒等，易感动物集中时可形成暴发。未加有效控制时，此类传染病的发病率多有周期性和季节性升高现象，一般以冬春季多见。病的发生常与畜舍条件及拥挤有关。

②经污染的饲料和水传播：以消化道为主要侵入门户的传染病如口蹄疫、牛瘟、结核病、炭疽等，其传播媒介主要是污染的饲料和饮水。传染源的分泌物、排出物和病畜尸体及其流出物污染了饲料、牧草、饲槽、水池、水井、水桶，或由某些污染的管理用具、车船、畜舍等辗转污染了饲料、饮水而传给易感动物。因此，在防疫上应特别注意防止饲料和饮水的污染，防止饲料仓库、饲料加工场、畜舍、牧地、水源、有关人员和用具的污染，并做好相应的防疫消毒卫生管理。

③经污染的土壤传播：随病畜排泄物、分泌物或其尸体一起落入土壤而能在其中生存很久的病原微生物可称为土壤性病原微生物。它所引起的传染病有炭疽、气肿疽、破伤风等。

经污染的土壤传播的传染病，其病原体对外界环境的抵抗力较强，疫区的存在相当牢固。因此应特别注意病畜排泄物、污染的环境、物体和尸体的处理，防止病原体落入土壤，以免造成难以收拾的后患。

④经活的媒介物而传播：非本种动物和人类也可能作为传播媒介传播家畜传染病。主要有：

节肢动物：节肢动物中作为家畜传染病的媒介者主要是虻类、螫蝇、蚊、蠓、家蝇和蜱等。传播主要是机械性的，它们通过在病、健畜间的刺螫吸血而散播病原体。亦有少数是生物性传播，某些病原体在感染家畜前，必须先在一定种类的节肢动物体内通过一定的发育阶段，才能致病。

野生动物：野生动物的传播可以分为两大类。一类是本身对病原体具有易感性，在受感染后再传染给禽畜，在此野生动物实际上是起了传染源的作用。如狐、狼、吸血蝙蝠等将狂犬病传染给家畜，鼠类传播沙门氏菌病、钩端螺旋体病、布鲁氏菌病等。另一类是本身对该病原体无易感性，但可机械地传播疾病，如乌鸦在啄食炭疽病畜的尸体后从粪内排出炭疽杆菌的芽孢。鼠类可能机械地传播口蹄疫等。

人类:饲养人员和兽医在工作中如不注意遵守防疫卫生制度,消毒不严时,容易传播病原体。如在进出病畜和健畜的畜舍时可将手上、衣服、鞋底沾染的病原体传播给健畜。兽医的体温计、注射针头以及其他器械如消毒不严就可能成为炭疽等病的传播媒介。有些人畜共患的疾病如口蹄疫、结核病、布鲁氏菌病等,人也可能作为传染源,因此结核病的患者不允许管理家畜。

垂直传播从广义上讲属于间接接触传播,它包括下列几种方式:

经胎盘传播:受感染的孕畜经胎盘血流传播病原体感染胎儿,称为胎盘传播。可经胎盘传播的疾病有牛黏膜病、蓝舌病、伪狂犬病、布鲁氏菌病、弯曲菌性流产等。

经卵传播:由携带有病原体的卵细胞发育而使胚胎受感染,称为经卵传播。主要见于禽类。可经卵传播的病原体有禽白血病病毒、禽腺病毒、鸡传染性贫血病毒、禽脑脊髓炎病毒、鸡白痢沙门氏菌等。

经产道传播:病原体经孕畜阴道通过子宫颈口到达绒毛膜或胎盘引起胎儿感染。或胎儿从无菌的羊膜腔穿出而暴露于严重污染的产道时,胎儿经皮肤、呼吸道、消化道感染母体的病原体。可经产道传播的病原体有大肠杆菌、葡萄球菌、链球菌、沙门氏菌和疱疹病毒等。

家畜传染病的传播途径比较复杂,每种传染病都有其特定的传播途径,有的可能只有一种途径,如皮肤霉菌病、虫媒病毒病等;有的有多种途径,如炭疽可经接触、饲料、饮水、空气、土壤或媒介节肢动物等途径传播。掌握病原体的传播方式及各传播途径所表现出来的流行特征,将有助于对现实的传播途径进行分析和判断。

3. 畜群的易感性。易感性是抵抗力的反面,指家畜对于某种传染病病原体感受性的大小。该地区畜群中易感个体所占的百分率,直接影响到传染病是否能造成流行以及疫病的严重程度。家畜易感性的高低虽与病原体的种类和毒力强弱有关,但主要还是由畜体的遗传特征等内在因素、特异免疫状态决定的。外界环境条件如气候、饲料、饲养管理卫生条件等因素都可能直接影响到畜群的易感性和病原体的传播。

疾病的流行与否,流行强度和维持时间,取决于该疾病的潜伏期,致病因子的传染性,以及动物群体中易感动物所占的比例和易感动物群体的密度(单位面积中动物的头数)。

畜群免疫性并不要求畜群中的每一个成员都是有抵抗力的,如果有抵抗力的动物百分比高,一旦引进病原体后出现疾病的危险性就较少,通过接触可能只出现少数散发的病例。因此,发生流行的可能性不仅取决于畜群中有抵抗力的个体数,而且也与畜群中个体间接触的频率有关。一般如果畜群中有 70%~80%是有抵抗力的,就不会发生大规模的暴发流行。这个事实可以解释为什么通过免疫接种畜群常能获得良好保护,尽管不是 100% 的易感动物都进行了免疫接种,或是应用集体免疫后不是所有动物都获得了充分的免疫力。

当一批新的易感动物引进一个畜群时,畜群免疫性的平均水平可能会出现变化。这些变化就是使畜群免疫性逐渐降低以至引起流行。在一次流行之后,畜群免疫性提高而保护了这个群体,但随时间推移幼畜的出生,易感动物的比例逐步增加,在一定情况下足以引起新的疾病流行。

(二)流行过程的某些规律性

1.流行过程的表现形式

在家畜传染病的流行过程中,根据一定时间内发病率的高低和传染范围大小(即流行强度)可将动物群体中疾病的表现分为下列四种表现形式。

散发性:疾病发生无规律性,随机发生,局部地区病例零星地散在发生,各病例在发病时间与发病地点上没有明显的关系时,称为散发。传染病出现这种散发的形式可能因为:畜群对某病的免疫水平较高,易感动物这个环节基本上得到控制,如平时预防工作不够细致,防疫密度不够高时,还有可能出现散发病例。某病的隐性感染比例较大,通常在畜群中主要表现为隐性感染,仅有一部分动物偶尔表现症状。某病的传播需要一定的条件,如破伤风、恶性水肿、放线菌病等。破伤风的发病由于需要有破伤风梭菌和厌氧深创同时存在的条件,因此在一般情况下常只能零星散发。

地方流行性:在一定的地区和畜群中,带有局限性传播特征的,并且是比较小规模流行的家畜传染病,可称为地方流行性,或谓病的发生有一定的地区性。

流行性:所谓发生流行是指在一定时间内一定畜群出现比寻常多的病例,它没有一个病例的绝对数界限,而仅仅是指疾病发生频率较高的一个相对名词。因此任何一种病当其称为流行时,各地各畜群所见的病例数是很不一致的。流行性疾病的传播范围广、发病率高,如不加防制常可传播到几个乡、县甚至省。这些疾病往往是病原的毒力较强,能以多种方式传播,畜群的易感性较高,如口蹄疫等重要疫病可能表现为流行性。

"暴发":一般认为,某种传染病在一个畜群单位或一定地区范围内,在短期间(该病的最长潜伏期内)突然出现很多病例时,可称为暴发。

大流行:是一种规模非常大的流行,流行范围可扩大至全国,甚至可涉及几个国家或整个大陆。在历史上如口蹄疫和流感等都曾出现过大流行。上述几种流行形式之间的界限是相对的,并且不是固定不变的。

2. 流行过程的季节性和周期性

某些家畜传染病经常发生于一定的季节,或在一定的季节出现发病率显著上升的现象,称为流行过程的季节性。出现季节性的原因,主要有下述几个方面:

(1)季节对病原体在外界环境中存在和散播的影响。夏季气温高,日照时间长,这对那些抵抗力较弱的病原体在外界环境中的存活是不利的。例如炎热的气候和强烈的日光曝晒,可使散播在外界环境中的口蹄疫病毒很快失去活力,因此,口蹄疫的流行一般在夏季减缓或平息。又如在多雨和洪水泛滥季节,如土壤中含有炭疽杆菌芽孢或气肿疽梭菌芽孢,则可随洪水散播,因而炭疽或气肿疽的发生可能增多。

(2)季节对活的传播媒介(如节肢动物)的影响。夏秋炎热季节,蝇、蚊、虻类等吸血昆虫大量孳生和活动频繁,凡是能由它们传播的疾病,都较易发生,如炭疽等。

(3)季节对家畜活动和抵抗力的影响。冬季舍饲期间,家畜聚集拥挤,接触机会增多,如舍内温度降低,湿度增高,通风不良,常易促使经由空气传播的呼吸道传染病爆发流行。季节变化,主要是气温和饲料的变化,对家畜抵抗力有一定影响,这种影响对于由条件性病原微生物引起的传染病尤其明显。如在寒冬或初春,容易发生某些呼吸道传染病和犊牛痢疾等。

除了季节性以外,在某些家畜传染病如口蹄疫、牛流行热等,经过一定的间隔时期(常以数年计),还可能表现再度流行,这种现象称为家畜传染病的周期性。在传染病流行期间,易感家畜除发病死亡或淘汰以外,其余由于患病康复或隐性感染而获得免疫力,因而使流行逐渐停息。但是经过一定时间后,由于免疫力逐渐消失,或新的一代出生,或引进外来的易感家畜,使畜群易感性再度增高,结果可能重新暴发流行。在牛、马等大家畜群中每年更新的数量不大,多年以后易感畜的百分比逐渐增大,疾病才能再度流行,因此周期性比较明显。猪和家禽等食用动物每年更新或流动的数目很大,疾病可以每年流行,周期性一般并不明显。

(三)影响流行过程的因素

构成传染病的流行过程,必须具备传染源、传播途径及易感畜群3个基本环节。只有这个基本环节相互连结,协同作用时,传染病才有可能发生和流行。保证这3个基本环节相互连结、协同起作用的因素是动物活动所在的环境和条件,即各种自然因素和社会因素。它们对流行过程的影响是通过对传染源、传播途径和易感畜群的作用而发生的。

1. 自然因素

(1)作用于传染源。例如一定的地理条件(海、河、高山等)对传染源的转移产生一定的限制,成为天然的隔离条件。季节变换,气候变化引起机体抵抗力的变动,如气喘病的隐性病猪,在寒冷潮湿的季节里病情恶化,咳嗽频繁,排出病原体增多,散播传染的机会增加。反之,在干燥、温暖的季节里,加上饲养情况较好,病情容易好转,咳嗽减少,散播传染的机会也小。当某些野生动物是传染源时,自然因素的影响特别显著。这些动物生活在一定的自然地理环境(如森林、沼泽、荒野等),它们所传播的疫病常局限于这些环境,往往能形成自然疫源地。

(2)作用于传播媒介。自然因素对传播媒介的影响非常明显。例如,夏季气温上升,在吸血昆虫滋生的地区,作为传播流行性乙型脑炎等病的媒介昆虫蚊类的活动增强,因而乙型脑炎病例增多。日光和干燥对多数病原体具有致死作用,反之,适宜的温度和湿度则有利于病原体在外界环境中较长期的保存。当温度降低湿度增大时,有利于气源性感染,因此呼吸道传染病在冬春季发病率常有增高的现象。洪水泛滥季节,地面粪尿被冲刷至河塘,造成水源污染,易引起钩端螺体病、炭疽等的流行。

(3)作用于易感动物。自然因素对易感动物这一环节的影响首先是增强或减弱机体的抵抗力。例如,低温高湿的条件下,不但可以使飞沫传播媒介的作用时间延长,同时也可使易感动物易于受凉、降低呼吸道黏膜的屏障作用,有利于呼吸道传染病的流行。在高气温的影响下,肠道的杀菌作用降低,使肠道传染病增加。应激反应是动物机体对扰乱机体内环境稳定的任何不良刺激的生物学反应总和,应激可导致畜禽的病理性损害。例如长途运输、过度拥挤等,都易使机体抵抗力降低或增加接触机会而使某些传染病如口蹄疫等易暴发流行。

2. 饲养管理因素

畜舍的建筑结构、通风设施、垫料种类等都是影响疾病发生的因素。小气候又称为微气候,是指在确定小空间中的气候,如畜禽舍的小气候或动物体表几毫米处的小气候。小气候对畜禽疫病的发生有很大影响。例如,圈舍密度大或通风换气不足,常会发生慢性呼吸道疾病。饲养管理制度对疾病发生有很大影响。

3. 社会因素

影响家畜疫病流行过程的社会因素主要包括社会制度、生产力和人民的经济、文化、科学技术水平以及贯彻执行法规的情况等。它们既可能是促进家畜疫病广泛流行的原因,也可以是有效消灭和控制疫病流行的主要关键。因为,家畜和它所处的环境,除受自然因素影响外,在很大程度上是受人们的社会生产活动影响的,而后者又取决于社会制度等因素。

总之,影响流行过程是多因素综合作用的结果。传染源、宿主和环境因素不是孤立地起作用,而是相互作用引起传染病的流行。

第二节　传染病的诊疗

一、传染病的诊断

及时而正确的诊断是预防工作的重要环节, 关系到能否有效地组织防疫措施。诊断家畜传染病常用的方法有:临诊诊断、流行病学诊断、病理学诊断、病原学诊断和免疫学诊断等。诊断的方法很多,但不是每一种传染病和每一次诊断工作都需要全面去做。由于病的特点各有不同,常需根据具体情况而定,有时仅需采用其中的一两种方法就可以及时作出诊断。现将各种诊断方法简介如下：

(一)临床诊断

临床诊断是最基本的诊断方法。是利用人的感官或借助一些最简单的器械如体温计、听诊器等直接对病畜进行检查。有时也包括血、粪、尿的常规检验。一般来说，都是简便易行的方法。对于某些具有特征临诊症状的典型病例如破伤风、放线菌病等，经过仔细的临诊检查，一般不难作出诊断。但是临诊诊断有其一定的局限性，特别是对发病初期尚未出现有诊断意义的特征症状的病例，对非典型病例(如无症状的隐性患者)依靠临诊检查往往难于作出诊断。在很多情况下，临诊诊断只能提出可疑疫病的大致范围，必须结合其他诊断方法才能作出确诊。在进行临诊诊断时，应注意对整个发病畜群所表现的综合症状加以分析判断，不要单凭个别或少数病例的症状轻易下结论，以防止误诊。

(二)流行病学诊断

流行病学诊断是针对患传染病的动物群体，经常与临诊诊断联系在一起的一种诊断方法。某些家畜疫病的临诊症状虽然基本上是一致的，但其流行的特点和规律却很不一致。例如口蹄疫、水疱性口炎、水疱病等病，在临诊症状上几乎是完全一样的，无法区别，但从流行病学方面却不难区分。

流行病学诊断是在流行病学调查(即疫情调查)的基础上进行的。疫情调查可在临诊诊断过程中进行，如以座谈方式向畜主询问疫情，并对现场进行仔细观察、检查，取得第一手资料，然后对材料进行分析处理，作出诊断。

(三)病理学诊断

患各种传染病而死亡的畜禽尸体，多有一定的病理变化，可作为诊断的依据之一，常有很大的诊断价值。有的病畜，特别是最急性死亡的病例和早期屠宰的病例，有时特征性的病变尚未出现，因此进行病理剖检诊断时尽可能多检查几头，并选择症状较典型的病例进行剖检。有些疫病除肉眼检查外，还需做病理组织学检查。

(四)微生物学诊断

运用兽医微生物学的方法进行病原学检查是诊断家畜传染病的重要方法之一。一般常用下列方法和步骤：

1. 病料的采集。正确采集病料是微生物学诊断的重要环节。病料力求新鲜，最好能在濒死时或死后数小时内采取,要求尽量减少杂菌污染,用具器皿应尽可能严格消毒。通常可根据所怀疑病的类型和特性来决定采取哪些器官或组织的病料。原则上要求采取病原微生物含量多、病变明显的部位,同时易于采取,易于保存和运送。如果缺乏临诊资料,剖检时又难于分析诊断可能属何种病时,应比较全面地取材,例如血液、肝、脾、肺、肾、脑和淋巴结等,同时要注意带有病变的部分。如怀疑炭疽,则非必要时不准作尸体剖检,只割取一块耳朵就可以了。

2. 病料涂片镜检。通常在有显著病变的不同组织器官和不同部位涂抹数片,进行染色镜检。此法对于一些具有特征性形态的病原微生物如炭疽杆菌、巴氏杆菌等可以迅即作出诊断,但对大多数传染病来说,只能提供进一步检查的依据或参考。

3. 分离培养和鉴定。用人工培养方法将病原体从病料中分离出来。细菌、真菌、螺旋体等可选择适当的人工培养基,病毒等可选用禽胚,各种动物或组织培养等方法分离培养,分得病原体后,再进行形态学、培养特性、动物接种及免疫学试验等方法作出鉴定。

4. 动物接种试验。通常选择对该种传染病病原体最敏感的动物进行人工感染试验。将病料用适当的方法进行人工接种,然后根据对不同动物的致病力、症状和病理变化特点来帮助诊断。当实验动物死亡或经一定时间杀死后,观察体内变化,并采取病料进行涂片检查和分离鉴定。

一般应用的实验小动物有家兔、小鼠、豚鼠、仓鼠、家禽、鸽子等,在实验小动物对该病原体无感受性时,可以采用有易感性的大动物进行试验,但费用大,而且需要严格的隔离条件和严格的消毒措施,因此只有在非常必要和条件许可时才能进行。

从病料中分离出微生物,虽是确诊的重要依据,但也应注意动物的"健康带菌"现象,其结果还需与临诊及流行病学、病理变化结合起来进行分析。有时即使没有发现病原体,也不能完全否定该种传染病的诊断。

（五）免疫学诊断

免疫学诊断是传染病诊断和检疫中常用的重要方法,包括血清学试验和变态反应两类。

1. 血清学试验。利用抗原和抗体特异性结合的免疫学反应进行诊断。可以用已知抗原来测定被检动物血清中的特异性抗体，也可以用已知的抗体（免疫血清）来测定被检材料中的抗原。血清学试验有中和试验(毒素抗毒素中和试验、病毒中和试验等)；凝集试验(直接凝集试验、间接凝集试验、间接血凝试验、SPA协同凝集试验和血细胞凝集抑制试验)；沉淀试验(环状沉淀试验、琼胶扩散沉淀试验和免疫电泳等)；溶细胞试验(溶菌试验、溶血试验)；补体结合试验以及免疫荧光试验、免疫酶技术、放射免疫测定、单克隆抗体和核酸探针等。近年来由于与现代科学技术相结合，血清学试验在方法上日新月异，发展很快，其应用也越来越广，已成为传染病快速诊断的重要工具。

2. 变态反应。动物患某些传染病(主要是慢性传染病)时，可对该病病原体或其产物(某种抗原物质)的再次进入产生强烈反应。能引起变态反应的物质(病原体、病原体产物或抽提物)称为变态原，如结核菌素、鼻疽菌素等，将其注入患病动物时，可引起局部或全身反应。

(六)分子生物学诊断

分子生物学诊断又称基因诊断。主要是针对不同病原微生物所具有的特异性核酸序列和结构进行测定。

1. PCR技术。又称为体外基因扩增技术。PCR技术主要是检测病原，做传染病的早期诊断和传染源的鉴定。传染病的病原体主要有真核生物、原核生物和非细胞型生物(病毒、朊病毒等)3大类。每类病原体都有其特异性的核酸。检测出特异性核酸就能确定致病的微生物，就能确诊是哪种传染病。

2. 核酸探针技术。核酸探针又称为基因探针，核酸分子杂交技术。该方法有3大组成部分：①待检核酸(模板)；②固相载体(NC硝酸纤维膜或尼龙膜)；③用同位素、酶、荧光标记的核酸探针。

3. DNA芯片技术。该项技术在兽医传染病的诊断上还未见报道。但在人医的传染病诊断上已有研究报道。

4. 环介导等温扩增技术。是一种新兴的快速扩增技术，具有敏感高、特异性强简便、快速等特点。方法是由日本学者Notomi等人发明的检测核酸的方法，它在靶基因的6个区域而设计4条特异引物利用链置换作用的聚合酶在等温条件下几十分钟内就可扩增出109个靶序列拷贝。该方法拥有同PCR相似的优点，但克服了需要昂贵仪器设备的缺点。环介导等温扩增技术自建立以来已很快应用到了各种核酸的检测。

5.反向线形印迹技术。其基本原理是将特异性探针固定在尼龙膜上,用通用引物经 PCR 扩增得到的放射物质或生物素标记的 PCR 产物,与膜上的特异性探针同时杂交通过放射显影或酶联荧光显色系统鉴定动物感染的病原的种类,可将病原鉴定到种甚至不同的地方株群。

二、传染病的治疗

家畜传染病的治疗,一方面是为了挽救病畜,减少损失,另一方面在某种情况下也是为了消除传染源,是综合性防疫措施中的一个组成部分。从流行病学观点来看,无治疗价值时,或当病畜对周围的人畜有严重的传染威胁时,可以淘汰宰杀。尤其是当某地传入一种过去没有发生过的危害性较大的新病时,为了防止疫病蔓延扩散,造成难以收拾的局面,应在严密消毒的情况下将病畜淘汰处理。传染病病畜的治疗必须在严密封锁或隔离的条件下进行,务必使治疗的病畜不致成为散播病原的传染源。

(一)针对病原体的疗法

在家畜传染病的治疗方面,帮助动物机体杀灭或抑制病原体,或消除其致病作用的疗法是很重要的,一般可分为特异性疗法、抗生素疗法和化学疗法等。

1.异性疗法。应用针对某种传染病的高度免疫血清、痊愈血清(或全血)、卵黄抗体等特异性生物制品进行治疗,因为这些制品只对某种特定的传染病有疗效,而对他种病无效,故称为特异性疗法。例如破伤风抗毒素血清只能治破伤风,对其他病无效。

高度免疫血清主要用于某些急性传染病的治疗,如巴氏杆菌病、炭疽、破伤风等。一般在诊断确实的基础上在病的早期注射足够剂量的高度免疫血清,常能取得良好的疗效。如缺乏高度免疫血清,可用耐过动物或人工免疫动物的血清或血液代替,也可起到一定的作用,但用量须加大。使用血清时如为异种动物血清,应特别注意防止过敏反应。一般高度免疫血清很少生产,而且并非随时可以购得,因此在兽医实践中的应用远不如抗生素或磺胺类药物广泛。

2.抗生素疗法。抗生素为细菌性急性传染病的主要治疗药物,在兽医实践中的应用日益广泛,并已获得显著成效。合理地应用抗生素,是发挥抗生素疗效的重要前提。不合理地应用或滥用抗生素往往引起种种不良后果。一方面可能使敏感病原体对药物产生耐药性,另一方面可能对机体引起不良反应,甚至引起中毒。

3.化学疗法。使用有效的化学药物帮助动物机体消灭或抑制病原体的治疗方法,称为化学疗法。

抗病毒感染的药物近年来有所发展,但仍远较抗菌药物为少,毒性一般也较大。

(二)针对动物机体的疗法

在家畜传染病的治疗工作中,既要考虑帮助机体消灭或抑制病原体,消除其致病作用,又要帮助机体增强一般的抵抗力和调整、恢复生理机能,促使机体战胜疫病,恢复健康。

1.加强护理。对病畜护理工作的好坏,直接关系到医疗效果的好坏,是治疗工作的基础。

2.对症疗法。在传染病治疗中,为了减缓或消除某些严重的症状、调节和恢复机体的生理机能而进行的内外科疗法,均称为对症疗法。如使用退热、止痛、止血、镇静、兴奋、强心、利尿、轻泻、止泻、防止酸中毒和碱中毒、调节电解质平衡等药物以及某些急救手术和局部治疗等,都属于对症疗法的范畴。

3.针对群体的治疗。在大的饲养场发生传染病时除对患畜进行护理(改善饮水、饲料、通风等)和对症疗法之外,主要是针对整个群体的治疗。除药物治疗外,还需紧急注射疫(菌)苗,血清等。

三、传染病的防制

疫病预防就是采取各种措施将疫病排除于一个未受感染的畜群之外。这通常包括采取隔离、检疫等措施不让传染源进入目前尚未发生该病的地区;采取集体免疫、集体药物预防以及改善饲养管理和加强环境保护等措施,保障一定的畜群不受已存在于该地区的疫病传染。所谓疫病的防制就是采取各种措施,减少或消除疫病的病源,以降低已出现于畜群中疫病的发病数和死亡数,并把疾病限制在局部范围内。所谓疫病的消灭则意味着一定种类病原体的消灭。要从全球范围消灭一种疫病是很不容易的,至今很少取得成功。但在一定的地区范围内消灭某些疫病,只要认真采用一系列综合性兽医措施,如查明病畜、选择屠宰、畜群淘汰、隔离检疫、畜群集体免疫、集体治疗、环境消毒、控制传播媒介、控制带菌者等,经过长期不懈的努力是完全能够实现的。

（一）防疫措施

家畜传染病的流行是由传染源、传播途径和易感动物等三个因素相互联系而造成的复杂过程。因此,采取适当的防疫措施来消除或切断造成流行的三个因素的相互联系作用, 就可以使疫病不能继续传播。针对传染源主要是消除传染源,包括对病原体污染的物体进行消毒;对患畜、可疑患畜及病原携带者采取扑杀、深埋或焚烧处理;对以慢性病原携带者为主的传染源,如结核病牛和布氏杆菌病牛,主要采取定期检疫,阳性牛进行扑杀或送隔离区酌情处理。对传播途径对的主要防疫措施是消毒、检疫、隔离和培育 SPF 动物。对易感畜群的主要防疫措施是增强易感畜群的免疫水平,即通过免疫接种增强畜群对传染病的抵抗力。其次是抗病育种和饲料中添加抗生素药物。但是只进行一项单独的防疫措施是不够的,必须采取包括"养、防、检、治"4 个基本环节的综合性措施。

综合性防疫措施可分为平时的预防措施和发生疫病时的扑灭措施两方面的内容。

1. 平时的预防措施。加强饲养管理,搞好卫生消毒工作,增强家畜机体的抗病能力。贯彻自繁自养的原则,减少疫病传播;拟订和执行定期预防接种和补种计划;定期杀虫、灭鼠,进行粪便无害化处理;认真贯彻执行国境检疫、交通检疫、市场检疫和屠宰检验等各项工作,以及时发现并消灭传染源;各地（省、市）兽医机构应调查研究当地疫情分布,组织相邻地区对家畜传染病的联防协作,有计划地进行消灭和控制,并防止外来疫病的侵入。

2. 发生疫病时的扑灭措施。及时发现、诊断和上报疫情并通知邻近单位做好预防工作;迅速隔离病畜,污染的地方进行紧急消毒。若发生危害性大的疫病如口蹄疫、炭疽等应采取封锁等综合性措施;以疫苗实行紧急接种,对病畜进行及时和合理的治疗;死畜和淘汰病畜的合理处理。

以上预防措施和扑灭措施不是截然分开的,而是互相联系、互相配合和互相补充的。

（二）免疫接种

免疫接种是激发动物机体产生特异性抵抗力, 使易感动物转化为不易感动物的一种手段。有组织有计划地进行免疫接种,是预防和控制畜禽传染病的重要措施之一,在某些传染病如牛瘟等病毒性疾病的防治措施中,免疫接种更具有关键性的作用。根据免疫接种进行的时机不同,可分为预防接种和紧急接种两类。

1. 预防接种。在经常发生某些传染病的地区,或有某些传染病潜在的地区,或受到邻近地区某些传染病经常威胁的地区,为了防患于未然,在平时有计划地给健康畜群进行的免疫接种,称为预防接种。预防接种通常使用疫苗、菌苗、类毒素等生物制剂作抗原激发免疫。用于人工自动免疫的生物制剂可统称为疫苗,包括用细菌、支原体、螺旋体制成的菌苗,用病毒制成的疫苗和用细菌外毒素制成的类毒素。根据所用生物制剂的品种不同,采用皮下、皮内、肌肉注射或皮肤刺种、点眼、滴鼻、喷雾、口服等不同的接种方法。接种后经一定时间(数天至3周),可获得数月至1年以上的免疫力。免疫接种时应注意以下几点:

(1)制定免疫程序时,应考虑母源抗体水平和持续时间、接种动物的年龄、畜群免疫率、本地区该病原体污染状况、传染病的发生和流行史、媒介动物出现的季节等。

(2)免疫接种前要观察畜群的健康状态,如是否有发热、下痢和其他异常行为等。

(3)妊娠母畜在产前和产后10d不准免疫接种。

(4)接种弱毒疫苗后,致弱的病毒或细菌在体内增殖,使机体抵抗力下降,可能继发或混合感染细菌或支原体,应注意观察。

(5)接种灭活苗时,应考虑因注射大量异物引起的发热和疼痛等反应以及多次注射灭活苗所引起的过敏反应。

(6)冻干疫苗一经溶解应尽快使用,剩余的疫苗要无害化处理。

(7)接种弱毒疫苗后用过的空瓶要消毒或深埋处理,以免其他动物感染发病。

免疫接种须按合理的免疫程序进行。一个地区、一个畜牧场可能发生的传染病不止一种,而可以用来预防这些传染病的疫(菌)苗的性质又不尽相同,免疫期长短不一。因此,畜牧场往往需用多种疫(菌)苗来预防不同的病,也需要根据各种疫(菌)苗的免疫特性来合理地制订预防接种的次数和间隔时间,这就是所谓的免疫程序。目前国际上还没有一个可供统一使用的疫(菌)苗免疫程序,各国都在实践中总结经验,制订出合乎本地区、本牧场具体情况的免疫程序,而且还在不断研究改进中。

2. 紧急接种。紧急接种是在发生传染病时，为了迅速控制和扑灭疫病的流行，而对疫区和受威胁区尚未发病的畜禽进行的应急性免疫接种。多年来的实践证明，在疫区内使用某些疫（菌）苗进行紧急接种是切实可行的。

在疫区应用疫苗作紧急接种时，必须对所有受到传染威胁的畜禽逐头进行详细观察和检查，仅能对正常无病的畜禽以疫苗进行紧急接种。对病畜及可能已受感染的潜伏期病畜，必须在严格消毒的情况下立即隔离，不能再接种疫苗。由于在外表正常无病的畜禽中可能混有一部分潜伏期患畜，这一部分患畜在接种疫苗后不能获得保护，反而促使它更快发病，因此在紧急接种后一段时间内畜群中发病反有增多的可能，但由于这些急性传染病的潜伏期较短，而疫苗接种后又很快就能产生抵抗力，因此发病率不久即可下降，终于能使流行很快停息。

紧急接种是在疫区及周围的受威胁区进行，受威胁区的大小视疫病的性质而定。某些流行性强大的传染病如口蹄疫等，则在疫区周围 5～10km 以上。这种紧急接种，其目的是建立"免疫带"以包围疫区，就地扑灭疫情，但这一措施必须与疫区的封锁、隔离、消毒等综合措施相配合才能取得较好的效果。

（三）药物预防

药物预防是为了预防某些疫病，在畜群的饲料饮水中加入某种安全的药物进行集体的化学预防，在一定时间内可以使受威胁的易感动物不受疫病的危害，这也是预防和控制畜禽传染病的有效措施之一。群体化学预防和治疗是防疫的一个较新途径，某些疫病在具有一定条件时采用此种方法可以收到显著的效果。所谓群体是指包括没有症状的动物在内的畜群单位。

牦牛可能发生的疫病种类很多，其中有些病目前已研制出有效的疫（菌）苗，还有不少病尚无疫（菌）苗可资利用，有些病虽有疫（菌）苗但实际应用还有问题。因此，防制这些疫病，除了加强饲养管理，搞好检疫诊断、环境卫生和消毒工作外，应用药物防治也是一项重要措施。群体防治应使用安全而价廉的化学药物，最早大规模使用的是用于牛群灭蜱和羊群灭疥的药浴，以后发展了以安全药物加入饲料和饮水中进行的群体化学预防，即所谓保健添加剂。常用于生产的有磺胺类药物、抗生素和硝基呋喃类药。上述药物中除青霉素、链霉素等抗生素供注射外，大多可混于饮水或拌入饲料进行口服，但反刍动物及马口服土霉素等抗生素时常能引起肠炎等中毒反应必须注意，在使用抗生素等药物添加预防时必须严格执行禁用、限用、休药期等相关规定。

长期使用化学药物预防，容易产生耐药性菌株，影响防治效果，因此需要经常进行药物敏感试验，选择有高度敏感性的药物用于防治。而且，长期使用抗生素等药物预防某些疾病还可能对人类健康带来严重危害，因为一旦形成耐药性菌株后，如有机会感染人类，则往往会贻误疾病的治疗。因此目前在某些国家倾向于以疫（菌）苗来防制这些疾病，而不主张采用药物预防的方法。

第三节　疫病防制的一般措施

为减少或杜绝牦牛疫病的发生和流行，应积极贯彻"预防为主"的方针。疫病的发生和流行因素较多，但主要是有传染源、传播途径和易感家畜相互联系而形成的。因此，主要采取查明和消灭传染源、切断传播途径、提高牦牛抵抗力等综合措施进行防制。

一、定期免疫接种

牛只发病与牛体自身的抵抗力密切相关，加强饲养管理或放牧，使牛只体质健壮，可提高牦牛对各种疾病的抵抗力。经常注意饲料、饮水的卫生，牛舍得防寒保暖和透光通气，牛舍、用具定期消毒，环境保持清洁卫生，人员出入牛舍、棚圈要经消毒池消毒，一般谢绝外来人员参观。

定期进行防疫注射，接种相关疫苗，可以提高牦牛对相应疫病的抵抗力。注射何种疫苗，由畜牧兽医部门依当地疫病的种类、发生季节和规律、流行情况等决定的，所以牦牛养殖户应当积极配合当地畜牧兽医部门定期进行防疫注射。

二、落实检疫监管

育肥场或牧户从外地购进（引进）牛只时，必须做好疫情的调查，了解原产地发生过何种疫病,并要征求业务部门的意见,确定安全后方可购入。购入的牛只必须经过检疫和健康检查,必要时要隔离观察,确认无病后才能进入育肥牛舍合群饲养。

根据当地的疫情或业务部门的检疫计划,每年要对牛群进行有计划的检疫,及时检查出病牛,隔离治疗或按业务部门的意见处理。确认发生疫病后,应及时向业务部门报告疫病的发生情况(病名、发生时间、数量、症状等)。迅速消毒隔离病牛,防止传染给其他健康牛只。对病牛要抓紧治疗,以消灭和控制传染病。隔离病牛的场所要较偏僻,不能靠近公路、水源等,要专人看管,严禁人、畜出入。粪便、死牛要深埋、焚烧或无害化处理。

疫病发生后,主观部门对疫源地区要进行封锁并及时采取相应的紧急措施,应严格遵守封锁的有关规定,如不得出售牛只或畜产品,不得将牛群赶到非疫区(安全区)避疫等,防止疫病向非疫区扩散。

三、定期消毒灭源

所有与病牛接触过的棚圈、用具、垫草等,均用强消毒剂消毒。垫草、粪便要焚烧或深埋,牛舍用甲醛气熏蒸。严重污染地区最好将牛舍地面、圈地或运动场上的表面土铲去 10~15cm,并彻底消毒。牛舍的用具可移到舍外在日光下暴晒3h 以上。

定期消毒棚圈、设备及用具等,每年夏季,棚圈空出后进行彻底的消毒,消灭散布在棚圈内的微生物,使环境保持清洁,预防疾病的发生,以保证牛群的安全。常用的化学消毒剂有生石灰,加水配成 10%~20%的混悬液,消毒牛舍、棚圈、地面和墙体。烧碱(氢氧化钠、苛性钠)一般配成 1%~2%热水溶液消毒棚圈、地面和用具。福尔马林(40%的甲醛溶液)与高锰酸钾溶液混合熏蒸消毒。

第九章　牦牛传染病防控

第一节　大肠杆菌病

（1）**病原**　在引起人畜肠道疾病的血清型中，有肠致病性大肠杆菌（简称 EPEC）、肠产毒素性大肠杆菌（简称 ETEC）、肠侵袭性大肠杆菌（简称 EIEC）、肠出血性大肠杆菌（简称 EHEC）。EHEC 是近年来新发现的一种大肠杆菌，其主型为 O157：H7。这种病原菌产生志贺氏毒素样细胞毒素，主要引起人出血性便，属于人畜共患传染病。

（2）**流行病学**　幼龄畜禽对本病最易感，在牛生后 10d 以内多发。

病畜（禽）和带菌者是本病的主要传染源，通过粪便排出病菌，散布于外界，污染水源、饲料，以及母畜的乳头和皮肤。经消化道而感染。此外，牛也可经子宫内或脐带感染。人主要通过污染的水源、食品、牛乳、饮料及用具等经消化道感染。

本病一年四季均可发生，但犊牛多发于冬春舍饲时期。牛发病时呈地方流行性或散发性。

（3）**症状与病变**　犊牛潜伏期很短，仅几个小时。根据症状和病理发生可分为 3 型。

①败血型：病犊表现发热，精神不振，间有腹泻，常于症状出现后数小时至 1d 内急性死亡。有时病犊未见腹泻即归于死亡。从血液和内脏易于分离到致病性血清型的大肠杆菌。

②肠毒血型：较少见，常突然死亡。如病程稍长，则可见到典型的中毒性神经症状，先是不安、兴奋，后来沉郁、昏迷，以至于死。死前多有腹泻症状。由于特异血清型的大肠杆菌增殖产生肠毒素吸收后引起，没有菌血症。

③肠型：病初体温升高达 40℃，数小时后开始下痢，体温降至正常。粪便初如粥样、黄色，后呈水样、灰白色，混有未消化的凝乳块、凝血及泡沫，有酸败气味。病的末期，患畜肛门失禁，常有腹痛，用蹄踢腹壁。病程长的，可出现肺炎及关节炎症状。如及时治疗，一般可以治愈。不死的病犊，恢复很慢，发育迟滞，并常发生脐炎、关节炎或肺炎。

败血症或肠毒血症死亡的病犊，常无明显的病理变化。腹泻的病犊，真胃有大量的凝乳块，黏膜充血、水肿，覆有胶状黏液，皱褶部有出血。肠内容物常混有血液和气泡，恶臭。小肠黏膜充血，在皱褶基部有出血，部分黏膜上皮脱落。直肠也可见有同样变化。肠系膜淋巴结肿大。肝脏和肾脏苍白，有时有出血点，胆囊内充满黏稠暗绿色胆汁。心内膜有出血点。病程长的病例在关节和肺也有病变。

（4）**诊断**　根据流行病学、临床症状和病理变化可做出初步诊断。确诊需进行细菌学检查。菌检的取材部位，败血型为血液、内脏组织，肠毒血症为小肠前部黏膜，肠型为发炎的肠黏膜。对分离出的大肠杆菌应进行生化反应和血清学鉴定，然后再根据需要，做进一步的检验。

近年来，DNA 探针技术和聚合酶链反应（PCR）技术已被用来进行大肠杆菌的鉴定。这两种方法被认为是目前最特异、敏感和快速的检测方法。

本病应与犊牛副伤寒相区别。

（5）**防制**　可使用经药敏试验对分离的大肠杆菌血清型有抑制作用的抗生素和磺胺类药物，并辅以收敛止泻、助消化以及缓泻和强心、利尿、补液等对症治疗。近年来，使用活菌制剂，如促菌生、调痢生等治疗畜禽下痢，有良好功效。犊牛患病时，可用重新水合技术以调整胃肠机能，其配方为：葡萄糖 67.53%，氯化钠 14.34%，甘氨酸 10.3%，枸橼酸 0.81%，枸橼酸钾 0.21%，磷酸二氢钾 6.8%，称上述制剂 64g，加水 2000mL，即成等渗溶液，喂药前停乳 2d，每天喂 2 次，每次 1000mL。

控制本病重在预防。怀孕母畜应加强产前产后的饲养和护理，仔畜应及时吮吸初乳，饲料配比适当，勿使饥饿或过饱，断乳期饲料不要突然改变。对密闭关养的牛群,尤其要防止各种应激因素的不良影响。用针对本地(场)流行的大肠杆菌血清型制备的多价活苗或灭活苗接种妊娠母畜,可使犊牛获得被动免疫。近年来使用一些对病原性大肠杆菌有竞争抑制基因工程苗,取得了一定的预防效果。

第二节　巴氏杆菌病

巴氏杆菌病是主要由多杀性巴氏杆菌所引起的,发生于各种家畜、家禽、野生动物和人类的一种传染病的总称。动物急性病例以败血症和炎性出血过程为主要特征,人的病例罕见,且多呈伤口感染。

(1)病原　多杀性巴氏杆菌是两端钝圆,中央微凸的短杆菌,革兰氏染色阴性,病料组织或体液涂片用瑞氏、姬姆萨氏法或美蓝染色镜检,见菌体多呈卵圆形,两端着色深,中央部分着色较浅,很像并列的两个球菌,所以又叫两极杆菌。用培养物所作的涂片,两极着色则不那么明显。用墨汁等染料染色时,可看到清晰的荚膜。

本菌存在于病畜全身各组织、体液、分泌物及排泄物里,只有少数慢性病例仅存在于肺脏的小病灶里。健康家畜的上呼吸道也可能带菌。

本菌对物理和化学因素的抵抗力比较低。普通消毒药常用浓度都有良好的消毒力,但克辽林杀菌力很差。

(2)流行病学　多杀性巴氏杆菌对多种动物(家畜、野兽、禽类)和人均有致病性。家畜中以牛(黄牛、牦牛、水牛)、猪发病较多;绵羊也易感,鹿、骆驼和马亦可发病,但较少见;家禽和兔也易感染。溶血性巴氏杆菌多引起牛肺炎。

当牦牛发生巴氏杆菌病时,往往查不出传染源。一般认为家畜在发病前已经带菌。当家畜饲养在不卫生的环境中,由于一些外因的诱导,而使其抵抗力降低时,病菌即可乘机侵入体内,经淋巴液而入血流,发生内源性传染。病畜由其排泄物、分泌物不断排出有毒力的病菌,污染饲料、饮水、用具和外界环境,经消化道而传染给健康家畜,或由咳嗽、喷嚏排出病菌,通过飞沫经呼吸道而传染。

本病的发生一般无明显的季节性,但以冷热交替、气候剧变、闷热、潮湿、多雨的时期发生较多。本病一般为散发性。

(3)症状 又名牛出血性败血病。潜伏期2~5d。症状可分为败血型、浮肿型和肺炎型。

①败血型:病初发高烧,可达41℃~42℃,稍经时日,患牛表现腹痛,开始下痢,粪便初为粥状,后呈液状,其中混有黏液、黏膜片及血液,具有恶臭,有时鼻孔内和尿中有血。拉稀开始后,体温随之下降,迅速死亡。病期多为12~24h。

②浮肿型:除呈现全身症状外,在颈部、咽喉部及胸前的皮下结缔组织,出现迅速扩展的炎性水肿,同时伴发舌及周围组织的高度肿胀,舌伸出齿外,呈暗红色,患畜呼吸高度困难,皮肤和黏膜普遍发绀。也有下痢或某一肢体发生肿胀者。往往因窒息而死,病期多为12~36h。

③肺炎型:主要呈纤维素性胸膜肺炎症状。病期较长的一般可到3d或1周左右。

④浮肿型及肺炎型:是在败血型的基础上发展起来的。本病的病死率可达80%以上。痊愈牛可产生坚强免疫力。

(4)病变 因败血型而死亡的,呈一般败血症变化。内脏器官出血,在黏膜、浆膜以及肺、舌、皮下组织和肌肉,都有出血点。脾脏无变化,或有小出血点。肝脏和肾脏实质变性。淋巴结显著水肿。胸腹腔内有大量渗出液。

浮肿型者,主要表现为咽喉部急性炎性水肿,病牛尸检可见咽喉部、下颌间、颈部与胸前皮下发生明显的凹陷性水肿,手按时出现明显压痕;有时舌体肿大并伸出口腔。切开水肿部会流出微混浊的淡黄色液体。上呼吸道黏膜呈急性卡他性炎;胃肠呈急性卡他性或出血性炎;下颌、咽背与纵隔淋巴结呈急性浆液出血性炎。

肺炎型者,主要表现胸膜炎和格鲁布肺炎。胸腔中有大量浆液性纤维素性渗出液。整个肺有不同肝变期的变化,小叶间淋巴管增大变宽,肺切面呈大理石状。有些病例由于病程发展迅速,在较多的小叶里能同时发生相同阶段的变化;肺泡里有大量红细胞,使肺病变呈弥漫性出血景象。病程进一步发展,可出现坏死灶,呈污灰色或暗褐色,通常无光泽。有时有纤维素性心包炎和腹膜炎,心包与胸膜粘连,内含有干酪样坏死物。

（5）**诊断**　根据流行病学材料、临诊症状和剖检变化,结合对病畜的治疗效果,可对本病做出诊断,确诊有赖于细菌学检查。败血症病例可从心、肝、脾或体腔渗出物等,其他病型主要从病变部位、渗出物、脓汁等取材,如涂片镜检见到两极染色的卵圆形杆菌,接种培养基分离到该菌,可以得到正确诊断,必要时可用小鼠进行实验感染。

本病的败血型与浮肿型应与炭疽、气肿疽和恶性水肿相区别,而肺炎型则应与牛肺疫区别。

（6）**防制**　根据本病传播的特点,防制方针首先应增强畜禽机体的抗病力。平时应注意饲养管理,消除可能降低机体抗病力的因素,定期消毒。每年定期进行预防接种。中国牛多杀性巴氏杆菌灭活疫苗(牛出败疫苗),按体重 100kg 以下的牛,皮下或肌肉注射 4mL,100kg 以上的牛注射 6mL,免疫期为 9 个月,在运输前可注射血清或牛出败氢氧化铝菌苗以作预防。由于多杀性巴氏杆菌有多种血清群,各血清群之间不能产生完全的交叉保护,因此,应针对当地常见的血清群选用来自同一畜(禽)种的相同血清群菌株制成的疫苗进行预防接种。

发生本病时,应将病畜隔离,严密消毒,发病畜群还应实行封锁。同群的假定健康畜,可用高免血清进行紧急预防注射,隔离观察 1 周后,如无新病例出现,再注射疫苗。如无高免血清,也可用疫苗进行紧急预防接种,但应做好潜伏期病畜发病的紧急抢救准备。

病畜发病初期可用高免血清治疗,效果良好。青霉素、链霉素、四环素族抗生素或磺胺类药物也有一定疗效。如将抗生素和高免血清联用,则疗效更佳。大群治疗时,可将四环素族抗生素混在饮水或饲料中,连用 3 ~ 4d。

第三节　沙门氏菌病

沙门氏菌病,又名副伤寒,是各种动物由沙门氏菌属细菌引起的疾病总称。临诊上多表现为败血症和肠炎,也可使怀孕母畜发生流产。

(1)**病原** 沙门氏菌属是属血清学相关的革兰氏阴性杆菌。

沙门氏菌属已有 2500 种以上的血清型，除了不到 10 个罕见的血清型属于邦戈尔沙门氏菌外，其余血清型都属于肠道沙门氏菌。沙门氏菌的血清型虽然很多，但常见的危害人畜的非宿主适应血清型只有 20 多种，加上宿主适应血清型，也不过仅 30 多种。

本属细菌对干燥、腐败、日光等因素具有一定的抵抗力，在外界条件下可以生存数周或数月。对于化学消毒剂的抵抗力不强，一般常用消毒剂和消毒方法均能达到消毒目的。

(2)**流行病学** 沙门氏菌属中的许多类型对人、家畜和家禽以及其他动物均有致病性。各种年龄畜禽均可感染，但幼年畜禽较成年者易感。在牛，以出生 30~40d 以后的犊牛最易感。

病畜和带菌者是本病的主要传染源。它们可由粪便、尿、乳汁以及流产的胎儿、胎衣和羊水排出病菌，污染水源和饲料等，经消化道感染健畜。病畜与健畜交配或用病公畜的精液人工授精可发生感染。此外，子宫内感染也有可能。有人认为鼠类可传播本病。人类感染本病，一般是由于与感染的动物及动物性食品的直接或间接接触，人类带菌者也可成为传染源。病菌可潜藏于消化道、淋巴组织和胆囊内。当外界不良因素使动物抵抗力降低时，病菌可变为活动化而发生内源感染，病菌连续通过若干易感家畜，毒力增强而扩大传染。

本病一年四季均可发生。成年牛多于夏季放牧时发生。

本病在畜群内发生后，一般呈散发性或地方流行性。有些动物还可表现为流行性。成年牛发病呈散发性，一个牛群仅有 1~2 头发病，第 1 个病例出现后，往往相隔 2~3 周再出现第 2 个病例；但犊牛发病后传播迅速，往往呈流行性。

(3)**症状** 在成年牛，此病常以高热(40℃~41℃)、昏迷、食欲废绝、脉搏频数、呼吸困难开始，体力迅速衰竭。大多数病牛于发病后 12~24h,粪便中带有血块，不久即变为下痢。粪便恶臭，含有纤维素絮片，间杂有黏膜。下痢开始后体温降至正常或较正常略高。病牛可于发病 24h 内死亡，多数则于 1~5d 内死亡。病期延长者可见迅速脱水和消瘦，眼窝下陷，黏膜(尤其是眼结膜)充血和发黄。病牛腹痛剧烈，常用后肢蹬踢腹部。怀孕母牛多数发生流产，从流产胎儿中可发现病原菌。某些病例可能恢复。成年牛有时可取顿挫型经过，病牛发热、食欲消失、精神委顿,产奶量下降,但经过 24h 后,这些症状即可减退。还有些牛感染后取隐性经过,仅从粪中排菌,但数天后即停止排菌。

在犊牛,如牛群内存在带菌母牛,则可于生后,48h 内即表现拒食、卧地、迅速衰竭等症状,常于 3~5d 内死亡。尸体剖检无特殊变化,但从血液和内脏器官中可分出沙门氏菌。多数犊牛常于 10~14 日龄以后发病,病初体温升高(40℃~41℃),24h 后排出灰黄色液状粪便,混有黏液和血丝,一般于病状出现后 5~7d 内死亡,病死率有时可达 50%,有时多数病犊可以恢复,恢复后体内一般很少带菌。病期延长时,腕和跗关节可能肿大,有的还有支气管炎和肺炎症状。

(4)病变 成年牛的病变主要呈急性出血性肠炎。剖检时,肠黏膜潮红,常杂有出血,大肠黏膜脱落,有局限性坏死区。肠系膜淋巴结呈不同程度的水肿、出血。肝脂肪性变或灶性坏死。胆囊壁有时增厚,胆汁混浊,黄褐色。肺可有肺炎区,特别是在病程延长的病例。脾常充血、肿大。

犊牛的病变,急性病例在心壁、腹膜以及腺胃、小肠和膀胱黏膜有小点出血。脾充血肿胀。肠系膜淋巴结水肿,有时出血。在病程较长的病例,肝脏色泽变淡,胆汁常变稠而混浊。肺常有肺炎区。肝、脾和肾有时发现坏死灶。关节损害时,腱鞘和关节腔含有胶样液体。

(5)诊断 根据流行病学、临诊症状和病理变化,只能做出初步诊断,确诊需从病畜的血液、内脏器官、粪便,或流产胎儿胃内容物、肝、脾取材,做沙门氏菌的分离和鉴定。近年来,单克隆抗体技术和酶联免疫吸附试验(ELISA)已用来进行本病的快速诊断。

感染沙门氏菌后的隐性带菌和慢性无症状经过较为多见,检出这部分患畜,是防制本病的重要一环。

致病因素:草原、水源污染,潮湿,内寄生虫和病毒感染,牛只乏弱,母牛缺奶,以及天气寒热突变,连日雨雪而易感染发病,新引进牛未实行隔离检疫等。

(6)防制 关于菌苗免疫,目前国内已研制出牛的副伤寒菌苗,必要时可选择使用。根据不少地方的经验,应用自本场(群)或当地分离的菌株,制成单价灭活苗,常能收到良好的预防效果。

本病的治疗,可选用经药敏试验有效的抗生素,并辅以对症治疗。呋喃类(如呋喃唑酮)和磺胺类(磺胺嘧啶和磺胺二甲基嘧啶)药物也有疗效,可根据具体情况选择使用。为了防止本病从畜传染给人,病畜禽应严格执行无害化处理,加强屠宰检验。

人食物中毒的治疗一般为口服氯霉素,樟脑酊,或氢化可的松,脱水严重者静脉滴注葡萄糖盐水。大多数患者可于数天内恢复健康。

第四节　布鲁氏菌病

布鲁氏菌引起的一种慢性人畜共患传染病,简称"布病"。能引起生殖器官、胎膜及多种组织发炎、坏死,以流产、不育、睾丸炎为主要特征。

(1)**病原**　布鲁氏菌属有 6 个种,即马耳他布鲁氏菌、流产布鲁氏菌、猪布鲁氏菌、林鼠布鲁氏菌、绵羊布鲁氏菌和狗布鲁氏菌。习惯上称马耳他布鲁氏菌为羊布鲁氏菌,流产布鲁氏菌为牛布鲁氏菌。各个种与生物型菌株之间,形态及染色特性等方面无明显差别。

布鲁氏菌的抵抗力和其他不能产生芽孢的细菌相似。例如, 巴氏灭菌法 10～15min 杀死,0.1%升汞数分钟,1%来苏儿或 2%福尔马林或 5%生石灰乳 15min,而直射日光需要 0.5～4h。在布片上室温干燥 5d,在干燥土壤内 37d 死亡,在冷暗处,在胎儿体内可活 6 个月。

(2)**流行病学**　本病的易感动物范围很广,如羊、牛、猪、水牛、野牛、牦牛、羚羊、鹿、骆驼、野猪、马、狗、猫、狐、狼、野兔、猴、鸡、鸭以及一些啮齿动物等,但主要是羊、牛、猪。

流产布鲁氏菌主要宿主是牛,而羊、猴、豚鼠有一定易感性,马耳他布鲁氏菌,主要宿主是山羊和绵羊,可以由羊传入牛群,也可由牛传播于人,而其他动物对它的易感性则与流产布鲁氏菌相同。猪布鲁氏菌主要宿主是猪,而对其他动物也同于流产布鲁氏菌。绵羊布鲁氏菌主要引起公绵羊附睾炎,也可侵犯孕母绵羊导致胎盘坏死,而对未孕母绵羊则常是一过性。狗是狗布鲁氏菌的主要宿主,牛、羊、猪对狗布鲁氏菌的感受性低。林鼠布鲁氏菌对小鼠的病原性比对豚鼠强。

本病的传染源是病畜及带菌者(包括野生动物)。最危险的是受感染的妊娠母畜,它们在流产或分娩时将大量布鲁氏菌随着胎儿、胎水和胎衣排出。流产后的阴道分泌物以及乳汁中都含有布鲁氏菌。布鲁氏菌感染的睾丸炎精囊中也有布鲁氏菌存在,这种情况在公猪显得更为重要。

本病的主要传播途径是消化道,但经皮肤感染也有一定重要性,曾有实验证明,通过无创伤的皮肤,使牛感染成功,如果皮肤有创伤,则更易为病原菌侵入。其他如通过结膜、交媾,也可感染。吸血昆虫可以传播本病。实验证明,布鲁氏菌在蜱体内存活时间较长,且保持对哺乳动物的致病力,通过蜱的叮咬,可以传播此病。

动物的易感性似是随性成熟年龄接近而增高,如犊牛在配种年龄前比较不易感染。疫区内大多数处女牛在第一胎流产后则多不再流产,但也有连续几胎流产者。性别对易感性并无显著差别,但公牛似有一些抵抗力。

人的传染源主要是患病动物,一般不由人传染于人。在中国,人布鲁氏菌病最多的地区是羊布鲁氏菌病严重流行的地区,从人体分离的布鲁氏菌大多数是羊布鲁氏菌。一般牧区人的感染率要高于农区。患者有明显的职业特征。

(3)症状 潜伏期2周至6个月。母牛最显著的症状是流产。实验感染虽见有弛张热,但在自然感染时临诊上常被忽略。流产可以发生在妊娠的任何时期,最常发生在第6个月至第8个月,已经流产过的母牛如果再流产,一般比第1次流产时间要迟。流产时除在数日前表现分娩预兆象征,如阴唇乳房肿大,荐部与胁部下陷,以及乳汁呈初乳性质等外,还有生殖道的发炎症状,即阴道黏膜发生粟粒大红色结节,由阴道流出灰白色或灰色黏性分泌液。流产时,胎水多清朗,但有时混浊含有脓样絮片。常见胎衣滞留,特别是妊娠晚期流产者。流产后常继续排出污灰色或棕红色分泌液,有时恶臭,分泌液迟至1、2周后消失。早期流产的胎儿,通常在产前已经死亡。发育比较完全的胎儿,产出时可能存活但衰弱,不久死亡。公牛有时可见阴茎潮红肿胀,更常见的是睾丸炎及附睾炎。急性病例则睾丸肿胀疼痛。还可能有中度发热与食欲不振,以后疼痛逐渐减退,约3周后,通常只见睾丸和附睾肿大,触之坚硬。临诊上常见的症状还有关节炎,甚至可以见于未曾流产的牛只,关节肿胀疼痛,有时持续躺卧。通常是个别关节患病,最常见于膝关节和腕关节。腱鞘炎比较少见,滑液囊炎特别是膝滑液囊炎则较常见。有时有乳房炎的轻微症状。

如流产胎衣不滞留,则病牛迅速康复,又能受孕,但以后可能再度流产。如胎衣未能及时排出,则可能发生慢性子宫炎,引起长期不育。但大多数流产牛经2个月后可以再次受孕。

在新感染的牛群中,大多数母牛都将流产1次。如在牛群中不断加入新牛,则疫情可能长期持续,如果牛群不更新,由于流产过1~2次的母牛可以正产,疫情似是静止,再加以饲养管理得到改善,病牛也可能有半数自愈。但这种牛群绝非健康牛群,一旦新易感牛只增多,还可引起大批流产。

(4)**病变**　胎衣呈黄色胶冻样浸润,有些部位覆有纤维蛋白絮片和脓液,有的增厚而杂有出血点。绒毛叶部分或全部贫血呈苍黄色,或覆有灰色或黄绿色纤维蛋白或脓液絮片或覆有脂肪状渗出物。胎儿胃特别是第四胃中有淡黄色或白色黏液絮状物,肠胃和膀胱的浆膜下可能见有点状或线状出血。浆膜腔有微红色液体,腔壁上可能覆有纤维蛋白凝块。皮下呈出血性浆液性浸润。淋巴结、脾脏和肝脏有程度不等的肿胀,有的散有炎性坏死灶。脐带常呈浆液性浸润、肥厚。胎儿和新生犊可能见有肺炎病灶。公牛生殖器官精囊内可能有出血点和坏死灶,睾丸和附睾可能有炎性坏死灶和化脓灶。

(5)**诊断**　流行病学资料,流产,胎儿胎衣的病理损害,胎衣滞留以及不育等都有助于布鲁氏菌病的诊断,但确诊只有通过实验诊断才能得出结果。

布鲁氏菌病实验诊断,除流产材料的细菌学检查外,牛主要是血清凝集试验及补体结合试验。对无病乳牛群可用乳环状试验作为一种监视性试验。近年来,不少新的方法被用来检验本病,其中包括间接血凝试验、抗球蛋白(Coombs)试验、酶联免疫吸附试验(ELISA)、荧光抗体法、DNA探针以及聚合酶链反应(PCR)等。

布鲁氏菌病的明显的症状是流产,须与发生相同症状的疾病鉴别,如弯曲菌病、胎毛滴虫病、钩端螺旋体病、乙型脑炎、衣原体病、沙门氏菌病以及弓形体病等等都可能发生流产,鉴别的主要关键是病原体的检出及特异抗体的证明。

(6)**防制**　应当着重体现"预防为主"的原则。最好办法是自繁自养,必须引进种畜或补充畜群时,要严格执行检疫。即将牲畜隔离饲养两个月,同时进行布鲁氏菌病的检查,全群两次免疫生物学检查阴性者,才可以与原有牲畜接触。清净的畜群,还应定期检疫(至少1年1次),一经发现,即应淘汰。

畜群中如果发现流产,除隔离流产畜和消毒环境及流产胎儿、胎衣外,应尽快做出诊断。均应采取措施,将其消灭。消灭布鲁氏菌病的措施是检疫、隔离、控制传染源、切断传播途径、培养健康畜群及主动免疫接种。

通过免疫生物学检查方法在畜群中反复进行检查淘汰(屠宰),可以清净畜群。也可将查出的阳性畜隔离饲养,继续利用,阴性者作为假定健康畜继续观察检疫,经 1 年以上无阳性者出现(初期 1 个月检查 1 次,2~3 次后,可 6 个月检查 1 次),且已正常分娩,即可认为是无病牛群。

培养健康畜群由幼畜着手,成功机会较多。由犊牛培育健康牛群,已有很多成功经验。这种工作还可以与培养无结核病牛群结合进行。即病牛所产犊牛立刻隔离,用母牛初乳人工饲喂 5~10d,以后喂以健康牛乳或巴氏灭菌乳。在第 5 个月及第 9 个月各进行 1 次免疫生物学检查,全部阴性时即可认为健康犊牛。

疫苗接种是控制本病的有效措施。已经证实,布鲁氏菌病的免疫机理是细胞免疫。在保护宿主抵抗流产布鲁氏菌的细胞免疫作用是,特异的 T 细胞与流产布鲁氏菌抗原反应,产生淋巴因子,此淋巴因子提高巨噬细胞活性战胜其细胞内细菌。因而在没有严格隔离条件的畜群,可以接种疫苗以预防本病的传入;也可以用疫苗接种作为控制本病的方法之一。

目前国际上多采用活疫苗,如牛流产布鲁氏菌 19 号苗,也有使用灭活苗的,如牛流产布鲁氏菌 45/20 苗。在中国,主要使用猪布鲁氏菌 2 号弱毒活苗、马耳他布鲁氏菌 5 号弱毒活苗和牛型 19 号弱毒活菌苗(S19 株)。猪 2 号苗(S2 株)对山羊、绵羊、猪和牛都有较好的免疫效力,可供预防牛布鲁氏菌病之用。猪 2 号苗的毒力稳定,使用安全,免疫力好,在生产上使用已经收到良好效果。马耳他布鲁氏菌 5 号弱毒活苗(简称 M5 苗)是在中国选育的一种布鲁氏菌苗,可用于绵羊、山羊、牛和鹿的免疫。布病的免疫接种以及检疫净化等必须严格遵守当地有关布病防控要求,切记私自进行活苗注射。

应当指出的是,上述弱毒活苗,仍有一定的剩余毒力,因此,在使用中应做好工作人员的自身保护。在消灭布鲁氏菌病过程中,要做好消毒工作,以切断传播途径。疫区的生皮、毛等畜产品及饲草饲料等也应进行消毒或放置 2 个月以上才得利用。

布鲁氏菌是兼性细胞内寄生菌,致使化疗药剂不易生效。因此对病畜一般不做治疗,应淘汰屠宰。

　　人类布鲁氏菌病的预防,首先要注意职业性感染,凡在动物养殖场、屠宰场、畜产品加工厂的工作者以及兽医、实验室工作人员等,必须严守防护制度(即穿着防护服装,做好消毒工作),尤其在仔畜大批生产季节,更要特别注意。病畜乳肉食品必须灭菌后食用。必要时可用疫苗皮上划痕接种,接种前应行变态反应试验,阴性反应者才能接种。

第五节　弯曲菌病

　　弯曲菌病原名弧菌病,是各种动物(特别是牛、羊、鸡)都能罹患的传染病,病原为弯曲菌属中的有关致病菌,依致病菌在分类上的种或亚种不同,而表现为不同的临诊症状,如不育、流产或腹泻等。

　　(1)**病原**　在弯曲菌属细菌中,引起动物和人类疾病的主要是胎儿弯曲菌和空肠弯曲菌两个种,前者又分为两个亚种:即胎儿弯曲菌胎儿亚种和胎儿弯曲菌性病亚种。

　　弯曲菌为革兰氏阴性的细长弯曲杆菌,呈撇形、S形和鸥形。在老龄培养物中呈螺旋状长丝或圆球形,运动力活泼。

　　弯曲菌对干燥、阳光和一般消毒药敏感,58℃加热5min即死亡。在干草、厩肥和土壤中,于20℃~27℃可存活10d,于6℃可存活20d。在冷冻精液(−79℃)内仍可存活。

　　(2)**流行病学**　胎儿弯曲菌胎儿亚种对人和动物均有感染性,可引起绵羊地方流行性流产、牛散发性流产和人的发热;存在于流产胎盘及胎儿胃内容物,感染的人、畜血液、肠内容物及胆汁之中,并能在人、畜肠道和胆囊里生长繁殖,其感染途径是消化道。胎儿弯曲杆菌性病亚种引起牛的不育和流产,存在于生殖道、流产胎盘及胎儿组织中,不能在肠道内繁殖,其感染途径是交配或人工授精,迄今未见有人感染的报道。空肠弯曲菌致绵羊流产、牛"冬痢"、人发热和肠炎,以及其他动物和禽类腹泻,存在于流产绵羊的胎盘、胎儿胃内容物、患肠炎的人畜血液和粪便。

患病动物和带菌者是传染源。母牛通过交配感染胎儿弯曲菌后1周,即可从子宫颈—阴道黏液中分离到病菌,感染后3~4周,菌数最多。多数感染牛群经过3~6月后,母牛有自愈趋势,细菌阳性培养数减少,公牛与有病母牛交配后,可将病菌传给其他母牛达数月之久,母羊感染胎儿弯曲菌发生流产后,可迅速康复而不成为带菌者,但也有人指出,病母羊在流产时或流产后,病菌可局限于胆囊而成为带菌者,这种带菌羊可成为健康羊群的传染源。

动物感染空肠弯曲菌后,可随粪便排菌,也可通过牛乳和其他分泌物排出,污染饮水、食物或饲料。猪、禽在宰杀和加工过程中肉被污染,如未充分煮熟即供食用,常易引起病的暴发。在国外由于饮用未经巴氏消毒的牛奶而引起疾病暴发的报道屡见不鲜。本菌在鸡和猪肠道中的无症状带菌率相当高,特别是鸡,可达50%~90%,对人和其他动物构成威胁,已成为本病流行病学的一个重要问题。

一、弯曲菌性流产

(一)症状

公牛一般没有明显的临诊症状,精液也正常,至多在包皮黏膜上发生暂时性潮红,但精液和包皮可带菌。母牛在交配感染后,病菌一般在10~14d侵入子宫和输卵管中,并在其中繁殖,引起发炎。病初阴道呈卡他性炎,黏膜发红,特别是子宫颈部分,黏液分泌增加,有时可持续3~4个月。黏液常清澈,偶尔稍混浊。同时还有子宫内膜炎,但临诊上不易确诊。母牛生殖道病变的后果是胚胎早期死亡并被吸收,从而不断虚情,不少牛发情周期不规则和特别延长(30~63d)。如每次发情都使之交配,不孕的持续时间因牛只而异,有的牛于感染后第2个发情期即可受孕,有的牛即使经过8~12个月仍不受孕,但大多数(约占75%)母牛于感染后6个月可以受孕。

有些怀孕母牛的胎儿死亡较迟,则发生流产。流产多发生于怀孕的第5~6个月。流产率约5%~20%。早期流产,胎膜常随之排出,如发生于怀孕的第五个月以后,往往有胎衣滞留现象。胎盘的病理变化最常为水肿,胎儿的病变与在布鲁氏菌病所见者相似。

牛经第一次感染获得痊愈后,对再感染一般具有抵抗力,即使与带菌公牛交配,仍能受孕。大多数流产母牛迅速复愈,但也有因死亡胎儿在子宫内滞留,发生子宫炎和腹膜炎而死亡的情况。

(二)诊断

暂时性不育、发情期延长以及流产,是本病的主要临诊症状,但其他生殖道疾病也有类似的情况,因此,确诊有赖于实验室检查。

母牛流产后,以流产胎膜制成绒毛叶涂片染色镜检,若见有形态像胎儿弯曲菌的细菌,可作为初步诊断的依据。确诊需进行性病亚种的分离鉴定。取流产胎儿的新鲜材料,特别是真胃内容物,接种于鲜血琼脂上,在微需氧环境($10\%CO_2$、$5\%O_2$、$85\%H_2$)中于37℃培养2~10d(也可用烛缸进行培养,但效果较差),如有疑似细菌生长,即可作进一步的分离鉴定。也可采取公牛的精液、包皮材料,或母牛子宫颈阴道黏膜作如上培养。在分离鉴定中,应注意与非致病性弯曲菌怕口痰弯曲菌牛亚种相区别,因它可能从牛精液、阴道黏液中分得。

采取流产牛血清或子宫颈阴道黏液,以试管凝集反应检查其中抗体,有助于本病诊断。做阴道黏液凝集反应时,若黏液无血液混杂,则凝集价达1:25者,即可判为阳性。据报道荧光抗体技术已用于本病的诊断,特别是用它来筛选公牛的包皮材料最有价值。

近年来,国内研究用聚合酶链反应(PCR)检测牛胎儿弯曲菌,证明此法特异性强,敏感性好。

(三)防制

由于牛弯曲菌性流产主要是交配传染,因此,淘汰有病种公牛,选用健康种公牛进行配种或人工授精,是控制本病的重要措施。

牛群暴发本病时,应暂停配种3个月,同时用抗生素治疗病牛,一般认为局部治疗较全身治疗有效。流产母牛,特别是胎膜滞留的病例,可按子宫炎常规进行处理,向子宫内投入链霉素和四环素族抗生素,连续用5d。对病公牛,首先施行硬脊膜轻度麻醉,将阴茎拉出,用含多种抗生素的软膏或锥黄素软膏涂擦于阴茎上和包皮的黏膜上。也可以用链霉素溶于水中冲洗包皮,连续3~5d公牛精液也可用抗生素处理,但由于许多因素的影响,常不能获得100%的功效。

二、弯曲菌性腹泻

(一)症状

牛感染空肠弯曲菌后发生的腹泻,又称"冬痢"。本病发生于秋冬季节的舍饲牛,大小牛均可发病,呈地方流行性。潜伏期 3d,病牛排出恶臭水样棕色稀粪,其中常带有血液。体温、脉搏、呼吸正常。食欲一般正常,小肠蠕动亢进,乳产量下降 50%~95%。病常突然而来,一夜之间可使牛群中 20% 的牛只发生腹泻,2~3d 内 80% 的牛显示同一症状。约有 5%~10% 的病牛病情严重,表现精神委顿,食欲不振,背弓起、毛逆立、寒战,虚弱,不能站立。病程 2~3d。如治疗及时,很少发生死亡。患牛还可出现乳房炎,并从乳中排出病菌。

(二)诊断

根据流行病史和临诊表现仅可怀疑为本病,确诊需进行空肠弯曲菌的分离鉴定。

血清学试验方法有试管凝集试验、间接血凝试验、补体结合试验、免疫荧光抗体技术、酶联免疫吸附试验等。据报道,基因探针技术已用于本菌的检测,其灵敏度可检出 4~8ng 样品 DNA。

(三)防制

本病的传播途径是经消化道感染,因此防制本病应避免摄食被病菌污染的草料和饮水。病畜要隔离治疗,其粪便和垫草、垫料要及时清除,圈舍、禽笼和用具要彻底消毒,并空置 1 周以上。

治疗可选用四环素族抗生素、链霉素或氯霉素。呋喃唑酮也有疗效。病牛应同时进行对症治疗,口服肠道防腐、收敛药物。

第六节　结核病

结核病是由结核分枝杆菌引起的一种人畜共患的慢性传染病,其病理特征是在多种组织器官形成结核性肉芽肿(结核结节),继而结节中心干酪样坏死或钙化。

（1）**病原**　本病的病原是分枝杆菌属的 3 个种,即结核分枝杆菌、牛分枝杆菌和禽分枝杆菌。

在自然环境中生存力较强,对干燥和湿冷的抵抗力很强。但对热的抵抗力差,在 60℃加热 30min 即可死亡。在直射阳光下经数小时死亡。常用消毒药经 4h 可将其杀死。本菌链霉素、异烟肼、对氨基水杨酸和环丝氨酸等敏感。

（2）**流行病学**　本病可侵害人和多种动物。家畜中牛最易感,特别是奶牛,其次为黄牛、牦牛、水牛,猪和家禽易感性也较强。

病人和患病畜禽,其痰液、粪尿、乳汁和生殖道分泌物中都可带菌,污染饲料、食物、饮水、空气和环境而散播传染。本病主要经呼吸道、消化道感染。饲养管理不当与本病的传播有密切关系,畜舍通风不良、拥挤、潮湿、阳光不足、缺乏运动,最易患病。

（3）**症状**　潜伏期长短不一,短者十几天,长者数月甚至数年。

牛结核病主要由牛分枝杆菌引起。结核分枝杆菌和禽分枝杆菌对牛毒力较弱,多引起局限性病灶且缺乏肉眼变化,即所谓的“无病灶反应牛”,通常这种牛很少能成为传染源。

牛常发生肺结核,病初食欲、反刍无变化,但易疲劳,常发短而干的咳嗽,尤其当起立运动,吸入冷空气或尘埃的空气时易发咳嗽,随后咳嗽加重,频繁且表现痛苦。呼吸次数增多或发生气喘。病畜日渐消瘦、贫血,有的牛体表淋巴结肿大,常见于肩前、股前、腹股沟、下颌、咽及颈淋巴结等。当纵膈淋巴结受侵害肿大压迫食道,则有慢性臌气症状。病势恶化可发生全身性结核,即粟粒性结核。胸膜腹膜发生结核病灶即所谓的“珍珠病”,胸部听诊可听到摩擦音。多数病牛乳房常被感染侵害,见乳房上淋巴结肿大无热无痛,泌乳量减少,乳汁初无明显变化,严重时呈水样稀薄。肠道结核多见于犊牛,表现消化不良,食欲不振,顽固性下痢,迅速消瘦。生殖器官结核,可见性机能紊乱;发情频繁,性欲亢进,慕雄狂与不孕。孕畜流产,公畜副睾丸肿大,阴茎前部可发生结节、糜烂等。中枢神经系统主要是脑与脑膜发生结核病变,常引起神经症状,如癫痫样发作、运动障碍等。

（4）**病变**　肉眼所见病灶,在肺脏或其他器官常见有很多突起的白色结节。

切面为干酪化坏死,有的见有钙化,切开时有砂砾感。有的坏死组织溶解和软化,排出后形成空洞。胸膜和腹膜发生密集结核结节,呈粟粒大至豌豆大的半透明灰白色坚硬的结节,形似珍珠状,称所谓的"珍珠病"。胃肠黏膜可能有大小不等的结核结节或溃疡。乳房结核多发生于进行性病例,剖开可见有大小不等的病灶,内含有干酪样物质,还可见到急性渗出性乳房炎的病变。子宫病变多为弥漫干酪化,多出现在黏膜上,黏膜下组织或肌层组织内也有的发生结节、溃疡或瘢痕化。子宫腔含有油样脓液,卵巢肿大,输卵管变硬。

(5)**诊断** 在牛群中有发生进行性消瘦、咳嗽、慢性乳房炎、顽固性下痢、体表淋巴结慢性肿胀等的牛只,可作为初步诊断的依据。但在不同的情况下,须结合流行病学、临床症状、病理变化、结核菌素试验,以及细菌学试验和血清学试验等综合诊断较为切实可靠。

①细菌学诊断:本法对开放性结核病的诊断具有实际意义。采取病畜的病灶、痰、尿粪及其他分泌物,作抹片检查(直接涂片镜检或集菌处理后涂片镜检,可用抗酸性染色法),分离培养和动物接种试验。采用免疫荧光抗体技术检查病料,具有快速、准确,检出率高等优点。

②结核菌素试验:是目前诊断结核病最有现实意义的好方法。结核菌素试验主要包括提纯结核菌素(PPD)诊断方法和老结核菌素(OT)诊断方法。

a. 老结核菌素诊断法:在中国现行乳牛结核病检疫规程规定,应以结核菌素皮内注射法和点眼法同时进行。每次检疫各作两回,两种方法中的任何一种是阳性反应者,即判定为结核菌素阳性反应牛。

b. 提纯结核菌素诊断法:诊断牛结核病时,将牛分枝杆菌提纯菌素用蒸馏水稀释成 100000Iu/mL,颈侧中部上 1/3 处皮内注射 0.1mL。

对其他动物的结核菌素试验一般多采用皮内注射法。

(6)**防制** 健康牛群(无结核病畜群),平时加强防疫、检疫和消毒措施。每年春秋两季定期进行结核病检疫,主要用结核菌素,结合临诊等检查。

结核菌素反应阳性牛群,应定期与经常地进行临诊检查,必要时进行细菌学检查,发现开放性病牛立即淘汰。病牛所产犊牛出生后只吃 3~5d 初乳,以后则由检疫无病的母牛供养或喂消毒乳。犊牛应在出生后 1 月龄、3~4 月龄、6 月龄进行 3 次检疫,凡呈阳性者必须淘汰处理。如果 3 次检疫都呈阴性反应,且无任何可疑临诊症状,可放入假定健康牛群中培育。

假定健康牛群为向健康牛群过渡的畜群,应在第 1 年每隔 3 个月进行 1 次检疫,直到没有 1 头阳性牛出现为止。然后再在 1 年至 1 年半的时间内连续进行 3 次检疫。如果 3 次均为阴性反应即可称为健康牛群。

加强消毒工作,每年进行 2～4 次预防性消毒,每当畜群出现阳性病牛后,都要进行一次大消毒。常用消毒药为 5% 来苏儿或克辽林,10% 漂白粉,3% 福尔马林或 3% 苛性钠溶液。

第七节　链球菌病

链球菌病是主要由 β 溶血性链球菌引起的多种人畜共患病的总称。动物链球菌病中以猪、牛、羊、马、鸡较常见。人链球菌病以猩红热较多见。链球菌病的临床表现多种多样,可以引起种种化脓创和败血症,也可表现为各种局限性感染。链球菌病分布很广,可严重威胁人畜健康。

(1)**病原**　链球菌的种类繁多,在自然界分布很广。一部分对人畜有致病性,一部分无致病性,革兰氏染色阳性。

链球菌对热和普通消毒药抵抗力不强,多数链球菌经 60℃ 加热 30min,均可杀死,煮沸可立即死亡。常用的消毒药如 2% 石炭酸、0.1% 新洁尔灭、1% 煤酚皂液,均可在 3～5min 内杀死。日光直射 2h 死亡。0℃～4℃ 可存活 150d,冷冻 6 个月特性不变。

(2)**流行病学**　链球菌的易感动物较多,因而在流行病学上的表现不完全一致。猪、马属动物、牛、绵羊、山羊、鸡、兔、水貂以及鱼等均有易感性。3 周龄以内的犊牛易感染牛肺炎链球菌病。

患病和病死动物是主要传染源,无症状和病愈后的带菌动物也可排出病菌成为传染源。仔猪感染本病,多是由母猪作为传染源而引起的。

一、牛链球菌乳房炎

牦牛链球菌乳房炎主要是由 B 群无乳链球菌引起，也可由乳房链球菌、停乳链球菌以及 C、I、N、O、P 等群链球菌引起。

本病分布广泛，一般认为乳牛的感染率为 10%～20%。

(一)症状

病初常不被人们注意，只有当拒绝挤奶时才被发现。呈急性和慢性经过。主要表现为浆液性乳管炎和乳腺炎。

急性型：乳房明显肿胀、变硬、发热、有痛感。此时伴有全身不适，体温稍增高，烦躁不安，食欲减退，产奶量减少或停止。乳房肿胀加剧时则行走困难。常侧卧，呻吟，后肢伸直。病初乳汁或保持原样，或只呈现微蓝色至黄色，或微红色，或出现微细的凝块至絮片。病情加剧时从乳房挤出的分泌液类似血清，呈浆液出血性，含有纤维蛋白絮片和脓块，呈黄色、红黄色或微棕色。

慢性型：多数病例为原发，也有不少病例是从急性转变而来。临床上无可见的明显症状。产奶量逐渐下降，特别是在整个牛群中广泛流行时尤为明显。乳汁可能带有咸味，有时呈蓝白色水样，细胞含量可能增多，间断地排出凝块和絮片。用手触之可摸到乳腺组织中程度不同的灶性或弥漫性硬肿。乳池黏膜变硬。出现增生性炎症时，则可表现为细颗粒状至结节状突起。

(二)病变

急性型者患病乳房组织浆液浸润，组织松弛。切面发炎部分明显膨起，小叶间呈黄白色，柔软有弹性。乳房淋巴结髓样肿胀，切面显著多汁，小点出血。乳池、乳管黏膜脱落、增厚，管腔为脓块和脓栓阻塞。乳管壁为淋巴细胞、白细胞和组织细胞浸润。腺泡间组织水肿、变宽。

慢性型则以增生性发炎和结缔组织硬化，部分肥大，部分萎缩为特征。乳房淋巴结肿大。乳池黏膜可见细颗粒性突起。上皮细胞单层变成多层，可能角化。乳管壁增厚，管腔变窄，腺泡变成不能分泌的组织，小叶萎缩，呈浅灰色。切面膨隆，韧度坚实、有弹性、多细孔，部分浆液性浸润。还可见到胡椒粒大至榛实大囊肿。

二、牛肺炎链球菌病

牛肺炎链球菌病是由肺炎链球菌引起的一种急性败血性传染病。主要发生于犊牛,曾被称为肺炎双球菌感染。患畜为传染源,3周龄以内的犊牛最易感。主要经呼吸道感染,呈散发或地方流行性。

(一)症状

最急性病例病程短,仅持续几小时。病初全身虚弱,不愿吮乳,发热、呼吸极困难,眼结膜发绀、心脏衰弱、出现神经紊乱,四肢抽搐、痉挛。常取急性败血性经过,于几小时内死亡。如病程延长 1~2d,鼻镜潮红,流脓液性鼻汁。结膜发炎,消化不良并伴有腹泻。有的发生支气管炎、肺炎伴有咳嗽,呼吸困难,共济失调,肺部听诊有罗音。

(二)病变

剖检可见浆膜、黏膜、心包出血。胸腔渗出液明显增量并积有血液。脾脏呈充血性增生性肿大,脾髓呈黑红色,质韧如硬橡皮,即所谓"橡皮脾",是本病证病特征。肝脏和肾脏充血、出血,有脓肿。成年牛感染则表现为子宫内膜炎和乳房炎。

三、新生畜链球菌感染

新生畜链球菌感染是一群经脐感染链球菌而引起的新生幼畜急性败血性传染病。特征是脐首先遭受感染,随后发生菌血症,进而转移至其他器官,特别是定位于关节。病原以 C 群 β 型溶血性链球菌为主。脐源感染,导致脐炎,严重的呈化脓性关节炎,实质脏器出现脓肿。多在脐静脉中形成血栓,然后发炎引起血栓化脓。

犊牛在刚出生后即能出现眼炎。关节炎常为慢性经过,很少引起全身性疾病。患脑膜炎的犊牛表现感觉过敏、僵硬、发热。

第八节　炭疽

炭疽是由炭疽杆菌引起的一种人畜共患的急性、热性、败血性传染病。其病变的特点是脾脏显著肿大,皮下及浆膜下结缔组织出血性浸润,血液凝固不良,呈煤焦油样。

(1)**病原**　炭疽杆菌,革兰氏染色阳性,大小为 $1.0 \sim 1.5 \mu m \times 3 \sim 5 \mu m$,菌体两端平直,呈竹节状,无鞭毛;在病料检样中多散在或呈 $2 \sim 3$ 个短链排列,有荚膜,在培养基中则形成较长的链条,一般不形成荚膜;本菌在病畜体内和未剖开的尸体中不形成芽孢,但暴露于充足氧气和适当温度下能在菌体中央处形成芽孢。

炭疽杆菌菌体对外界理化因素的抵抗力不强,但芽孢则有坚强的抵抗力,在干燥的状态下可存活 $32 \sim 50$ 年,150℃干热 60min 方可杀死。现场消毒常用 20% 的漂白粉,0.1%L 汞,0.5% 过氧乙酸。来苏儿、石炭酸和酒精的杀灭作用较差。

(2)**流行病学**　本病的主要传染源是患畜,当患畜处于菌血症时,可通过粪、尿、唾液及天然孔出血等方式排菌,尤其是形成芽孢,可能成为长久疫源地。

本病主要通过采食污染的饲料、饲草和饮水经消化道感染,但经呼吸道和吸血昆虫叮咬而感染的可能性也存在。自然条件下,草食兽最易感,以绵羊、山羊、马、牛易感性最强,骆驼和水牛及野生草食兽次之。猪的感受性较低,犬、猫、狐狸等肉食动物很少见,家禽几乎不感染,许多野生动物也可感染发病,实验动物中以豚鼠、小鼠、家兔较敏感,大鼠易感性较差。人对炭疽普遍易感,但主要发生于那些与动物及畜产品接触机会较多的人员。

本病常呈地方性流行,干旱或多雨、洪水涝积、吸血昆虫多都是促进炭疽暴发的因素,例如干旱季节,地面草短,放牧时牲畜易于接近受污染的土壤;河水干枯,牲畜饮用污染的河底浊水或大雨后洪水泛滥,易使沉积在土壤中的炭疽芽孢泛起,并随水流扩大污染范围。此外,从疫区输入病畜产品,如骨粉、皮革、羊毛等也常引起本病暴发。

（3）**症状**　本病潜伏期一般为 1 ~ 5d，最长的可达 14d。按其表现不一，可分为以下 4 种类型：

最急性型：常见于绵羊和山羊，偶尔也见于牛、马，表现为脑卒中的经过（卒中型）。外表完全健康的动物突然倒地，全身战栗，摇摆，昏迷、磨牙，呼吸极度困难，可视黏膜发绀，天然流出带泡沫的暗色血液，常于数分钟内死亡。

急性型：多见于牛、马，病牛体温升高至 42℃，表现兴奋不安，吼叫或顶撞人畜、物体，以后变为虚弱，食欲、反刍、泌乳减少或停止，呼吸困难，初便秘后腹泻带血，尿暗红，有时混有血液，乳汁量减少并带血，常有中度程度臌气，孕牛多迅速流产，一般 1 ~ 2d 死亡。马的急性型与牛相似，还常伴有剧烈的腹痛。

亚急性型：也多见于牛、马，症状与上述急性型相似，除急性热性病征外，常在颈部、咽部、胸部、腹下、肩胛或乳房等部皮肤、直肠或口腔黏膜等处发生炭疽痈，初期硬固有热痛，以后热痛消失，可发生坏死或溃疡，病程可长达 1 周。

慢性型：在牛上比较少见，主要发生于猪，多不表现临床症状，或仅表现食欲减退和长时间伏卧，在屠宰时才发现颌下淋巴结、肠系膜及肺有病变。有的发生咽型炭疽，呈现发热性咽炎。咽喉部和附近淋巴结肿胀，导致病猪吞咽、呼吸困难，黏膜发绀最后窒息死亡。肠炭疽多伴有便秘或腹泻等消化道失常的症状。

（4）**病变**　急性炭疽为败血症病变，尸僵不全，尸体极易腐败，天然孔流出带泡沫的黑红色血液，黏膜发绀，剖检时，血凝不良，黏稠如煤焦油样，全身多发性出血，皮下、肌间、浆膜下结缔组织水肿，脾脏变性、淤血、出血、水肿，肿大 2 ~ 5 倍，脾髓呈暗红色，煤焦油样，粥样软化。局部炭疽死亡的患畜，咽部、肠系膜以及其他淋巴结常见出血、肿胀、坏死，邻近组织呈出血性胶样浸润，还可见扁桃体肿胀、出血、坏死，并有黄色痂皮覆盖。局部慢性炭疽，肉检时可见限于几个肠系膜淋巴结的变化。

（5）**诊断**　本病的经过和表现多样，最急性病例往往缺乏临诊症状，对疑似病死畜又禁止解剖，因此最后诊断一般要依靠微生物学及血清学方法，病料采集必须有专业人员严格按照病料采集规程操作。

病料采集：可采取病畜的末梢静脉血或切下一块耳朵，必要时切下一小块脾脏，病料须放入密封的容器中。

镜检：取末梢血液或其他材料制成涂片后，用瑞氏或姬姆萨（或碱性美蓝）染色,发现有多量单在、成对或 2~4 个菌体相连的短链排列、竹节状有荚膜的粗大杆菌,即可确诊。值得注意的是,从猪局部淋巴结检出的细菌粗细不一,菌链呈扭转状,且常只见荚膜阴影,而菌体消失。

培养:新鲜病料可直接于普通琼脂或肉汤中培养,污染或陈旧的病料应先制成悬液,70℃加热 30min,杀死非芽孢菌后再接种培养,对分离的可疑菌株可作噬菌体裂解试验、荚膜形成试验及串珠试验。这几种方法中以串珠试验简易快速且敏感特异性较高。

环状沉淀反应:是诊断炭疽简便而快速的方法,其优点是培养失效时,仍可用于诊断,因而适宜于腐败病料及动物皮张、风干、腌浸过肉品的检验,但先决条件是被检材料中必须含有足够检出的抗原量。肝、脾、血液等制成抗原于 1~5min 内两液接触面出现清晰的白色沉淀环,而生皮病料抗原于 15min 内出现白色沉淀环。此外,还可用琼脂扩散试验和荧光抗体染色试验。

(6)防制

①预防措施。在疫区或常发地区,每年对易感动物进行预防注射,常用的疫苗是无毒炭疽芽孢苗,接种 14d 后产生免疫力,免疫期为 1 年。另外,要加强检疫和大力宣传有关本病的危害性及防治办法,特别是告诫广大牧民不可食用死于本病动物的肉品。

②扑灭措施。发生本病时,应尽快上报疫情,划定疫点、疫区,采取隔离封锁等措施,对病畜要隔离治疗,禁止病畜的流动,对发病畜群要逐一测温,凡体温升高的可疑患畜可用青霉素等抗生素或抗炭疽血清注射,或两者同时注射效果更佳,对发病羊群可全群预防性给药,受威胁区及假定健康动物作紧急预防接种,逐日观察至 2 周。

③消毒。天然孔及切开处,用浸泡过消毒液的棉花或纱布堵塞,连同粪便、垫草一起焚烧,尸体可就地深埋,病死畜躺过的地面应除去表土 15~20cm 并与 20% 漂白粉混合后深埋。畜舍及用具场地均应彻底消毒。

④封锁。禁止疫区内牲畜交易和输出畜产品及草料。禁止食用病畜乳、肉。人炭疽的预防应着重于与家畜及其畜产品频繁接触的人员,凡在近 2~3 年内有炭疽发生的疫区人群、畜牧兽医人员,应在每年的 4~5 月前接种"人用皮上划痕炭疽减毒活菌苗",连续 3 年。发生疫情时,病人应住院隔离治疗,病人的分泌物、排

泄物及污染的用具、物品及被子衣服均要严格消毒,与病人或病死畜接触者要进行医学观察,皮肤有损伤者同时用青霉素预防,局部用2%碘酊消毒。

第九节　恶性水肿

恶性水肿是由以腐败梭菌为主的多种梭菌引起多种家畜的一种经创伤感染的急性传染病,病的特征为创伤局部发生急剧气性炎性水肿,并伴有发热和全身毒血症。

（1）**病原**　本病的病原为梭菌属中的腐败梭菌、魏氏梭菌及诺威氏梭菌、溶组织梭菌等。

腐败梭菌为严格厌氧菌,它是菌体粗大两端钝圆的革兰氏阳性菌。本菌广泛分布于自然界,如各种动物的肠道、粪便和土壤表层都有大量菌体存在。强力消毒药如10%～20%漂白粉溶液,3%～5%硫酸、石炭酸合剂,3%～5%氢氧化钠可于短时间内杀灭菌体。而本菌的芽孢抵抗力则很强,一般消毒药需长时间作用。

（2）**流行病学**　本病的病原菌以土壤和动物肠道中较多,而成为传染源,病畜不能直接接触传染健康动物。传染主要由于外伤如去势、断尾、注射、剪毛、采血、助产等没注意消毒、污染本菌芽孢而引起感染,尤其是创伤深并存在坏死组织,造成缺氧更易发病。

（3）**症状**　潜伏期一般12～72h。病初减食,体温升高,伤口周围出现气性炎性水肿,并迅速扩散蔓延,肿胀部初期坚实,灼热、疼痛,后变无热痛,触之柔软,有轻度捻发音,尤以触诊部上方明显;切开肿胀部,则见皮下和肌间结缔组织内流出多量淡红褐色带少许气泡、其味酸臭的液体,随着炎性气性水肿的急剧发展,全身症状严重,表现高热稽留,呼吸困难,脉搏细速,发绀,偶有腹泻,多在1～3d内死亡。因去势感染时,多于术后2～5d,在阴囊、下腹发生弥漫性气性炎性水肿,病畜呈现疝痛,腹壁知觉过敏及上述全身症状。因分娩感染,病畜表现阴户肿胀,阴道黏膜充血发炎,有不洁红褐色恶臭液体流出。会阴呈气性炎性水肿,并迅速蔓延至腹下、股部,以致发生运动障碍等全身症状。

(4)病变 剖检可见发病局部的弥漫性水肿,皮下和肌肉间结缔组织有污黄色液体浸润,常含有少许气泡,其味酸臭。肌肉呈白色,煮肉样,易于撕裂,有的呈暗褐色。实质器官变性,肝、肾浊肿,脾、淋肿大,偶有气泡,血凝不良,心包、腹腔有多量积液。

(5)诊断 根据本病临诊特点,结合外伤的情况可疑为本病,此时应进行细菌学检查,取病变组织,尤其是肝脏浆膜,制成涂片或触片染色,可见到长丝状菌体,并可将病料制成乳剂接种于豚鼠、家兔、小鼠或鸽等实验动物,观察病变特点。必要时,可作病原体厌氧分离培养,进行培养特性及生化鉴定。此外,还可应用免疫荧光抗体对本病作快速诊断。

牛若伴随分娩而发生,多为恶性水肿,若查不出外伤等诱因,则应与气肿疽相区别。气肿疽主要侵害丰满的肌肉处,肿胀部捻发音更显著,多发生于6个月~3岁龄的牛,常呈地方性流行,死亡动物的肝表面触片,可见菌体多单在或成对排列。这些特点有助于鉴别。

(6)防制 在梭菌病常发地区,常年注射多联苗,可有效预防本病发生。平时注意防止外伤,当发生外伤后要及时进行消毒和治疗,还要做好各种外科手术、注射等无菌操作和术后护理工作。

局部治疗应尽早切开肿胀部,扩创清除异物和腐败组织,吸出水肿部渗出液,再用氧化剂(如0.1%高锰酸钾或3%过氧化氢液)冲洗,然后撒上青霉素粉末,并施以开放疗法。或在肿胀部周围注射青霉素,甚为有效,全身治疗以早期采用抗菌消炎(青、链及土霉素或磺胺类药物治疗)为好,同时还要注意对症治疗,如强心、补液、解毒。病人可肌注干燥精制多价气性坏疽抗毒素,一次3万~5万IU。病死动物不可利用,须深埋或焚烧处理,污染物品和场地要彻底消毒防止感染。

第十节 破伤风

破伤风又名强直症,俗称锁口风,是由破伤风梭菌经伤口感染引起的一种急性中毒性人畜共患病。临诊上以骨骼肌持续性痉挛和神经反射兴奋性增高为特征。本病广泛分布于世界各国,呈散在性发生。

(1)**病原** 破伤风梭菌,又称强直梭菌,为一种大型厌气性革兰氏阳性杆菌,多单个存在。本菌在动物体内外均可形成芽孢,其芽孢在菌体一端,似鼓槌状或球拍状,多数菌株有周鞭毛,能运动。不形成荚膜。

本菌繁殖体抵抗力不强,一般消毒药均能在短时间内将其杀死,但芽孢体抵抗力强,在土壤中可存活几十年。

(2)**流行病学** 本菌广泛存在于自然界,人畜粪便都可带有,尤其是施肥的土壤、腐臭淤泥中。感染常见于各种创伤,如断脐、去势、手术、断尾、穿鼻、产后感染等, 在临诊上有 1/3~2/5 的病例查不到伤口, 可能是创伤已愈合或可能经子宫,消化道黏膜损伤感染。

各种家畜均有易感性,其中以单蹄兽最易感,猪、羊、牛次之,犬、猫仅偶尔发病,家禽自然发病罕见。人的易感性也很高。本病无明显的季节性,多为散发,但在某些地区的一定时间里可出现暴发。幼龄动物的感受性更高。

当破伤风梭菌芽孢侵入机体组织后,在有深创、水肿及坏死组织存在的条件下,或有其他化脓菌或需氧菌共同侵入时,菌体能大量繁殖,产生毒素,引起发病。

(3)**症状** 潜伏期最短 1d,最长可达数月,一般 1~2 周。潜伏期长短与动物种类及创伤部位有关,创伤距头部较近,组织创伤口深而小,创伤深部严重损伤,发生坏死或创口被粪土、痂皮覆盖等,潜伏期缩短,反之则延长。人和单蹄兽较牛、羊易感性更高,症状也相应严重。

最初表现对刺激的反射兴奋性增高,稍有刺激即高举其头,瞬膜外露,接着出现咀嚼缓慢,步态僵硬等症状,以后随病情的发展,出现全身性强直痉挛症状。

轻者口少许开张,采食缓慢,重者开口困难、牙关紧闭,无法采食和饮水,由于咽肌痉挛致使吞咽困难,唾液积于口腔而流涎,头颈伸直,两耳竖立,鼻孔开张,四肢腰背僵硬,腹部卷缩,粪尿潴留,甚则便秘,尾根高举,行走困难,形如木马,各关节屈曲困难,易于跌倒,且不易自起,病畜此时神志清楚,有饮食欲,但应激性高,轻微刺激可使其惊恐不安,痉挛和大汗淋漓,末期患畜常因呼吸功能障碍(浅表、气喘、喘鸣等)或循环系统衰竭(心律不齐,心搏亢进)而死亡。体温一般正常,死前体温可升至 42℃,病死率 45% ~ 90%。

(4)诊断　根据本病的特殊临诊症状,如神志清楚,反射兴奋性增高,骨骼肌强直性痉挛,体温正常,并有创伤史,即可确诊。对于轻症病例或病初症状不明显病例,要注意与马钱子中毒、癫痫、脑膜炎、狂犬病及肌肉风湿等相鉴别。

(5)防制

①预防注射。在本病常发地区,应对易感家畜定期接种破伤风类毒素。牦牛可在阉割等手术前 1 月进行免疫接种, 可起到预防本病作用。对较大较深的创伤,除作外科处理外,应肌肉注射破伤风抗血清 1 万 ~ 3 万 IU。

②防止外伤感染。平时要注意饲养管理和环境卫生,防止家畜受伤。一旦发生外伤,要注意及时处理,防止感染。阉割手术时要注意器械的消毒和无菌操作。

③治疗

a. 创伤处理:尽快查明感染的创伤和进行外科处理。清除创内的脓汁、异物、坏死组织及痂皮,对创深、创口小的要扩创,以 5% ~ 10%碘酊和 3%H_2O_2 或 1%高锰酸钾消毒,再撒以碘仿硼酸合剂,然后用青、链霉素作创周注射,同时用青、链霉素作全身治疗。

b. 药物治疗:早期使用破伤风抗毒素,疗效较好,剂量 20 万 ~ 80 万 IU,分 3 次注射,也可一次全剂量注入。临床实践上,也常同时应用 40%乌洛托品,大动物 50mL,犊牛、幼驹及中小动物酌减。

c. 对症治疗:当病畜兴奋不安和强直痉挛时,可使用镇静解痉剂。一般多用氯丙嗪肌肉注射或静脉注射,每天早晚各 1 次。也可应用水合氯醛(25 ~ 40g 与淀粉浆 500 ~ 1000mL 混合灌肠)或与氯丙嗪交替使用。可用 25%硫酸镁作肌肉注射或静脉注射,以解痉挛。对咬肌痉挛、牙关紧闭者,可用 1%普鲁卡因溶液于开关、锁口穴位注射,每天 1 次,直至开口为止。人的预防也以主动或被动免疫接种为主要措施,此外,要注意用新法接产。

第十一节　衣原体病

这是一种由衣原体所引起的传染病,使多种动物和禽类发病,人也有易感性。以表现流产、肺炎、肠炎、结膜炎、多发性关节炎、脑炎等多种临诊症状为特征。

(1)**病原**　衣原体是衣原体科衣原体属的微生物。衣原体属目前认为有 4 种,即沙眼衣原体、鹦鹉热衣原体、肺炎衣原体和反刍动物衣原体。上述 4 种衣原体中,肺炎衣原体迄今仅从人类分离到,未见有动物发病的报道;沙眼衣原体以前一直认为除鼠外人是其主要宿主;鹦鹉热衣原体和反刍动物衣原体是动物衣原体病的主要致病菌,人也有易感性。

衣原体属的微生物细小,呈球状,有细胞壁,含有 DNA 和 RNA。衣原体系专性细胞内寄生物,能在鸡胚和易感的脊椎动物细胞内生长繁殖。

衣原体对高温的抵抗力不强,而在低温下则可存活较长时间,如 4℃可存活 5d,0℃存活数周。受感染的鸡胚卵黄囊在 −20℃可保存若干年。0.1%福尔马林、0.5%石炭酸在 24h 内,70%酒精数分钟、3%过氧化氢片刻,均能将其灭活。

衣原体对青霉素、四环素族、氯霉素、红霉素等抗生素敏感,对链霉素、杆菌肽等有抵抗力。对磺胺类药物沙眼衣原体敏感,而鹦鹉热衣原体和反刍动物衣原体则有抵抗力。

(2)**流行病学**　衣原体具有广泛的宿主,家畜中以羊、牛、猪较为易感,禽类中以鹦鹉、鸽子较为易感。畜禽不分年龄均可感染,但不同年龄的畜禽其症状表现不一。病畜(禽)和带菌者是本病的主要传染源。它们可由粪便、尿、乳汁以及流产的胎儿、胎衣和羊水排出病原菌,污染水源和饲料等,经消化道感染健畜,亦可由污染的尘埃和散布于空气中的液滴,经呼吸道或眼结膜感染。病畜与健畜交配或用病公畜的精液人工授精可发生感染,子宫内感染也有可能。有人认为厩蝇、蜱可传播本病。

本病的季节性不明显,但犊牛肺肠炎病例冬季多于夏季,羔羊关节炎和结膜炎常见于夏秋。本病的流行形式多种多样,怀孕牛、羊、猪流产常呈地方流行性,羔羊、仔猪发生结膜炎或关节炎时多呈流行性,而牛发生脑脊髓炎时则为散发性。

过分密集的饲养、运输途中拥挤、营养扰乱等应激因素可促进本病的发生和发展。

(3)**症状**　本病的潜伏期因动物种类和临诊表现而异,短则几天,长则可达数周,甚至数月。家畜感染后,有不同的临诊表现,在牛临床上常表现为流产型、肺肠炎型和脑脊髓炎型,结膜炎型(又称滤泡性结膜炎)主发于绵羊,尤其是肥育羔和哺乳羔,关节炎型(多发性关节炎),主发于羔羊。

流产型:又名地方流行性流产。主要发生于羊、牛和猪。易感母牛感染后,有一短暂的发热阶段。初次怀孕的青年牛感染后易于引起流产,流产常发生于怀孕后期,一般不发生胎衣滞留。流产率高达60%。年青的公牛常发生精囊炎,其特征是精囊、附性腺、副睾和睾丸呈慢性发炎,发病率可达10%。

肺肠炎型:本型主要见于6月龄以前的犊牛,仔猪也常发生。潜伏期1~10d,病畜表现抑郁、腹泻,体温升高到40.6℃,鼻流黏性分泌物,流泪,然后出现咳嗽和支气管肺炎。犊牛表现的症状轻重不一,有急性、亚急性和慢性之分,有的犊牛可呈隐性经过。

脑脊髓炎型:又名伯斯病。主发于牛,尤以2岁以下的牛最易感。自然感染的潜伏期为4~27d,病初体温突然升高,达40.5℃~41.5℃,发热持续7~10d。病初仍有食欲,但之后即不食、消瘦、衰竭;体重迅速减低;流涎和咳嗽明显;行走摇摆,常呈高跷样步伐,有的病牛有转圈运动或以头抵硬物;四肢主要关节肿胀、疼痛。有的病牛有鼻漏或腹泻。末期有的病牛呈角弓反张和痉挛。有临诊症状的病牛约有30%归于死亡,但因存在着许多轻症和隐性病例,病死率实际上是比较低的。

(4)**病变**

流产型:牛胎膜常水肿,胎儿苍白,贫血,皮肤和黏膜有小点出血,皮下水肿,肝有时肿胀。组织学检查,所有器官有弥漫性和局灶性网状内皮细胞增生变化。

肺肠炎型:剖检死于人工感染的病犊时,有结膜炎和浆液卡他性鼻炎;急性和亚急性卡他性胃肠炎;肠系膜和纵膈淋巴结肿胀充血;肺有灰红病灶,经常见到膨胀不全,有时见有胸膜炎;肝、肾和心肌营养不良;心内外膜下出血,肾包膜下常出血,大脑血管充血;有时可见纤维素性腹膜炎,肝与横膈膜、大肠、小肠与腹膜发生纤维素粘连;脾常增大,髋关节、膝关节和跗关节浆性发炎。

脑脊髓炎型:身体常消瘦,脱水。腹腔、胸腔和心包初有浆液渗出,浆膜面被纤维素性薄膜覆盖,并与附近脏器粘连。脾和淋巴结一般增大。脑膜和中央神经系统血管充血,组织学检查见脑和脊髓的神经元变性,神经胶质细胞坏死,神经纤维轻度液化,并有淋巴细胞、单核巨噬细胞和中性白细胞等,许多血管有由淋巴细胞和单核巨噬细胞组成的血管套,脑膜被淋巴细胞和单核巨噬细胞浸润。

(5)诊断　根据流行特点、临诊症状和病理变化仅能怀疑为本病,确诊需进行病原体的分离培养、血清学试验及抗菌药敏试验。在一些严重的全身性疾病,从病畜的血液和大多数脏器均能检查和分离到病原体,但对大多数衣原体病来说,最适合的检查材料要从有症状或有病变的部位采取,如流产病例为流产胎儿的器官、胎盘和子宫分泌物,关节炎病例为滑液,脑炎病例为大脑与脊髓,肺炎病例为肺、支气管淋巴结,肠炎病例为肠道黏膜、粪便等。对于其他大多数可疑病例,仅用镜检是得不出结论的,还必须采取分离技术。如进行种的鉴定,对分离到的衣原体必须进行 DNA 分析。据研究,DNA 探针(包括 rDNA 基因探针和 ompA 探针)和聚合酶链反应(PCR)技术已被用来进行衣原体种的鉴定。

最常用的血清学方法是补体结合反应,也可进行血清中和试验、毒素中和试验和空斑减数试验。另外间接血凝试验、免疫荧光试验、酶联免疫吸附试验近来已用于本病的诊断。但这些方法都不能将鹦鹉热衣原体和反刍动物衣原体区别开来,要想明确是哪种衣原体引起的感染,还是要进行上述的 DNA 分析。

沙眼衣原体、鹦鹉热衣原体和反刍动物衣原体对抗菌药物的敏感性不同,前者对磺胺嘧啶钠敏感,而后二者则否。

(6)防制　防制本病必须采取综合性的措施,确实建立密闭的饲养系统;建立疫情监测制度;在本病流行区,应制订疫苗免疫计划,定期进行预防接种。

在动物疫苗方面,以羊流产疫苗研究得较为成功。羊流产疫苗早期的研究是用卵黄囊、胎膜制成福尔马林水悬疫苗,在配种前进行接种,证明有良好的保护作用。最近,许多研究者用通过卵黄囊致弱的方法研究了活的弱毒苗,证明其中某些致弱菌株能产生保护性抗体,但不产生补体结合抗体。

发生本病时,可用四环素抗生素进行治疗,也可将四环素族抗生素混于饲料中,连用 1~2 周。

第十二节 口蹄疫

口蹄疫是由口蹄疫病毒引起的急性热性高度接触性传染病,主要侵害偶蹄兽,偶见于人和其他动物。临诊上以口腔黏膜、蹄部及乳房皮肤发生水疱和溃烂为特征。

(1)病原 口蹄疫病毒(FMDV)属于微核糖核酸病毒科(picomaviridae)中的口蹄疫病毒属(aphthavirus)。

口蹄疫病毒具有多型性、易变性的特点。根据其血清学特性,现已知有 7 个血清型,即 O、A、C、SAT1、SAT2、SAT3(即南非 1、2、3 型)以及 Asia1(亚洲 1 型)。同型各亚型之间交叉免疫程度变化幅度较大,亚型内各毒株之间也有明显的抗原差异。病毒的这种特性,给本病的检疫、防疫带来很大困难。

口蹄疫病毒在病畜的水疱皮内及其淋巴液中含毒量最高。在水疱发展过程中,病毒进入血流,分布到全身各种组织和体液。在发热期血液内的病毒含量最高,退热后在奶、尿、口涎、泪、粪便等都含有一定量的病毒。

口蹄疫病毒能在许多种类的细胞培养内增殖,产生并致细胞病变。常用的有牛舌上皮细胞、牛甲状腺细胞、猪和羊胎肾细胞、乳仓鼠肾细胞等,其中以犊牛甲状腺细胞最为敏感,能产生很高的病毒滴度,因此常用于病毒分离鉴定。

口蹄疫病毒对外界环境的抵抗力较强,不怕干燥。病毒对酸和碱十分敏感,因此很多均为 FMDV 良好的消毒剂。肉品在 10℃~12℃经 24h,或在 4℃~8℃经 24~48h,由于产生乳酸使 pH 值下降至 5.3~5.7,能使其中病毒灭活,但骨髓、淋巴结内不易产酸,病毒能存活时间较长。水疱液中的病毒在 60℃经 5~15min 可灭活,80℃~100℃很快死亡,在 37℃温箱中 12~24h 即死亡。鲜牛奶中的病毒在 37℃可生存 12h,18℃生存 6d,但酸奶中的病毒会迅速死亡。

(2)流行病学　口蹄疫病毒侵害多种动物,但主要为偶蹄兽。家畜以牛易感(奶牛、牦牛、犏牛最易感,水牛次之),其次是猪,然后为绵羊、山羊和骆驼。仔猪和犊牛不但易感而且死亡率也高。野生动物中黄羊、鹿、麝和野猪也可感染发病;长颈鹿、扁角鹿、野牛、瘤牛等都易感。性别与易感性无关,但幼龄动物较老龄者易感性高。

病畜是最危险的传染源。在症状出现前,从病畜体开始排出大量病毒,发病初期排毒量最多。在疾病的恢复期排毒量逐步减少。病毒随分泌物和排泄物同时排出。水疱液、水疱皮、奶、尿、唾液及粪便含毒量最多,毒力也最强,并富于传染性。

病愈动物的带毒期长短不一,一般不超过 2～3 个月。带毒的牛与猪同居常呈不显性症状,但有些猪的血液中会产生抗体。以病愈带毒牛的咽喉、食道处刮取物,接种在健康牛和猪可发生明显的症状。康复牛的咽喉带毒可达 24～27 个月。这些病毒可藏于牛肾,由尿排出,羊可达 7 个月。

从流行病学的观点来看,绵羊是本病的"贮存器",猪是"扩大器",牛是"指示器"。

隐性带毒者主要为牛、羊及野生偶蹄动物,猪不能长期带毒。研究表明,FMDV 在有抗体存在时,可引起病毒演化,发生病毒持续性感染。持续感染病毒在感染动物体内局部(牛食道、咽部和软腭背部上皮细胞,奶牛乳腺,羊扁桃体上皮)可长期存活。FMDV 持续带毒的毒力较低,与流行期病毒的性质有所不同。持续感染带毒者在一定条件下可成为传染源,如各种应激因素使带毒者免疫力降低,或由于病毒变异增强了毒性。

病毒常借助于直接接触方式传递,间接接触也会传递。消化道是最常见的感染门户。也能经损伤的黏膜造成皮肤感染。近年来证明呼吸道感染更易发生,并证实家畜在自然感染不久后,病毒就能随分泌物和呼出的气体排出,认为病毒不仅在消化道繁殖,也常在呼吸道黏膜繁殖。

各种相关物品均可成为传染源。近年来证明,空气也是口蹄疫的重要传播媒介。口蹄疫的传播可呈跳跃式传播,一般冬、春季较易发生大流行,夏季减缓或平息。但在大群饲养的猪舍,本病并无明显的季节性。

易感动物卫生条件和营养状况也能影响流行疫病的经过,畜群的免疫状态对流行疫病的情况有着决定性影响。据大量资料统计和观察,口蹄疫的暴发流行有周期性的特点,每隔2年或3~5年就流行1次。

(3)**症状** 由于多种动物的易感性不同,也由于病毒的数量和毒力以及感染门户不同,潜伏期的长短和病状也不完全一致。

牛潜伏期平均2~4d,最长可达1周。病牛体温升高达40℃~41℃,精神委顿、食欲减退、闭口、流涎,开口时有吸吮声,1~2d后,在唇内面、齿龈、舌面和颊部黏膜发生蚕豆至核桃大的水疱,口温高,此时口角流涎增多,呈白色泡沫状,常常挂满嘴边,采食反刍完全停止。水疱经一昼夜破裂形成浅表的红色糜烂,水疱破裂后,体温降至正常,糜烂逐渐愈合,全身症状逐渐好转。如有细菌感染,糜烂会加深并发生溃疡,愈合后形成瘢痕。有时并发纤维蛋白性、坏死性口膜炎和咽炎、胃肠炎。有时在鼻咽部形成水疱,引起呼吸障碍和咳嗽。在口腔发生水疱的同时或稍后,趾间及蹄冠的柔软皮肤上表现出红肿、疼痛,迅速发生水疱,并很快破溃,出现糜烂,或干燥结成硬痂,然后逐渐愈合。若病牛衰弱,或饲养管理不当,糜烂部位可能发生继发性感染化脓、坏死,病畜站立不稳,行路跛拐,甚至蹄匣脱落。乳头皮肤有时也可出现水疱,很快破裂形成烂斑,如乳腺引起乳房炎,泌乳量显著减少,有时泌乳量损失高达75%,甚至泌乳停止。实践证明,乳房上口蹄疫病变见于纯种牛,黄牛较少发生。

本病一般取良性经过,经1周即可痊愈。如果蹄部出现病变,则病期延至2~3周或更久。病死率很低,一般不超过1%~3%,但在某些情况下,当水疱病变逐渐痊愈,病牛趋向恢复时,有时会突然恶化。病牛全身虚弱、肌肉发抖,特别是心跳加快、节律失调、反刍停止、食欲废绝、行走摇摆、站立不稳,会突然心脏停搏而倒地死亡。这种病型称为恶性口蹄疫,病死率高达20%~50%,主要是由于病毒侵害心肌所致。

哺乳犊牛患病时,水疱症状不明显,主要表现为出血性肠炎和心肌麻痹,死亡率很高。病愈牛可获得1年左右的免疫力。

(4)**病变** 动物口蹄疫除口腔和蹄部的水疱和烂斑外,在咽喉、气管、支气管和前胃黏膜有时也可见到圆形烂斑和溃疡,真胃和肠黏膜可见出血性炎症。另外,具有重要诊断意义的是心脏病变,心包膜有弥散性及点状出血,心肌松软,心肌切面有灰白色或淡黄色斑点或条纹,好似老虎皮上的斑纹,故称"虎斑心"。

(5)**诊断** 根据疫病的急性经过,呈流行性传播,主要侵害偶蹄兽,一般以良性转归以及特征性的临诊症状可作初步诊断。为了与类似疾病鉴别及毒型的鉴定,须进行实验室检查。

(6)**防制** 防制本病应根据本国实际情况采取相应对策。无病国家一旦暴发本病应采取屠宰病畜、消灭疫源的措施;已消灭了本病的国家通常采取禁止从有病国家输入活畜或动物产品,杜绝疫源传人;有本病的地区或国家,一般采取以检疫诊断为中心的综合防制措施。一旦发现疫情,应立即封锁、隔离、检疫、消毒,迅速通报疫情,查源灭源,并对易感畜群进行预防接种,以及时拔除疫点。

预防接种:发生口蹄疫时,需用与当地流行的相同病毒型、亚型的弱毒疫苗或灭活疫苗进行免疫预防。弱毒疫苗由于毒力与免疫力之间难以平衡,不太安全。

消毒:疫点严格消毒,粪便堆积发酵处理,场地、物品、器具都要严格消毒。预防人的口蹄疫,主要依靠个人自身防护。

治疗:家畜发生口蹄疫后,一般经 10~14d 自愈。为了防止继发感染的发生和死亡,对病牛要精心饲养,对病状较重,几天不能吃的病牛,应喂以麸糠稀粥、米汤或其他稀糊状食物,防止因过度饥饿使病情恶化引起死亡。畜舍应保持清洁、通风、干燥、暖和,多垫软草,多给饮水。

口腔可用清水、食醋或 0.1%高锰酸钾洗漱,糜烂面上可涂以 1%~2%明矾或碘酊甘油(碘 7g、碘化钾 5g、酒精 100mL、溶解后加入甘油 10mL),也可用冰硼散(冰片 15g、硼砂 150g、芒硝 18g)。

蹄部可用 3%臭药水或来苏儿洗涤,擦干后涂松馏油或鱼石脂软膏等,再用绷带包扎。

乳房可用肥皂水或 2%~3%硼酸水洗涤,然后涂以青霉素软膏或其他防腐软膏,定期将奶挤出以防发生乳房炎。

恶性口蹄疫病畜除局部治疗外,可用强心剂和补剂,如安那如、葡萄糖盐水等。用结晶樟脑口服,每天 2 次,每次 5~8g,可收良效。

第十三节　轮状病毒

轮状病毒感染主要是婴幼儿和多种幼龄动物的一种急性肠道传染病，以腹泻和脱水为特征。成人和成年动物多呈隐性经过。

(1)**病原**　轮状病毒属呼肠孤病毒科、轮状病毒属。人和动物的轮状病毒在形态上无法区别。

轮状病毒对理化因素有较强的抵抗力。在室温能保存 7 个月。pH 值 3～9 稳定，能耐超声震荡和脂溶剂。60℃加热 30min 存活，但 63℃加热 30min 则被灭活。1%福尔马林对牛轮状病毒，在 37℃下须经 3d 才能灭活，0.01%碘、1%次氯酸钠和 70%酒精可使病毒丧失感染力。

(2)**流行病学**　患病的人、病畜和隐性患畜是本病的传染源。病毒主要存在于肠道内，经消化道途径传染易感家畜。痊愈动物从粪中排毒持续期至少 3 周。病畜痊愈获得免疫主要是细胞免疫，它对病毒的持续存在影响时间不长，所以痊愈动物会再感染。成年家畜可以受到新生病畜的传染。更重要的是轮状病毒可以从人或一种动物传给另一种动物(如人轮状病毒能使猴、仔猪和羔羊感染发病，犊和鹿的轮状病毒均可感染仔猪等)，只要病毒在人或一种动物中持续存在，就有可能造成本病在自然界中的长期传播，这也许是本病普遍存在的重要因素。本病传播迅速，多发生在晚秋、冬季和早春季节。特别是寒冷、潮湿、不良的卫生条件以及喂不全价的饲料和其他疾病的袭击等，对疾病的严重程度和病死率均有很大影响。

(3)**症状**　多发生在 1 周龄以内的新生犊牛。潜伏期 15～96h,病犊精神委顿，体温正常或略有升高。若体温下降到常温以下则是死亡征兆。厌食和腹泻，粪便黄白色液状，有时带有黏液和血液，腹泻延长，脱水明显，严重的常有死亡。病死率可达 50%。病程 1～8d,严重病犊在用葡萄糖盐水代替乳饮后可获痊愈，所以，病犊继续饮乳是有害的。恶劣的寒冷气候常使许多病犊在腹泻后暴发严重的肺炎而死亡。

（4）**病变**　病变主要限于消化道。幼犊动物胃壁弛缓,内充满凝乳块和乳汁。小肠肠壁菲薄,半透明,内容物呈液状、灰黄或灰黑色。有时小肠广泛出血,肠系膜淋巴结肿大。病犊小肠绒毛用电镜切片观察和免疫荧光检查,可看到绒毛萎缩变短,隐窝细胞增生,圆柱状的绒毛上皮细胞被鳞状或立方形的细胞所取代,而绒毛有层淋巴细胞被浸润。

（5）**诊断**　根据疫病发生在寒冷季节,多侵害幼龄动物,突然发生水样腹泻,发病率高和病变集中在消化道等特点可作初步诊断。要注意与相似的疫病区别诊断。实验室确诊首推电镜检查,其次为免疫荧光抗体技术。一般在腹泻开始24h内采小肠及其内容物或粪便作为检查病料。小肠做冰冻切片或涂片进行荧光抗体检查和感染细胞培养物。小肠内容物和粪便经超速离心等处理后,再做电镜检查。

（6）**防制**　发现病畜后除采取一般防疫措施外应停止哺乳,用葡萄糖盐水给病畜自由饮用。对病畜进行对症治疗,如投用收敛止泻剂,使用抗菌药物以防止继发的细菌性感染,静脉注射葡萄糖盐水和碳酸氢钠溶液以防止脱水和酸中毒等,一般都可获得良好效果。

本病的预防主要依靠加强饲养管理,增强母畜和仔畜的抵抗力。在疫区要做到新生仔畜及早吃到初乳,接受母源抗体的保护以减少和减轻发病。一定量的母源抗体只能防止腹泻的发生,而不能消除感染及其后的排毒。

中国用MA~104细胞系连续传代,研制出猪源弱毒疫苗和牛源弱毒疫苗。

为了预防婴儿感染轮状病毒,应做到便后饭前洗手,保持乳房奶头的清洁卫生,人工哺乳奶头应以开水冲洗。尽量用母乳喂养婴儿,提高婴幼儿的抵抗力。

第十四节　气肿疽

气肿疽又称黑腿病或鸣疽。主要是牛的一种急性、发热性传染病。其特征为肌肉丰满部位发生炎性气性肿胀,并常有跛行。本病遍布世界各地,中国也曾分布很广,现已基本控制。

(1)病原 气肿疽梭菌,属于梭状芽孢杆菌属。为圆端杆菌,有周身鞭毛,能运动,在体内外均可形成中立或近端芽孢,呈纺锤状,专性厌氧,革兰氏染色阳性。在接种豚鼠腹腔渗出物中,单个存在或呈3~5个菌体形成的短链,这是与能形成长链的腐败梭菌形态上的主要区别之一。

实验动物中以豚鼠最敏感,仓鼠也易感,小鼠和家兔也可感染发病。

(2)流行病学 本病传染源为病畜,但并不是由病畜直接传给健康家畜,主要传递因素是土壤。芽孢随着泥土通过产犊、断尾、剪毛、去势等创伤进入组织而感染。草场或放牧地,被气肿疽梭菌污染,此病将会年复一年在易感动物中有规律地出现。

本病常在地区的牛只,6个月至3岁期间容易感染,但幼犊或更大年龄者也有发病的。肥壮牛似比瘦弱牛更易罹患。性别在易感性方面无差别。

本病多发生在潮湿的山谷牧场及低湿的沼泽地区。较多病例见于夏季,常呈地方流行性。

(3)症状 潜伏期3~5d,人工感染4~8h即有体温反应和明显局部炎性肿胀。牛发病多为急性经过。体温升高到41℃~42℃,早期即出现跛行。相继出现本病特征性肿胀,即在多肌肉部位发生肿胀,初期热而痛,后期变冷、无痛。患部皮肤干硬呈暗红色或黑色,有时形成坏疽。触诊有捻发音,叩诊有明显鼓音。切开患部,从切口流出污红色带泡沫的酸臭液体。肿胀多发生在腿上部、臀部、腰部、荐部、颈部及胸部。反刍停止、呼吸困难、脉搏快而弱,最后体温下降或再稍回升,随即死亡。一般病程1~3d,也有延长至10d者。老牛患病,其病势常较轻。

(4)病变 由鼻孔流出血样泡沫,肛门与阴道口也有血样液体流出。患部皮肤或正常或表现部分坏死。皮下组织呈红色或金黄色胶样浸润,有的部位有出血或小气泡。肿胀部的肌肉潮湿或特殊干燥,呈海绵状有刺激性酪酸样气体,触之有捻发音,切面呈棕色,或有灰红色、淡黄色和黑色条纹,肌纤维束为小气泡胀裂。如病程较长,患部肌肉组织坏死性病变明显。

胸腹腔有暗红色浆液,心包液暗红并增多;心脏内外膜有出血斑,心肌变性,色淡而脆;肺小叶间水肿,淋巴结急性肿胀和出血性浆性浸润;脾常无变化或被小气泡所胀大,血呈暗红色;肝切面有大小不等的棕色干燥病灶,这种病灶死后仍继续扩大,由于产气结果,形成多孔的海绵状态。肾脏也有类似变化,胃肠有时有轻微出血性炎症。

(5)诊断 根据流行病学资料、临床症状和病理变化,可作初步诊断。进一步确诊需采取肿胀部位的肌肉、肝、脾及水肿液,做细菌分离培养和动物试验。动物试验时可用厌气肉肝汤中生长的纯培养物肌肉接种豚鼠,豚鼠在 6～60h 内死亡。

气肿疽易于与恶性水肿混淆,也与炭疽、巴氏杆菌病有相似之处,应注意鉴别。恶性水肿多因创伤引起,气肿不明显,发生部位不定,肌肉无海绵状病变,肝表面触片染色镜检,可见到长丝状的腐败梭菌。炭疽可使各种动物感染,局部肿胀为水肿性,没有捻发音,脾高度肿大,取末梢血涂片镜检,可见到有荚膜竹节状的炭疽杆菌,炭疽沉淀试验阳性。巴氏杆菌病的肿胀部主要见于咽喉部和颈部,为炎性水肿,硬固热痛,但不产气,无捻发音,常伴有急性纤维素性胸膜肺炎的症状与病变,血液或实质脏器涂片染色镜检,可见到两极着色的巴氏杆菌。

(6)防制 本病的发生有明显的地区性。采取土地耕种或植树造林等措施,可使气肿疽梭菌污染的草场变为无害。疫苗接种预防是控制本病的有效措施。中国于1950年以后相继研制出几种气肿疽疫苗,效果良好。近年来又研制成功气肿疽、巴氏杆菌病二联疫苗,效果好。病畜应立即隔离治疗,死畜严禁剥皮吃肉,应深埋或焚烧,以减少病原的散播。病畜圈栏、用具以及被污染的环境用3%福尔马林或0.2%升汞液消毒。粪便、污染的饲料和垫草等均应焚烧销毁。

治疗早期可用抗气肿疽血清,静脉或腹腔注射,同时使用青霉素和四环素,效果较好。局部治疗,可用加有 80 万～100 万 mu 青霉素的 0.25%～0.5%普鲁卡因溶液 10～20mL 于肿胀部周围分点注射。

第十五节　副结核病

副结核病,也叫副结核性肠炎,是主要发生于牛的一种慢性传染病。该病的显著特征是顽固性腹泻和逐渐消瘦,肠黏膜增厚形成皱襞。本病分布广泛,一般养牛地区都可能存在。

(1)**病原** 副结核分枝杆菌,为革兰氏阳性小杆菌,具抗酸染色的特性,与结核杆菌相似。在组织和粪便中多排列成团或成丛,属于分枝杆菌科、分枝杆菌属。本菌对热和消毒药的抵抗力与结核杆菌相似。

(2)**流行病学** 副结核分枝杆菌主要引起牛(尤其是乳牛)发病,幼年牛最易感。除牛外,绵羊、骆驼、猪、马、驴、鹿等动物也可患病。

在病畜体内,副结核杆菌主要位于肠黏膜和肠系膜淋巴结。患病家畜,包括没有明显症状的患畜,从粪便排出大量病原菌,病原菌对外界环境的抵抗力较强,因此可以存活很长时间。经过消化道传播,犊牛吸乳感染或子宫内感染本病。

本病的散播比较缓慢,各个病例的出现往往间隔较长的时间,因此从表面上似呈散发性,但实际上它是一种地方流行性疾病。

虽然幼年牛对本病最为易感,但潜伏期甚长,可达6~12个月,甚至更长,一般在2~5岁时才表现出临床症状,特别是在母牛开始怀孕、分娩以及泌乳时,易出现临床症状。因此在同样条件下,此病在公牛和阉牛比母牛少见得多;高产牛的症状较低产牛更为严重。饲料中缺乏无机盐,可能会促进疾病的发展。

(3)**症状** 病牛体温正常,早期症状为间断性腹泻,以后变为经常性的顽固拉稀。排泄物稀薄、恶臭,带有气泡、黏液和血液凝块。食欲起初正常,精神也良好,随后食欲有所减退、逐渐消瘦、眼窝下陷、精神不好、经常躺卧;泌乳逐渐减少,最后全部停止;皮肤粗糙、被毛粗乱,下颌及垂皮可见水肿。尽管病畜消瘦,但仍有性欲。腹泻有时可暂时停止,排泄物恢复常态,体重有所增加,然后再度发生腹泻。给予多汁青饲料可加剧腹泻症状。如腹泻不止,一般3~4个月因衰竭而死。

(4)**病变** 病畜的身体消瘦。主要病变在消化道和肠系膜淋巴结。消化道的损害常限于空肠、回肠和结肠前段,特别是回肠。有时肠外表无大变化,但肠壁常增厚。浆膜下淋巴管和肠系膜淋巴管常肿大,呈索状。浆膜和肠系膜都有显著水肿。肠黏膜常增厚3~20倍,并发生硬而弯曲的皱褶,黏膜色黄白或灰黄,皱褶突起处常呈充血状态,黏膜上面紧附有黏液,稠而混浊,但无结节和坏死,也无溃疡。肠腔内容物变少。肠系膜淋巴结肿大变软,切面浸润,上有黄白色病灶,但无干酪样变。

(5)**诊断** 根据症状和病理变化,一般可作初步诊断。但顽固性腹泻和消瘦现象也可见于其他疾病,如冬痢、沙门氏菌病、内寄生虫、肝脓肿、肾盂肾炎、创伤性网胃炎、铅中毒、营养不良等,因此,应进行实验诊断以资区别。

①细菌学诊断。已有临床症状的病牛,可刮取直肠黏膜或取粪便中的小块黏液及血液凝块,可取回肠末端与附近肠系膜淋巴结或取回盲瓣附近的肠黏膜,制成涂片,经抗酸染色后镜检。副结核杆菌为抗酸性染色(红色)的细小杆菌,成堆或丛状。镜检时,应注意与肠道中的其他腐生性抗酸菌相区别,后者虽然也呈红色,但较粗大,不呈菌丛状排列。在镜检未发现副结核杆菌时,不可立即作出否定的判断,应隔多日后再对病牛进行检查。有条件或必要时可进行副结核杆菌的分离培养。

②变态反应诊断。对于没有临床症状或症状不明显的家畜,可以用副结核菌素做变态反应试验。变态反应能检出大部隐性型病畜(副结核菌素检出率为94%),这些隐性型病畜,尽管不显临床症状,但其中部分病畜(30%～50%)可能是排菌者。

③血清学诊断。补体结合反应最早用于本病的诊断,与变态反应一样,病牛在出现临床症状之前就对补体结合反应呈阳性反应,但其消失却比变态反应迟。据实际观察,补体结合反应与变态反应具有互补关系,两者不能互相代替,而应配合使用。酶联免疫吸附试验(ELISA)其敏感性和特异性均优于补体结合反应,尤其适宜于检测无症状的带菌牛和症状出现前补体结合反应呈阴性反应的牛。

此外,还有间接血凝试验、免疫荧光抗体及对流免疫电泳等均可用来诊断本病。

④DNA技术。副结核分枝杆菌的特异性DNA探针已经研制成功。这项技术可快速地检出牛粪便中的副结核分枝杆菌DNA片段,使从粪便中检测病菌的时间从以往培养8～12周缩短到24h以内。本法比其他免疫学方法要特异得多,除了与禽分枝杆菌Ⅱ型有交叉外,可以与其他分枝杆菌区别开来。

(6)**防制**　由于病牛往往在感染后期才出现临床症状,因此药物治疗常无效。预防本病重在加强饲养管理,特别是对幼年牛只更应注意给以足够的营养,以增强其抗病力。不要从疫区引进牛只,如已引进,必须进行检查,确证健康时,方可混群。

曾经检出过病牛的假定健康牛群,在随时做观察和定期进行临床检查的基础上,对所有牛只,用副结核菌素作变态反应进行检疫,每年要做4次(间隔3个月)。变态反应阴性牛方准调群或出场。连续3次检疫不再出现阳性反应牛,可视为健康牛群。

对应用各种检查方法检出的病牛,要及时扑杀处理,但对妊娠后期的母牛,可在严格隔离且不散菌的情况下,待产犊3d后扑杀处理;对变态反应阳性牛,要集中隔离,分批淘汰,在隔离期间加强临床检查,有条件时采取直肠刮下物、粪便内的血液或黏液作细菌学检查;对变态反应疑似牛,隔15～30d检疫1次,连续3次呈疑似反应的牛,应酌情处理;变态反应阳性母牛所生的犊牛,以及有明显临床症状或菌检阳性母牛所生的犊牛,应立即和母牛分开,人工喂母牛初乳3d后单独组群,人工喂以健康牛乳,长至1、3、6个月龄时各做变态反应检查1次,如为阴性,可按健康牛处理。

被病牛污染过的牛舍、栏杆、饲槽、用具、绳索和运动场等,要用生石灰、来苏儿、苛性钠、漂白粉、石炭酸等消毒液进行喷雾、浸泡或冲洗。粪便应堆积高温发酵后作肥料用。

关于本病的人工免疫,尚未获得满意的解决方法。国外曾使用菌苗对牛、绵羊进行预防接种,但因免疫效果不佳和使接种牛对变态反应呈阳性反应等问题,而未能推广。

第十六节　传染性角膜结膜炎

传染性角膜结膜炎,又名红眼病,是主要危害牛羊的一种急性传染病,其特征为眼结膜和角膜发生明显的炎症变化,伴有大量流泪。其后发生角膜混浊或呈乳白色。本病广泛分布于世界各国。

它是一种多病原的疾病。已经报道的病原有:牛摩勒氏杆菌(又名牛嗜血杆菌)、立克次体、支原体、衣原体和某些病毒。较近的研究证明,牛摩勒氏杆菌是牛传染性角膜结膜炎的主要病原,但需在强烈的太阳紫外光照射下才产生典型的症状。有人认为,牛传染性鼻气管炎病毒可加强牛摩勒氏杆菌的致病作用。

(1)**流行病学**　牛、绵羊、山羊、骆驼、鹿等,不分性别和年龄,均对本病易感,但幼年动物发病较多。自然传播的途径还不明确,同种动物可以通过直接或密切接触而传染,蝇类或某种飞蛾可机械地传递本病。引进病牛或带菌牛,是牛群暴发本病的一个常见原因。据观察,牛和羊之间一般不能交互感染。

本病主要发生于天气炎热和湿度较高的夏秋季节,其他季节发病率较低。一旦发病,传播迅速,多呈地方流行性或流行性。青年牛群的发病率可高达 60% ~ 90%。刮风、尘土等因素有利于病的传播。

(2)**症状**　潜伏期一般为 3 ~ 7d,病畜一般无全身症状,很少发热,初期患眼羞明、流泪、眼睑肿胀、疼痛,其后角膜突起,角膜周围血管充血、舒张,结膜和瞬膜红肿,或在角膜上发生白色或灰色小点。严重者角膜增厚,并发生溃疡,形成角膜瘢痕及角膜翳。有时发生眼前房积脓或角膜破裂,晶状体可能脱落。多数病例起初一侧眼患病,后为双眼感染。病程一般为 20 ~ 30d。多数可自然痊愈,但往往导致角膜云翳、角膜白斑和失明。

(3)**诊断**　根据眼的临床症状,以及传播迅速和发病的季节性,不难对本病作出诊断。必要时可做微生物学检查或应用沉淀反应试验、凝集反应试验、间接血凝反应试验、补体结合反应试验及荧光抗体技术来确诊。

(4)**防制**　患过本病的动物对重复感染具有一定抵抗力,这也许是成年动物发病较少的原因之一。牛摩勒氏杆菌有许多免疫性不同的菌株,用具有菌毛和血凝性的菌株制成多价苗才有预防作用。犊牛注苗后大约经过 4 周产生免疫力。

病畜应立即隔离,早期治疗。彻底清除厩肥,消毒畜舍。在牧区流行时,应划定疫区,禁止牛、羊等牲畜出入流动。在夏秋季尚需注意灭蝇,避免强烈阳光刺激。

病畜可用 2% ~ 4%硼酸水洗眼,拭干后再用 3% ~ 5%弱蛋白银溶液滴入结合膜囊,每日 2 ~ 3 次。也可滴入青霉素溶液(每毫升含 5000IU),或涂四环素眼膏。如有角膜混浊或角膜翳时,可涂 1% ~ 2%黄降汞软膏

第十七节　牛病毒性腹泻／黏膜病

本病简称牛病毒性腹泻或牛黏膜病。其特征为黏膜发炎、糜烂、坏死和腹泻。本病呈世界性分布,广泛存在于欧美等许多养牛发达国家。1980年以来,中国从德国、丹麦、美国、加拿大、新西兰等10多个国家引进奶牛和种牛,将本病带入中国,并分离鉴定出了病毒。

（1）**病原**　牛病毒性腹泻病毒,又名黏膜病病毒,是黄病毒科,瘟病毒属的成员。为一种单股RNA,有囊膜的病毒,呈圆形。

本病毒能在胎牛肾、睾丸、肺、皮肤、肌肉、鼻甲、气管、胎羊睾丸、猪肾等细胞培养物中增殖传代,也适应于牛胎肾传代细胞系。本病毒与猪瘟病毒、边界病毒为同属病毒,有密切的抗原关系。

（2）**流行病学**　本病可感染黄牛、水牛、牦牛、绵羊、山羊、猪、鹿及小袋鼠,家兔可实验感染。

患病动物和带毒动物是本病的主要传染源。病畜的分泌物和排泄物中含有病毒。绵羊多为隐性感染,但妊娠绵羊常发生流产或生产先天性畸形羔羊,这种羔羊也成为传染源。康复牛可带毒6个月。直接或间接接触均可传染本病,主要通过消化道和呼吸道而感染,也可通过胎盘感染。

本病的流行特点是,新疫区急性病例多,不论放牧牛或舍饲牛,大或小均可感染发病,但发病率通常不高,约为5%,其病死率为90%～100%,发病牛以6～18个月者居多;老疫区则急性病例很少,发病率和病死率很低,而隐性感染率在50%以上。本病常年均可发生,通常多发生于冬末和春季。本病也常见于肉用牛群中,关闭饲养的牛群发病时往往呈暴发式。

（3）**症状**　潜伏期7～14d,人工感染2～3d。就其临床表现,有急性和慢性过程。

急性病牛突然发病,体温升高至40℃～42℃,持续4～7d,有的还有第2次升高。病畜精神沉郁、厌食,鼻眼有浆液性分泌物,2～3d 内可能有鼻镜及口腔黏膜表面糜烂,舌面上皮坏死,流涎增多,呼气恶臭。通常在口内损害之后发生严重腹泻,随后开始水泻,带有黏液和血。有些病牛常有蹄叶炎及趾间皮肤糜烂坏死,从而导致跛行。急性病例恢复的较为少见,通常多死于发病后 1～2 周。

慢性病牛很少有明显的发热症状,但体温可能有高于正常的波动。最引人注意的症状是鼻镜上的糜烂,此种糜烂可在全鼻镜上连成一片。眼中常有浆液分泌物,在口腔内很少有糜烂,但门齿齿龈通常发红。由于蹄叶炎及趾间皮肤糜烂坏死而致的跛行是最明显的症状。大多数患牛死于 2～6 个月内。

母牛在妊娠期感染本病时常发生流产,或产下有先天性缺陷的犊牛。最常见的缺陷是小脑发育不全,患犊可能只呈现轻度共济失调或完全缺乏协调和站立的能力,有的可能会盲目。

(4)病变 主要病变在消化道和淋巴组织。特征性损害是食道黏膜糜烂,呈大小不等形状与直线排列。瘤胃黏膜偶见出血和糜烂,第四胃炎性水肿和糜烂。肠壁因水肿增厚,肠淋巴结肿大,小肠急性卡他性炎症,空肠、回肠较为严重,盲肠、结肠、直肠有卡他性、出血性、溃疡性以及坏死性等不同程度的炎症。在流产胎儿的口腔、食道、真胃及气管内可能有出血斑及溃疡。

(5)诊断 在本病严重暴发流行时,可根据其发病史、症状及病理变化初步诊断,最后确诊需依赖病毒的分离鉴定及血清学检查。

病毒分离应于病牛急性发热期间采取血液、尿、鼻液或眼分泌物,剖检时采取脾、骨髓、肠系膜淋巴结等病料,人工感染易感犊牛或用乳兔来分离病毒;也可用牛胎肾、牛睾丸细胞分离病毒。血清学试验目前应用最广的是血清中和试验,试验时采取双份血清(间隔 3～4 周),滴度升高 4 倍以上者为阳性,本法可用来定性,也可用来定量。此外,还可应用补体结合试验、免疫荧光抗体技术、琼脂扩散试验以及聚合酶链反应(PCR)等方法来诊断本病。

本病应注意与牛瘟、口蹄疫、牛传染性鼻气管炎、恶性卡他热及水疱性口炎、牛蓝舌病等相区别。

(6)防制 本病在目前尚无有效疗法。应用收敛剂和补液疗法可缩短恢复期,减少损失。用抗生素和磺胺类药物,可减少继发性细菌感染。平时预防要加强口岸检疫,从国外引进种牛、种羊、种猪时必须进行血清学检查,防止引入带毒牛、羊和猪。国内在进行牛只调拨或交易时,要加强检疫,防止本病的扩大或蔓延。近年来,猪对本病病毒的感染率日趋上升,不但增加了猪作为本病传染来源的重要性,而且由于本病病毒与猪瘟病毒在分类上同属于瘟病毒属,有共同的抗原关系,使猪瘟的防制工作变得复杂化,因此在本病的防制计划中对猪的检疫也不容忽视。一旦发生本病,对病牛要隔离治疗或急宰。目前可应用弱毒疫苗或灭活疫苗来预防和控制本病。

第十八节　牛传染性鼻气管炎

牛传染性鼻气管炎,又称"坏死性鼻炎""红鼻病",是由病毒引起牛的一种接触性传染病,表现上呼吸道及气管黏膜发炎、呼吸困难、流鼻汁等症状,还可引起生殖道感染、结膜炎、脑膜脑炎、流产、乳房炎等多种病型。

本病的危害性在于,病毒侵入牛体后,可潜伏于一定部位,导致持续性感染,病牛长期乃至终生带毒,给控制和消灭本病带来极大困难。

(1)**病原**　牛传染性鼻气管炎病毒,又称牛(甲型)疱疹病毒,是疱疹病毒科、疱疹病毒亚科甲、水痘病毒属的成员。本病毒为双股 RNA,有囊膜。

本病毒可于猪、羊、马、兔肾,牛胎肾细胞上生长,并可产生病变,使细胞聚集,出现巨核合胞体。无论在体内或体外被感染细胞用苏木紫伊红染色后均可见嗜酸性核内包涵体。本病毒只有一个血清型。与马鼻肺炎病毒、马立克氏病病毒和伪狂犬病病毒有部分相同的抗原成分。

(2)**流行病学**　本病主要感染牛,以 20 ~ 60 日龄的犊牛最为易感。病死率也较高。病牛和带毒牛为主要传染源,常通过空气经呼吸道传染,交配也可传染;病毒也可通过胎盘侵入胎儿引起流产;隐性带毒牛往往是最危险的传染源。

(3)**症状**　潜伏期一般为 4 ~ 6d,有时可达 20d 以上,人工滴鼻或气管内接种可缩短到 18 ~ 72h。本病可表现多种类型,主要有:

呼吸道型:急性病例可侵害整个呼吸道,病初发高热 39.5℃ ~ 42℃,极度沉郁,拒食,有大量黏液脓性鼻漏,鼻黏膜高度充血,出现浅溃疡,鼻窦及鼻镜因组织高度发炎而称为"红鼻子"。有结膜炎及流泪。常因炎性渗出物阻塞而发生呼吸困难及张口呼吸。因鼻黏膜的坏死,呼气中常有臭味。呼吸数常加快,常有深部支气管性咳嗽。有时可见带血腹泻。乳牛病初产乳量大减,后完全停止,病程如不延长则可恢复产量。

生殖道感染型:由配种传染。潜伏期 1~3d,可发生于公、母牛。病初发热、沉郁、无食欲、频尿、有痛感,产乳稍降。阴户联合下流黏液线条,污染附近皮肤,阴门阴道发炎充血,阴道底面上有不等量黏稠无臭的黏液性分泌物;阴门黏膜上出现小的白色病灶,可发展成脓疱,大量小脓疱使阴户前庭及阴道壁形成广泛的灰色坏死膜。生殖道黏膜充血,轻症 1~2d 后消退;严重的病例发热、包皮、阴茎上发生脓疱,随即包皮肿胀及水肿,公牛可不表现症状而带毒,从精液中可分离出病毒。

脑膜脑炎型:主要发生于犊牛。体温升高达 40℃以上。病犊共济失调、沉郁,随后兴奋、惊厥、口吐白沫,最终倒地;角弓反张、磨牙、四肢划动,病程短促,多归于死亡。

眼炎型:一般无明显全身反应,有时也可伴随呼吸型一同出现。主要症状是结膜角膜炎。表现结膜充血、水肿,并可形成粒状灰色的坏死膜。角膜轻度混浊,但不出现溃疡。眼、鼻流浆液脓性分泌物。很少引起死亡。

流产型:一般认为是病毒经呼吸道感染后,从血液循环进入胎膜、胎儿所致。胎儿感染为急性过程,7~10d 后以死亡告终,再经 24~48h 排出体外。因组织自溶,难以证明有包涵体。

(4)病变　呼吸型时,呼吸道黏膜高度发炎,有浅溃疡,其上被覆腐臭黏液脓性渗出物,包括咽喉、气管及大支气管。可能有成片的化脓性肺炎。呼吸道上皮细胞中有核内包涵体,于病程中期出现。第四胃黏膜常有发炎及溃疡。大小肠可有卡他性肠炎。脑膜脑炎的病灶呈非化脓性脑炎变化。流产胎儿肝、脾有局部坏死,有时皮肤有水肿。

非化脓性感觉神经节炎和脑脊髓炎,和黏膜炎症一样,都是本病的主要特征性病变。

(5)诊断　根据病史及临床症状,可初步诊断为本病。确诊本病要做病毒分离。分离病毒的材料,可在感染发热期采取病畜鼻腔洗涤物,流产胎儿可取其胸腔液,或用胎盘子叶。可用牛肾细胞培养分离,再用中和试验及荧光抗体来鉴定病毒。间接血凝试验或酶联免疫吸附试验等均可作本病的诊断或血清流行病学调查。应用核酸探针、PCR 技术检测潜伏的病毒会取得较好的效果。本病应与牛流行热、牛病毒性腹泻 / 黏膜病、牛蓝舌病和茨城病等相区别。

(6)**防制**　由于本病病毒导致的持续性感染,防制本病最重要的措施是必须实行严格检疫,防止引入传染源和带入病毒(如带毒精液)。有证据表明,抗体阳性牛实际上就是本病的带毒者,因此具有抗本病病毒抗体的任何动物都应视为危险的传染源,应采取措施对其严格管理。发生本病时,应采取隔离、封锁、消毒等综合性措施,由于本病尚无特效疗法,病畜应及时严格隔离,最好予以扑杀或根据具体情况逐渐将其淘汰。

关于本病的疫苗,目前有弱毒疫苗、灭活疫苗和亚单位苗(用囊膜糖蛋白制备)3 类。研究表明,用疫苗免疫过的牛,并不能阻止野毒感染,也不能阻止潜伏病毒的持续性感染,只能起到防御临床发病的效果。因此,采用敏感的检测方法(如 PCR 技术)检出阳性牛并予以扑杀可能是目前根除本病的唯一有效途径。

第十九节　牛白血病

牛白血病是牛的一种慢性肿瘤性疾病,其特征为淋巴样细胞恶性增生,进行性恶病质和高度病死率。

本病早在 19 世纪末被发现,目前本病分布广泛,几乎遍及全世界养牛的国家。

(1)**病原**　本病病原为牛白血病病毒(简称 BLV)。本病毒属于反录病毒科、丁型反录病毒属。病毒粒子呈球形,外包双层囊膜,病毒含单股 RNA,能产生反转录酶。本病毒是一种外源性反转录病毒,存在于感染动物的淋巴细胞 DNA 中。本病毒具有凝集绵羊和鼠红细胞的作用。病毒可用羊胎肾传代细胞系和蝙蝠肺传代细胞系进行培养。

（2）**流行病学** 本病主要发生于牛、绵羊、瘤牛，水牛和水豚也能感染。在牛，本病主要发生于成年牛，尤以 4～8 岁的牛最常见。病畜和带毒者是本病的传染源。潜伏期平均为 4 年。血清流行病学调查结果表明，本病可水平传播、垂直传播及经初乳传染给犊牛。

近年来证明吸血昆虫在本病传播上具有重要作用。被污染的医疗器械（如注射器、针头），可以起到机械传播本病的作用。

目前尚无证据证明本病毒可以感染人，但要作出本病毒对人完全没有危险性的论断还需进一步研究。

（3）**症状** 本病有亚临床型和临床型两种表现。亚临床型无瘤的形成，其特点是淋巴细胞增生，可持续多年或终身，对健康状况没有任何扰乱。这样的牲畜有些可进一步发展为临床型。此时，病牛生长缓慢，体重减轻。体温一般正常，有时略为升高。从体表或经直肠可摸到某些淋巴结呈一侧或对称性增大。腮淋巴结或股前淋巴结常显著增大，触摸时可移动。如一侧肩前淋巴结增大，病牛的头颈可向对侧偏斜；眼眶后淋巴结增大可引起眼球突出。出现临床症状的牛，通常均取死亡转归，但其病程可因肿瘤病变发生的部位、程度不同而异，一般在数周至数月之间。

（4）**病变** 身体常消瘦、贫血。腮淋巴结、肩前淋巴结、股前淋巴结、乳房上淋巴结和腰下淋巴结常肿大，被膜紧张，呈均匀灰色，柔软，切面突出。心脏、皱胃和脊髓常发生浸润。心肌浸润常发生于右心房、右心室和心隔，色灰而增厚。循环扰乱导致全身性被动充血和水肿。脊髓被膜外壳里的肿瘤结节，使脊髓受压、变形和萎缩。皱胃壁由于肿瘤浸润而增厚变硬。肾、肝、肌肉、神经干和其他器官亦可受损，但脑的病变少见。

（5）**诊断** 临床诊断基于触诊发现增大的淋巴结（腮、肩前、股前）。在疑有本病的牛只时，直肠检查具有重要意义。尤其在病的初期，触诊骨盆腔和腹腔的器官可以发现白血组织增生的变化，常在表现淋巴结增大之前。具有特别诊断意义的是腹股沟和髂淋巴结的增大。

对感染淋巴结做活组织检查，发现有成淋巴细胞（瘤细胞），可以证明有肿瘤的存在。尸体剖检可以见到特征的肿瘤病变。最好采取组织样品（包括右心房、肝、脾、肾和淋巴结）做显微镜检查来确定诊断。琼脂扩散、补体结合、中和试验、间接免疫荧光技术、酶联免疫吸附试验等,一般认为这些试验都比较特异,可用于本病的诊断。

(6)防制 本病尚无特效疗法。根据本病的发生呈慢性持续性感染的特点,防制本病应采取以严格检疫、淘汰阳性牛为中心,包括定期消毒、驱除吸血昆虫、杜绝因手术、注射可能引起的交互传染等在内的综合性措施。无病地区应严格防止引入病牛和带毒牛;引进新牛必须进行认真的检疫,发现阳性牛立即淘汰,但不得出售,阴性牛也必须隔离 3~6 月以上方能混群。疫场每年应进行 3~4 次临床、血液和血清学检查,不断剔除阳性牛;对感染不严重的牛群,可借此净化牛群,如感染牛只较多或牛群长期处于感染状态,应采取全群扑杀的坚决措施。对检出的阳性牛,如因其他原因暂时不能扑杀时,应隔离饲养,控制利用;肉牛可在肥育后屠宰。阳性母牛可用来培养健康后代,犊牛出生后即行检疫,阴性者单独饲养,喂以健康牛乳或消毒乳,阳性牛的后代均不可作为种用。

第二十节　牛结节性皮肤病

牛结节性皮肤病(LSD)是由痘病毒科山羊痘病毒属牛结节性皮肤病病毒引起的牛全身性感染疫病,临床以皮肤出现结节为特征,该病不传染人,不是人畜共患病。世界动物卫生组织(OIE)将其列为法定报告的动物疫病,农业农村部暂时将其作为二类动物疫病管理。

(1)病原 引起牛结节性皮肤病的病原为牛结节性皮肤病病毒。牛结节性皮肤病病毒为双链 DNA 病毒。该病毒属于痘病毒科羊痘病毒属,呈砖块状或椭圆形,大小为 260~320 μm,为较小的痘病毒。通过对其 DNA 进行分析表明,其与羊痘病毒毒株之间的同源性可达 80%,与山羊痘病毒和绵羊痘病毒的基因组核苷酸有 96% 的同源性。牛结节性皮肤病病毒对热敏感,55℃条件下加热 2h 或 65℃条件下加热 30min 便可灭活;耐冻融,在 -90℃可保存 10 年,在受感染的组织液 4℃可保存 6 个月。病毒粒子对酸或碱敏感,可在 pH 值 6.6~8.6 的环境中长期存活;对 20%乙醚、氯仿、1%福尔马林敏感;对次氯酸钠(2%～3%)、苯酚(2%)、碘化合物(1：33 稀释液)和季铵化合物(0.5%)等也敏感。此外,病毒粒子对阳光也敏感,在黑暗条件下可保持活力长达几个月。

（2）流行病学　感染牛结节性皮肤病病毒的牛为本病的主要传染源。感染牛和发病牛的皮肤结节、唾液、精液等含有病毒。可通过直接接触传播,但比例和效率比较低,共用水源和新引进动物到牛群,可增加牛结节性皮肤病暴发风险。牛结节性皮肤病病毒可通过母牛子宫内传播, 也可通过被污染的牛奶或母牛损伤的乳房和乳头将牛结节性皮肤病病毒传播给牛犊。污染的精液也可传播牛结节性皮肤病病毒。因此,在牛结节性皮肤病暴发期间,人工授精或自然配种存在传染疫病的风险。牛结节性皮肤病病毒也可通过间接接触方式传播,病牛污染的环境、污染物及媒介,如用具、饲料、垫草以及病牛粪便、分泌物、毛皮等。

该病主要发生于吸血虫活跃季节,节肢动物可传播多种痘病毒,如禽痘、黏液痘等。已经证实,蚊子可能传播牛结节性皮肤病病毒。严重感染动物的损伤皮肤含有高滴度的病毒,这为吸血节肢动物提供了丰富的污染来源。最近发现,非叮咬的苍蝇也发挥传播作用。其作为媒介,通过采食因牛结节性皮肤病死亡的动物尸体,从含高滴度的损伤皮肤或体液中携带病毒。非洲硬蜱也可传播牛结节性皮肤病病毒。可通过相互舔舐传播,摄入被污染的饲料和饮水也会感染该病,共用污染的针头也会导致在群内传播。感染公牛的精液中带有病毒,可通过自然交配或人工授精传播。能感染所有牛,无年龄差异,潜伏期为 28d。发病率可达 2% ～45 %。病死率一般低于 10%。

（3）临床症状　临床表现差异很大,跟动物的健康状况和感染的病毒量有关。体温升高,可达 41℃,可持续 1 周。浅表淋巴结肿大,特别是肩前淋巴结肿大。奶牛产奶量下降。精神消沉,不愿活动,眼结膜炎、流鼻涕、流涎,发热后 48h 皮肤上会出现直径 10～50mm 的结节,以头、颈、肩部、乳房、外阴、阴囊等部位居多。结节可能破溃,吸引蝇蛆,反复结痂,迁延数月不愈。口腔黏膜出现水泡,继而溃破和糜烂。牛的四肢及腹部、会阴等部位水肿,导致牛不愿活动。公牛可能暂时或永久性不育。怀孕母牛流产,发情延迟可达数月。牛结节性皮肤病与牛疱疹病毒病、伪牛痘、疥螨病等临床症状相似,需开展实验室检测进行鉴别诊断。

（4）病理变化　消化道和呼吸道内表面有结节病变。淋巴结肿大、出血;心脏肥大,心肌外表充血、出血,呈现斑块状瘀血;肺脏肿大,有少量出血点;肾脏表面有出血点;气管黏膜充血,气管内有大量黏液;肝脏肿大,边缘钝圆;胆囊肥大,为正常2~3倍,外壁有出血斑;脾脏肿大,质地变硬,有出血状况;胃黏膜出血。小肠弥漫性出血。

(5)**诊断** 可通过特异的临床症状、病理变化作初步诊断,同时要注意与牛疱疹病毒–2(BHV–2)感染、昆虫叮咬、贝诺孢子虫病、盘尾丝虫病和嗜皮菌病引起的皮肤损伤进行鉴别诊断,因为这些病与牛结节性皮肤病极为相似,很难区分,但确诊需要进一步进行实验室病原学和血清学技术检测。

实验室诊断采取的方法有病原学方法和血清学技术检测。病原学方法有病原的分离与鉴定,取新鲜病料经适当方法处理后接种于易感细胞进行病毒分离,出现细胞病变后用血清中和试验或间接免疫荧光试验进行鉴定。同时,可取病料切片直接进行荧光抗体染色观察分析,也可透射电子显微镜观察检查,是牛结节性皮肤病病毒最直接快速的鉴定方法。还有聚合酶链反应、环介导的等温扩增试验、重组酶多聚酶扩增等。血清学检测技术有病毒中和试验、蛋白印迹分析法、间接酶联免疫吸附试验等。病毒分离鉴定工作应在中国动物卫生与流行病学中心(国家外来动物疫病研究中心)或农业农村部指定实验室进行。

(6)**防制** 按照动物防疫法和农业农村部规定,对牛结节性皮肤病疫情实行快报制度。任何单位和个人发现牛出现疑似牛结节性皮肤病症状,应立即向所在地畜牧兽医主管部门、动物卫生监督机构或动物疫病预防控制机构报告,有关单位接到报告后应立即按规定通报信息,按照"可疑疫情—疑似疫情—确诊疫情"的程序认定疫情。

在牛只运输过程中发现的牛结节性皮肤病疫情,由疫情发现地负责报告、处置,计入牛只输出地。

相关单位在开展疫情报告、调查以及样品采集、送检、检测等工作时,应及时做好记录备查。疑似、确诊病例所在省份的动物疫病预防控制机构,应按疫情快报要求将疑似、确诊疫情及其处置情况、流行病学调查情况、终结情况等信息按快报要求,逐级上报至中国动物疫病预防控制中心,并将样品和流行病学调查信息送中国动物卫生与流行病学中心。中国动物疫病预防控制中心依程序向农业农村部报送疫情信息。牛结节性皮肤病疫情由省级畜牧兽医主管部门负责定期发布,农业农村部通过《兽医公报》等方式按月汇总发布。

按照二类动物传染病处置措施紧急处置,立即扑杀所有确诊发病牛,对扑杀和病死牛进行无害化处理,同时做好同群牛临床监视,对养殖环境进行彻底清洗、消毒,杀灭蚊蝇等昆虫媒介。

县级以上畜牧兽医主管部门提出申请,经省级畜牧兽医主管部门批准,报农业农村部备案后采取免疫措施。免疫常采用国家批准的山羊痘弱毒活疫苗对疫情所在县的健康牛只进行紧急免疫,建立免疫带。扑杀、紧急免疫完成后的1个月内,限制同群牛移动,禁止发生疫情县活牛调出。同时,加强流行病学调查,查明疫情来源和可能传播去向,及时消除疫情隐患。实施产地检疫时,对已免疫的牛只,应在检疫合格证明中备注免疫日期、疫苗批号、免疫剂量等信息。

加强边境地区防控,坚持内防外堵,切实落实边境巡查、消毒等各项防控措施。与牛结节性皮肤病疫情流行的国家和地区接壤省份的相关县(市)建立免疫隔离带。牛的饲养、屠宰、隔离等场所必须符合《动物防疫条件审查办法》规定的动物防疫条件,建立并实施严格的卫生消毒制度。养牛场(户)应提高场所生物安全水平,实施吸血虫媒控制措施,灭杀饲养场所吸血昆虫及幼虫,清除滋生环境。

第十章 牦牛寄生虫病防治

第一节 寄生虫病概述

一、寄生生活、寄生虫及宿主的概念

寄生生活是自然界中两个生物体之间的一种特殊的生活方式,其中一个生物体生活在另一个生物体的体表或体内,从另一种生物体吸取营养,并对其造成毒害,这种生活方式称为寄生生活。寄生生活的动物称为寄生虫,而被寄生虫寄生的动物称宿主。

二、寄生虫的类型

寄生虫按寄生生活时间的长短和寄生部位可分为若干类型。

按寄生生活的时间长短,寄生虫分为暂时性寄生虫和固定性寄生虫。暂时性寄生虫是在它整个生存期中,只是短时期地侵袭宿主,以获得营养,解除饥饿,如侵袭人畜的雌蚊。固定性寄生虫是在宿主体内或体表经过一定发育期的寄生虫,它又分为永久性寄生虫和周期性寄生虫,前者是指在宿主体表或体内度过一生的寄生虫,如螨类;后者是指一生中只有部分发育阶段在宿主体内或体表完成的寄生虫,如肝片形吸虫。

按寄生部位,寄生虫可分为外寄生虫和内寄生虫。外寄生虫指生活于宿主的体表或体表直接相通的腔窦中的寄生虫,如蜱、螨、虱等。内寄生虫指生活在宿主体内的寄生虫,寄生于消化道、肺、肝及其他器官、组织、细胞和体腔等。

三、宿主的类型

根据寄生虫的发育特性及其对寄生生活的适应程度,可将寄生虫的宿主分成终末宿主、中间宿主、补充宿主、贮藏宿主等不同类型。

终末宿主:寄生虫成虫期寄生的宿主称为终末宿主,寄生虫能在其体内发育到性成熟阶段,并进行有性繁殖。

中间宿主:寄生虫幼虫期寄生的宿主称为中间宿主。寄生虫在中间宿主体内只能发育到幼虫阶段,不能达到性成熟期,但有些寄生虫可在中间宿主体内进行无性繁殖,如肝片形吸虫的毛蚴侵入椎实螺(中间宿主)体内后,经过继续发育和无性繁殖,最后可形成数百条尾蚴。

补充宿主:某些寄生虫在其幼虫发育期中需要2个中间宿主,其第2个中间宿主称为补充宿主。

贮藏宿主:它是寄生虫生活中的非必需宿主,是指有些寄生虫的虫卵或幼虫可以进入某种动物体内,在其体内保存生命力和感染力,但不能继续发育,这样的动物称为贮藏宿主。如在土壤中发育到感染期的鸡蛔虫卵被蚯蚓吞食后,虫卵在蚯蚓体内长期保存着生命力和感染力,但不能继续发育,蚯蚓就成为鸡蛔虫的贮藏宿主。

寄生虫的宿主多是固定的。在寄生虫的整个发育期中,有的只需要1个宿主(如猪蛔虫只需要猪作为终末宿主);有的需2个宿主(如肝片形吸虫,牛、羊是终末宿主,椎实螺是中间宿主),有的需要3个宿主(如胰阔盘吸虫,其终末宿主是牛、羊,中间宿主是丽螺,补充宿主是蟊斯)。

四、寄生虫病发生的条件

寄生虫病的发生必须具备3个条件,即寄生虫的致病力、宿主机体的感受性和外界条件的影响。

(一)寄生虫的致病力

寄生虫的致病作用是多种多样的,主要为以下几种形式。

1. 机械作用:包括由寄生虫的固着、移行和在寄生部位上造成的各种机械性的影响。

(1)固着:寄生虫用自己的固着器官,如吸虫的吸盘,绦虫头节上的吸盘、顶突和小钩,线虫的叶冠和齿,棘头虫带棘钩的吻突等,固着于所寄生宿主的器官组织上,给这些器官组织造成损伤,甚至出血、发炎。

(2)移行:各种寄生虫都有自己的寄生部位,有些寄生虫侵入宿主机体后,经过一定途径的移行才能到达寄生部位,在其移行过程中破坏了宿主器官的完整性,造成组织损伤。如肝片形吸虫的囊蚴侵入羊消化道后,脱囊的幼虫,一部分经门静脉到达肝脏,一部分穿过肠壁由肝表面进入肝脏,它们都要穿过肝实质才能到达肝脏胆管,结果引起了肝的损伤。

(3)压迫:有些寄生虫体积较大,压迫所寄生宿主的器官,发生组织萎缩。如棘球蚴压迫肝、肺引起的疾病。有些寄生虫虽然体积不大,但由于寄生于宿主的重要生命器官,同样可因压迫引起严重疾病,如寄生于脑的多头蚴、囊尾蚴等。

(4)阻塞:许多寄生虫寄生于消化道,呼吸道及其附属腺体(肝、胰)等具有管道的器官中,常由于大量寄生而引起这些器官阻塞,发生严重的疾病,如猪蛔虫引起的肠阻塞、胆道阻塞等。

(5)破坏:细胞内寄生的原虫,在繁殖过程中大量破坏宿主机体活的组织细胞,引人起疾病。如寄生于红细胞内的梨形虫引起红细胞的大量破坏,寄生于肠上皮细胞的球虫造成肠上皮细胞的大量破坏等。

2. 夺取营养:寄生虫生存所需要的全部营养物质,都来源于宿主机体,并引起宿主机体的大量营养消耗。

寄生虫吸取营养的方式,通常有两种类型。一种是有消化器官的寄生虫(吸虫、线虫、蜘蛛昆虫),用口摄取宿主的血液、体液、组织和食糜,经消化器官进行消化和吸收;另一种是无消化器官的寄生虫(绦虫、棘头虫),通过表皮摄取营养物质。电镜下的研究证明,不同种寄生虫用表皮摄取营养的方式也是不同的。如绦虫依靠体表上突出的微毛吸收营养,经胞质管道输送到皮层细胞体;棘头虫依靠布满体表的细孔摄取营养,细孔的管道向下延伸,并形成很多分支。寄生原虫通过渗透和内吞摄取营养,内吞是依靠胞口或其他类器官进行吞噬滋养的方式。

寄生虫所需要的营养物质非常全面,除蛋白质、碳水化合物和脂肪类物质外,还需要大量的维生素、矿物质及微量元素。如羊感染肝片形吸虫和鸡感染蛔虫后,肝脏维生素 A 的含量急剧下降;羊感染莫尼茨绦虫后,体内维生素 B1 含量减少,导致引起神经症状。这种维生素的缺乏,常使宿主继发维生素缺乏症,降低抵抗力,使疾病恶化。

3. 毒素影响:寄生虫在宿主机体生活过程中,虽然不如病原微生物那样产生致病力很强的毒素,但其分泌物、代谢产物以及死亡虫体的分解产物,对宿主机体都有毒害作用。吸血的寄生虫分泌溶血物质和乙酰胆碱类物质,使宿主血液凝固缓慢,血液流出量增加;以宿主组织为营养的寄生虫和发育中需要移行的寄生虫,分泌蛋白酶、蛋白水解酶和透明质酸酶,溶解组织,甚至可以破坏腱和软骨等坚实组织的完整性;有些消化道寄生虫,分泌对宿主消化酶有抑制作用的拮抗酶,使宿主消化酶的活性降低,影响消化机能。寄生原虫分泌的毒素毒力强,如锥虫毒素可引起动物发热、损伤血管壁、溶解红细胞、抑制造血机能和引起神经机能紊乱。寄生虫的代谢产物和死亡虫体的分解产物,对宿主机体同样有毒害作用。如用血矛线虫病羊的胃内容物喂兔,引起兔造血机能的明显抑制;用艾美尔球虫浸出物给兔肌肉或腹腔注射,引起发病,甚至死亡。

4. 接种和激活病原微生物:寄生虫与病原微生物有密切关系,主要表现在以下方面。

(1)某些蜘蛛昆虫叮咬动物时,接种病原微生物,如蜱传递脑炎病毒、布氏杆菌;吸血昆虫传递马传贫病毒和脑炎病毒等。

(2)蠕虫从外界环境带入病原微生物。

(3)移行期幼虫钻过肠壁时,使微生物进入肠壁、甚至到达各个器官打开了门户。

(4)激活宿主体内处于潜伏状态的微生物和条件菌。

(5)降低宿主机体抵抗力,促进传染病的发生,或使传染病病情加重。

(6)寄生虫与病原微生物发生协同作用,引起宿主发病,如鸡球虫与马立克病毒共同感染,同时发生球虫病与马立克病等。

此外寄生虫之间的关系也很密切,如某些蜘蛛昆虫是寄生性原虫的传播者

(蜱传递梨形虫)和蠕虫的中间宿主(蚊是各种丝虫的中间宿主,蝇是鸡赖利绦虫的中间宿主);有的蠕虫是寄生原虫的贮藏宿主(鸡异刺线虫是火鸡组织滴虫的贮藏宿主);有些蠕虫共同感染,引起协同致病作用(猪蛔虫、猪食道口线虫和猪毛首线虫共同感染,使猪患病)。

5. 变态反应:宿主机体感染寄生虫后,其代谢产物和死亡分解产物可以致敏机体,再感染该种寄生虫后可引起变态反应。变态反应是机体的保护性反应,但也可对机体产生病理性影响,这种病理影响有 4 种类型。

第 1 种类型为过敏症,也称速发型超敏反应,表现为宿主血液供应量的增加和平滑肌的痉挛性收缩,如蛔虫病时的支气管哮喘和肺嗜酸性细胞的增多症。

第 2 种类型为溶解型,也称细胞毒型。巴贝斯虫病和锥虫病时的溶血性贫血,可能为该型的代表。

第 3 种类型为炎症型,也称毒物复合物综合征,如分体吸虫病时的肾小球肾炎。

第 4 种类型为肉芽肿型,也称迟发型超敏反应,如分体吸虫病时肝组织内虫卵周围的肉芽肿性组织增生。

(二)宿主机体的感受性

寄生虫病的发生,除取决于寄生虫的致病力外,还取决于被感染动物的感受性及其抵抗力。

通常寄生虫只能在一种或几种动物体内生活、发育和繁殖,而不能在所有品种动物体内生活、发育和繁殖,这种寄生虫对宿主的专一性,就是机体抵抗力的一种表现形式。此外,宿主机体年龄的不同,对寄生虫的抵抗力也不同,如鸡球虫对雏鸡最容易感染,对成年鸡则不容易感染。在同一个畜群中,不同的个体对寄生虫的抵抗力也是不同的。在影响宿主机体抵抗力的诸多因素中,最重要的因素是机体的营养状态。一般说来,机体营养状况越好,对寄生虫的抵抗力越强;反之,机体的营养状况越差,对寄生虫的抵抗力越弱,感受性越大。影响机体营养状况主要是日粮的营养成分,特别是蛋白质、维生素和矿物质含量。所以,我们在饲养家畜时,必须注意全价饲养。

(三)外界环境的影响

在寄生虫病的发生中,除寄生虫的致病力和宿主机体的感受性有直接关系外,外界条件也有很大影响,这些影响主要表现在以下方面。

1. 对寄生虫的影响:在寄生虫中,只有少数永久性寄生虫不离开动物体,在宿主体内或体表完成其所有的发育阶段。多数寄生虫过着周期性或暂时性寄生生活,其整个生活过程中,有一个或几个发育阶段必须在外界环境中完成,因此,外界条件直接影响它们体外阶段的发育,甚至决定其生存与死亡。在外界条件中,起决定因素的是温度、水、空气、阳光、土壤、植被、海拔高度与动物区系。

寄生虫的体外发育阶段必须有适宜的温度,高于或低于这个温度,发育都会停止,甚至死亡。如猪蛔虫卵的适宜发育温度为 22℃~23℃,随着温度升高,发育速度加快;高于 35℃则发育不正常,37℃引起死亡,低于 12℃,发育停止,低于 -27℃仍保存生命力,低于 -30℃死亡。

多数寄生虫的体外发育阶段需要潮湿的环境,甚至有些寄生虫的胚(虫卵、幼虫等)须在水中完成发育。因此,地势的高低,降雨量的大小、河流湖泊的有无,都影响寄生虫的发育,并成为寄生虫病发生的重要因素。此外,直射日光照射和沙石土壤,都易使寄生虫的虫卵、幼虫和卵囊死亡。

上述外界条件除影响寄生虫体外发育阶段的生存、发育和能否顺利达到感染期外,还影响其侵入机体后的毒力。

2. 对中间宿主和传播者的影响:有些寄生虫的发育需要中间宿主参加,有些寄生虫的传递需要传播者。因此,在一定地区某些寄生虫的中间宿主和传播者的存在与否,是该种寄生虫病能否发生的重要原因。中间宿主和传播者都有自己固有的生物学特性,所以温度、水、空气、阳光、植被、地势等都直接影响寄生虫的中间宿主和传播者的生存、发育和繁殖,间接影响疾病的发生。

3. 对传播途径的影响:寄生虫完成体外发育阶段后,有适宜的途径和机会才能侵入宿主机体,发生感染。寄生虫的侵入和外界条件,特别是和饲养管理方式有直接关系。如网上笼养鸡很少发生蠕虫病,而地面运动场养鸡则易发生;圈养猪很少发生囊虫病,散放猪易感染猪囊虫病等等。

4. 对动物机体的影响:外界条件(气温、降雨量、放牧条件、饲料质量、饮水性质等)直接影响机体的抵抗力,影响寄生虫病的发生。如冬、春季放牧不足,青黄不接,动物采食不足,可使机体抵抗力下降,寄生虫乘机发育,引起疾病。

综上所述,寄生虫病的发生取决于寄生虫的侵袭力、致病力和侵袭数量;取决于宿主机体对寄生虫的抵抗力；取决于外界条件对寄生虫、寄生虫的中间宿主和传播者以及宿主机体的影响。

五、寄生虫病的流行病学

寄生虫病的流行病学，是研究动物群体中寄生虫病发生发展规律的科学，包括寄生虫病的感染来源、感染途径、病程和流行形式、地理分布和季节动态等内容。

（一）感染来源

感染来源通常指患某种寄生虫病的动物和带虫动物。带虫动物是指患寄生虫病康复或处于隐性感染的动物，它们虽然不表现临床症状，但保留一定量的寄生虫。病畜或带虫动物通过分泌物和排泄物把病原体排出体外，污染外界环境，造成其他动物的感染。

此外，还应注意外界环境中被寄生虫病病原体感染的贮存者，即某些寄生虫的中间宿主、补充宿主、贮藏宿主和传播者。在寄生虫病的发生和流行中，它们也是感染来源。

（二）感染途径

寄生虫病的感染途径主要有以下几种。

1. 经口感染：寄生虫病的病原体在外界环境中发育到感染期后，随被污染的饲料、牧草、饮水或连同寄生虫的中间宿主一起，在动物采食或饮水时被吃入而发生感染。

2. 经皮肤感染：感染期的幼虫从健康皮肤钻入感染。

3. 接触感染：病畜和带虫动物与健康动物直接或间接接触时发生的感染。

4. 经生物媒介感染：生物媒介主要是一些节肢动物，有的是某些寄生虫的中间宿主，有的是某些寄生虫的机械传递者，通过它们侵袭动物，把感染期寄生虫注入宿主体内而发生感染。

5. 胎盘感染：在妊娠动物体内，寄生虫通过胎盘进入胎儿体内发生感染。已经证实可通过胎盘感染的寄生虫，有弓形虫和移行期的牛蛔虫幼虫、日本分体吸虫幼虫等。

此外，有些寄生虫病还可使宿主发生自身感染，如猪肉带绦虫患畜由于肠道逆蠕动，使孕卵节片进入胃中，在胃内虫卵脱壳，六钩蚴逸出后回到肠道感染，引起囊尾蚴病。也有些寄生虫可主动侵入宿主天然孔进行感染,如绵羊狂蝇的雌蝇飞入绵羊鼻腔,直接产幼虫感染。

(三)病程和流行形式

动物感染寄生虫病后,只有原虫和少数其他寄生虫(如螨)能通过繁殖直接增加数量,多数寄生虫只是在感染后继续完成其个体发育,不再增加数量。因此,多数寄生虫病呈慢性经过,甚至不呈现临床症状,只是引起动物生产能力降低,只有少数寄生虫病呈急性或亚急性经过。

寄生虫病的发生和流行受很多因素制约,如寄生虫的生物学特性、寄生虫中间宿主和传播者的生物学特性及外界因素对寄生虫、中间宿主和传播者的影响等。这诸多因素制约的结果,使寄生虫病的传播受到一定限制,因此在流行形式上,只有极少数寄生虫病呈流行性,绝大多数寄生虫病呈地方流行性,部分寄生虫病只有散发病例。

(四)地理分布

不同地理区域的温度、降水量和植被类型有明显的差异,直接影响动物种群分布,这些动物种群包括寄生虫的终末宿主、中间宿主和传播者。随着各地寄生虫的终末宿主、中间宿主和传播者的不同,影响着与其相关的寄生虫分布。同时,各种寄生虫对自然条件的适应性也不一样,有的寄生虫适应于高湿度条件,有的寄生虫则恰恰相反;有的寄生虫适应于较温暖的条件,有的适应于较寒冷的条件。这也是不同区域的自然条件影响寄生虫分布的原因。

一般规律是,直接发育史的寄生虫其地理分布较广,间接发育史的寄生虫其地理分布受到严格的限制。直接发育史的寄生虫又称为土源性寄生虫,是指发育过程中不需要中间宿主或感染过程中不需要传播者的寄生虫;间接发育史的寄生虫又称为生物源性寄生虫,指发育中需要中间宿主或感染时需要传播者的寄生虫。

(五)季节动态

寄生虫的发育史比较复杂,各种寄生虫都有自己固有的发育过程,其中多数寄生虫都有1个或几个发育阶段必须在外界环境中完成,因此外界条件,特别是湿度和温度,直接影响着体外发育阶段的完成,间接影响着动物感染的时间和发病的季节。同样,外界条件还直接影响着寄生虫的中间宿主和传播者的发育,所以由生物源性寄生虫引起的疾病具有更明显的季节性。

总之,各种寄生虫病都有自己的流行病学特点,同一种寄生虫病在不同地区的流行病学特性也各不相同。中国幅员辽阔,自然条件差异很大,各地区寄生虫病的种类及其流行病学都有所不同,只有掌握当地寄生虫病的流行病学资料,才能为制定正确的防治措施方案提供科学依据。

六、寄生虫病的免疫特点及其影响因素

(一)寄生虫病免疫的基本原理

寄生虫病的免疫是宿主对所感染寄生虫的保护性应答,其基本原理与微生物的感染大体相似,分为先天免疫和获得性免疫。

先天免疫又称为非特异性免疫,包括种地免疫、年龄免疫和个体差异。

获得性免疫又称为特异性免疫,包括细胞免疫和体液免疫,其产生机理与微生物感染后发生的细胞免疫和体液免疫基本相同。有所不同的是抗原物质,在寄生虫病的免疫发展中,抗原物质是寄生虫及其生活产物。寄生虫的生活史比微生物复杂得多,整个生活史可以分为几个不同的发育阶段,各发育阶段都有各自的生理生化特性,因此寄生虫的抗原是相当复杂的,存在各发育阶段具有的共同抗原,又存在只有某一发育阶段才有的特异性抗原,其中能激发动物产生防御再感染的保护性免疫抗原,称为功能性抗原。功能性抗原来自活着的寄生虫,如寄生虫的分泌物,蠕虫幼虫在孵化、蜕皮、入侵和寄生虫的结囊时所释放出来的物质等。

(二)寄生虫病免疫的特点

寄生虫病的免疫虽然与微生物引起的免疫有许多相似之处,但免疫效果不如后者。如寄生虫病的免疫期较短,除原虫引起的免疫期比较长外,多数寄生虫病的免疫期只有几个月,许多蠕虫引起的免疫只有几十天。

寄生虫病引起的免疫多为带虫免疫。带虫免疫的特点是,寄生虫刺激宿主机体产生免疫后,不能将它们全部地杀死或排除,寄生虫还保留一定数量,继续刺激宿主机体维持免疫状态,对相应寄生虫的再感染保持一定的免疫力。但是,一旦体内虫体完全被杀死或排除,宿主随着体内的虫体消失而丧失了免疫力。实质上,带虫免疫的宿主多是带虫动物,是寄生虫病流行的感染来源。

寄生虫病免疫的表现形式,取决于所形成的免疫强度。最强度的免疫为清除

性免疫,不但能把体内相应的寄生虫全部消灭,而且对再感染有长期的保护力。但这样的免疫形式较少,多表现为对寄生虫的抑制作用,如抑制生长发育、缩短生活期限、降低繁殖力、影响后裔的生命力,抵御相应寄生虫的再感染。

在寄生虫病的流行上,存在一种"自愈现象"。"自愈现象"就是受到某种蠕虫感染的宿主,当再遭到同种寄生虫感染时,宿主将新感染的和原本体内存在的同种及其他种寄生虫全部清除体外。产生自愈现象的原因,一般认为是超敏性变态反应。

(三)影响免疫的因素

影响免疫的因素主要有以下几方面。

1. 宿主的营养状况:宿主的营养状况越好,越容易形成坚强的免疫。决定宿主营养状况的基本因素是饲料的营养成分,特别是蛋白质、维生素和矿物质的含量。如鸡增加动物性蛋白饲料,可以增强抗鸡蛔虫的免疫力;绵羊饲料中补给维生素A,使感染的肝片吸虫幼虫多数不能发育,被结缔组织包围;日粮中补充食盐,增强了绵羊对胃肠道线虫的抵抗力。

2. 宿主的年龄:一般随着动物的生长、发育,各器官的生理机能不断加强,防御机能不断完善,抗寄生虫病的能力也不断增强。同时在宿主的生活过程中,随着年龄的增长,可逐渐多地接触寄生虫的抗原物质,使宿主逐渐形成对相应寄生虫的获得性免疫,但也有反的情形,某些寄生虫对成年动物更易感,如某些梨形虫。

3. 感染特性:通常寄生虫少量多次感染,可以使宿主机体产生较强大的免疫,而一次大剂量的感染,可使机体发生免疫麻痹,不产生免疫,造成急性感染。如夏秋季节在面积有限的草地上放牧大量绵羊,常因短时期内感染大量血矛线虫病而发生急性型血矛线虫病。

第二节　寄生虫病防治原则

防治寄生虫病必须贯彻"预防为主""防重于治"的方针,采取综合性的措施。

一、治疗、驱虫和药物预防

(一)治疗

治疗的目的是用抗寄生虫药物治疗病畜,使其恢复健康。治疗还可以起到灭绝病原的作用,即在治疗过程中杀死或驱除寄生虫,制止寄生虫的繁殖,防止病原体的扩散。治疗病畜要在正确诊断的基础上,坚持早期治疗的原则。对于某些患直接接触感染寄生虫病的动物,在治疗过程中应将病畜隔离起来。治疗时应加强护理,改善饲养管理条件,促进病畜康复。

(二)驱虫

驱虫是用抗寄生虫药物把动物体内的寄生虫驱出体外。按目的不同,分为治疗性驱虫和预防性驱虫。治疗性驱虫是对患寄生虫病动物采取的紧急措施,通过治疗性驱虫使病畜恢复健康。治疗性驱虫没有时间和季节的限制,只要出现患病动物立即采取措施。预防性驱虫是为防止寄生虫病的发生而进行的有计划性措施。驱虫计划预先拟定,拟定计划的基础是当地寄生虫病的流行病学规律。如,北方省区为了防止牦牛的蠕虫病,多采取每年 2 次驱虫。春季驱虫在放牧前进行,目的在于防止草地被污染;秋季驱虫在转入舍饲后进行,目的在于将动物体内已感染的寄生虫驱出体外,防止寄生虫病的发生。预防性驱虫还有成虫期驱虫及成虫期前驱虫之分,前者是针对达到性成熟的虫体而进行的驱虫,后者是针对未达到性成熟的虫体而进行的。在预防寄生虫病上,成虫期前驱虫具有更大意义,因为这种方法在寄生虫尚未产生虫卵或幼虫之前被驱除体外,可以最大限度地防止外界环境的污染。

（三）药物预防

药物预防是在寄生虫的感染季节，经常或定期地应用抗寄生虫药物，使已感染的寄生虫不能发育或被杀死，达到预防寄生虫病的目的。这项措施对于那些危害大、不易控制的寄生虫病尤为重要。如球虫病、牛皮蝇幼虫病等。

二、环境除虫和预防感染

（一）粪便生物热除虫

寄生在消化管及其附属腺体（肝、胰）、呼吸道及肠系膜血管中的寄生虫，在繁殖过程中随粪便一起把虫卵、幼虫或卵囊等排到外界，在外界发育到感染期。因此，杀死粪便中的虫卵、幼虫或卵囊，可以防止动物的再感染。杀死虫卵、幼虫或卵囊的最好方法是粪便发酵。因为虫卵、幼虫和卵囊对化学药物有强大的抵抗力，常用的消毒药对它们无杀灭作用，但对热敏感，在 50℃～60℃温度下足以被杀死。粪便发酵后，在 10～20d 粪便内温度升到 60℃～70℃，几乎可以完全杀死粪中的病原体。但牛粪不易发酵，在发酵时应掺入马粪或杂草。因此，应经常清除畜舍和运动场的粪便，运到指定地点进行发酵处理。

（二）放牧和舍饲

放牧是牧区草地除虫的最好措施。在放牧中，动物的粪便可能污染草地，其中的寄生虫卵和幼虫在适宜的温度和湿度下开始发育，如果在它们还没有发育到感染期时把动物赶入新的草地，可避免动物感染。在原草地上的虫卵和幼虫，经过一定时期未能感染动物，则自行死亡。不同的寄生虫，在外界发育到感染期的时间也不同，草地轮换的时间也应不同；不同地区、不同季节对寄生虫的体外发育有很大影响，在制订轮牧计划时应予以考虑。

动物舍饲对预防某些寄生虫病也具有重要意义，起着切断感染途径的作用。如牛、羊舍饲，可防止需要中间宿主寄生虫的感染（如肝片吸虫和莫尼茨绦虫等）。

（三）消灭中间宿主和传播者

有些寄生虫必须在中间宿主体内进行一定阶段的发育，还有些必须通过传播者才能感染动物，消灭中间宿主和传播者，可阻断寄生虫的发育，切断感染途径，起到外界环境除虫和预防家畜感染的作用。寄生虫的中间宿主和传播者的种类繁多,其具体消灭措施,将在有关疾病中阐述。

(四)患病胴体和器官的处理

某些寄生虫病可通过动物的患病胴体和器官进行传播。如通过牛囊虫病的胴体传播人绦虫病,通过旋毛虫病、弓形虫病和肉孢子虫病的胴体传播人及其他动物相应疾病;通过棘球蚴、多头蚴和细颈囊尾蚴的患病脏器,使犬感染绦虫病。用肝片形吸虫病的肝脏喂犬,可使肝片形吸虫的虫卵随犬的粪便散布到外界环境,继续进行发育。因此,应加强对胴体和脏器的兽医卫生检验,对患病胴体和器官进行销毁或无害化处理,杜绝病原体的散播。

有些寄生虫病的流行与犬和猫有直接关系。如,犬是多头绦虫、棘球绦虫、胞囊带绦虫、肉孢子虫等的终末宿主。对犬、猫管理不当,可给人畜带来严重的疾病,因此对犬、猫应严加管理,控制饲养数量,定期检查,对患寄生虫病的犬、猫要及时治疗,对带虫犬、猫应进行驱虫。有的寄生虫病与鼠类关系比较密切,应搞好灭鼠工作。

(五)加强饲养管理卫生

1. 饮水卫生:被寄生虫污染的水源,常是动物感染的重要因素。因为许多种寄生虫的体外发育阶段需要一定的湿度,有的需要在水中完成;有的寄生虫的中间宿主生活在水中,往往由于不良的饮水造成动物的感染。不流动的和比较浅的水池、湖泊、水塘、沼泽地、稻田及小溪和水渠等,适宜寄生虫卵、幼虫及某些中间宿主(螺蛳和剑水蚤等)的生存和发育,这里的水不可作为动物的饮水。最好的饮水是井水和自来水,其次是江河水和有沙底或石底的较深的湖泊水。用作饮水的水源应加以保护,防止污染,禁止将粪便、垃圾或动物尸体抛入水中,禁止将尸坟、粪坑、垃圾点设在水源附近。在农田基本建设时,应疏通水沟、沼泽地和池塘,使其干涸。

2. 饲料卫生:通过被污染的饲料感染动物是重要感染途径之一。因此,必须保管好饲料,防止被污染,禁止从低洼地、水池旁、潮湿牧场处割饲草,必须利用这些牧草时,应预先存放 3～6 个月。

3. 畜舍卫生:畜舍应建在离水塘、池沼和坑洼地较远的地方;畜舍要保持干燥,光线充足和通风良好;舍内饲养动物的密度要适宜,防止过于拥挤;畜舍和运动场应保持清洁,经常清除粪便和垃圾以及粪便和垃圾发酵处理。

三、提高机体的抵抗力

(一)改善家畜的饲养条件

在防治寄生虫病中,必须使动物的饲养达到标准化和科学化,不但要保证饲料日粮的总能量符合机体的需要,而且要保证全价的营养成分,只有这样才能保障机体充分发挥防御机构的防卫能力,抵御寄生虫的感染及其致病作用,保持高度的、稳定的抵抗力。

在全价饲养、机体营养状态良好和抵抗力较好的情况下,可防止寄生虫侵入,阻止侵入后的寄生虫继续发育,甚至将其包埋或致死,使感染维持在最低程度,使机体和寄生虫之间处于暂时的相对平衡状态,制止寄生虫病的发生。饲养条件一旦破坏,随着机体营养状况的下降,抵抗力变弱,机体和寄生虫之间的平衡关系破坏,不但难以阻止寄生虫的侵入和抵制寄生虫的发育,甚至体内被制止发育的寄生虫也会重新继续发育,导致寄生虫病的发生或复发。因此,必须始终重视动物的全价饲养,保障动物具有坚强的抗病力。

(二)保护幼畜

一般成年动物对寄生虫感染的抵抗力强,不易感染。感染后发病较轻或不发病,但往往是重要的感染来源。幼龄动物抵抗力弱,容易感染,感染后发病严重,死亡率高。因此,保护幼畜,将幼畜与成年畜分群隔离饲养是预防幼畜感染的重要措施之一。为此,对新生畜应及早训练补饲,早期断奶,断奶后立即分群。仔畜安置在新建的或经过除虫处理的畜舍饲养。放牧的动物,分群后的仔畜安排在优质清洁的牧场(人工栽培草场,新开辟的或休闲一年的草场)放牧,在天然草场轮放时应先放牧幼畜,幼畜转移后再放牧成年动物。

(三)人工免疫

用虫苗对动物进行接种,使宿主产生特异性的免疫,是预防寄生虫病上的重要研究课题。目前国内外比较成功地研究了牛羊肺线虫、血矛线虫、毛圆线虫、泰勒虫及大钩虫的虫苗,并在生产中应用。此外,还研究了牛巴贝斯虫、牛囊虫、牛锥虫等虫苗。获得虫苗的方法很多,包括应用一定剂量寄生虫的正常感染,应用分类学上近似的毒力弱的虫株,人工纯培养的培养液,伴随抗寄生虫药物的正常感染,利用寄生虫的代谢产物,感染人工致弱的虫株等。

第三节　胃肠道线虫病

胃肠道线虫病是指寄生在牛消化道中的毛圆科、毛线科、钩口科和圆形科的多种线虫所引起的寄生虫病。这些虫体寄生在牛的第四胃、小肠和大肠中,在一般情况下多呈混合感染。

(1)病原　捻转胃虫,寄生于牛真胃,偶见于小肠,鲜虫体淡红色,15～20mm长,毛发状。成虫在真胃产卵排在外界,7d左右发育为幼虫,牛吞入幼虫20～30d发育为成虫。钩虫,寄生在小肠内,虫体长10～30mm,灰褐色,头部向背面弯曲呈钩状。成虫在小肠产卵,在外界8d发育成幼虫,经口或皮肤感染牛发育为成虫。结节虫,寄生于大肠,幼虫于肠黏膜形成结节,成虫乳白色,长10～20mm,成虫排卵在外界孵化为感染幼虫,经口进入消化道,钻入大肠黏膜形成结节。阔口圆虫,寄生于结肠及盲肠,长15～30mm,呈淡黄色,雌虫寄宿在肠道产卵,在外界发育成感染性幼虫。牛吞食该幼虫而感染,50d在肠道中发育为成虫。鞭虫,寄生于盲肠,长35～80mm,头细如毛,尾端粗大,形似鞭子,虫卵随粪排出2周左右发育成感染性幼卵,经牛消化道感染。

牛消化道线虫的发育,从虫卵发育到第3期幼虫的过程基本上相类似,即虫卵从宿主体内随同粪便一起被排到体外,在适宜的条件下,经过一阶段的发育,孵化第1期幼虫,然后经过两次蜕化变为第3期幼虫。第3期幼虫的特点是虫体很活泼,虽不进食,但在外界可以长时间的保持其生活力。由于体外有一层鞘膜,所以对干燥有一定的抵抗力。在一般情况下,第3期幼虫可以生存3个月,而在凉爽的季节,土内又有充分的水分时,幼虫可存活1年。第3期幼虫还能沿着潮湿的草叶向上爬行,它对微弱的光线有向光性,对强烈的阳光有畏惧性,因此,在早晨傍晚或阴天时,它能爬上草叶,而在夜间又爬下地面。它对温度敏感,在潮湿环境中比在寒冷时活泼。该虫虫卵排出量或成虫寄生量1年内出现2次高峰,春季高峰在4～6月份,秋季高峰在8～9月份。犊牛粪便中最早排出虫卵的时间为

7月上下旬,全年也只形成1次高峰,高峰期在8~10月份。

(2)**症状及危害** 病畜消瘦、食欲减退、眼黏膜苍白、贫血、下颌间隙水肿(严重病例)、消化紊乱、胃肠道发炎、拉稀、畜体发育受阻。血液检查时,红细胞减少,血红素降低,淋巴细胞和嗜伊红粒细胞增多。少数病例体温升高,呼吸、脉搏频数及心音减弱等。严重病例若不及时进行治疗,则会引起死亡。

(3)**诊断** 各种消化道线虫引起的临床症状大致相似,只有程度上的差异,单凭临床症状来鉴别诊断是哪种消化道线虫所引起的疾病是比较困难的。因此,生前诊断只有根据粪便检查发现虫卵,并结合临床症状才能确诊。应当指出,根据虫卵也不易区别是哪一种消化道线虫病。但防治措施是相同的,因此只要发现有大量线虫卵存在,有临床症状时,可确诊为消化道线虫病。

(4)**防治措施**

①预防

a. 改善饲养管理,合理补充精料,进行全价饲养以增强机体的抗病能力。牛舍要通风干燥,加强粪便管理,防止污染饲料及水源。牛粪应放置在远离牛舍的固定地点堆肥发酵,以消灭虫卵和幼虫。

b. 根据病原微生物特点的流行规律,应避免在低洼潮湿的牧地上放牧。避开在清晨、傍晚和雨后放牧,防止第3期幼虫的感染。

c. 每年应在12月末至翌年1月上旬,进行一次预防性驱虫。

②治疗

用来治疗牛消化道线虫的药物很多,根据实际情况,现介绍以下两种药物。左旋咪唑:每千克体重5~6mg,口服;每千克体重4~5mg,皮下或肌肉注射。伊维菌素注射液:50kg体重用药1mL,皮下注射,不准肌肉或静脉注射,注射部位在肩前、肩后或颈部皮肤松弛的部位。但注射本药时需注意,供人食用的牛在屠宰前21d内不能用药,供人饮奶用的牛,在产奶期不宜用药。

第四节 牦牛球虫病

牛球虫病球虫是由艾美耳属的几种球虫寄生于牛肠道上皮细胞内引起的以出血性肠炎、衰弱、体重减轻为特征的一种原虫病。主要发生于犊牛。一般是几种球虫虫体混合感染,其中有一种优势虫种。卵随牛粪排出,在适宜条件下形成孢子化卵囊,被牛吞食引起感染。

(1)病原 文献上记载的牛球虫有 10 多种,寄生于牛的各种球虫中,以邱氏艾美耳球虫和斯氏艾美耳球虫的致病力最强,而且最常见。

邱氏艾美耳球虫寄生于牛的直肠上皮细胞内, 有时也可寄生于盲肠与结肠下段;卵囊为圆形或稍微椭圆形,卵壁光滑,平均大小为 14.9~20μm。斯氏艾美耳球虫,寄生于牛的肠道;卵囊卵圆形,平均大小为 19.6~34.1μm。球虫发育不需要中间宿主。当牛吞食了感染性卵囊后,孢子在肠道内逸出进入寄生部位的上皮细胞内进行裂体生殖,产生裂殖子;裂殖子发育到一定阶段时由配子生殖法形成大、小配子体,大小配子结合形成卵囊排出体外;排至体外的卵囊在适宜条件下进行孢子生殖,形成孢子化的卵囊,孢子化的卵囊才具有感染性。

(2)症状及危害 病初大便正常或稍稀,带有少量血液和黏膜,精神较差,食欲正常或减少,怀孕母牛排出全为稀薄血液样粪便后死亡。病牛出现精神沉郁,食欲减少或废绝,严重时反刍停止,病牛逐渐消瘦、喜卧,体温 39.5℃~41℃,病牛时常弓背努责,排挤粪便次数增多,粪便稀薄,带有较多血液和纤维性薄膜,有少数病牛还排出蚕豆样大小的血块,有恶臭。病牛的后肢及肛门周围全被血便所污染。病牛常因高度贫血和消瘦,于 4~9d 内死亡。

(3)诊断 根据流行特点、临床症状做出初步诊断,确诊可采用饱和盐水漂浮法,在粪便中检出球虫卵囊。若卵囊数较多,可计算每克粪便的卵囊数(OPG)。判定标准是 OPG>10×10⁴,严重感染;10×10²>OPG>10⁴,中度感染;OPG<1×10⁴,轻度感染。在临床上应注意牛球虫病与大肠杆菌病的鉴别。前者常发生于 1 个月

以上犊牛,后者多发生于生后数日内的犊牛且脾脏肿大。

从粪便颜色判断:球虫病引起的肠道出血,其粪便呈黑色和带血样。可据此做早期分析。

(4)防治措施

①预防

a. 成年牛多系带虫者,故成年牛与犊牛分群饲养管理,放牧场也应分开,以免球虫卵囊污染犊牛的饲料。

b. 注意圈舍清洁卫生和日常消毒,舍饲牛的粪便和垫草需集中消毒或生物热堆肥发酵,在发病时可用 1%克辽林对牛舍、饲槽消毒,每周 1 次;被粪便污染的母牛乳房在哺乳前要清洗干净。

c. 添加药物预防,如氨丙啉,按 0.004%～0.008%的浓度添加于饲料或饮水中;或莫能菌素按每千克饲料添加 0.3g,既能预防球虫又能提高饲料报酬。

d. 对病牛及时隔离治疗,预防疾病的扩散。

②治疗

应用磺胺类药物(磺胺二甲氧嘧啶、磺胺六甲氧嘧啶)可减轻症状,抑制球虫病的发展。

a. 氨丙啉 20～50mg/kg,每日 2 次,灌服,连用 5～6d;磺胺哇恶琳 30mg/kg,混合内服,连用 5d。

b. 环丙沙星 2.5mg/kg,肌肉注射,连用 4d,防止继发感染。

c. 血便严重者,安络血 10mL,维生素 K3 100～200mg,肌肉注射;体力衰竭的犊牛,用 5%葡萄糖生理盐水 500mL,复方氯化钠溶液 250mL,10%樟脑磺酸钠 20mL,5%碳酸氢钠溶液 300mL,静脉滴注。

第五节　牛棘球蚴病

牛棘球蚴病是棘球绦虫的中绦期,寄生于牛的肝、肺及其他器官中。棘球蚴体积大,生长力强,并可寄生于人畜体内任何部位,不仅压迫周围组织使之萎缩和功能障碍,还易造成继发感染。如果蚴囊破裂,可引起过敏反应,甚至死亡。是一类重要的人畜共患病。

(1)病原 棘球绦虫的种类较多,目前危害严重的有细粒棘球绦虫和多房棘球绦虫。棘球蚴一般呈球形,直径在 5～10cm,内含大量液体,囊壁分两层,外层为乳白色的角质膜,内层为生发膜,也叫胚层。胚层向内延伸形成育囊,而牛多为不育囊。牛采食了犬排出的孕卵节片或虫卵后,卵内的六钩蚴在消化道逸出后,进入肠壁,随血液或淋巴进入全身器官后,发育成棘球蚴。

绦虫虫卵对外界环境有较强的抵抗力。耐酸碱和低温,常用的一般消毒剂,比如 0.4%的来苏儿溶液、70%的酒精以及 10%的甲醛等消毒剂均不可使其灭活;对干燥和高温敏感,在高温以及干燥的环境下可迅速死亡。

(2)症状及危害 棘球蚴对动物和人可引起机械性压迫、中毒和过敏反应等作用,其危害程度主要取决于棘球蚴的大小、数量和寄生部位。大多数情况下,牛发病后会表现出比较明显的症状,主要是暴躁不安,食欲减退,体重急剧下降,体温升高,呼吸加速,排尿失禁,强制性痉挛,头部高举,抽搐、作后退运动和重复回旋运动,并脱离群体等,且随着病程的进展会表现出更加明显的症状。牛严重感染时常见消瘦、衰弱、呼吸困难或轻度咳嗽,剧烈运动时症状加重。成虫对犬的致病作用不明显,甚至寄生数千条绦虫亦无临床症状。

(3)诊断 该病感染后不容易确诊,宰杀后容易确诊,一般可用棘球蚴囊液0.2mL,在牛的颈部皮内注射,约 5～10min 后,在注射部位如出现 0.5～2cm 的红斑,并且肿胀,则判为阳性,容易与牛囊尾蚴产生交叉反应,准确度只有 70%。一般用间接红细胞凝集试验或酶联免疫吸附试验来确诊。

(4)防治措施

①预防

a. 做好犬的管理驱虫:犬是棘球绦虫的终末宿主,虫卵随犬粪排出污染草场、水源,造成中间宿主受到感染发病。因此扑杀流浪犬,做好家犬、牧羊犬的驱虫工作至关重要。养殖人员严防用带虫脏器饲喂犬,切断棘球蚴病传播途径。可用吡喹酮驱虫,剂量每千克体重 5mg。驱虫时间犬拴养,将犬粪收集起来焚烧或深埋处理,做到犬犬驱虫,月月投药。

b. 加强屠宰检疫：加强对病牛以及屠宰牛的脏器监测，主要是对肝脏、肺脏等表面进行检查，即是否存在硬结或者囊状物。如果发现脏器出现异常情况，要尽快采取剖检和鉴别，详细记录发现的棘球幼囊数量，从内容大致了解当地棘球蚴病的感染情况。确诊有病变的全部脏器，都要采取无公害化处理，如高温、焚烧或者深埋等，不允许随意出售。如果当地还没有设置定点屠宰检疫的地区，要禁止给犬类饲喂没有经过处理的病变脏器。

总之，由于该病的主要传染源是病变脏器，必须对其采取焚烧或者深埋处理，或者可直接对其进行煮沸40min，这样才可将虫卵杀死。

②治疗

a. 三氯苯唑：发现有牛感染发病后，可选择使用三氯苯唑药物进行治疗。该药主要采取口服方式，药量要根据病牛实际体重适当调节，通常按体重使用10 ~ 15mg/kg。在实际治疗时，还要结合病牛的症状轻重确定用药量，一般在发病前期按体重使用 10mg/kg，中后期按体重使用 15mg/kg，治疗时间要根据机体恢复情况合理控制。

b. 碘醚柳胺：该药可用于治疗各个时期的牛棘球蚴病，不管是对棘球蚴病寄生虫的成虫还是幼体，治疗效果都非常好。用该药治疗时，病牛按体重口服10mg/kg，效果良好。

c. 硝氯酚：该病可采取口服给药治疗，也可使用针剂注射治疗，还可将二者结合起来进行治疗，以确保治疗效果良好。病牛可按体重口服 3 ~ 4mg/kg，同时配合按体重深部肌肉注射 0.5 ~ 1mg/kg，在口服过程中，可采取将药物添加在饲草中喂服，治疗效果较好。

第六节　牛肝片吸虫病

（1）病原　片形吸虫病是牛最主要的寄生虫病之一。它是由寄生于牛的肝脏胆管中的肝片形吸虫和大片形吸虫所引起。该病能引起急性或慢性的肝炎和胆管炎。慢性病例还伴随有继发性消化和营养扰乱。该病分布广泛,往往呈地方性流行,多发生在低洼、潮湿的放牧地区。流行感染多在夏秋两季,也可引起牲畜大批死亡。温度和阳光对肝片形吸虫的发育与毛蚴的孵化有促进作用,因而这些季节是肝片形吸虫毛蚴大量繁殖的重要季节。夏秋两季,气候温暖,雨量充沛,可使大量尾蚴滋浮,广泛在草叶上形成囊蚴,感染牲畜、造成肝片吸虫病的普遍流行。同时,由于囊蚴生活力极强,在湿润的自然环境下,能保持相当久的感染力。

(2)**症状及危害**　片形吸虫病的临床表现因感染强度和家畜机体的抵抗力、年龄、饲养管理条件等不同而有差异。轻度感染时患畜常不表现症状,感染数量多时(牛约250条成虫,羊约50条成虫)即可表现症状,不过幼小的家畜即使轻度感染也能表现症状。牛的片形吸虫病多呈慢性经过。但犊牛(1.5～2岁)的症状较明显,成年牛只有大量感染且患畜体质状况较差时,才会出现明显的症状和引起死亡。牛更多地表现为慢性型,发生周期性瘤胃膨胀或前胃弛缓、拉稀,病牛逐渐消瘦,可视黏膜苍白,贫血,被毛粗乱;后期眼睑、下颌、胸腹下部水肿,食欲减退。有时病牛出现顽固性消化不良,病情加重1～2个月后死亡,但死亡率不高,主要是对产奶量影响较大。

(3)**诊断**　主要根据临床症状、流行病资料、虫卵检查及病理剖检结果做综合判断。

①虫卵检查以水洗沉淀法较好。

②急性片形吸虫病的诊断则主要以病理剖检为主,把肝脏撕碎后可以在水中查找片形吸虫。

③免疫学检查。目前较常用的是一血三检技术即斑点酶标三联诊断及间接血凝诊断技术。

(4)**预防措施**

①预防

a.定期驱虫。驱虫是预防和治疗的重要方法之一。驱虫的次数和时间必须与当地的实际情况及条件相结合。通常情况下,每年如进行1次驱虫,可在秋末冬初进行,如进行2次驱虫,另一次驱虫可在来年的春季进行。

b.粪便处理。粪便需经发酵处理杀死虫卵后才能应用,特别是驱虫后的粪便更需严格处理。

c. 放牧场地的选择。放牧应尽选择地势高而干燥的牧场,条件许可时轮牧也是必要的措施。

d. 加强饲草和饮水的来源和卫生管理,也是一个比较重要的方面,注意不利用被囊蚴污染的水草。

②治疗

治疗原则是驱虫、对症同时进行,尤其对体弱的患畜更应注意。常用的治疗药物:

a. 三氯苯达唑,用量为 10mg/kg。

b. 硫双二氯酚,牛按每千克体重 40～60mg,患畜投服后有一定拉稀,一般经过 1～4d 后会自行恢复。

c. 硝氯酚,牛每千克体重 3～7mg,一次口服,该药对成虫有效。

d. 丙硫苯咪唑,为广谱驱虫药,对成虫有良效,剂量为每千克体重 10～15mg,灌服。

e. 吡哇酮,每千克体重 25～30mg。

第七节　牛皮蝇蛆病

牛皮蝇蛆病是牛皮蝇、纹皮蝇和中华皮蝇的幼虫寄生于牛体内或皮下组织所引起的一种寄生虫病。

(1)病原　牛皮蝇成蝇是一种中型蝇类,体长约 15mm,头部被有浅黄色的绒毛。卵呈淡黄色,长圆形,表面带有光泽,后端有长柄附着于牛毛上,大小为 $(0.76～0.8)mm×(0.22～0.29)mm$。第 1 期幼虫呈乳白色,长 3.5～12mm,宽 0.75～2mm,前端稍尖;第 2 期幼虫呈浅黄白色,长 11～15mm,宽 3～6mm,背面平,腹面稍隆,外观口钩仅见两个黄褐色的小圆点, 彼此分离;第 3 期幼虫虫体长 19～25mm,宽 8～11mm,长宽比例(2.3～2.1):1,背面平,腹面隆起,侧面有疣状突起,色泽由淡黄白至淡褐色,黄褐色以至黑色,身体具有 11 节(胸部 3 节,腹部 8

节),伪头部有一对头感器,彼此分离。口器退化为黑色圆点。

牛皮蝇的雌虫夏季在牛腹部两侧、四肢上部、乳房和体侧等处产卵,每一雌蝇一生可产卵400~800枚。卵经(4~6)d孵出第1期幼虫,幼虫由毛囊钻入皮下。第2期幼虫沿外围神经的外膜组织移行2个月后到椎管硬膜的脂肪组织中,在此停留约5个月后从椎间孔爬出,到背部皮下成为第2期幼虫,在皮下形成指头大瘤状突起。第3期幼虫在此逐步长大成熟,成熟的幼虫从皮里爬出,落地成蛹,蛹期1~2个月,羽化为成蝇。整个发育期为1年。纹皮蝇体长13mm,发育与牛皮蝇基本相似,但第2期幼虫寄生在食道壁上。

(2)症状及危害　本病在牧区普遍存在。成虫产卵和幼虫在皮下移行时,患牛烦躁不安、消瘦、产乳量下降、贫血,幼虫在皮下移行时形成血肿、窦道,最后结缔组织增生和皮下蜂窝组织炎,继而化脓菌侵入,形成脓肿。成虫虽不叮咬牛,但雌蝇飞翔产卵是可以引起动物不安、恐惧使正常的生活和采食受到影响,日久动物消瘦,有时出现"发狂"症状,即"跑蜂",造成跌伤或孕畜流产。皮蝇幼虫寄生于动物体内,对动物造成的危害主要表现为:幼虫初钻入皮肤,引起皮肤痛痒、精神不安。幼虫在体内移行,造成移行部组织损伤。特别是第3期幼虫在背部皮下时,引起局部结缔组织增生和皮下组织炎,有时细菌继发感染可化脓形成瘘管,直到幼虫走出,才开始痊愈。背部幼虫寄生后,留有疤痕,影响皮革的价值。牛皮蝇幼虫的毒素,损害动物的血液系统,可引起贫血。患畜消瘦、肉质降低,乳畜产乳量下降。个别患畜,幼虫寄生于延脑或大脑,可引起神经症状,甚至造成死亡。偶尔可见,因皮蝇幼虫引起变态反应,其原因是幼虫的自然死亡或机械除虫挤碎的幼虫体液被吸收而致敏,当再次接触该抗原时,即发生过敏反应。表现为麻疹,有眼睑结膜、阴唇、乳房的肿胀、流泪、呼吸加快等症状。

(3)诊断

①临床症状不能作为确诊的依据,只有在牛背部发现瘤状隆起,皮下蜂窝组织炎,且挤出第3期幼虫时方可确诊。

②剖检检查:主要检查食道黏膜,背部皮下、瘤胃浆膜、食道浆膜等部位,如发现幼虫即可确诊。

③用ELISA方法检测抗牛皮蝇蛆的抗体。

（4）防治措施

①预防

日常注意牛体卫生,灭蝇,年底前可进行冬季驱虫,消灭牛体内的第 1 期幼虫。

②治疗

在重流行地区,可在每年的 2 ~ 3 月份给牛进行药物治疗。

a. 伊维菌素、多拉菌素按每千克体重 0.2mg 口服或肌肉注射。

b. 按每千克体重 12.5mg 皮下注射或以每千克体重 25.0μg 浇泼伊维菌素,便能防治牛皮蝇蛆病。

c. 蝇毒磷:25% 的针剂,按每千克体重 6 ~ 10mg,肌肉注射,能起到防治作用。

第八节　牛螨病

牛螨病是指由于疥螨科或痒螨科的螨寄生在牛体表而引起的慢性皮肤病。剧痒,湿疹性皮炎,脱毛,患部逐渐向周围扩展,具有高度传染性为本病的特征。

（1）病原　寄生在牛身体的螨有疥螨、痒螨和皮螨之分。疥螨的卵 3 ~ 4d 孵化,反复蜕皮,2 ~ 3 周内完成全部发育过程。痒螨的卵 1 ~ 3d 孵化,5 ~ 6d 变为成螨。皮螨 3 周时间可完成一代的发育过程。疥螨科和痒螨科的螨全部发育过程都在牛体上度过,包括卵、幼虫、若虫、成虫 4 个阶段,全部发育时间为 2 ~ 3 周。疥螨在宿主皮肤角质层下发育和繁殖。疥螨科通常开始发生于毛短而皮肤柔软的部位,然后波及全身;痒螨科寄生于动物体表。

螨病主要发生于秋冬季节,在这个季节里,阳光照射不足,牲畜绒毛增生,皮肤表面湿度增高,形成螨最适合发育的环境。春末夏初,家畜换毛,皮肤表面阳光充足,皮肤温度增高,经常保持干燥状态,不利于螨的生存和繁殖,引起螨大量死亡,仅有少量螨潜藏在皮肤皱褶处,成为带虫者,入秋后往往复发。其中雄螨为 1 个若虫期,雌螨为 2 个若虫期。疥螨的口器为咀嚼式,在宿主表皮挖凿隧道,以角皮层组织和渗出的淋巴液为食,在隧道进行发育和繁殖。痒螨的口器为刺吸式,寄生于皮肤表面,吸取渗出液为食。雌螨多在皮肤上产卵。

(2)症状及危害 以患部皮肤剧痒为本病的主要特征。这是因为螨体表长有很多刺、毛和鳞片,同时经螨的口分泌毒素,当它们在家畜皮肤上采食和活动时,就会刺激皮肤神经末梢而引起痒觉。尤其在温暖的厩舍内,螨在畜体上更为活跃,痒觉就更加明显,病畜用嘴啃咬患部,或用蹄去搔痒部,甚至在物体上摩擦,引起患部发炎和造成外伤。皮肤发炎痛痒过程中,随皮肤乳头层和表皮层组织的浆液性浸润,形成结节和水泡。患畜在搔痒时,结节和水泡破裂后,流出渗出物,干燥后结成结痂皮。最初痂皮软且有弹性,以后皮肤增厚丧失原来弹性,形成皱褶。皮肤上毛囊受损,则出现脱毛。严重感染时,病变可波及全身,患畜终日啃咬,影响采食和休息,胃肠消化、吸收机能降低,日渐消瘦,严重时甚至死亡。

(3)诊断 根据临床症状的剧痒、皮肤变厚、脱毛和消瘦等特征,可以怀疑为本病,必须查到病原,才能确诊。

(4)防治措施

①预防

a. 畜舍要宽敞、干燥、透光、通风良好,不要使畜群过于密集。畜舍经常清扫,定期消毒,饲养管理用具应定期消毒。

b. 引进家畜时事先了解有无螨病存在,引入后观察畜群,并做螨病检查,最好先隔离一段时间,确定无螨病时,再并入畜群中。

c. 注意家畜有无发痒、掉毛现象。及时检出可疑病畜,隔离饲养,查明原因,发现病畜及时隔离治疗。

②治疗

先剪去患部和附近健部的被毛,涂上软肥皂,第2d用温水洗净,刮去痂皮,干后涂药治疗。涂药可用2%敌百虫水溶液。敌百虫用量每次不要超过10g,并尽量防止牛舔。每隔2~3d处理1次。

注射疗法:伊维菌素注射液,0.2mg/kg,皮下注射,10d后重复1次。在治疗的同时要对牛圈、用具进行消毒。

第九节 牛泰勒虫病

牛泰勒虫病是泰勒科泰勒属中环形泰勒虫、瑟氏泰勒虫、中华泰勒虫寄生于牛网状内皮细胞和红细胞内引发的疾病。该病具有很强的地区性和季节性。其临床特征是发热、贫血、出血、消瘦、黄疸和体表淋巴结肿胀,发病率和病死率都很高。

(1)病原　病原主要是环形泰勒虫,虫体小于红细胞半径,形态多样。寄生于红细胞中的有环形、椭圆形、逗点形、杆形和圆点形等,以环形和椭圆形虫体占多数。用姬姆萨液染色后,原生质呈淡蓝色,染色质1团,常居于虫体一端染成红色。1个红细胞内的虫体数多为1~3个,可达12个。寄生于组织细胞和淋巴细胞的细胞质的虫体,大多数呈不规则的圆形,易被查见的常常是一种多核体,形状极像石榴的横切面,故称之为石榴体。有学者认为:环形泰勒虫致病力较强,由残缘璃眼蜱、小亚璃眼蜱、钝糙璃眼蜱传播;瑟氏泰勒虫致病力次之,由长角血蜱、日本血蜱、嗜群血蜱传播;中华泰勒虫致病力最弱,由青海血蜱传播。环形泰勒虫虫体形态多样,多数呈环形、椭圆形、逗点形、杆形、圆点形、十字形的虫体。一个红细胞中寄生的虫体数有1~12个不等,常见2~3个,各种形态虫体可同时出现于一个红细胞内,红细胞染虫率一般为10%~20%,重病者可高达95%。瑟氏泰勒虫也有多形样,除有特别长的杆状形外,还有杆形、梨仔形、圆环形、逗点形等。中华泰勒虫多呈梨仔形、圆环形。

(2)症状及危害　潜伏期9~13d,病牛体温升高到40℃~41.8℃,为稽留热,4~10d内维持在41℃上下。少数病牛呈弛张热或间歇热,病牛随体温升高而表现精神沉郁、行走无力、离群落后,个别病牛出现昏迷、卧地不起、脉弱而快、呼吸增数。眼结膜初期充血肿胀,后期贫血、黄染,布满绿豆大血斑。病初食欲减退,中后期病牛爱啃土或其他异物,反刍次数减少,以后停止,常磨牙、流涎,排少量干而黑的粪便,常带有黏液或血斑,病牛往往出现前胃弛缓,本病特征为体表淋巴结肿胀,大多数病牛一侧肩前或腹股沟浅淋巴结肿大如鸡蛋,初为硬肿,疼痛,后渐变软,常不易推动(个别病牛也有不肿胀的)。病牛迅速消瘦,濒死期体温降到常温以下,在眼睑、尾根部和薄的皮肤上出现粟粒乃至扁豆大的深红色结节状(略高于皮肤)的溢血斑点。后期行走困难,后躯摇摆,出现异食癖(舔墙、吃土),颈部和腹部出现高粱粒大的丘疹样出血点,食欲废绝,卧地不起,衰弱而死。

病牛血液稀薄,皱胃黏膜肿胀、充血,有针头至黄豆大的黄白色或暗红色的结节;结节部的上皮组织坏死形成糜烂或溃疡,溃疡直径达 2 ~ 10mm,边缘不整,轻度肿胀,略突出于黏膜表面,似喷火状或锅状,为灰褐色或黄色。十二指肠也可能看到溃疡和结节。肝脏与胆囊肥大,脾肿大,脾髓软化呈紫黑色,肾表面及切面有针尖大至粟粒大灰白色或鲜红色结节,全身各脏器、浆膜和黏膜上有大量出血点、各处淋巴结肿胀,贫血,切面多汁,有出血点。

(3)诊断

①依据流行病学、临床症状做出初步诊断,确诊需要采血涂片、染色镜检,才能发现虫体。

②淋巴结穿刺图片检查,穿刺部位通常为肩前淋巴结及股前淋巴结。在需要穿刺的淋巴结部位剪毛、消毒,固定好淋巴结,用消过毒的 20 号注射针头,快速穿过皮肤刺到淋巴结上,待针管有淋巴液时,迅速拔下针头。用注射器推出针头管内的淋巴液,放在洁净的载玻片上,用针头摊开淋巴液,制成涂片,自然干燥。固定、染色方法和血液涂片相同。用油镜检查是否有石榴体存在。

(4)防治措施

①预防

首先应做好灭蜱工作,了解当地媒介蜱的活动规律,有计划地采取有效措施,消灭牛体上及牛舍内的蜱。牛群应避免到大量滋生蜱的草场放牧,采取舍饲。在疫区,发病季节对犊牛应用 2%贝尼尔进行预防注射,剂量为每千克体重 5mg,肌肉注射,每隔 10 ~ 15d 注射 1 次。也可应用咪唑苯脲进行预防注射,剂量为每千克体重 1.5 ~ 2mg,肌肉注射。

常用灭蜱药物有:

a. 倍特(Butox),有效成分为溴氰菊酯,又称敌杀死,按 25 ~ 50mg/L 浓度配制后用农用喷雾器喷洒牛体和圈舍,以喷透被毛为宜。

b. 螨净 250EC 乳剂,有效成分为二嗪脒,按 750mg/kg 配制后用农用喷雾器喷洒牛体和圈舍,以喷透被毛为宜。

c. 灭蜱灵油剂,有效成分为氨基甲酸酯、高效聚酯和缓释剂。按每只牛5～7mL原液,在牛颈胸部、腋下、耳部、四肢、尾部等喷洒,之后操作人员戴乳胶手套在喷洒部位涂抹,使药物能确实附着于体表和被毛。

d. 虫克星(阿维菌素),牛按每千克体重 0.2mg,间隔 1 周灌服 2 次。

②治疗

a. 咪唑苯脲:治疗剂量为 1～3mg/kg,配成 10%溶液肌肉注射。

b. 贝尼尔:治疗剂量为 5～7mg/kg,配成 5%～7%溶液深部肌肉注射,每天 1次,连用 3d。

c. 青蒿琥酯:剂量为每千克体重 10mg,口服,首次剂量加倍,以后每隔 12h用药 1 次,经 2～22d 达到治愈标准。

d. 黄色素:3～4mg/kg,以生理盐水或蒸馏水配成 0.5%～1%溶液,静脉注射。必要时隔 1～2d 再注射 1 次。

f. 阿卡普林:1mg/kg,以蒸馏水或生理盐水配成 1%～2%的溶液,皮下注射。

黄色素和阿卡普林合用 第 1、2 天用黄色素,第 3d 用阿卡普林,每天用药 1 次。

对于重病牛应增加采用强心、补液、保肝利胆的治疗方法,复方氯化钠1000～1500mL,5%葡萄糖 1500～2000mL, 樟脑磺酸钠注射液 30～50mL,10%维生素C 30～50mL,维生素 B_1(或复合维生素 B)50mL,分步缓慢静脉注射,皮下注射维生素B_{12} 1～2mL。肌肉注射安乃近 20～30mL退热。

第十节　牛隐孢子虫病

牛隐孢子虫病是由隐孢子虫寄生在人和其他脊椎动物的胃肠道和呼吸黏膜上皮细胞内,引起以持续性腹泻为主要特征的一种全球性、机会性感染的人畜共患原虫病。

(1)**病原** 牛隐孢子虫流行非常广泛,不受季节和地区的限制,牛的年龄与易感隐孢子虫种类呈一定程度的相关性,微小隐孢子虫主要感染断奶前犊牛,安氏隐孢子虫主要感染青壮年牛和成年牛,牛隐孢子虫主要感染断奶后犊牛,一般5~15日龄的犊牛最易感,3~4周龄的犊牛易引起严重腹泻,1月龄的牛发病率较高,犊牛发病率一般在50%以上,病死率16%以上。

(2)**症状及危害** 犊牛精神沉郁、食欲下降,有时体温略有升高、腹泻,重症者粪便呈灰白色或黄色,有大量纤维素、血液,体弱无力、被毛粗乱、身体逐渐消瘦、运动失调等。经过10d左右水样拉稀后逐渐变为泥状便、软便,逐渐趋于正常。粪便变为泥状、软便状是卵囊消失及趋于正常的迹象标志。隐孢子虫单独感染时死亡率较低,但与大肠杆菌、轮状病毒、冠状病毒等混合感染时,死亡率升高。

(3)**诊断检测** 对急性病例可根据发病史、症状及病理变化作初步诊断。由于大部分感染隐孢子虫的牛不表现独特的临床症状和病理变化,与牛瘟及牛病毒性腹泻/黏膜病等有相似之处,并且引起腹泻的疾病很多,所以确诊需进行实验室检查。实验室诊断检测牛隐孢子虫的主要方法有:粪便学检测方法、免疫学检测方法、分子生物学检测方法等。但应用较多的是改良抗酸染色法,国内外学者研究较多的是聚合酶链式反应(PCR)、基因芯片等分子生物学技术检测方法。

免疫学检测方法主要包括酶联免疫吸附试验(ELISA)、免疫荧光试验、单克隆抗体技术。

(4)**防治措施** 目前尚无特别有效的防治药物。只能从加强卫生措施和提高免疫力来控制本病的发生。使用蒸汽清洁可能是目前较为有效和较安全的消毒方法。改善饲养管理条件,增强机体免疫力,无疑可有效地控制隐孢子虫病的流行。

第十一节 牛前后盘吸虫病

牛前后盘吸虫病是由前后盘科的多种吸虫寄生牛瘤胃或胆管壁上所引起的

疾病。一般致病力不强,不易引起死亡,只有童虫大量寄生,感染非常严重时就会引起死亡。

(1)**症状及危害**:该病发生于夏秋两季。童虫移行时使肠黏膜发生卡他性炎或出血性炎,并给其他器官带来损伤。成虫以强大的吸盘附在瘤胃黏膜上,引起剧烈的损伤。虫体代谢物(毒素)可在唇、鼻翼、鼻镜上引起溃疡以及贫血、下颌间隙及胸部水肿等。

病初患畜精神萎靡,经过数日发生下痢,眼、鼻腔和口黏膜贫血,鼻翼和鼻镜上有不同大小的溃疡。体温正常,有时在患病 7~10d 内体温升高到 40℃~40.5℃。感染严重的病例下痢剧烈,粪便有时混有血液。许多犊牛发生前胃迟缓并呈疝痛症状。如果犊牛是因幼小前后吸盘吸虫引起的急性病例,则可能在 5~30d 内死亡。

(2)**诊断**:生前诊断是用粪便检查法找到前后盘吸虫虫卵,注意与肝片吸虫虫卵区别开来。死后诊断可解剖病畜,在瘤胃发现成虫或其他器官找到有效虫体。

(3)**防治措施**

①预防

主要措施是改良天壤,尽可能不在多沼泽地带放牧,有条件的地方多饲养水禽及用化学药物消灭中间宿主螺蛳。舍饲期间进行预防性驱虫。

②治疗

治疗原则是驱虫、对症同时进行,尤其对体弱的患畜更应注意。常用的治疗药物:

a. 三氯苯达唑:用量为 10mg/kg。

b. 硫双二氯酚:牛按每千克体重 40~60mg,患畜投服后有一定拉稀,一般经过 1~4d 后会自行恢复。

c. 硝氯酚:牛每千克体重 3~7mg,一次口服,该药对成虫有效。

d. 丙硫苯咪唑:为广谱驱虫药,对成虫有良效,剂量为每千克体重 10~15mg,灌服。

e. 吡喹酮:每千克体重 25~30mg。

第十一章　牦牛繁殖性疾病防治

第一节　牦牛的繁殖障碍

一、公牦牛的繁殖障碍

(一)遗传因素

遗传因素可引起公牦牛生殖器官异常,如睾丸欠缺、睾丸发育不全、隐睾、副性腺发育不全、阴茎畸形及精子先天性异常等。

(二)年龄因素

公牦牛随年龄增长,繁殖障碍发病率有所增加,主要是出现睾丸变性,性欲减退。

(三)环境因素

季节因素是繁殖障碍发生的重要原因之一,季节变化的重要因素有光照和温度。公牦牛在高温环境中,由于受到热应激会引起繁殖障碍,如睾丸变性、性欲缺乏。在自然状况下,体温升高 1℃,阴囊皮温和睾丸温度升高 3℃~4℃,体温和睾丸之间的温差通常在 5℃左右。阴囊调节温度的机能较差,如若遇到持续高温,会引起睾丸变性,精子成熟和贮存受到影响。由于睾丸温度升高,局部循环机能发生变化,以致引起供氧不足,导致正常精子减少,畸形精子增加,活力下降,严重时甚至没有精子。高温还会影响附睾。如果高温应激不太强,在气温下降后,高温所引起的机能障碍也会自然消失,精液性状逐渐恢复正常。如果高温影响强烈,将使曲精细管上皮失去再生能力,恢复就比较困难。另外,种公牛引种过程中运输、气候环境变化、营养和管理方式不良等,也会造成繁殖障碍疾病。如运输、隔离检疫过程中,营养不均衡和管理不当会造成睾丸发育不良、睾丸炎、睾丸变性、精囊腺炎等。

(四)营养因素

营养水平过低会引起性成熟延迟和性欲减退。成年公牦牛长期饲养在低营养水平下,精液品质不良,如精囊腺分泌机能减弱,精液中果糖和柠檬酸量减少,造成精子活力差、耐冻性差。生精机能下降,精液密度降低。营养水平过高,特别是能量水平过高,会使成年公牦牛过于肥胖,也会使其性欲减退。公牦牛饲草料中钙、磷、铜、锌、镁、钴、硒、碘、维生素 A、维生素 C 和维生素 E 等营养成分缺乏和过多,都会引起繁殖障碍疾病,如公牦牛缺锌,表现为睾丸生长发育停止,生精上皮萎缩,垂体促性腺激素和性激素释放量减少,性欲降低,严重缺锌将导致精子生成完全停止。

硒是谷胱甘肽过氧化物酶的构成成分,在体内起抗氧化作用,对种公牦牛的繁殖起重要作用。精子尾部一些多肽和角质包囊蛋白质含硒,硒是生物体必需的微量元素, 适量添加有机硒能提高种公牦牛精液质量。种公牦牛缺硒会导致睾丸、附睾重量均小于正常值,精子成熟度差。某些营养成分过多引起繁殖障碍疾病,主要原因是发生颉颃,如铁多妨碍铜和锌的吸收。

总之,营养水平不合适会影响公牦牛的性机能,如性欲缺乏、睾丸变性、附睾萎缩及睾丸、附睾发育不良等繁殖障碍。

(五)管理因素

不适合的采精器(采精器内胎粗糙、温度过高)、台畜、采精方法、采精场地、鞭打、威吓等,会产生繁殖障碍。连续过度采精、强迫射精等给予的过重负担,会引起公牦牛性欲减退和精液品质不良,并缩短种公牛使用年限。此外,外伤、运动不足也会引起射精障碍,如采精或与母牦牛交配时受伤、生殖器急性炎症、蹄痛、腐蹄病、关节炎、痉挛性轻瘫等伤痛,会诱使产生抑制性欲的反射作用。

冲洗包皮器具粗糙或用力过大、过猛等原因造成的外伤以及病毒感染,是引发包皮发炎甚至溃疡的主要病因。勃起的阴茎冲击异物发生弯折,以及踢打、鞭打、啃咬、骑跨围栏等可能引起阴茎擦伤、挫伤、撕裂伤,甚至引起阴茎血肿。

（六）感染因素

生殖器官细菌感染是引起繁殖障碍的重要原因之一,如细菌、病毒、衣原体、支原体等病原继发感染的睾丸炎、附睾炎、精囊腺炎、附睾萎缩、包皮和阴茎疾病等。

二、母牦牛的繁殖障碍

由于饲养管理不当、营养不平衡和助产不当等,会引起母牦牛的繁殖疾病,这些疾病往往成为导致母牦牛产后繁殖障碍的主要因素。母牦牛常见繁殖疾病有生殖道疾病、卵巢疾病和分娩造成的疾病。

（一）营养因素

全面合理的营养是牦牛高效繁殖的基础,各时期的营养对母牦牛产后的繁殖有着重要的作用,例如,如果营养不平衡,会直接或间接地造成母牦牛产后的繁殖障碍。

1. 能量。牦牛在产前摄入能量过多,易造成肥胖综合征(采食量下降、瘤脑肝),产后也易发生一系列代谢紊乱症(采食量下降、难产、胎衣不下、乳腺炎、子宫炎及酮病等),进而影响繁殖,造成产后繁殖障碍。因此,应在泌乳末期控制好膘情,减少精料饲喂量,多饲喂青干草。如果产前供给母牦牛的能量不足,则导致母牦牛膘情差,易发生产后胎衣不下、恶露滞留(无力排出)、子宫炎、卵泡发育迟缓等疾病,降低受胎率,故应适当增加精料饲喂量,提高母牦牛饲草料营养水平。

母牦牛产后能量不足(负平衡)也易造成发情延迟、卵泡发育迟缓、停止发情等,因此,产后应提高饲草料营养水平,增喂一些高能量饲料,提高一次性配种成功和总受胎率。

2. 蛋白质。产前蛋白质不足,可使卵泡发育迟缓,发情异常,从而影响繁殖。如果蛋白质过剩,或产后饲喂蛋白质含量超过泌乳需要量,会造成氮不平衡,也容易对繁殖性能造成不利影响,降低受胎率。

3. 钙、磷。钙、磷不足或不平衡容易引起母牦牛产褥热的发生,导致胎衣不下、恶露滞留和子宫炎等发病几率增加。因此,母牦牛在产前 15～20d,采用在日粮中添加阴离子盐,不喂缓冲剂,以酸化日粮,降低血液 pH 值,刺激甲状旁腺素在产前释放,提高钙、磷的吸收率。产后至泌乳高峰期,应及时提高饲草料中钙、磷水平,以满足牦牛泌乳、生长及繁殖的需要。钙应占饲草料干物质的 0.81%,磷为 0.5% ~ 0.6%。若钙、磷不足,会出现异常发情,影响受胎率。

4. 维生素。维生素是动物正常生长发育(包括胎儿生长)、精子产生、卵泡发育以及上皮组织生长必需的,缺乏容易引起母牦牛流产、胎衣不下、子宫炎及犊牛的发病等。维生素 E 是一系列生育酚和生育三烯酚脂溶性化合物的总称,若缺乏则易造成胎衣不下、子宫炎及卵泡发育受阻,受胎率下降。

5. 微量元素。铜缺乏易造成母牦牛发情期生理障碍,异常发情。锌缺乏会改变前列腺素的合成,从而影响黄体的功能。锰缺乏抑制繁殖能力,导致流产、新生犊牛畸形、发育迟缓及隐性发情等,受胎率下降。碘缺乏易造成胎儿发育受阻及死亡、胎衣不下,繁殖力下降。硒缺乏则易造成胎衣不下、子宫炎及卵巢囊肿等,繁殖力下降。因此,产后应及时对母牦牛补充微量元素。

(二)生殖道疾病

牦牛的生殖道疾病主要有子宫内膜炎和子宫颈炎,少数有输卵管炎。

子宫内膜炎发病的主要原因,一是分娩时卫生条件差,临产母牦牛外阴、尾根部污染粪便而未彻底消毒引起子宫内膜感染;二是助产或剥离胎衣时,术者手臂、器械消毒不彻底引起子宫内膜感染;三是胎衣不下、恶露停滞等引起产后子宫内膜感染。因此,产前要对棚圈彻底打扫消毒,对于临产母牦牛的后躯要清洗消毒,助产或剥离胎衣时严格进行无菌操作。对于患牛主要是防止感染,促使子宫内炎性产物的排出,对有全身症状的进行对症治疗。

人工授精时,因操作不当或长时间多次操作,造成子宫颈损伤、发炎,也会引起子宫颈炎,甚至引起子宫颈增生。人工授精的一切用具必须洁净无菌,操作人员技术要熟练,要做到动作轻、速度快。对于患牛,要及时治疗,治愈后才可进行人工授精。

(三)卵巢疾病

饲养管理不当、生殖道炎症、应激等,会导致生殖系统功能异常。体内激素分泌紊乱,会出现卵巢囊肿、卵巢静止或持久黄体等。应注意加强饲养管理,减少应激,严格按照操作规程进行人工授精。对于病牛,多采用激素治疗囊肿,效果良好。饲料单一、维生素和无机盐缺乏、运动不足、子宫内膜炎、产后子宫复旧不全或子宫肌瘤等,影响黄体退缩和吸收,易引起持久性黄体。为了促进持久黄体退缩,可肌内注射前列腺素类激素,将黄体溶解后再进行人工授精。

饲养管理不当、子宫疾病等,使卵巢机能受到扰乱后而处于静止状态,即为卵巢静止。应加强饲养管理,补充营养,如维生素、无机盐等,同时加强运动。

(四)分娩期疾病

主要指在妊娠期因饲养管理不当,在分娩过程中常出现的子宫脱出和胎衣不下。子宫脱出,主要原因是饲料单一、质量差、过度劳累等导致会阴部组织松弛,无法固定子宫。另外,助产不当、产道干燥而迅速拉出胎儿,或在露出的胎衣断端系重物等,均可引起子宫脱出。此外,瘤胃鼓气、瘤胃积食、便秘、腹泻等也能诱发该病。治疗时要及时消除病因,针对不同症状采取相应措施。子宫部分脱出时,只要加强护理,防止脱出部位受损,如将牛尾固定,以防摩擦脱出部位,减少感染机会。多放牧,增加活动量。舍饲时要给予易于消化的饲草料等。

胎衣不下,主要有两个原因,一是产后子宫收缩无力。因为妊娠期间饲草料单一,缺乏无机盐、微量元素和某些维生素,或者产双胞胎、胎儿过大、胎水过多,使子宫过度扩张;二是胎盘炎症。妊娠期间子宫受到感染,发生急性子宫内膜炎及胎盘炎,母子胎盘粘连。此外,流产和早产等原因也能导致胎衣不下。胎衣不下的治疗方法主要有药物治疗和手术剥离,药物治疗是通过皮下或肌内注射垂体后叶素 50~100IU,最好在产后 8~12h 注射,若在分娩后超过 24~48h 注射,处理效果不佳。也可注射催产素 10mL,麦角新碱 6~10mg,促进子宫收缩,加速胎衣排出。手术剥离法是用手伸入子宫,寻找子宫叶,找到子宫叶后,先用拇指找出胎儿胎盘的边缘,然后将食指或拇指伸入胎儿胎盘和母体胎盘之间,把它们分开,至胎儿胎盘被分离,用拇指和中指握住胎衣,轻拉即可完整地剥离。

(五)技术性繁殖障碍

人工授精技术不熟练或操作不当,是造成技术性繁殖障碍的主要原因,其易造成生殖道感染或损伤,导致繁殖障碍。操作人员应熟练掌握人工授精技术,严格进行无菌操作,严禁长时间多次操作。及时发现发情母牦牛,掌握好配种时间。对屡配不孕的母牦牛要及时更换公牛精液,防止免疫性不孕。

第二节　牦牛繁殖性疾病防治

一、卵巢机能不全

卵巢机能不全（Ovarian hypofunction）是指母牦牛卵巢机能受到抑制，机能减退，性欲缺乏，卵泡不能正常地生长、发育、成熟和排卵。卵巢机能不全可分为卵巢静止及卵巢萎缩、卵泡萎缩及交替发育、排卵延迟或不排卵。

（一）病因

卵巢机能不全是各种因素综合作用的结果，主要原因：一是由于子宫疾病、全身性疾病及饲养管理不当，使牦牛机体乏弱而导致该病理现象的发生；二是饲料中营养成分不足，尤其是缺少维生素 A，导致该病的发生；三是气候因素及近亲繁殖，也可导致该病的发生。

（二）症状和诊断

主要临床表现是发情周期延长，发情表现减弱或安静发情，有的牦牛出现性周期紊乱现象（卵泡交替发育）。直肠检查时，一般摸不到卵泡和黄体。如果发展成为卵巢萎缩，则长期不发育，这时卵巢小而硬，卵巢仅有豌豆大小。严重萎缩时，不但卵巢小且质地硬，而且长期不发情，子宫也收缩变得又细又硬。该病多发生于年龄较大、体质较弱的母牦牛。该病一般通过临床症状观察和直肠检查卵巢可做出诊断。

（三）防治

对于年龄不大的患病牦牛，卵巢机能不全，一般预后良好。如果母牦牛衰老或卵巢继发萎缩、硬化，则无治疗价值。

尽管诱导发情的方法和药物种类繁多，但目前尚无可适用于不同症状的一种十分理想的药物和方法，因为卵巢机能正常活动是许多生理性及环境因素共同协调作用的结果。改善牦牛的饲养管理，增加运动，合理日照，保证日粮中有丰富的矿物质、维生素、蛋白质,是预防的重要措施。对由生殖器官疾病引发的卵巢机能不全,要做好原发病的治疗。

(四)治疗

1. 激素治疗

(1)促卵泡素:肌内注射 100～200IU,每日或隔日 1 次,共用 2～3 次,还可配合促黄体素进行治疗。

(2)绒毛膜促性腺激素:肌内注射 2000～3000IU,必要时可间隔 1～2d 重复注射 1 次。

(3)孕马血清:肌内注射 1000～2000IU,1～2 次。

(4)雌激素:这类药物对中枢神经及生殖系统有直接兴奋作用,用药后可引起母牦牛表现明显的外部发情症状,但对卵巢无刺激作用,不引起卵泡发育和排卵。但用此类药物可以使动物生殖系统摆脱生物学上的相对静止状态,促进正常发情周期的恢复。因此,用此类药后的第 1 次发情不排卵(不必配种),而在以后的发情周期中可正常排卵。

常用的雌激素类药物及用量:雌二醇肌内注射 4～10mg;乙烯雌酚肌内注射 20～25mg。此类药物不宜大剂量连续用药,否则易引起卵泡囊肿。

2. 维生素 A 治疗

维生素 A 对于缺乏青绿饲料引起的卵巢机能减退有较好的疗效,一般每次肌内注射 100 万 IU,10d 注射 1 次,注射 3 次后,10d 内卵巢上会出现卵泡发育,且可成熟受胎,还可配合维生素 E 进行治疗。

二、卵巢囊肿

卵巢囊肿分为卵泡囊肿和黄体囊肿。卵泡囊肿是由于发育中的卵泡上皮变性,卵泡壁结缔组织增生变厚,卵泡细胞死亡,卵泡液未吸收或增加而形成。黄体囊肿是由于未排卵的卵泡壁上皮细胞黄体化,或是正常排卵后由于某些原因导致黄体不足,在黄体内形成空腔,腔内聚积液体而形成。

卵泡囊肿和黄体囊肿可单个或多个发生于一侧或两侧卵巢上,二者多单独发生,有时两种囊肿病也同时发生(约占发病总数的 1%)。单独发生时以卵泡囊肿居多,约占发病总数的 70%。牦牛产后 45d 内及首次排卵前,卵巢囊肿发病率高,约占发病总数的 70%,由于在此阶段有一个自然重建卵巢周期的过程,常不易被发现。

(一)病因

1. 内分泌因素。内分泌失调是引发卵巢囊肿最主要的原因。另外,给予外源性孕激素、雌激素均可能引起卵巢囊肿。自然发生囊肿的原因,一是促卵泡素分泌过量,促进卵泡发育过度;二是垂体分泌的促黄体素低于正常水平;三是控制促黄体素释放机能失调。

非自然发生的囊肿是由多种因素共同作用引起的,与下丘脑、垂体、卵巢和肾上腺等机能有关。肾上腺机能亢进,促使黄体功能减退,导致孕激素水平降低,肾上腺产生较多的雌二醇和雄激素,影响卵巢周期。

2. 疾病因素。卵巢囊肿的成因较为复杂,在母牦牛性周期不同阶段,卵巢和子宫血流量呈规律性变化。休情期卵巢血流量增加,在发情期子宫血流量增加。若子宫有炎症和充血,影响卵巢周期的正常运行。子宫内膜炎、胎衣不下等可引起卵巢炎,导致发情周期紊乱,使排卵受到扰乱,引起卵巢囊肿。产后早期子宫正值复原之中,子宫内膜和卵巢上的激素靶细胞受体尚未恢复正常,而卵泡已经开始发育,且不断产生雌激素,因缺乏受体的接受和转移,使信息不能由子宫传递到下丘脑和垂体,故雌激素水平升高导致不排卵而引起卵巢囊肿。

3. 营养因素。饲料中缺乏维生素 A 或含有大量雌激素(如过量饲喂大豆、白三叶草等含植物雌激素高的饲料)都可能引起囊肿。精料过多而又缺乏运动,导致母牛肥胖,也会增加发病率。

4. 气候因素。在卵泡发育过程中,气温骤变容易发生卵巢囊肿,尤其在冬季发生卵巢囊肿的病牛更多。

5. 人为因素。母牦牛多次发情而不予配种,也可导致囊肿的发生。

(二)症状

患卵泡囊肿的母牦牛主要特征是发情周期不规律,频繁而持续发情,最显著的临床表现是出现慕雄狂。患病时间长的牦牛颈部肌肉逐渐增厚而类似公牦牛,荐坐韧带松弛,臀部肌肉塌陷,尾根高抬,尾根与坐骨结节之间出现一个深的凹陷。直肠检查时发现,卵巢上有一个或数个壁紧而有波动的囊泡,黄体与囊肿卵泡大小相近,但壁较厚而软,其直径一般均超过 2cm,大的囊泡有达到 5~7cm

的。长期的卵泡囊肿也可以并发子宫内膜炎和子宫积水。黄体囊肿外表症状为不发情，黄体囊肿多为一个，大小与卵泡囊肿差不多，壁厚面软。

有时产后首次发，成熟卵泡异常增大，易被误认为是囊肿。陈旧囊肿与成熟卵泡可并存于卵巢上，而前者已变性，无分泌激素能力，实属于正发情，能排卵受精，应适时配种。

(三)治疗

1. 激素治疗

(1)人绒毛膜促性腺激素(hCG) hCG 为蛋白质激素，第 1 次肌内注射后产生抗体，再次注射时效果降低，一般不宜多次注射。而静脉注射几乎不产生抗体，国外现多用 1500 ~ 5000IU hCG 溶于 5% 葡萄糖溶液中静脉注射，治疗效果显著。

(2)促性腺素释放激素(GnRH) 肌内注射 GnRH 25 ~ 100 μg 能诱发患囊肿母牦牛释放黄体素，囊肿大多黄体化，而大剂量使用 GnRH(0.5 ~ 1.5mg)，则可促使排卵。

(3)皮质类固醇 肌内注射 10 ~ 40mg 氢化可的松或 10 ~ 20mg 地塞米松，对于使用促性腺激素无效的牛治疗效果较好。

(4)孕酮 一次注射孕酮 750 ~ 1500mg，或 200 ~ 500mg/d，每日或隔日在肌肉注射孕酮 125mg，对囊肿治愈率可达 60% ~ 80%。

(5)前列腺激素 对于黄体囊肿，可采用肌内注射氯前列烯醇 0.4 ~ 0.8mg 进行治疗，2 ~ 3d 可消囊肿，并出现发情。

2. 中药治疗。消囊散：炙乳香 40g，炙没药 40g，香附 80g，三棱 45g，黄柏 60g，知母 60g，当归 60g，川芎 30g，鸡血藤 45g，益母草 90g，研末冲服，每日 1 剂，连用 3 ~ 6 剂。

3. 人工摘除法。在没有其他治疗方法的情况下，可考虑采取人工摘除。此法治愈率低，易造成卵巢发炎和粘连，使受胎率降低，甚至引起不孕。产后早期使用此法效果较好。

(四)预防措施

1. 营养管理。母牦牛分娩后机体处于能量负平衡状态，会延长分娩至首次发情排卵的间隔时间及分娩后卵巢机能恢复的间隔时间，豆科牧草不宜一次性饲喂过量，维生素对本病发生也有影响，合理日粮配合非常重要。

2.产后注射促性腺素释放激素(GnRH)。产后 2 周内注 GnRH 200μg,可降低卵巢机能异常的发生,进而提高受胎率,降低卵巢囊肿的发生率。

3.控制子宫炎症。产后早期卵巢正常周期,能降低因子宫炎症引起的囊肿,从而提高受胎率。

三、持久黄体

持久黄体(Persistent corpus luteum)是指妊娠黄体或周期黄体超过正常时间而不消失。其来源有两方面,一是发情周期黄体,在维持了一定时间后应该消失而未消失;二是妊娠黄体,在分娩后应该消失而不消失,由于持久黄体分泌孕酮,抑制卵泡成熟和发情,引起乏情而不育。母牦牛发生持久黄体时,黄体的一部分呈圆周状或蘑菇状,突起于卵巢表面,比卵巢实质稍硬。

（一）病因

1.饲养管理不当。牦牛饲料中缺乏微矿物质、维生素 A 和维生素 E,或运动不足等,均可引起持久黄体发生。

2.产乳量过高。产乳量高的母牦牛在冬季易发生持久黄体,由于消耗过大,以致卵巢营养不足,引起机能减退,使垂体细胞产生的催产素及前列腺素合成减少。同时,由于血液中催乳素水平过高,也导致黄体滞留。

3.子宫疾病。此病常和子宫炎症引起的前列腺素分泌减少等有关。子宫疾病可损害子宫黏膜,使前列腺素产生不足,而导致此病发生。子宫积水、积脓,子宫内有异物,干尸化等都会使黄体不消退而成为持久黄体。

（二）症状与诊断

该病的特征是长期不发情,经数次直肠检查,发现卵巢的同一部位有大量黄体存在,可以是一侧卵巢也可以是两侧卵巢。子宫多松软下垂,收缩反应减弱。

（三）治疗

除了消除病因、改善饲养管理外,可用如下方法进行治疗。

1.激素治疗。前列腺素及其类似物是治疗持久黄体的特效药。肌内注射前列腺素 0.5～1.0mg 或肌内注射氯前列烯醇 0.4mg。还可用促性腺激素, 如孕马血清、绒毛膜促性腺激素、雌激素和催产素等。

2.手术疗法。采用直检的方法,挤破卵巢上的黄体。

3.电针治疗。电针治疗可迅速使孕酮水平下降到最低值,同时又能使雌二醇水平达到最高值,从而引起发情。

四、排卵延迟及不排卵

排卵延迟是指与正常排卵时间相比,排卵向后推移。不排卵是指母牦牛发情时,有发情的外部特征,但不排卵。

(一)病因

牦牛促黄体素分泌不足,激素作用不平衡,造成牦牛排卵延迟及不排卵。营养不良或不平衡,过度挤奶、气温变化频繁,也可造成排卵延迟及不排卵。

(二)症状和诊断

排卵延迟时,卵泡发育和外表发情征状都和正常发情一样,但发情持续时间延长,牦牛一般延长 3 ~ 5d。直肠检查时卵巢上有卵泡,有的可能排卵,有的则会发生卵泡闭锁。在诊断排卵延迟时,要注意和卵泡囊肿相区别。不排卵时,有发情外表征状,发情过程及周期基本正常,直肠检查时卵巢上有卵泡,但不排卵,屡配不孕。

(三)治疗

对排卵延迟及不排卵的患病牦牛,除改善饲养管理条件外,可使用激素进行治疗。当牛出现发情症状时,立即注射促黄体素 200 ~ 300IU 或黄体酮 50 ~ 100mg,可起到促进排卵的作用。

对于确定由于排卵延迟或不排卵而屡配不孕的母牦牛,在发情早期,可注射雌激素(己烯雌酚 20 ~ 25mg),晚期注射黄体酮,也可起到较好的治疗作用。

五、子宫内膜炎

子宫内膜炎是子宫黏膜发生炎症,不孕症是牛"四大疾病"之一,而子宫内膜炎是引起牦牛不孕的一个重要原因,也是牦牛常发病和多发病。子宫是胚胎发育的场所,由于子宫炎症及炎症过程中的渗出物,会直接危害精子的生存,进而影响受精过程,也可影响胚胎在子宫的附植过程,从而导致不孕、流产,甚至胎儿死亡。

子宫内膜炎依据临床症状可分为急性子宫内膜炎和慢性子宫内膜炎,其中慢性子宫内膜炎是牦牛最常见的。慢性子宫内膜炎又被分为慢性化脓性子宫内膜炎、慢性脓性黏液性子宫内膜炎、慢性黏液性子宫内膜炎和急性子宫内膜炎。一般而言,急性化脓性子宫内膜炎预后不良。慢性化脓性子宫内膜炎和慢性脓性黏液性子宫内膜炎预后谨慎。这两种子宫内膜炎虽然治疗可消除临床症状,但有相当一部分不能怀孕,或常发生早期胚胎死亡或流产。

(一)病因

子宫内膜炎主要是因人工授精、分娩、助产及产道检查过程中消毒不严格或操作不当,使子宫受到损伤或感染引起的。子宫颈炎、子宫弛缓、阴道炎、胎衣不下和布鲁氏菌病是继发该病的又一个主要原因。自然交配时,公牦牛生殖器官的炎症也可传染给母牦牛而发生该病。产房卫生及牛体产后后躯卫生差也是引发该病的一个原因。

(二)临床症状

从牦牛产道流出多量黏液性或脓性分泌物,发情周期正常或不正常,屡配不孕。急性化脓性子宫内膜炎有全身症状。

(三)预防措施

为减少子宫内膜炎发生率,配种前 2h 宫内注射抗生素(主要针对急性子宫内膜炎),加强输精过程卫生消毒工作,降低人工授精过程中的人工感染。分娩过程是引起子宫感染的一个主要环节,助产过程中要严格消毒,助产过程要小心谨慎,防止子宫及产道损伤。要保证外阴部产前、产中及产后的清洁卫生。出产房通过直肠检查的方法,对子宫状态检查 1 次,必要时要进行清宫处理。产后喂服益母膏等能促进子宫机能恢复。对流产母牦牛要注意隔离,确定病因,防止流产过程中子宫排出物对产房及产间的污染,防止布鲁氏菌病、胎弧菌病等疾病的蔓延。

加强饲养管理,注意饲料配合,保证机体各器官机能健康,减少胎衣不下和产后疾病(酮病/产后瘫痪)的发生,促进子宫复旧。对胎衣不下的牦牛,要及时剥离胎衣或向子宫中灌注药物,以预防子宫内膜炎的发生。经营管理好的牛场,牦牛的平均空怀天数应在 105d, 一般水平的牦牛场平均空怀天数都在 120 ~ 140d。对空怀天数超过 140d 的母牦牛,要进行会诊,找出空怀原因,对失去繁殖能力的母牦牛,要及时淘汰。

(四)治疗措施

首先给予牦牛全价饲料,特别是富含蛋白质和维生素的饲料,以增强机体的抵抗能力,促进子宫机能的恢复。治疗子宫内膜炎一般有局部疗法和子宫内直接用药两种方法。治疗牦牛子宫内膜炎应针对不同的类型,选用不同的治疗方法。

1. 子宫冲洗。此法是一种传统、常用的治疗子宫内膜炎的方法。一般而言,对不同程度的化脓性子宫内膜炎,多选用子宫冲洗术,所用的冲洗药物多为防腐消毒药,如 0.1%高锰酸钾、0.1%利凡诺、0.05%来苏儿、0.1%新洁尔灭、0.1%稀碘液等。对症状较轻的化脓性子宫内膜炎和非化脓性子宫内膜炎,多选用 1%~10%盐水、1%小苏打、生理盐水及抗生素水溶液进行子宫冲洗。一般一次冲洗量为200mL 左右(一次注入量不宜过大),注入导出,反复冲洗,直到清洗清亮为止,可连续冲洗 2~3d,等子宫干净后向子宫内灌注抗生素类药物,等下次发情时观察发情状况。冲洗液的温度要保持在38℃~42℃。

对于急性子宫内膜炎,可在发情配种前 2h,用生理盐水 200~500mL 冲洗子宫,随后注入青霉素 10 万~80 万 IU、链霉素 100 万 U,然后配种。可提高受胎率。

2. 子宫灌注。子宫灌注是治疗牦牛子宫内膜炎的一种常用方法,子宫灌注时,药液要加热到40℃左右。目前常用于子宫灌注的药物有如下几大类。

(1)子宫灌注抗生素。常用的有青霉素 100 万 IU+ 链霉素 100 万 U。土霉素2g+ 金霉素 2g,还可用环丙沙星、呋喃西啉、呋喃唑酮、新霉素、先锋霉素、氯霉素、氨苄青霉素、磺胺类药物等,每日或隔日 1 次,直到子宫排出的分泌物清亮为止。对黏液性子宫内膜炎,在发情时可向子宫中灌注 1%氯化钠溶液 200~300mL,隔 4~6h 再输精配种。

(2)子宫灌注碘制剂。对各种类型的子宫内膜炎都有一定疗效,可用于细菌、病毒、滴虫等引起的子宫内膜炎。碘离子可刺激子宫黏膜,促进子宫炎性分泌物排出。络合碘和无机碘都可用于子宫内膜炎的临床治疗,络合碘的刺激作用较小,作用时间较长,治疗作用优于稀碘液。稀碘液常用浓度为 0.1%,配制时还可向其中加入一定量的甘油,每次可灌注 20~50mL,隔日或每日 1 次,连续用 2~3 次。如果用络合碘,可每隔 7~10d 灌注 1 次。

(3)子宫灌注鱼石脂。鱼石脂是从鱼骨化石中提取出来的有效成分,鱼石脂可温和地刺激子宫黏膜神经末梢,改善血液循环,抑制细菌繁殖。向子宫中灌注

5%~10%的鱼石脂,对化脓性及脓性黏液性子宫内膜炎有较好的治疗作用。每次灌注100mL,每日或隔日1次,连用1~3次(要用纯鱼石脂,不要用加入凡士林的鱼石脂)。

(4)子宫灌注黄色素。对慢性脓性子宫内膜炎,可用0.1%的黄色素溶液进行治疗,每次灌注50~200mL,隔日或每日1次。

(5)子宫灌注醋酸洗必泰。洗必泰是一种防腐杀菌剂,对隐性黏液性子宫内膜炎有较好的疗效。醋酸洗必泰有一定的刺激作用,用于牦牛子宫内膜炎治疗时,要加缓和剂,以降低由刺激所带来的不良反应。临床上可采用妇科用的醋酸洗必泰治疗牦牛子宫内膜炎,取醋酸洗必泰栓2~3枚,用10~15mL蒸馏水溶解,温热后注入子宫,隔日1次,连用2~4次。

(6)子宫灌注促上皮生长因子。在进行子宫灌注治疗时,向其中加入促上皮生长因子,可促子宫黏膜的再生修复,进一步提高子宫内膜炎的治疗效果。

3. 激素疗法。目前,用来治疗牦牛子宫内膜炎的激素主要有己烯雌酚、氯前列烯醇和催产素,这类药物能使子宫颈口开张,增强子宫收缩机能,促进子宫腺体分泌,利于子宫内液体排出。最新试验表明,血液中激素含量高低和子宫免疫能力有直接相关性。通过注射上述激素,还可提高子宫的免疫能力。

(1)氯前列烯醇。可子宫灌注,也可肌内注射,子宫灌注1次2~3mL。肌内注射4~8mL,可连续注射2~3次,间隔1~2d,同时还可配合肌内注射催产素10mL。

(2)己烯维酚。一次肌内注射15~25mL,促进子宫腺体分泌,促进子宫内分部物排出。也可子宫灌注,连续用2~3次,每次间隔1~2d。

(3)催产素。在治疗子宫内膜炎时可连续用3~4d。

4. 免疫治疗。能提高牦牛子宫内膜炎免疫性药物主要有盐酸左旋咪唑、大肠杆菌多脂糖、高免血清、集落刺激因子等,但临床来源比较方便的是盐酸左旋咪唑。

5. 通过促进子宫机能恢复进行治疗。在子宫内膜炎中,包括一类子宫无器质性病变,而子宫功能异常所引起的难孕症。这类子宫内膜炎实际上是由于产后虚弱、子宫气滞血瘀、子宫机能低下引起的。中药在促进子宫机能恢复上,表现出独特的优势。黄芪、红花蟾酥、当归、蜂胶、益母草、蒲黄、桃仁、连翘等,在治疗子宫内膜炎上具有很好的消滞、祛瘀、清热解毒、加速净化、促进子宫复原作用。

六、流产

牦牛的流产是由于胎儿或母体生理过程发生紊乱，或它们之间的正常关系遭到破坏，导致妊娠中断，胎儿被母体吸收或排出体外的一种病理现象。流产是哺乳动物妊娠期间的一种常见疾病，不仅会导致胎儿死亡或发育受到影响，而且还会影响到母体的生产性能和繁殖性能。

（一）病因

流产原因十分复杂，可以是妊娠母牦牛某些疾病的一个临床症状，也可以是饲养管理不当的一个结果，还可以是胎盘或胎儿受到损伤而导致的一种直接后果，概括起来流产的原因可分为传染性流产和非传染性流产。

1. 传染性流产。由病原微生物侵入孕畜机体而引起的一种流产，可以是某些传染病发展过程中的一个普通症状，也可以是某些传染病的一个特征性症状，布鲁氏菌、衣原体、毛滴虫等病原，可在胎盘、子宫黏膜及产道中造成病理变化，所以流产就成了这些传染性疾病的一个特征性症状。李氏杆菌、沙门氏菌、焦虫、附红细胞体等病原感染病畜时，流产则作为这些传染病发展过中的一个非特异性临床症状而表现出来。从某种意义上说，当某种传染病导致孕畜或胎儿的生理功能紊乱到一定程度时，都可以引起流产。

2. 非传性流产

（1）胚胎发育停滞。配子衰老或有缺陷、染色体异常、近亲繁殖是导致胚胎发育停滞的主要原因，这些因素可降低受精卵的活力，使胚胎在发育途中死亡。胚胎发育停滞所引起的流产多发生于妊娠早期。

（2）胎膜异常。胎膜是维持胎儿正常发育的重要器官，如果胎膜异常，胎儿与母体间的联系及物质交换就会受到限制，胎儿就不能正常发育，从而引起流产。先天性因素可以导致胎膜异常，如子宫发育不全、胎膜绒毛发育不全，这些先天性因素所引起的病理变化，可导致胎盘结构异常或胎盘数量不足。后天性子宫黏膜发炎变性，也可导致胎盘异常。

（3）饲养不当。饲料严重不足或矿物质、维生素缺乏，可引起流产。饲料发霉、变质或饲料中含有有毒物质，可引起流产。贪食过多或暴饮冷水，也可引起流产。

（4）管理不当。牦牛妊娠后由于管理不当，可使子宫或胎儿受到直接或间接的物理因素影响,引起子宫反射性收缩而导致流产。地面光滑、急奔急赶、出入圈舍时过分拥挤等所引起的跌跤或冲撞,可使胎儿受到过度振动而发生流产。妊娠后期,牦牛应该及时合理分群,怀孕牦牛和未怀孕牦牛混群饲养,会由于互相争斗而造成流产。妊娠牦牛在运输及上车或卸车过程中要更加小心,否则会造成流产。另外,强烈应激、粗暴对待妊娠牦牛等不良管理措施,也是造成牦牛流产的一个重要原因。

(5)医疗错误。粗鲁的直肠检查和不正确的产道检查可引起流产。误用促进子宫收缩药物可引起流产(如毛果芸香碱、氨甲酰胆碱、催产素、麦角制剂等)。误用催情或引产药可导致流产(如雌性激素、三合激素、前列腺素类药物、地塞米松等)。大剂量使用泻剂、利尿药、驱虫剂,错误地注射疫苗,不恰当地麻醉,也可导致流产。

一些普通疾病发展到一定程度时也可导致流产。例如,子宫内膜炎、宫颈炎、阴道炎、胃肠炎、肺炎、疝痛、代谢病等。

(二)临床症状

妊娠牦牛发生流产时,会表现出不同程度的腹痛不安,弓腰,做排尿动作,从阴道中流出多量黏液或污秽的分泌物或血液。另外,流产症状与流产发生的时期、原因及母体的耐受性有很大关系,流产的类型不同,其临床表现也有区别。

1. 隐性流产。胚胎在子宫内被吸收称为隐性流产。隐性流产发生于妊娠初期的胚胎发育阶段,胚胎死亡后,胚胎组织被子宫内的酶分解、液化而被母体吸收,或在下次发情时以黏液的形式被排出体外。隐性流产无明显的临床症状,其典型的表现就是配种后诊断为妊娠,但过一段时间后却再次发情,并从阴门中流出较多数量的分泌物。

2. 早产。母体具有和正常分娩类似的预兆和过程,排出不足月的活胎儿,称为早产。早产时产前预兆不像正常分娩预兆那样明显,多在流产发生前 2~3d,出现乳房突然胀大,阴唇轻度肿胀,乳房内可挤出清亮液体等分娩预兆。早产胎儿若有吮吸反射时,进行人工哺养,可以养活。

3. 小产。提前产出死亡未变化的胎儿就是小产,这是最常见的一种流产类型。妊娠前半期的小产,流产前常无预兆或预兆轻微。妊娠后半期的小产,其流产预兆和早产相同。小产时如果胎儿排出顺利,预后良好,一般对母体繁殖性能影响不大。如果子宫颈口开张不好,胎儿不能顺利排出时,应该及时助产,否则可导致胎儿腐败,引起子宫内膜炎或继发败血症而表现全身症状。

4.延期流产。也称死胎停滞,胎儿死亡后由于卵巢上的黄体功能仍然正常,子宫收缩轻微,子宫颈口不开张,胎儿死亡后长期停留于子宫中,这种流产称为延期流产。延期流产可表现为两种形式,一种是胎儿干尸化,另一种是胎儿浸溶。胎儿死亡后,胎儿组织中的水分及胎水被母体吸收,胎儿体积变小,变为棕黑色样的干尸,这就是胎儿干尸化。干尸化胎儿可在子宫中停留相当长的时间。母牦牛一般是在妊娠期满后数周,黄体作用消失后,才将胎儿排出。排出的胎儿也可发生于妊娠期满以前,个别干尸化胎儿则长久停留于子宫内而不被排出。胎儿死亡后胎儿的软组织被分解、液化,形成暗褐色黏稠的液体,骷髅漂浮于其中,这就是胎儿浸溶,胎儿浸溶现象比干尸化要少。

(三)诊断要点

牦牛流产诊断主要依靠临床症状、直肠检查及产道检查来进行。不到预产日期,怀孕牦牛出现腹痛不安、弓腰、努责,从阴道中排出多量分泌物或血液或污秽恶臭的液体,这是一般性流产的主要临床诊断依据。配种后诊断为妊娠,但过一段时间后却再次发情,这是隐性流产的主要临床诊断依据。对延期流产可借助直肠检查或产道检查的方法进行确诊。

(四)治疗

当牦牛出现流产症状,经检查发现子宫颈口尚未开张,胎儿仍活着时,应该以安胎、保胎为原则进行治疗。肌内注射盐酸氯丙嗪,1~2mg/kg,或肌内注射1%硫酸阿托品1~3mL,或注射黄体酮50~100mg。

当牦牛出现流产症状时,子宫颈口已开张,胎囊或胎儿已进入产道,流产已无法避免时,应以尽快促进胎儿排出为治疗原则,及时进行助产,也可肌内注射催产素以促进胎儿排出,或肌内注射前列腺素类药物以促进子宫颈口进一步开张。

当发生延期流产时,如果仍然未启动分娩机制,则要进行人工引产,肌内注射氯前列烯醇0.4~0.8mg,也可用地塞米松、三合激素等药物进行单独或配合引产。

(五)预防

科学饲养管理是预防流产最基本的措施之一,对于群发性流产要及时进行实验室确诊,预防传染性流产是畜牧生产中的一项重要工作。

七、阴道脱

阴道脱是指由于阴道组织松弛,阴道部分或全部突出于阴门外。奶牛比较常见,牦牛比较少。主要发生于妊娠后期,病程较长,一般不会危及生命安全。

(一)病因

阴道壁组织松弛是导致发病的一个重要原因。腹压过大,如胎水过多、怀双胎等也可引起阴道脱。牦牛胎龄过大或机体瘦弱时,多发生本病。长期缺乏运动,饲料中矿物质及维生素缺乏的个体,易发生本病。上次助产时损伤了产道或由阴道炎症继发。

(二)症状和诊断

阴道脱多发生于妊娠后期,患病牛的阴门外脱出一粉红色球状物,脱出时间较长时,脱出物色泽变暗。大小从拳头大到排球大。较轻时多在卧下时脱出,站立时缩回,严重的则站立时也不能缩回。如果脱出部分呈现半圆形,则为单侧阴道壁脱出。如脱出物为两个半圆形,则为双侧阴道壁脱出。如果阴道全部脱出时,可看见宫颈外口。脱出时间长时,脱出物表面会粘上污物,继发溃疡及坏死。有些牛会发展成为习惯性阴道脱,每次到妊娠后期时都发生阴道脱出。

(三)治疗

较轻的阴道脱病例要每天注意后躯卫生,用消毒液或温水清洗阴门部或脱出的阴道,或在脱出的阴道上涂抹油剂抗生素,等分娩后即可缩回。严重的病例要进行整复固定治疗。治疗时,充分保定好患病牛,认真用消毒液清洗阴门部及脱出物,用 2%~5% 的盐酸普鲁卡因 10~20mL 进行后海穴麻醉,将脱出物轻轻送回,对阴门做垂直纽扣缝合,但不要影响患牛排尿。

(四)预防

预防牦牛阴道脱的主要措施有改善饲养管理,注意微量元素和维生素补给,保持环境卫生、牛体卫生,对阴道炎症及时治疗,助产时不要损伤阴道,腹压过大时让牛多站少卧。

八、子宫复旧不全

子宫复旧不全,也称子宫弛缓,指母体分娩后因子宫弛缓,子宫不能在正常时间内恢复到未孕时的状态。子宫正常恢复时间一般为40d。本病多发生于体弱、老龄、胎儿过大、难产、胎衣不下及子宫有炎症的牛。

(一)病因

1. 子宫收缩无力。牦牛如果产后奶量过高、肥胖、助产不当、胎衣不下、子宫脱及机体患有其他代谢疾病时,均可引起子宫收缩无力。

2. 卵巢功能异常。卵巢功能和子宫功能有密切的关系,卵巢功能异常会影响子宫的复旧。

(二)症状

子宫复旧不全的牦牛常全身无异常表现。产道检查时会发现子宫颈口闭锁不全、松弛,有暗褐色恶露潴留。直肠检查时,子宫肥大,无收缩力,子宫内有液体。本病可继发子宫内膜炎。

(三)治疗

治疗子宫复旧不全的指导原则是加强子宫收缩,促进恶露排出。对于牦牛的治疗,可以肌内注射催产素100IU,每日2次。或用5%的生理盐水或2%碳酸氢钠温热后冲洗子宫,冲洗完后向子宫满注一定量的抗生素(金毒素4g);还可喂益母草膏、当归浸膏、股骨注射维生素A、维生素D。另外,还要注意原发病的治疗,防止酮病、产后瘫痪及胎衣不下等产后疾病发生。

九、子宫脱

母牦牛分娩后3~4h内,子宫角可翻入子宫腔内,这时如果牛强力努责,腹压过高,部分子宫或者全部子宫可翻出于阴门外。脱出的子宫黏膜外现,大量母体胎盘上吻合着胎儿胎盘及胎膜,开始呈粉红色,时间稍长则变为暗紫色,胎盘常因挤压和摩擦而出血。

(一)病因

造成子宫脱的原因主要有4种。一是分娩时间过久,胎儿体型过大,或双胎及畸形胎儿,使子宫过度扩张,导致子宫收缩迟缓,在母牛排出胎衣时将子宫一起排出;二是子宫角部分胎盘由于发炎而与胎衣粘连,不易脱落,脱出的大部分胎衣垂于阴门外牵拉子宫角而导致子宫脱出;三是老龄、高产、体质不良,缺乏运动,缺钙或者钙磷比例不当,也易导致本病发生;四是子宫、宫颈或阴道在分娩或助产时出现损伤或胎水排尽,子宫颈紧紧裹在胎儿身上,此时助产者强力牵引胎儿也可造成子宫脱。

(二)症状

牦牛子宫部分脱出,为子宫角翻至子宫颈或阴道内而发生套叠,仅有不安、努责和类似疝痛症状,通过阴道检查才可发现。子宫全部脱出时,子宫角、子宫体及子宫颈部外翻于阴门外,且可下垂到跗关节。脱出的子宫黏膜上往往附有部分胎衣和子叶。子宫黏膜初为红色,以后变为紫红色,子宫水肿增厚,呈肉冻状,表面发裂,流出渗出液。

(三)预防

在分娩后至胎衣排出这一段时间内要专人看护,胎衣排出后仍然努责强烈,要及时检查处理。子宫脱要加强护理,防止脱出部位继续扩大及受损。例如,将其尾固定,以防摩擦脱出部位;减少感染机会;多放牧;舍饲时要给予易消化饲料等。

(四)治疗

保持患病母牦牛安静,防止脱出的子宫损伤,在子宫脱的治疗护理上有着重要意义。治疗子宫脱时,首先将母牦牛后躯、尾根、阴门、肛门部及脱出的子宫用消毒液认真清洗、消毒、处理。其次,将脱出部分用消毒纱布(或塑料布)一边1人兜起,母牦牛取前低后高站姿,若卧地可以将后躯垫高或抬起。为了抑制强烈努责,便于整复操作,须在荐尾间隙做硬膜外腔麻醉(一般注射2%普鲁卡因10~20mL)或肌内注射静松灵4~5mL。第三,从靠近阴门处开始向阴道内推送子宫,当送入一半以后,术者将手伸入子宫角用力向前下方压送,直至全部送入,送入后术者伸入全臂将宫角全部推展回原位。压送时为防止损伤子宫,手要取斗握拳式,用力要适度,禁止在忙乱中损伤子宫。第四,向子宫中送入抗生素,还可注射缩宫素(50~100IU)。第五,为防止子宫再脱出,可在阴门外做纽扣缝合固定。

十、胎衣不下

胎衣不下是指牦牛分娩后经 12h 胎衣尚未排出。胎衣不下可分为部分不下和全部不下。

(一)病因

1. 胎盘分离障碍

(1)胎盘未成熟。是发生流产的母牛胎衣不下的重要原因,胎盘一般在妊娠期满前 2~5d 成熟,成熟后胎盘的结缔组织胶原化,变湿润,易受分娩时激素影响,母体胎盘和子体胎盘容易分离。未成熟的胎盘则缺乏上述变化。牦牛平均妊娠期长短决定于品种,也受特殊公牛的影响。胎衣不下发生率取决于排出胎儿时妊娠时间长短。流产或早产时,内分泌激素对分娩的控制失调,影响了胎盘成熟及产后子宫的正常收缩活动,致使胎衣不下,这就是为什么早产牛胎衣不下发病率高的原因。

(2)绒毛水肿。胎儿胎盘经常出现严重的非感染性水肿,常见于刚产后不久的胎盘,特别是剖腹产的牦牛或长时间子宫捻转的牦牛更为多见。有时胎衣不下,牦牛表现出强烈的子宫收缩,特别是强直性收缩,可使子宫阜在较长时间内处于严重充血状态,一方面使腺窝绒毛发生水肿,另一方面也不利于排出绒毛中的血液。水肿可延伸到绒毛末端,结果腺窝内压力不能下降,母体胎盘和胎儿胎盘之间连接紧密,不易分离。

(3)胎盘组织坏死。有时胎衣不下的牦牛绒毛和腺窝壁之间有小面积坏死,坏死可发生于产前,这些坏死也会导致胎盘分离障碍。

(4)胎盘老化。过期妊娠常伴有胎盘老化及功能不全,胎盘老化是导致胎衣不下的又一个原因。有人对胎盘老化做了进一步研究,发现胎盘老化的胎盘,其母体胎盘发生了结缔组织增生,胎盘重量增加,增生的结果是母体胎盘钳在胎儿胎盘中不易脱出。另外,胎盘老化还会使内分泌功能减弱,雌三醇和催产素水平下降,使胎盘分离变得困难。

(5)胎盘炎。胎盘受到来自机体局部病灶的细菌(如布鲁氏菌)和来自乳腺炎、蹄叶炎、腹膜炎、胃肠道炎等微生物的感染,可引发胎盘炎。患胎盘炎症时,由于结缔组织增生,使胎儿胎盘和母体胎盘发生粘连,导致胎衣不下。

2. 子宫收缩无力。子宫的阵缩是引起母体胎盘和胎儿胎盘分离的一个重要因素,如果子宫收缩无力,将影响母体和子体胎盘相互分离,从而引起胎衣不下。另外,还有一种情况是母体胎盘和胎儿胎盘已经分离,因子宫收缩无力,不能将胎衣排出,这种情况引起的胎衣不下只占总发病率的 1% ~ 2%,或更少。对此情况,用手轻拉脱出的胎膜可使胎儿胎盘和母体完全分开,使胎衣排出,也不会引起母体损伤。

3. 胎衣排出障碍。胎衣排出障碍引起的胎衣不下很少发生,只占总发病率的0.5%。全部或部分脱落的胎衣受到部分闭合的子宫角或套叠的子宫角钳闭而不能排出,特别是较大的胎儿子叶易受到钳闭或阻拦。偶尔也发生胎膜某部分裹住某个母体子叶,或由于剖腹产时误将胎膜缝在子宫壁上所引起的胎衣不下。

牛胎衣不下的原因十分复杂,上述病因形成还和许多致病因素密切相关。一种致病因素或几种致病因素联合作用,均能导致胎盘不分离或子宫弛缓,最终引起胎衣不下。胎衣不下病因多样,防治本病比较困难。

(二)症状

牦牛产后未在规定的时间内排出整个胎衣,恶露排出时间延长,内含腐败的胎衣碎片,弓背,频频努责。腐败产物被吸收后可出现全身中毒现象,体温升高,食欲不振,胃肠机能减退,反刍减少,还能继发子宫内膜炎。

(三)预防措施

一是加强饲养管理,供给优质全价日粮,尤其要注意产前矿物质及维生素的补充;二是加强传染病防疫和检疫工作,一些传染性疾病引起的牛胎衣不下,往往会造成更加严重的后果和不良的影响。因此,养牛场应高度重视对布病、化脓杆菌性乳腺炎等疾病的防治工作,减少因疾病而造成经济损失;三是舍饲牦牛要适当增加运动,尽量为舍饲牛提供舒适的环境,减少不必要的应激,保证充足的运动。分娩后立即注射葡萄糖酸钙溶液或喂益母草膏及当归煎剂(或水浸液),有防止胎衣不下的效果。分娩注射 50IU 的催产素可降低牦牛胎衣不下的发病率。

(四)治疗

1. 药物治疗

(1)促进子宫收缩。肌内或皮下注射催产素 50 ~ 100IU,2h 后重复注射 1 次。也可注射麦角素 1 ~ 2mg,还可灌服羊水。

（2）促进母体胎盘和胎儿胎盘分离。向子宫内注入 5%～10%的生理盐水 2～3L,可促进母体胎盘和胎儿胎盘分离,高渗盐水还有促进子宫收缩的作用。取碘 5g、碘化钾 10g,用 1000mL 蒸馏水混合溶解后,灌入子宫中也可起到相同的作用,一般用药后 25h 排出胎衣。

（3）预防胎衣腐败及子宫感染。可内投土霉素、四环素、氯霉素、痢特灵等抗生素粉剂 1～4g,也可用生理盐水 500mL 稀释成混悬液灌注,隔日 1 次。还可宫内灌注"宫康Ⅱ号"。

（4）中药治疗。治疗胎衣不下还可用补气温中、活血祛瘀的方剂进行治疗,如催衣散、龟参汤等。

2. 手术剥离。对容易剥离的胎衣坚持剥离,不易剥离的不可强行剥离,以免损伤子宫,引起感染。剥离胎衣应尽量剥离干净,体温升高时说明子宫已有炎症,不可进行剥离,以防炎症扩散,加重子宫感染。

首先,术前将牛尾系到颈部,清洗后躯、外阴部及外露的胎膜,术者的手臂也要清洗消毒,然后向子宫灌入 1000～1500mL 的 5%～10%生理盐水,以便剥离及防止感染。然后,一手牵拉胎衣,一手进行剥离,由近及远螺旋式剥离,剥离完后要检查剥出的胎衣是否完全。最后,注入金霉素粉 1～2g、土霉素粉 2～3g 和水 500mL 的混悬液,以后隔 1～2d 送药 1 次,直到流出的液体基本清亮为止。

手术剥离后数天内, 要注意观察牦牛有无子宫炎及全身情况, 一旦发现变化,要及时全身应用抗生素进行治疗。

十一、乳房浮肿

乳房浮肿也称乳房水肿,属于乳房的一种浆液性水肿,其特征是乳腺间质中出现过量的液体蓄积。本病多发生于奶牛,牦牛较少见,可影响产奶量,重者将永久性损伤乳房悬韧带,导致乳房下垂。本病的临床特征是乳房肿大、无痛、无热,按压有凹陷。

（一）病因

目前,乳房浮肿的确切原因尚不十分清楚,乳静脉血压显著升高是引起乳房浮肿的一个病理原因。遗传学研究表明,本病与产奶量呈显著正相关。另外,血浆中雄激素及孕酮水平与本病的发生也有关系。干奶期饲养不当是导致本病发生的一个主要临床原因,如精料饲喂过多,优质干草不足,日粮中食盐用量过大等。产前母牦牛运动不足,运动场狭小等,也是引发本病的一个原因。

（二）症状

乳房浮肿一般表现为整个乳房肿胀,严重者可波及胸下、腹下、会阴等部位。乳房肿大,皮肤发红而光亮,无热,无痛,指压留痕,乳量减少,用肉眼观察乳汁,无可见变化。精神、食欲正常,全身反应极轻。

（三）防治

大部分乳房浮肿病例产后可逐渐消肿。每天坚持按摩乳房 3 次,减少精料,适量限制饮水,加强运动,可促进乳房消肿。使用药物可治疗乳房浮肿,每日肌内注射速尿(呋喃苯胺酸)500mg 或静脉注射 250mg,连续 3d。口服氢氯噻嗪,每日 2次,每次 2.5g,1～2d。每日口服氯地孕酮 1g 或肌内注射 40～300mg,连续用 3d。

十二、妊娠浮肿

妊娠浮肿是妊娠末期孕畜腹下及后肢等处发生的非炎性水肿。轻度的妊娠浮肿属于一种正常生理现象,浮肿面积大,症状严重时才属于病理变化。本病一般开始于分娩前 1 个月左右,产前 10d 最为明显,分娩后 2 周左右自行消退。

（一）病因

妊娠末期牦牛腹内压增高,乳房肿大,运动量减少,从而导致腹下、乳房及后肢静脉回流缓慢,静脉压增高,静脉管壁通透性增大,使血液中的水分渗入组织间隙而引起浮肿。妊娠牦牛新陈代谢旺盛,蛋白质需求增加,妊娠阶段如果饲料中蛋白质不足,可导致牦牛血浆蛋白下降,血浆胶体渗透压降低,这样就阻止了组织中水分进入血液而引起组织间隙水分滞留。妊娠期牦牛内分泌功能发生变化,抗利尿素、雌激素、醛固酮等分泌增加,影响了肾小管对水钠的调节作用,也是引起妊娠浮肿的一个重要原因。

（二）症状与诊断

浮肿一股从股下及乳房开始,严重者可向前后延伸至前胸、后肢(甚至到跗关节或球节)及阴门。浮肿一般呈扁平状,左右对称,指压留痕,触压无痛,皮温稍低,皮肤紧张而光亮。通常全身症状不明显,但泌乳性能会明显下降。

(三)治疗

治疗妊娠浮肿的基本原则是加强血液循环,提高血浆胶体渗透压,促进组织水分排出。药物治疗采用 10%葡萄糖酸钙 300mL、25%葡萄糖 1500mL、10%安钠咖注射液 10mL,一次静脉注射,每日 1 次,连续 3～5d。也可配合肌内注射速尿(每千克体重 0.5mg)进行治疗,每日 1 次,连用 2～4d,治疗时可增加运动,适当限制饮水。

(四)预防

保证妊娠牦牛有足够的活动空间,增加运动,坚持刷拭。饲喂体积小、蛋白质、矿物质丰富的饲料,限喂多汁饲料,适度限制饮水。

十三、胎水过多

胎水过多,也称胎盘水肿、胎膜囊积水、胎儿积水,是指妊娠牦牛的胎水远远超过了正常的生理范围。胎水过多主要由尿水过多引起,也可以是羊水或羊水和尿水同时积聚过多。胎水过多常发生于妊娠 5 个月以后的牦牛。牦牛的胎水多少因个体不同而有所差异,一般情况下,羊水为 1.1～5.0L,尿水平均为 9.5L。发生胎水过多时,胎水总量会远远超过这一数值,达到 100～200L。

(一)病因

牦牛发生胎水过多的原因至今还不清楚,但临床观察发现胎水过多常发生于如下几种情况,一是怀双胎的牦牛多发本病;二是患有子宫疾病的牦牛多发此病;三是妊娠牛患有心、肾疾病及贫血时多发此病。

(二)症状和诊断

其症状随病理过程的不同而有所差异,患病牦牛腹部异常增大,而且变化迅速,腹壁紧张,背凹陷,推动腹壁可清楚地感觉到腹内有大量的液体。病牛运动困难,站立时四肢外展,因卧下时呼吸困难,所以不愿卧下。病情进一步恶化时,胎水进一步增多,则起卧困难,发生瘫痪。有时可引起腹肌破裂。牦牛体温一般正常,呼吸浅快,心跳增速,瘤胃蠕动减弱。进一步恶化则可见患病牛精神沉郁,食欲废绝,显著消瘦。直肠检查时腹压升高,子宫内有大量液体,不易摸到子宫和胎儿。

（三）预后

病情较轻又距预产期较近时,妊娠可继续下去,但胎儿发育不良,甚至胎儿体重达不到正常胎儿的一半,多在分娩过程中或分娩后不久死亡。病情较重又距预产期较远时,或病牛体弱,这样的病牛多预后不良。因胎水过多而发生流产时,如子宫弛缓,子宫颈开张不全,常常会发生难产,胎儿排出后常发生胎衣不下,个别病例会引起子宫破裂或腹肌破裂。

（四）治疗

对于病情较轻,距预产期近者,饲喂营养丰富、体积小、易消化的饲料。限制饮水,增加运动,还可注射安钠咖或利尿药或服用人工盐等缓泻药,如能维持到分娩,即可康复。对于严重病例(距预产期较远,患病牛已卧地不起,子宫颈口又不开张),可进行人工引产,肌内注射氯前列烯醇 4～8mL,进行引产。

十四、异性孪生母犊不育症

异性孪生母犊不育症是指母牦牛在异性同胎妊娠的情况下,母犊缺乏繁殖能力的现象。它是一种明显的两性畸形,这种不孕症在家畜中以牛表现最为严重,占到孪生母犊的 91%～94%。其母犊生殖器官发育异常,具有雌、雄两性的内生殖器官。母犊具有不同程度向雄性转化的卵巢,外生殖器官表现为雌性。

（一）原因

目前对此病发病机理的解释主要有两种说法。

1. 激素作用机理。绝大多数怀双胎或三胎的牦牛,其胚胎发育时,临近绒毛囊发生了整合,尿膜腔在大多数情况下合二为一,从而使个体的尿膜血管支发生了吻合,这就使异性胎犊的血液循环成为一体。公犊体内雄激素作用于母犊体内,影响了母犊生殖器官的正常发育,从而导致孪生母犊不育。牛双胎时,90%～95%的胎儿发生了血管吻合。另外,牛胎膜融合发生时间较早,在妊娠期第 18～20d,而性别分化开始于 30～40d,这时胎儿的生殖器官还没形成,这是牛异性孪生母犊不育极高的一个重要原因。

2. 细胞学说。异性孪生胎儿在胚胎发育期,生殖细胞和成血细胞相互发生了信息交换,从而使雌性胎儿的性染色体变成了(XX/XY)雌雄嵌合体而引起不育,影响了雌性胎儿雌性生殖器官的正常发育,卵巢兼有类似于睾丸的结构和功能。

另外,造血细胞中也发现 XX/XY 血细胞嵌合体。

(二)诊断要点

牦牛常表现为阴门狭小,位置较低,阴蒂增大,阴门下方有一簇突出的长毛。乳头发育极差,阴道短小,小至手指无法插入。青年牛或成年牛阴道检查时开膣器不易插入,只能用羊的开膣器,看不见子宫颈部。直肠检查时,摸不到子宫颈,子宫角细小,卵巢小如西瓜籽,不发情,不能生育。公犊早期死亡的单产母犊也可能是不育的。异性孪生公犊的生育力一般不受影响,但精液品质不及正常公牦牛。

十五、屡配不孕

屡配不孕是指母牦牛发情周期及发情表现正常,临床检查生殖道无明显可见异常,但输精 3 次以上不能受孕地繁殖适龄母牦牛,屡配不孕并不是一种独立的疾病,而是许多不同原因引起繁殖机能障碍的一种结果,屡配不孕长期以来一直是阻碍牦牛业高效发展的重大问题之一,其发生率高达 10%~25%。引起屡配不孕的原因多而复杂,归纳起来可概括为两大类,即受精失败和早期胚胎死亡。

(一)受精失败

受精是母牦牛受孕的一个重要环节,受精成功与否受许多因素的制约,其中任何一个因素失调都能导致受精失败。

1. 卵子发育不全。卵子发育有缺陷是引起授精失败的一个较直接的原因,但这种疾患目前在兽医临床上既无法诊断,也无治疗方法。

2. 卵子退化。排卵延迟或推迟配种可使卵子发生老化。卵子老化不严重时,虽仍可受精,但受精卵难以存活。

3. 排卵障碍。包括卵泡成熟后不排卵和排卵延迟,两者均能引起授精失败。排卵障碍可能与品种有关,也可能还与环境因素有关,排卵延迟一般认为与促黄体素的分泌不足有关。诊断排卵障碍可以在发情旺盛时及其后的 24~36h 进行两次直肠检查,如两次检查在同一卵巢上查出相同的卵泡,即可做出诊断(如果已排卵,则卵巢上卵泡消失或出现一火山口样的凹陷)。治疗排卵障碍,可用促黄体素进行治疗,也可用绒毛膜促性腺激素 1000~2500IU 进行治疗,但是等到确诊以后开始治疗,卵子即使不死亡也会老化,因此必须在下次发情开始时进行预防性治疗。

4. 卵巢炎症。卵巢炎症可导致卵子的生成和排卵障碍,还可引起卵巢粘连,导致屡配不孕。卵巢炎症通常在临床上难以查出,对卵巢炎症目前也缺乏有效的治疗方法。

5. 输卵管疾病。输卵管是卵子受精和运输的场所,还对精子获能有密切的关系,输卵管发生炎症、积液等,也是导致不能授精的一个重要原因。输卵管疾病目前在诊断和治疗上也无良方特法。

6. 子宫疾病。子宫内膜炎是最常见的子宫疾病。

7. 环境因素。圈舍环境、季节等对屡配不孕的发生也有一定作用。

8. 技术和管理水平。技术和管理水平低下的牛场屡配不孕,发病率高。

9. 公牦牛精液。公牦牛精液品质不良,精子活力不强,或精子数量过少,均可引起牦牛屡配不孕。

(二)早期胚胎死亡

早期胚胎死亡主要是指胚胎在附植前后发生的灭亡,是屡配不孕的主要原因之一。牛早期胚胎死亡的发病率高达38%,占繁殖失败的5%~10%,大多数是在配种后8~19d死亡。母牦牛在妊娠识别时间之前发生胎死亡,大多数会在配种后8~28d返情。

十六、不孕症

牦牛达到配种年龄后或产后6个月不能配种受胎,均属于不孕症。不孕症是多种因素作用于机体而引起的一种综合表现,所涉及的致病因素比较复杂。目前还没有特异的治疗方法和特效药。对于该病不仅要做好针对性治疗,更要进行综合防制。

(一)防制措施

1. 准确地发情鉴定。准确掌握发情时间,正确判定母牦牛发情,不漏掉发情牛,不错过发情期,是防止牦牛不孕症的先决条件。母牦牛正常发情征状主要表现为母牦牛兴奋不安、食欲减少、哞叫、运动性加强,追爬其他母牛或接受其他牛的爬跨,两后肢撑开,弓腰,尿频量少,尾根抬起或摇晃,外阴部松弛肿胀,黏膜充血潮红,子宫颈口开张,常从阴门中流出透明线状黏液。

应在每日的早、晚对牦牛做好发情观察,对不发情或隐性发情的牛,应做如下检查。一是进行阴道检查,观察阴道黏膜、黏液状态及子宫颈口张开的情况;二是直肠检查,触摸子宫、卵巢及卵泡的状况;三是可用适量的催情药进行催情,如肌内注射氯前列烯醇注射液 4mL,或肌内注射孕马血清,进行催情促排。

2. 适时配种。在正确发情鉴定的前提下,掌握正确的配种时间是提高牦牛受胎率的关键一环。掌握母牦牛发情配种情况,要建立详细的配种记录,严格遵守人工授精操作规则,严格进行精液品质检查,做好冻精解冻。正确掌握授精时间,严格消毒,输精部位要准确。对配种 2～3 次尚未受孕的母牦牛,可采取在临输精前向子宫中送入青霉素 40 万～60 万 IU。

3. 做好助产护理工作。临产母牦牛应该尽量做到自然分娩,避免过早地人工助产。必须助产时,要让兽医进行助产。助产要做好卫生消毒工作,防止产道损伤,减少产道感染。分娩时搞好产房护理是确保下胎母牛发情配种的重要措施。因为母牦牛在产房期间的护理会直接影响到泌乳、子宫恢复和下一次配种。对胎衣不下的牦牛应及时进行治疗。凡胎衣不下的牦牛可剥离后用抗生素进行子宫灌注。如胎衣粘连过紧,不易剥离,向其子宫中及时灌注抗生素或子宫净化专用药(金霉素 2g、土霉素 4g 或宫康注射液),隔日或每日 1 次,直到阴道流出的分泌物清亮为止。要做好母牦牛出产房的健康检查。产后第 7d、第 15d 各进行产道检查 1 次,正常者可出产房。凡子宫内膜炎或胎衣不下者,一律在产房内治愈后,才能出产房。出产房的母牦牛必须坚持 3 个标准:食欲和泌乳正常,全身健康无病,子宫恢复正常。阴道分泌物清亮或呈淡红色,无臭味。

4. 加强饲养管理。搞好饲养管理是增强牦牛健康、减少营养性不孕症的基本方法。母牦牛若精料饲喂过多,易引起代谢性疾病,从而造成不孕。若精料过多又运动不足,容易导致过肥,造成发情异常,妨碍受孕。犊牛生长期营养不良,发育受阻,会影响生殖器官的发育,易造成初情期推迟,初产时出现难产或死胎,既影响繁殖性能,也影响生产性能。运动与阳光浴对防止牦牛不孕也有重要作用,牛舍通风换气不好,空气污浊。过度潮混,夏季闷热等,不仅危害牦牛的健康,还会造成母牦牛发情停止。因此,在饲养管理上要保证优质全价,保证充足的维生素、矿物质,饲料要多样化。

(二)牦牛产后的繁殖健康检查

对产后牦牛的繁殖性能进行检查,是防治牦牛不孕的一个重要措施。有条件者应该对牦牛定期进行繁殖性能检查。

1. 产后 7～14d。经产母牦牛的全部生殖器官,大都仍在腹腔内原有的位置。产后 14d,大多数经产牦牛的两个子宫角已明显缩小,初产牦牛的子宫角已退回骨盆腔内,复旧正常的子宫质地较硬,可以摸到角间沟。触诊子宫可引起收缩反应,从子宫中排出的液体颜色及数量已接近正常。如果子宫壁厚,子宫腔内积有大量的液体或排出的恶露颜色及性状异常,特别是带有臭味,则是子宫感染的表现,要及时进行治疗。对发生过难产、胎衣不下及患过产后疾病的牦牛,更要详细检查。

后产后 14d 以前检查时, 往往可以发现退化的妊娠黄体,这种黄体小而坚实, 且略突出于卵巢表面。在正常分娩的牛卵巢上常可发现有 1～3 个直径为1.0～2.5cm 的卵泡,因为正常母牦牛产后 15d,虽然大多数不表现发情症状,但已发生产后第一次排卵。如果这时发现卵巢体积较小,卵巢上无卵泡生长,则表明卵巢静止,这种现象如果不是由疾病引起的,就是由营养不良引起的。

2. 产后 20～40d。在此期间应进行配种前检查,确定生殖器官有无感染及卵巢、黄体的发育情况。产后 30d,大多数经产母牦牛的生殖器官已全部回到骨盆腔内。在正常情况下,子宫颈已变坚实,粗细均匀,直径 3.5～4.0cm。如子宫颈外口开张,从中排出异常分泌物,则为炎症的表现,要进行进一步确诊治疗。

产后 30d,母牦牛子宫角直径在各个体间均有很大的差别,但不同年龄的个体在直检时,在正常情况下都感觉不出子宫角腔体,如摸到子宫角腔体,是子宫复旧不全的表现,还可能存在有子宫内膜炎,触诊按摩子宫后还可做阴道检查。

产后 40d,许多母牦牛的卵巢上都有数目不等正在发育的卵泡和退化黄体,这些黄体是产后发情排卵形成的, 在产后的早期, 母牦牛安静发情是极为常见的。因此,在产后这一时间内未见到发情,只要卵巢上有卵泡和黄体,就证明卵巢的机能活动正常。

3. 产后 45～60d。牦牛产后未见到发情或发情周期不规律,应当再次进行检查。牦牛卵巢体积缩小,其上无卵泡也无黄体,这种情况多由全身虚弱、营养不良、产奶过多所致。这样的母牦牛如果消除了病因,调养几周后可出现发情,不需要特殊治疗。卵巢质地和大小正常,其上存在有功能性黄体,而且子宫无任何异常,表明卵巢活动机能正常,很可能为安静发情或发情正常而被遗漏,对这种母牦牛,要根据卵巢上黄体的发育程度估计所处的发情周期,预计下次发情可能出现的时间,并做好下一情期的观察。还可在发情周期的 6～16d 时,注射氯前烯醇,并在随后发情时进行配种。对产后 60d 以后出现的卵巢囊肿,要进行及时治疗。对子宫积脓引起的黄体滞留,可用先注射氯前列烯醇,等发情及排出积液后,再用抗生素进行治疗。

4.分娩 60d 以后。对配种 3 次以上仍不受孕,发情周期和生殖器官又无异常的母牦牛,要在输精或发情第 2d 进行认真细致地检查,注意区别是不能授精,还是受精后发生了早期胚胎死亡,力求能够针对不同情况进行相应处理。对大批屡配不孕的牦牛,不可忽视精液的质量检查以及配种技术的检查。

5.输精后 30～45d。在这一阶段,要做例行的妊娠检查,以便查出未孕母牦牛,减少空怀损失。对有流产史的母牦牛应多检查几次,在妊娠的中、后期也要注意观察或检查。

第十二章 常见普通病及其防治

第一节 犊牛肺炎

犊牛常见的肺炎是支气管肺炎,一般多见于春、秋气候多变季节,发生于2月龄以上的犊牛。由于天气骤变,寒冷、潮湿,带犊母牦牛营养不良,乳量少或哺乳不足,犊牛体弱或感冒而发病。

主要症状为精神沉郁、喜伏卧、咳嗽、体温升高(40℃～41.5℃),喘气甚至呼吸困难,胸壁听诊往往有干、湿性音,叩诊有时出现浊音,心悸亢进,结膜潮红或发绀,耳鼻四肢发凉,心力衰竭而死亡。或转为慢性咳嗽,被毛粗乱,生长缓慢。犊牛的败血型肺炎除上述症状外,往往排出绿色混黏液恶臭的稀便。

加强护理,厩舍保持清洁、通风、保温,并给予营养丰富的饲草料。抑菌消炎,用青霉素或磺胺类药进行治疗。对症治疗,制止渗出,用10%葡萄糖酸钙静脉注射。止咳祛痰用氯化钙内服。心脏弱时,用强心剂。

第二节　犊牛消化不良(腹泻)

又称犊牛胃肠卡他。是由于消化机能紊乱所引起的一种以腹泻为主症的犊牛疾病,为幼畜常发病之一,多发生在出生后 12~15 日龄。

发病原因主要是吃初乳不足,母牦牛挤奶过多,犊牛饥饱不匀,天气突变,在潮湿圈地上系留或卧息过久、受凉等。

单纯型消化不良(奶泻)的患病犊牛以腹泻为主要特征,粪便呈粥状或水样,颜色为暗黄色,后期多排出乳白色或灰白色的稀便,恶臭。病牛很快消瘦,严重者脱水。中毒性消化不良表现食欲废绝,精神萎靡,体力衰弱,剧烈腹泻,粪便呈水样灰色,有时呈绿色,并带有黏膜或血液,发恶臭。脉搏细弱,呼吸频数而浅表,血液黏稠色暗,黏膜发绀,鼻端及四肢末梢发凉,眼窝下陷,体温下降,病程经过中往往呈现痉挛及瘫痪等神经症状,最后倒地昏迷,如不及时抢救,可在 1~2d 内死亡。

单纯型消化不良(奶泻)应着重除去病因,调整胃肠机能,改善母畜的饲养水平,以改善乳汁的质量。恢复胃肠机能的药物有含糖胃蛋白酶 8g、乳酶生 8g、葡萄糖粉 30g,混合制成舔剂每天分 3 次内服,临用时每次加稀盐酸 2mL,或山楂,麦芽,神曲各 15g,鸡内金 9g,以上四味炒黄研粉,加呋喃西林 0.2~0.4g,葡萄糖粉 30g,制成舔剂,每天 3 次内服。严重病例应抗菌消炎,补液解毒,可选用的药物有磺胺类药、氯霉素,脱水时可静脉注射 5%葡萄糖盐水。中药治疗用乌梅散:乌梅 6g,可子 9g,黄连 9g,姜黄 6g,干柿 9g,白头翁 15g,水煎后去渣灌服。

第三节　犊牛胎粪滞留病

牦牛犊出生后,吃足初乳一般在 24h 内排出胎粪,如 24～48h 内未排出,则为胎粪滞留。犊牛表现不安,拱背努责,回头望腹,舌干口燥,结膜多呈黄色。在直肠内可掏出黑色浓稠或干结的粪便, 可用温肥皂水灌肠, 口服食油或石蜡油 50～100mL。犊牛出生后应尽快吃足初乳,哺食初乳前应将母牦牛乳头中的前几滴奶挤掉,擦拭乳头,然后协助犊牛哺乳。

第四节　犊牛脐炎及脐带异常病

脐炎是犊牛出生后,脐带断端感染细菌而发炎。多为卧息时脐带被粪尿、污水浸渍而感染。脐带肿胀甚至流脓,严重时脐带坏死,体温升高。将脐带周围剪毛和消毒,涂 5%碘酒与松馏油合剂。有脓肿或坏死时,清除坏死组织,用消毒液、双氧水消毒后上敷抗菌消炎药,再用绷带包扎。

1985 年至 1986 年在一牧场 3～5 日龄犊牛中,发生脐带异常(当地牧民称为"双脐带")病。1986 年发病 90 头,发病率为 24.45%。经病亡及健康牛犊对照剖检,主要病因为脐静脉没有脱离肝脏,造成肝脏撕裂出血过多而死亡。5 月份发病较多,犊牛 2～3 日龄出现症状,主要为卧地不起、呻吟并有时发出叫声,全身发抖,经常摇头,行走时背腰弓起。用手压腹或拉脐部时犊牛表现疼痛,后期呼吸困难,食欲减退。用药物治疗无效,采用脐孔前 3～5cm 处腹中线旁,常规消毒,切开皮肤及腹膜,切口 2～3cm,伸入手指沿腹壁就可摸到脐静脉管,用手指轻轻将其拉出腹膜外,将脐静脉两头结扎后从中间剪断,进行缝合,外用碘酒消毒。注意向外拉脐静脉时,用力不得过大,否则会拉裂肝脏造成犊牛死亡。

第五节　毒草中毒症

牦牛误食萌发较早的有毒牧草(毒芹、飞燕草等)而中毒,特别是幼牦牛中毒较多。采食大量毒草后,一般 1h 后出现中毒症状,轻者口吐少量白沫,食欲减退;重者低头,行走摇摆,呼吸加快,起卧不安。治疗可用酸奶 0.5kg 或脱脂乳 1kg,食醋 0.25 ~ 0.5kg 灌服解毒。

每年从 11 月份开始,翌年 2 ~ 3 月份达高峰,5 月中旬以后,未死亡的病牛逐渐康复。

棘豆草中毒症状多为神经症状,对外界的刺激反应敏感,易惊恐。出现贫血、消瘦、四肢无力,视力障碍或失明,孕牛流产。病程可持续 4 ~ 5 个月。犊牛中毒症状比马、羊较轻。

本病尚无特效疗法,一般采取对症治疗,或灌服酸奶、食醋。避免在毒草较多的草原上放牧。有条件的地方,可采取铲除毒草或选用化学除草剂除毒草。

第六节　牛水泡型口炎

本病是由于牦牛采食粗硬、尖锐牧草或采食毒草而引起的。病牛舌面、颊部黏膜及唇部有米粒大小的水泡,继而融合成大豆或核桃大的水泡,内有透明的淡黄色液体,经 1d 左右水泡破裂,泡皮脱落后留一浅红色烂斑。重者颊部黏膜处的皮肤穿孔。蹄或其他部位未见病变,病程 1 ~ 3 周。对病牛采取对症治疗,口腔烂斑先用 0.1% 的高锰酸钾水冲洗,再用碘甘油(碘 7g、碘化钾 5g、酒精 100mL,溶解后加入甘油 10mL)涂擦,或撒布冰硼散(冰片 15g,硼砂 150g,芒硝 18g,混研成细面)。

第七节　瘤胃积食

又称为急性瘤胃扩张。是由于牦牛采食大量青草或块根(茎)类饲料、吃干草后饮水不足、误食碎布、衣帽、塑料或其他异物等造成幽门堵塞或瘤胃内积食过量、扩张。发病率占成年牦牛的 5% 左右,幼牦牛发病极少。病牛采食及反刍逐渐减少或停止,粪便减少似驼粪,腹围增大,左肷窝平坦或凸起,触摸瘤胃有充实坚硬感。

为排除瘤胃内容物,可用熟菜籽油(凉)0.5 ~ 1kg,或石蜡油 0.5 ~ 2kg,1 次灌服。如不奏效,第 2d 再服 1 次。生大黄 30 ~ 150g,砸碎,加水 0.5 ~ 2.5kg 煮 30min,待凉后灌服(孕牛慎用)。为提高瘤胃的兴奋性,可用烧酒 100 ~ 200g 加水 0.5L 或酒石酸锑钾 5 ~ 10g,溶于大量水中灌服。有条件时,可静脉注射 10% ~ 20% 高渗氯化钠溶液 300 ~ 500mL。

当臌气不严重时,用一木棒横放于牛口中,使口张开,再用另一木棒轻捣软腭,不断拉舌,配合压迫左肷部,可促进排出气体。伴有明显臌气而呼吸困难时,灌食醋 0.5 ~ 1kg,或白酒 250g 加水 0.5L,以制酵排气,也可用套管针穿刺瘤胃放气。

第八节　牦牛创伤

牦牛角细长而尖锐,时有角斗相互抵伤,伤及皮肤、肛门,甚至阴门。驮牛易得鞍伤,也有异物刺伤皮肤、蹄及摔伤等。有未感染的新创伤,也有因牦牛体表覆盖长毛难及时发现而感染的创伤,甚至化脓溃烂等。

新创伤应先剪去其周围的被毛等,用 0.1% 的高锰酸钾液清洗创面,消毒后撒上消炎粉或青霉素,然后用消毒纱布或药棉盖住伤口。如有出血,撒上外用的止血粉,裂开面大、严重时,应缝合后再包扎。如流血严重时,肌肉注射止血敏 $10 \sim 20mL$ 或维生素 K_3 $10 \sim 30mL$。

感染的创伤先用消毒纱布将伤口覆盖,剪去周围的被毛,用温肥皂水或来苏儿溶液洗净创伤范围。再用 75% 酒精或 5% 碘酒进行消毒。化脓时要排出脓汁,刮去坏死组织,用 0.1% 高锰酸钾或 3% 双氧水将创腔冲洗净,用棉球擦干,撒上消炎粉或去腐生肌散、抗生素药粉。

第十三章　兽药及生物制品安全使用

第一节　兽药安全使用原则

科学、高效、安全地使用兽药,不但能及时预防和治疗动物疾病,提高农户养殖效益,而且对控制和减少药物残留、提高动物产品品质具有重要意义。

科学、合理地使用兽药就是要求最大限度地发挥药物的预防、治疗或诊断等有益作用,同时使药物的有害作用降低到最低程度。有害作用包括对靶动物的不良反应、对动物源食品消费者的危害、对药品使用人员及环境的危害等。

使用药物治疗动物疾病的目的是使机体的病理过程恢复到正常状态,或抑制、杀灭病原体,从而保护机体的正常功能。为达此目的,必须对动物、疾病、药物三者具有全面系统的知识。动物的种属、年龄、性别,疾病的类型和病理学过程,药物的剂型、剂量和给药途径等因素均能影响药动学和药效学结果。要做到合理科学使用兽药必须遵循以下用药原则如下:

(一)正确诊断对症下药

准确诊断,确诊后选用高效低毒的药物是合理用药的依据。当动物患病时,首先应进行全面系统的检查并作出正确的诊断,然后对症下药,才能做到药到病除。每一种药都有它的适应症,切勿滥用兽药,以免造成不良后果。

(二)熟悉药物性质,正确选择药物

要熟悉药物的药理作用、用法及适应证,同时还要熟悉药物的不良反应和禁

忌证,这样才能正确地选择药物,并确定剂量和给药途径以及进行合理的配伍,防止和减少不良反应的发生。

(三)选择适宜的给药方法

根据病情轻重缓急、用药目的及药物的性质确定最佳的给药方法。如危重病例,宜采用静脉注射,质量肠道感染或驱虫时,以内服给药。

(四)主要剂量、给药时间和次数

为了达到预期的用药目的,减少不良反应,用药剂量应当准确,并按照规定次数和间隔时间给药。

(五)合理的联合用药

两种及两种以上的药物合并应用,在临床上十分常见。联合用药常出现协同作用、相加作用、拮抗作用和毒性反应。在联合用药时应注意利用协同或相加作用来提高疗效,尽量避免出现拮抗和毒性反应。

(六)注意药物的配伍禁忌

为了获得更好的疗效,常将两种以上的药物配伍使用。但配伍不当,则可能出现减弱疗效或者增加毒性的变化。这种变化属于禁忌,必须避免。

第二节 兽药配伍禁忌

为了获得更好的治疗效果或减轻药物的毒副作用,常常几种药物并用。但是有些药物配在一起时,可能产生沉淀、结块、变色,甚至失效或产生毒性等后果,因而不宜配合应用。凡不宜配合应用的情况称为配伍禁忌。按照药物配伍后产生变化的性质,分为以下3类。

一、药理性配伍禁忌

药理性配伍禁忌,亦称疗效性配伍禁忌,是指处方中某些成分的药理作用间存在着拮抗,从而降低治疗效果或产生严重的副作用及毒性。例如,在一般情况下,泻药和止泻药、毛果芸香碱和阿托品的同时使用都属药理性配伍禁忌。

1. 药物作用相反:中枢兴奋与中枢抑制药,Ca^{2+} 与 Mg^{2+}。

2. 毒性增强:Ca^{2+} 与洋地黄;磺胺 + 新霉素。

3. 药物在代谢过程中增强毒性和产生对抗:氯化氢、氯化钙能增加磺胺类药物在肾小管中析出,损伤肾脏;普鲁卡因代谢对抗磺胺药作用。

4. 影响吸收而减弱疗效或增强毒性:四环素与 Ca。

5. 影响分布而减弱疗效或增强毒性。

6. 影响分布而减弱疗效或增强毒性:丙磺舒与消炎痛合用后,会使消炎痛排泄减慢,血中浓度升高,毒性增加。

7. 药效降低:如氯霉素能抑制细菌蛋白质合成,使细菌处于静止期,此时联用青霉素后,效果大大降低。

二、物理性配伍禁忌

物理性配伍禁忌,即某些药物相互配合在一起时,由于物理性质的改变而产生分离、沉淀、液化或潮解等变化,从而影响疗效。例如活性炭等有强大表面活性的物质与小剂量抗生素配合,后者被前者吸附,在消化道内不能再充分释放出来。

药物配伍时,因物理理性状的改变而引起的变化,有以下几种:

1. 分离:油、水会分层。

2. 析出:二种溶液互相混合时,由于溶媒性质的改变,会有某一药物析出。如浓盐水与乙醇配合,会析出氯化钠沉淀。溶液浓度过高(过饱和)后会析出,环境改变(如温度)时也会析出。

3. 潮解与液化:结晶水多的盐与其他药物混合形成含结晶水少的盐,而放出结晶水而潮解。两种粉末混合时由于形成了低熔点的代熔混合物,熔点下降,由固态变成液态,叫液化。如樟脑(熔点 171℃)和水合氯醛(熔点 57℃)共研时,形成了低熔点的混合物(60℃)而结块。

三、化学性配伍禁忌

化学性配伍禁忌,即某些药物配伍在一起时,能发生分解、中和、沉淀或生成毒物等化学变化。例如,氯化钙注射液与碳酸氢钠注射合用时,会产生碳酸钙沉淀。但是,还有一些药物在配伍时产生的分解、聚合、加成、取代等反应并不出现外观变化,但却使疗效降低或丧失。例如,人工盐与胃蛋白酶同用,前者组分中的碳酸氢钠可抑制胃蛋白酶的活性。主要的化学变化有沉淀、产生气体、变色燃烧或爆炸、肉眼不可见的变化如青霉素遇水分解失败。

第三节　淘汰、禁用兽药

一、淘汰兽药

(一)兽药淘汰原因

1. 无治疗作用或者疗效不确切。如氨基比林注射液(2%和4%规格)、仙鹤草素原料及制剂等就属于这种情况。羊胎片、兔胎片和各种肝制剂等,不但疗效不确切,而且多数是细菌培养基,极易被病菌液污染,继续使用不仅造成人力、物力浪费,还会给人的健康带来危害。

2. 毒副作用大。如非那西丁、SMP片剂等。这些药品虽然临床应用有一定的疗效,但是由于它们的毒副作用大而被淘汰。

3. 剂型不恰当。如盐酸黄连素经口服是治疗肠道细菌性感染的有效药物,因其注射后在血中的药物浓度很低,起不到抗菌作用。

4. 处方配伍不合理。如三磺片、三磺乳与磺胺噻唑、磺胺嘧啶和磺胺二甲嘧啶三种磺胺药的半衰期不同,血浆蛋白结合率差异很大和各种药物配伍的剂量不合理,不仅很难达到治疗作用,而且还会使毒性作用增加。

(二)淘汰兽药品种目录(农业农村部公告第839号)

为加强兽药标准管理,保证兽药安全有效和动物性食品安全,根据《兽药管理条例》规定,中国兽药典委员会对历版《中华人民共和国兽药典》《兽药规范》中的71种兽药品种进行了风险评估和安全评价,并形成评审意见。鉴于甘汞等48种产品不同程度存在毒性大、疗效不确切、环境污染、质量不可控等问题,目前已有替代品种提供临床应用,淘汰使用该类产品。

1. 自农业农村部公告第 839 号发布之日起,列入淘汰《目录》(见农业农村部公告第 839 号)的兽药品种,废止其质量标准,并停止生产、经营、使用,违者按经营、使用假兽药处理。

2. 自农业农村部公告第 839 号发布之日起,农业农村部 472 号公告中与《目录》同品种的兽药品种编号同时废止。

3. 农业农村部公告第 839 号称淘汰品种,仅指列入《目录》的产品和剂型,不涉及与此相关的其他产品。

4. 为加强兽药安全评价工作,农业农村部制定了《兽药安全评价品种目录》(见农业农村部公告第 839 号)。按照工作计划,2010 年前组织完成风险评估和安全评价工作,并根据评价结果公布淘汰品种。未公布前,不限制《兽药安全评价品种目录》所列品种的生产、经营和使用。

二、禁用兽药品种

(一)食品动物禁用的兽药及其他化合物

为保证动物源性食品安全,维护人民身体健康,根据《兽药管理条例》的规定,农业农村部制定了并第 193 号公告发布《食品动物禁用的兽药及其他化合物清单》(以下简称《禁用清单》)(见农业农村部公告第 193 号)。

1.《禁用清单》序号 1 至 18 所列品种的原料药及其单方、复方制剂产品停止生产,已在兽药国家标准、农业农村部专业标准及兽药地方标准中收载的品种,废止其质量标准,撤销其产品批准文号;已在中国注册登记的进口兽药,废止其进口兽药质量标准,注销其《进口兽药登记许可证》。

2. 截至 2002 年 5 月 15 日,《禁用清单》序号 1 至 18 所列品种的原料药及其单方、复方制剂产品停止经营和使用。

3.《禁用清单》序号 19 至 21 所列品种的原料药及其单方、复方制剂产品不准以抗应激、提高饲料报酬、促进动物生长为目的在食品动物饲养过程中使用。

(二)禁止在饲料和动物饮用水中使用的药物品种

为加强饲料、兽药和人用药品管理,防止在饲料生产、经营、使用和动物饮用水中超范围、超剂量使用兽药和饲料添加剂,杜绝滥用违禁药品的行为,根据《饲料和饲料添加剂管理条例》《兽药管理条例》《药品管理法》的规定,农业农村部、卫生部、国家药品监督管理局联合发布《禁止在饲料和动物饮用水中使用的药物品种目录》(见农业农村部公告第 176 号)。

1. 凡生产、经营和使用的营养性饲料添加剂和一般饲料添加剂,均应属于《允许使用的饲料添加剂品种目录》(农业农村部第 105 号公告)中规定的品种及经审批公布的新饲料添加剂,生产饲料添加剂的企业需办理生产许可证和产品批准文号,新饲料添加剂需办理新饲料添加剂证书,经营企业必须按照《饲料和饲料添加剂管理条例》第十六条、第十七条、第十八条的规定从事经营活动,不得经营和使用未经批准生产的饲料添加剂。

2. 凡生产含有药物饲料添加剂的饲料产品,必须严格执行《饲料药物添加剂使用规范》(农业农村部 168 号公告,以下简称《规范》)的规定,不得添加《规范》附录二中的饲料药物添加剂。凡生产含有《规范》附录一中的饲料药物添加剂的饲料产品,必须执行《饲料标签》标准的规定。

3. 凡在饲养过程中使用药物饲料添加剂,需按照《规范》规定执行,不得超范围、超剂量使用药物饲料添加剂。使用药物饲料添加剂必须遵守休药期、配伍禁忌等有关规定。

4. 人用药品的生产、销售必须遵守《药品管理法》及相关法规的规定。未办理兽药、饲料添加剂审批手续的人用药品,不得直接用于饲料生产和饲养过程。

5. 生产、销售《禁止在饲料和动物饮用水中使用的药物品种目录》所列品种的医药企业或个人,违反《药品管理法》第四十八条规定,向饲料企业和养殖企业(或个人)销售的,由药品监督管理部门按照《药品管理法》第七十四条的规定给予处罚;生产、销售《禁止在饲料和动物饮用水中使用的药物品种目录》所列品种的兽药企业或个人,向饲料企业销售的,由兽药行政管理部门按照《兽药管理条例》第四十二条的规定给予处罚;违反《饲料和饲料添加剂管理条例》第十七条、第十八条、第十九条规定,生产、经营、使用《禁止在饲料和动物饮用水中使用的药物品种目录》所列品种的饲料和饲料添加剂生产企业或个人,由饲料管理部门按照《饲料和饲料添加剂管理条例》第二十五条、第二十八条、第二十九条的规定给予处罚。其他单位和个人生产、经营、使用《禁止在饲料和动物饮用水中使用的药物品种目录》所列品种,用于饲料生产和饲养过程中的,上述有关部门按照谁发现谁查处的原则,依据各自法律法规予以处罚;构成犯罪的,要移送司法机关,依法追究刑事责任。

三、金刚烷胺等抗病毒药物的使用规定

为避免金刚烷胺等抗病毒药物的使用,影响国家动物疫病强制性免疫政策落实,给重大动物疫病防控工作带来不良后果,农业农村部 2005 年下发《关于清查金刚烷胺等抗病毒药物的紧急通知》,通知如下:

1. 自通知发布之日起,列入《兽药地方标准废止目录》(农业农村部公告第 560 号)序号 2 的金刚烷胺、金刚乙胺、阿昔洛韦、吗啉(双)胍(病毒灵)、利巴韦林等及其盐、酯的单、复方制剂等立即停止生产、经营和使用,违者按生产、经营假兽药和使用禁用兽药处理,依照《兽药管理条例》予以处罚。

2. 企业所在地兽医行政管理部门应自本通知发布之日起 5 个工作日内完成该类产品批准文号的注销、库存产品和流通产品的清查和销毁工作,并于 1 月底前将清查情况和有关数据上报我部。

3. 列入农业农村部公告第 560 号序号 2 的金刚烷胺、金刚乙胺、阿昔洛韦、吗啉(双)胍(病毒灵)、利巴韦林等及其盐、酯的单、复方制剂等兽药,需通过兽药注册相关程序经农业农村部严格审查批准后,方可使用于其他动物病毒性疾病。

四、洛美沙星等 4 种兽药使用规定

为保障动物产品质量安全和公共卫生安全,农业农村部组织开展了部分兽药的安全性评价工作。经评价,认为洛美沙星、培氟沙星、氧氟沙星、诺氟沙星 4 种原料药的各种盐、酯及其各种制剂可能对养殖业、人体健康造成危害或者存在潜在风险。根据《兽药管理条例》第六十九条规定,农业农村部决定在食品动物中停止使用洛美沙星、培氟沙星、氧氟沙星、诺氟沙星 4 种兽药,撤销相关兽药产品批准文号。(中华人民共和国农业农村部公告第 2292 号公告)。

1. 自公告发布之日起,除用于非食品动物的产品外,停止受理洛美沙星、培氟沙星、氧氟沙星、诺氟沙星 4 种原料药的各种盐、酯及其各种制剂的兽药产品批准文号的申请。

2. 自 2015 年 12 月 31 日起,停止生产用于食品动物的洛美沙星、培氟沙星、

氧氟沙星、诺氟沙星 4 种原料药的各种盐、酯及其各种制剂,涉及的相关企业的兽药产品批准文号同时撤销。2015 年 12 月 31 日前生产的产品,可以在 2016 年 12 月 31 日前流通使用。

3. 自 2016 年 12 月 31 日起,停止经营、使用用于食品动物的洛美沙星、培氟沙星、氧氟沙星、诺氟沙星 4 种原料药的各种盐、酯及其各种制剂。

第四节　兽药残留

兽药残留是"兽药在动物源食品中的残留"的简称,根据联合国粮农组织和世界卫生组织(FAO/WHO)食品中兽药残留联合立法委员会的定义,兽药残留是指动物产品的任何可食部分所含兽药的母体化合物及(或)其代谢物,以及与兽药有关的杂质。食品动物在应用兽药(包括添加剂)后,兽药的原形及其代谢物、与兽药有关的杂质等有可能蓄积或残存在动物的细胞、组织或器官内,或进入泌乳动物的乳、或产蛋家禽的蛋中,这就是残留,又称残留物或残毒。

随着人们对动物源食品由需求型向质量型的转变,动物源食品中的兽药残留已逐渐成为全世界关注的一个焦点。食品添加剂和污染物联合专家委员会从 20 世纪 60 年代起开始评价有关兽药残留的毒性,为人们认识兽药残留的危害及其控制提供了科学依据。

一、兽药残留的种类

兽药残留既包括原药,也包括药物在动物体内的代谢产物和兽药生产中所伴生的杂质。兽药残留的种类主要有以游离或结合形式存在的原药及其主要代谢产物(除高亲脂性化合物,因代谢和排泄迅速,不会在动物体内蓄积)、共价结合代谢物(因其从机体排出相对较慢)。

动物源食品中较容易引起兽药残留量超标的兽药主要有抗生素类、磺胺类、呋喃类、抗寄生虫类和激素类药物。

(一)抗生素类

大量、频繁地使用抗生素,可使动物机体中的耐药致病菌很容易感染人类;而且抗生素药物残留可使人体中细菌产生耐药性,扰乱人体微生态而产生各种毒副作用。目前,在畜产品中容易造成残留量超标的抗生素主要有氯霉素、四环素、土霉素、金霉素等。

(二)磺胺类

磺胺类药物主要通过输液、口服、创伤外用等用药方式或作为饲料添加剂而残留在动物源食品中。动物源食品中磺胺类药物残留量超标现象十分严重,多在猪、禽、牛等动物中发生。

(三)激素和 β-兴奋剂类

在养殖业中常见使用的激素和 β-兴奋剂类主要有性激素类、皮质激素类和盐酸克仑特罗等。许多研究已经表明盐酸克仑特罗、乙烯雌酚等激素类药物在动物源食品中的残留超标可极大危害人类健康。其中,盐酸克仑特罗(瘦肉精)很容易在动物源食品中造成残留,健康人摄入盐酸克仑特罗超过 $20\mu g$ 就有药效,$5 \sim 10$ 倍的摄入量则会导致中毒。

(四)其他兽药

呋喃唑酮常用于猪或鸡的饲料中来预防疾病,它们在动物源食品中应为零残留,即不得检出,是中国食品动物禁用兽药。苯并咪唑类能在机体各组织器官中蓄积,并在投药期,肉、蛋、奶中有较高残留。

二、兽药残留产生的原因

兽药在防治动物疾病、提高生产效率、改善畜产品质量等方面起着十分重要的作用。然而,由于养殖人员对科学知识的缺乏以及一味地追求经济利益,致使滥用兽药现象在当前畜牧业中普遍存在。产生兽药残留的主要原因大致有以下几个方面:

(一)非法使用违禁或淘汰药物

中国农业农村部在 2003 年(265 号)公告中明文规定,不得使用不符合《兽药标签和说明书管理办法》规定的兽药产品,不得使用《食品动物禁用的兽药及其他化合物清单》所列 21 类药物及未经农业农村部批准的兽药,不得使用进口国明令禁用的兽药,畜禽产品中不得检出禁用药物。但事实上,养殖户为了追求最大的经济效益,将禁用药物当作添加剂使用的现象相当普遍,如饲料中添加盐酸克仑特罗(瘦肉精)引起的猪肉中毒事件等。

(二)不遵守休药期规定

休药期的长短与药物在动物体内的消除率和残留量有关,而且与动物种类,用药剂量和给药途径有关。国家对有些兽药,特别是药物饲料添加剂都规定了休药期,但是大部分养殖场(户)使用含药物添加剂的饲料时很少按规定施行休药期。

(三)滥用药物

在养殖过程中,普遍存在长期使用药物添加剂,随意使用新或高效抗生素,大量使用人医用药物等现象。此外,饲料粉碎设备受污染或将盛过抗菌药物的容器用于储藏饲料、接触厩舍粪尿池中含有抗生素等药物的废水和排放的污水、任意以抗生素药渣喂猪或其他食品动物等滥用抗生素,还大量存在不符合用药剂量、给药途径、用药部位和用药动物种类等用药规定以及重复使用几种商品名不同但成分相同药物的现象。所有这些因素都能造成药物在体内过量积累,导致兽药残留。

(四)违背有关标签的规定

《兽药管理条例》明确规定,标签必须写明兽药的主要成分及其含量等。可是有些兽药企业为了逃避报批,在产品中添加一些化学物质,但不在标签中进行说明,从而造成用户盲目用药。这些违规做法均可造成兽药残留超标。

(五)屠宰前用药

屠宰前使用兽药用来掩饰有病畜禽临床症状,以逃避宰前检验,这也能造成肉食畜产品中的兽药残留。此外,在休药期结束前屠宰动物同样能造成兽药残留量超标。

三、严重危害

滥用兽药极易造成动物源食品中有害物质的残留,这不仅对人体健康造成直接危害,而且对畜牧业的发展和生态环境也造成极大危害。兽药残留的危害主要有以下几个方面:

（一）动物性食品药物残留对人类健康的危害

兽药残留是影响动物源性食品安全的重要因素之一。动物性食品药物残留对人类健康的危害少数表现为急性中毒和引起变态反应，但多数表现为潜在的慢性过程，人体由于长期摄入低剂量的同样残留物并逐渐蓄积而导致各种器官病变，影响机体正常的生理活动和新陈代谢，导致疾病的发生，甚至死亡。

1. 毒性反应

长期食用兽药残留超标的食品后，当体内蓄积的药物浓度达到一定量时会对人体产生多种急慢性中毒。目前，国内外已有多起有关人食用盐酸克仑特罗超标的猪肺脏而发生急性中毒事件的报道。此外，人体对氯霉素反应比动物更敏感，特别是婴幼儿的药物代谢功能尚不完善，氯霉素的超标可引起致命的"灰婴综合征"反应，严重时还会造成人的再生障碍性贫血。四环素类药物能够与骨骼中的钙结合，抑制骨骼和牙齿的发育。红霉素等大环内酯类可致急性肝毒性。氨基糖苷类的庆大霉素和卡那霉素能损害前庭和耳蜗神经，导致眩晕和听力减退。磺胺类药物能够破坏人体造血机能等。

2. 引起食用者"三致"（致癌、致畸、致突变）

研究发现许多药物具有致癌、致畸、致突变作用。如磺胺二甲嘧啶能诱发人的甲状腺癌，乙烯雌酚能引起女性早熟和男性的女性化以及子宫癌；氯霉素能引起人骨骼生血机能的损伤，引发人的再生性贫血；苯丙咪唑类药物能引起人体细胞染色体突变和致畸作用，导致人类生产痴呆儿、畸形儿；磺胺类药物能破坏人的造血系统；喹诺酮类药物的个别品种已在真核细胞内发现有致突变作用；磺胺二甲嘧啶等磺胺类药物在连续给药中能够诱发啮齿动物甲状腺增生，并具有致肿瘤倾向；链霉素具有潜在的致畸作用。这些药物的残留量超标无疑会对人类产生潜在的危害。

3. 引起变态反应（又称过敏反应）

其本质是药物产生的病理性免疫反应，许多抗菌药物如青霉素、四环素类、磺胺类和氨基糖苷类等能使部分人群发生过敏反应甚至休克，并在短时间内出现血压下降、皮疹、喉头水肿、呼吸困难等严重症状。其中以青霉素、四环素类引起的变态反应最为常见。青霉素类药物具有很强的致敏作用，轻者表现为接触性皮炎和皮肤反应，重者表现为致死的过敏性休克。四环素药物可引起过敏和荨麻疹。磺胺类则表现为皮炎、白细胞减少、溶血性贫血和药热。喹诺酮类药物也可引起变态反应和光敏反应。

4. 引起激素样作用

具体激素样活性的化合物已作为同化剂用于畜牧业生产,以促进动物生长,提高饲料转化率。食用含激素的畜禽产品可干扰人激素正常代谢,长期食用含有同化剂残留药物的动物食品,会影响人体内的正常性激素功能。另外,雌激素还有致癌作用。

5. 产生耐药性

由于长期使用抗生素,使动物体内(尤其是动物肠道内)的细菌产生了耐药性,此外,抗药性 R 质粒在菌株间横向转移使很多细菌由单重耐药发展到多重耐药。这样对人医临床上使用的同种或同类抗生素产生了耐药性或交叉耐药性。长期食用含有某种药物超标的肉食品,必然会使人体产生对此种药物的耐药性,影响正常人体对此种药物的反应,耐药性细菌的产生使得一些常用药物的疗效下降甚至失去疗效。

6. 破坏人类正常菌群平衡,使敏感菌受到抑制

某些条件性致病菌大量繁殖,既影响正常机体机能活动,还将引起多种疾病。研究表明,有抗菌药物残留的动物源食品可对人类胃肠的正常菌群产生不良的影响,使一些非致病菌被抑制或死亡,造成人体内菌群的平衡失调,从而导致长期的腹泻或引起维生素的缺乏等反应。菌群失调还容易造成病原菌的交替感染,使得具有选择性作用的抗生素及其他化学药物失去疗效。

(二)对生态环境质量的影响

动物用药后,一些性质稳定的药物随粪便、尿被排泄到环境中后仍能稳定存在,从而造成环境中的药物残留。高铜、高锌等添加剂的应用、有机砷的大量使用,可造成土壤、水源的污染。杨居荣等研究发现,砷对土壤固氮细菌、解磷细菌、纤维分解菌、真菌和放线菌均有抑制作用。有研究发现喹乙醇对甲壳细水蚤的急性毒性最强,对水环境有潜在的不良作用;阿维菌素、伊维菌素在动物粪便中能保持 8 周左右的活性,对草原中的多种昆虫都有强大的抑制或杀灭作用。另外,乙烯雌酚、氯羟吡啶在环境中降解很慢,能在食物链中高度富集而造成残留超标。

(三)严重影响畜牧业发展

长期滥用药物严重制约着畜牧业的健康持续发展，如长期使用抗生素易造成畜禽机体免疫力下降，影响疫苗的接种效果；还可引起畜禽内源性感染和二重感染；使得以往较少发生的细菌病(大肠埃希菌、葡萄球菌、沙门氏菌)转变成为家禽的主要传染病。此外，耐药菌株的增加，使有效控制细菌疫病变得越来越困难。

四、兽药残留控制措施

(一)加快兽药残留的立法，制订相应的法规

尽快制定对兽药安全使用和违法使用处罚的法规，制定国家动物性食品安全的法规，以及一系列可操作的配套管理法规，把兽药残留监控纳入法制管理的轨道，使其有章可循，同时加大监管力度，推动和促进兽药残留监控工作的开展。

(二)严格规范兽药的安全生产和使用

监督企业依法生产、经营、使用兽药，禁止不明成分以及与所标成分不符的兽药进入市场。加大对违禁兽药的查处力度，一旦发现，严厉打击。严格规定和遵守兽药的使用对象、使用期限、使用剂量和休药期等。加大对饲料生产企业的监控、严禁使用农业农村部规定以外的兽药作为饲料添加剂。

(三)加强饲养管理、改变饲养观念

采用先进的饲养管理技术，创造良好的饲养环境，增强动物机体的免疫力，实施综合卫生防疫措施，降低畜禽的发病率，减少兽药的使用。同时，充分利用中药制剂、微生态制剂、酶制剂等高效、低毒、低残留的制剂来防病、治病，减少兽药残留。

(四)加大宣传力度

充分利用各种媒体的宣传力度，使全社会充分认识到兽药残留对人类健康和生态环境的危害，广泛宣传和介绍科学合理使用兽药的知识，全面提高广大养殖户的科学技术水平，使其能自觉地按照规定使用兽药和自觉遵守休药期。

(五)加强兽药残留监控、完善兽药残留监控体系

实施国家残留监控计划，加大监控力度，严把检验检疫关，严防兽药残留超标的产品进入市场，对超标者给予销毁和处罚，促使畜禽产品由数量型向质量型

转换,使兽药残留超标的产品无销路、无市场,迫使广大养殖场户科学合理使用兽药、遵守休药期的规定,从而控制兽药残留。

五、相关标准

(一)质量安全标准

中国涉及兽药质量安全的标准有:《兽药国家标准和专业标准中部分品种的停药期规定》(农业农村部 278 号公告)《食品动物禁用的兽药及其他化合物清单》(农业农村部 193 号公告)《禁止在饲料和动物饮水中使用的药物品种目录》(农业农村部 176 号公告)等。

规定禁用的化合物共计 67 种类,其中,2002 年农业农村部发布的《食品动物禁用的兽药及其他化合物清单》(农业农村部 193 号)规定,10 种类 13 种化合物禁用于水生动物,品种包括林丹、毒杀芬、呋喃丹(克百威)、杀虫脒(克死螨)、双甲脒、酒石酸锑钾、锥虫胂胺、孔雀石绿、五氯酚酸钠及各种汞制剂。

涉及兽药残留标准的有残留限量标准和残留检测方法标准,中国制定发布了《动物性食品中兽药最高残留限量》(农业农村部 235 号公告),制定发布了属于国家标准序列的兽药残留检测方法 145 项,其中水产品中兽药残留检测方法标准 14 项。

(二)与国际接轨

中国兽药最高残留限量标准主要采用国际食品法典委员会、美国或欧盟的标准。在欧盟未规定限量标准的情况下,则主要采用美国标准。目前中国限定最高残留标准的兽药种类及具体限量值设定基本达到了发达国家的水平,与国际接轨。

第五节　兽用抗生素分类

一、兽用抗生素类药物分类

目前,世界上生产的抗生素已达 200 多种,作为饲料添加剂的有 60 多种。

(一)根据作用机理分类如下

1.抑制细菌细胞壁的合成:对 G+ 菌作用强,如青霉素类、头孢菌素、杆菌肽等。

2.增加细菌胞浆膜的通透性:包括多肽类、多烯类。

3.抑制细菌蛋白质的合成:包括氨基糖苷类、四环素类、氯霉素类、大环内酯类和林可胺类。

4.抑制细菌核酸 DNA 的合成:包括喹诺酮类。

5.影响叶酸的合成:包括磺胺类、抗菌增效剂。

(二)按其作用性质可分为四类

Ⅰ繁殖期(快速)杀菌药:青霉素类、头孢菌素类。

Ⅱ静止期(慢速)杀菌药氨:基糖苷类、多黏菌素类。

Ⅲ快速抑菌药:四环素类、氯霉素类、大环内酯类。

Ⅳ慢速抑菌药:磺胺类。

联合应用抗生素目的是提高疗效降低毒性、延缓或避免抗药性的产生。不同种类抗生素联合应用可表现为协同、累加、无关、拮抗 4 种效果。其中Ⅰ+Ⅱ联用具有协同作用, 是由于细胞壁的完整性被破坏后, 第二类药物易于进入细胞所致。Ⅲ+Ⅳ联用具有累加作用,Ⅰ+Ⅲ联用具有拮抗作用,由于第三类迅速阻断细菌的蛋白质合成,使细菌处于静止状态,可导致第一类抗菌活性减弱。Ⅰ+Ⅳ联用无影响(无关)。

联合用药的主要优点是:①发挥药物的协同抗菌作用以提高疗效;②延迟或

减少耐药菌的出现;③对混合感染或不能作细菌学诊断的病例,联合用药可扩大抗菌范围;④联合用药可减少个别药剂量,从而减少毒副反应。应当指出,各种联合所产生的作用,可因不同菌类和菌株而异,药物剂量和给药顺序也会影响测定结果。临床联合应用抗菌药物时,其个别剂量一般较大,即使第一类与第三类使用,也很少发生拮抗现象。此外,在联合用药中也要注意防止在相互作用中由于理化性质、药效学、要药动学等方面的因素,而可能出现的配伍禁忌。

二、微生物对抗微生物药(抗生素)的敏感性和耐药性

(一)抗微生物敏感性

多年来,在抗菌作用中,人们发现细菌与抗菌药短暂接触后,将药物完全消除,或药物浓度低于 MIC 时,在一定时间内细菌的生长仍然持续被抑制,这种现象在较长时间被忽视,但终被研究并确定为一种抗菌药后效应(PAE),它几乎是所有抗菌药对细菌的一种特有效应。

(二)耐药性

病原微生物在体内外对各种抗菌药物可产生耐药性,使某种药物对某种致病微生物的 MIC 升高。某种病原体对一种抗菌药物产生耐药后,对与其结构相似或作用机理相同的药物在首次应用时也产生耐药的现象,称为交叉耐药性。

广泛应用抗菌药物特别是无指征滥用,也能促进细菌耐药性的发展。多年来随着抗微生物药在临床和畜牧养殖业中的广泛使用,细菌耐药率逐年升高的事实已足以说明。因此,要控制兽用抗生素的过量销售和使用;要提倡合理使用抗微生物药,禁止将临床应用的或人畜共用的抗微生物药用做动物生长促进剂,以避免或减少耐药现象的发生。细菌产生耐药性后有一定的稳固性,有的抗菌药物在停用一段时间后敏感性可逐渐恢复(如细菌对庆大霉素的耐药性)。

第六节 抗菌药的合理使用

自 20 世纪 30 年代磺胺类药物问世及 40 年代青霉素、链霉素等用于临床,大量的抗菌药物相继被发现和应用。抗菌药在控制动物传染病、促进生长等方面起着极为重要的作用。但抗菌药在广泛使用中存在不少问题。如不考虑适应证,随意使用;大剂量使用,无原则地延长治疗时间;无明确的临床指征、未进行临床确诊就滥用等现象,不仅造成药物的浪费,还可能导致药物残留、动物机体毒性反应等问题。

一、兽用抗生素使用现状与抗生素替代

抗生素原称抗菌素,是指由细菌、放线菌、真菌等微生物经培养而得到的某些产物,或用化学半合成法制造的相同或类似的物质;也可化学全合成。抗生素在一定浓度下对病原体有抑制和杀灭作用

2015 年世卫组织发表的报告指出,细菌对抗生素的抗药性是全球公共卫生的一个"重大威胁"。在分析了 114 个国家的数据之后,该报告称,全球几乎所有地区都出现了细菌对抗生素产生抗药性的问题, 报告形容现在是 "后抗生素时期",亦即几十年来都可以治愈的简单细菌感染,如今却可能无法治愈。中国科学院广州地球化学研究所发布的一项研究结果显示,2013 年中国抗生素总用量约为 16.2 万 t,占全球一半的用量,其中 52% 为兽用抗生素,抗生素在兽医中的不当使用再次引发关注。

(一)兽用抗生素滥用、乱用现状及危害

兽用抗生素通常包括两大部分,即注射用抗生素(治疗药)与饲料添加剂用抗生素(又称动物生长促进剂)。关于兽用抗生素中的饲料添加剂用途已引起医学界的广泛关注。许多新型抗生素产品(如头孢克洛、新喹诺酮类的环丙沙星等以及大环内酯类的阿奇霉素等),上市短短几个月即已发现有耐药菌株产生,其

中很大原因与畜禽饲料中大量使用抗生素作为添加剂有关。动物肠道中的耐药菌会通过粪便进入土壤,再通过农作物—食物链传递给人类,最终使人体内产生相同的耐药菌株。如几年前国外广泛报道的"超级细菌"(耐万古霉素的金葡菌)的出现即为一典型例子。

动物滥用、乱用抗生素造成的危害比瘦肉精大得多,因为瘦肉精只会直接危害消费人群,而滥用、乱用抗生素不但直接危害消费人群,而且会导致耐药菌甚至超级细菌的产生,给人和动物造成巨大潜在威胁。长期以来,制药企业都在和细菌的耐药性"赛跑",最终的结果是制药企业"落败"。20 世纪 80 年代,全球有40 多家制药企业竞相研发抗生素,而现在,还在研发抗生素的大型制药企业不超过 4 家。究其原因,是因为抗生素研发需要耗费大量时间和金钱,但是新产品上市仅仅两年,耐药菌就出现了。产品效力下降严重影响了销售,按照市场规律,创新药物至少需要销售 5 年才有利可图,而 2~3 年的时间药厂根本就收不回成本,因此纷纷退出抗生素"竞赛"。其中,抗生素的滥用、乱用也进一步加速了药厂抗生素研发不断缩水的进程。我们应该清醒地认识到,抗生素是一种宝贵的医药资源,而且在很大程度上是一种不可再生资源,随着耐药性的扩散和不同抗生素效力的下降,可以认为这是一种医药资源的"耗竭"。从研发和使用角度讲,抗生素的不合理使用也是一种巨大的"资源浪费"。

(二)抗生素补充与替代

抗生素耐药的普遍化使有效替代药物的研究成为学术与产业热点。以下是一些有希望的抗生素替代方法与潜在产品。

1.抗菌肽:是由宿主产生的一类能够抵抗外界病原体感染的内源性小分子多肽,广泛存在于各种生物体内。它与传统抗生素的作用机制不同,故细菌不易对它产生耐药性。目前世界上已知的抗菌肽共有 1700 余种,并且不断有新发现的抗菌肽被补充到抗菌肽数据库中。由于从动植物中分离和化学合成抗菌肽成本高昂,主要通过蛋白重组和发酵工艺规模化生产抗菌肽。通过对抗菌肽分子的有效改造,能够提升其抗菌效力。

2.噬菌体:在所有抗生素替代品中,噬菌体(即攻击细菌的病毒)在临床上使用时间最久。与抗生素相比噬菌体有很多优势,每一种噬菌体只攻击一种类型的细菌,因此噬菌体治疗不会损伤机体内无害的细菌。另外,自然界为人们提供了用之不竭的噬菌体资源,在细菌出现抗性时很容易找到替代品。

3.群体感应及生物被膜抑制剂:在自然界中,很大一部分的微生物以生物膜的形式生存,使其可以抵抗抗生素以及人体免疫系统的清除。群体感应是指细菌能自发产生、释放一些特定的信号分子,并能感知其浓度变化,调节微生物的群体行为。任何能阻断病原菌对信号分子感应的方式都可以减弱细菌的致病力。相对于传统抗生素而言,群体感应抑制剂不会对细菌产生强烈的生存压力,避免耐药菌株的产生,因此这类化合物具有巨大的开发价值。

4.抗体:通过免疫刺激和被动免疫应答,可以获得具有预防、治疗效应的特异性抗体。其中卵黄抗体(IgY)更具商业优势,IgY能抵抗幼龄动物肠道中胰蛋白酶和胰凝乳蛋白酶的消化,故常在幼畜饲料或添加剂中加入一定量的针对某种特定疾病的IgY,以使其获得有效的被动免疫。此前认为因技术与成本障碍难以在兽医临床上推广的基因工程抗体现在也在兽医上逐渐看到应用前景。例如可借鉴转基因技术,可将抗体基因导入到饲料中,起到防病治病的作用。

5.天然产物—中草药:中草药是天然物质,通常具有低毒、无抗药性、功能性强、经济实用等特点,在杀菌抑菌的同时往往兼具促生长、提高饲料转化率、抗病毒、增强免疫力、抗应激等功能。兽医临床上使用的中草药(或相应的饲料添加剂)或具有直接的抑菌杀菌作用、或通过抑制细菌的毒力因子从而降低细菌的危害、或通过改善、提高机体免疫系统功能而起到间接抗菌作用、或上述方式兼而有之。

6.菌影:是革兰阴性菌被噬菌体的裂解基因裂解后形成的完整细菌空壳,不含有胞浆成分,但仍保持细菌细胞形态、黏附性、细菌表面抗原性等特性。与传统的灭活苗相比,其具有菌体表面抗原决定簇并保留天然构象,可同时刺激机体产生体液免疫和细胞免疫,免疫原性优于灭活苗。同时,菌影又可作为亚单位疫苗和核酸疫苗的理想载体,用于构建细菌多价或多联疫苗。

7.微生态制剂:可促进肠道正常微生物菌群生长繁殖、抑制致病菌生长繁殖,从而达到调节肠道免疫和促进动物生长的作用。微生态制剂虽然能部分替代抗生素,但目前微生态制剂与抗生素的普遍使用是相互矛盾的。在目前微生态制剂的基础上,也可考虑通过基因改造等方式,通过对一些优势菌种的遗传改造,导入优势基因如必需氨基酸合成酶基因、疫苗基因等,让微生态制剂在肠道内产生必需氨基酸或某些传染病病原的免疫保护蛋白,从而刺激机体对病原菌或其他病原产生保护性免疫反应,避免额外的疫苗注射过程。

8.饲用酶制剂:其具有直接分解营养物质、提高饲料利用率、改善消化机能、激活内源酶分泌和提高消化酶浓度的作用,可代替抗生素的促生长作用。类似功能的抗生素替代物还有合生元(素)、有机酸制剂、化学益生素(寡糖)和益生素制剂及其发酵饲料等。

9.开发新型抗生素:采用新型手段从微生物,尤其是从极端微生物环境下的生物资源入手,寻找新型抗生素。现已开发出的新型杂合抗生素即通过激活放线菌沉默基因生产新的抗生素。或利用现代化学与合成技术,在原有的抗生素基础上进行结构改造或人工模拟合成新的半合成抗生素。

10.开发抗生素新剂型:老药新用,通过剂型和给药方式的改良、优化,有助于提高抗生素的使用效果、降低药物残留的风险。取决于兽医现实需求,可以积极开发靶向制剂、局部给药制剂和纳米药物制剂等新剂型。

尽管有多种抗生素替代策略,现仍多处于研发阶段,上市使用的产品较少,同时考虑到目前抗生素合理使用的不可替代性和畜禽养殖者的利益,并不宜全面禁止使用抗生素。目前应重视谨慎合理的抗生素使用原则、科学使用抗生素替代以及还原动物肠道微生态平衡。不同的抗菌策略之间并不必然是互相排斥、竞争的关系,可以形成互为补充的抗菌"组合拳"。

二、合理使用抗生素

抗生素滥用、乱用不只是过度使用,准确地说是不规范使用。使用抗生素最好是"一刀毙命",最忌讳的就是"温柔一刀"。使用剂量不足或过量更容易会诱导细菌产生耐药性。因此,对于养殖业的抗生素使用需要科学、理性对待,在使用中做到科学、合理、安全、有效。

(一)严格掌握适应证

抗微生物药各有其主要适应证。可根据临床诊断或实验室病原检验推断或确定病原微生物。再根据药物的抗菌活性、不良反应、药源、价格等方面情况,选用适当药物。用药一定要合乎病情需要,不要贪图价格便宜或只认准新药物。以细菌学诊断为依据,体外药敏试验做基础,选择最敏感毒性小价格适中的抗菌药,病毒感染早期不用抗菌药,真菌感染用抗真菌药。一般对革兰氏阳性菌引起的疾病,葡萄球菌性或链球菌性炎症、败血症等可选用青霉素类、头孢菌素类、四环素类、红霉素类等;对革兰氏阴性菌引起的疾病如巴氏杆菌病、大肠杆菌、肠炎、泌尿道炎症等则有优先选用氨基糖苷类、氟喹诺酮类等;对耐青霉素 G 金黄色葡萄球菌所致呼吸道感染、败血症等可选用耐青霉素酶的半合成青霉素如苯唑西林、氯唑西林,亦可用庆大霉素、大环内酯类和头孢菌类抗生素;对绿脓杆菌引起的创面感染、尿路感染、败血症、肺炎等可选用庆大霉素、多黏菌素类和羧苄西林等。而对支原体引起的慢性呼吸道病则首选氟喹诺酮类药(恩诺沙星、达诺沙星等)、红霉素、罗红霉素等。

当病因不明或未明确诊断时,不可轻易用药,切忌一见动物异常就乱用药物。在使用青霉素、链霉素、地塞米松效果不明显时,一些人往往不去分析原因,不改变思路和选择合适的药物和方剂,而是盲目地任意加大青霉素、链霉素的剂量,有时甚至超出常规用药剂量的几倍、十几倍甚至几十倍。对于不太敏感的微生物,过量使用抗生素,不但不能将其杀死或抑制,相反会使微生物增加对药物的耐受性和适应性,结果只能使动物感染性疾病更加难治。

地塞米松是激素类药物,适量应用有抗炎、抗过敏、抗毒素、抗休克等作用,但长期过量使用,能扰乱动物体内激素分泌,降低机体免疫力,造成直接危害(如肌肉萎缩无力、骨质疏松、生长迟缓),突然停药后动物又会产生停药综合征(如发热、软弱无力、精神沉郁、食欲不振、血糖和血压下降等),导致动物机体产生药物依赖而不利于后期的防治。

(二)制定合理的给药方案

制定合理的给药方案是选择抗菌药达到预期疗效、减少不良反应的基本保证。因此必须熟悉各种抗菌药的药动学特点。根据患病动物的具体情况,选择合适的药物品种,并制定合理的给药方案,即确定剂量、给药途径、给药间隔时间和使用疗程。

1.选择正确的给药方式,严格掌握给药剂量是合理用药的基础。

药物剂量是决定药物效应的关键因素,用药量过小不产生任何效应,达不到治病的目的,剂量过大也不科学,不但造成浪费,还会因过量使用抗生素使病原微生物产生耐药性,甚至会引起中毒,甚至死亡。要做到安全有效,就应该严格掌握药物剂量范围。

药物疗程视疾病类型和患畜病况而定。一般应持续应用至体温正常,症状消退后2d,但疗程不宜超过5~7d。对急性感染,如临床效果欠佳,应在用药后5d内进行调整(适当加大剂量或改换药物);对败血症、骨髓炎、结核病等疗程较长的感染可适当延长疗程(处理败血症,宜用药至症状消退后1~2周,以彻底消除病原菌)或在用药5~7d后,休药1~2d再持续治疗。

用药期间要注意药物的不良反应,一经发现应及时采取停药、更换药物及相应解救措施。肝、肾是许多抗微生物药代谢与排泄的重要器官,在其功能障碍时往往影响药物在体内的代谢和排泄。红霉素等主要经肝脏代谢,在肝功能受损时,按常量用药易导致在体内蓄积中毒;氨基糖苷类、四环素类、青霉素、头孢菌素类、多黏菌素类等在肾功能减退时应避免使用和慎用,必要时可减量或延长给药间期。

不同的给药方法可影响药效出现的快慢、维持时间、药效强弱,有时还会影响药物作用性质的改变。如新霉素内服可治疗细菌性肠炎,因其在消化道内吸收少,肾脏中毒不明显;若肌肉注射,对肾脏毒性则很大,严重的甚至会引起死亡,故不宜肌肉注射给药。

2.确定用药最佳时机。

一般来说,用药越早效果越好,特别是微生物感染性疾病,及早用药能迅速控制病情。但细菌性痢疾却不宜早止泻,因为这样会使病菌无法及时排除,使其在体内大量繁殖,反而会引起更为严重的腹泻。对症治疗的药物不宜早用,因为这些药物虽然可以缓解症状,但在客观上会损害机体的保护性反应,还会掩盖疾病真相。

(三)科学地联合用药

合理配伍是合理用药的关键。抗菌药的联合用药的目的是扩大药物的抗菌范围、提高疗效、减少用药剂量、降低毒副作用、减少或延缓耐药性的产生。

抗菌药联合使用应比单一使用更具有明确的特征。一般认为抗菌药联合适用于以下情况:病情危急的包括病因不明的严重感染或者败血症;单一抗菌药不能有效控制地混合感染;细菌长期用药后,有产生耐药性的可能者;一般抗菌药不易透入病灶的感染;毒性较大,联合用药减少剂量后即可降低毒性反应的抗菌药。

临床上多数细菌感染,单一抗菌药即可得到控制,仅少数情况下需要联合用药。需要联合用药时,一般二药合用即可达到目的的,不需要三种或四种联合使用。

临床常见的不合理配伍用药很多,如庆大霉素与青霉素、5%的碳酸氢钠配伍;链霉素与庆大霉素、卡那霉素配伍等,既导致配伍药物失效或产生毒副作用,又无故增加了饲养者的经济负担,尤其是治疗混合感染性疾病时,庆大霉素与青霉素、5%的碳酸氢钠配伍,链霉素与庆大霉素、卡那霉素等配伍很难取得理想的效果。一般来说酸性药物与碱性药物不能混合使用,口服活菌制剂时应禁用抗菌药物和吸附剂,磺胺类药物与维生素C合用,会产生沉淀;磺胺嘧啶钠注射液与大多数抗生素配合都会产生浑浊、沉淀或变色现象,应单独使用。

(四)采取综合治理措施

1.强调组合性治疗措施,充分认识机体免疫功能的重要性。机体的免疫力是协同抗菌药的重要因素。外因通过内因才能起作用,在治疗过程中过分强调抗菌药的功效而忽视机体的内在因素,往往是导致抗菌药治疗失败的重要原因之一。抗菌药只能对病原菌起抑制或杀灭的作用,它不能清除病原,也不能恢复受损的机体功能。而要消除体内的菌体及其毒素、恢复机体的功能,除了要加强饲养管理提高机体自身的抵抗力外,还应根据患病动物的种属、年龄、生理及病理特点和免疫状态,在使用抗菌药的同时采取综合治理措施,努力改善机体机能状况,增强抗病能力。

当细菌感染伴发免疫力降低时,应采取以下措施:①尽可能避免应用对免疫有抑制作用的药物;②使用抗生素要及时、足量,尽可能选用杀菌性抗生素;③加强饲养管理,改善畜体全身状况。必要时采取纠正水、电解质平衡失调,改善微循环,补充血容量,及使用免疫增强剂或免疫调节剂等措施。

2."急则治其标、缓则治其本"是合理用药原则。抓住疾病的主要矛盾,综合对症与对因用药,才能使患病动物机体尽快康复。也就是说,当动物症状严重甚至危及生命时,迫切需要使用药物消除症状。例如心衰时使用强心药兴奋心肌细胞,呼吸困难时使用呼吸刺激药,腹泻时候使用止泻药。而当症状有所缓和时就应该对因治疗,消除致病的原发因子,对因治疗才是用药的根本。

（五）防止细菌产生耐药性并防止药物损伤及残留。

随着抗菌药的广泛使用，细菌耐药的现象日益严重。细菌产生耐药性后，不仅对原来敏感的抗菌药无效，并且能给人体健康造成危害。因此，在抗菌药的使用中必须注意防止细菌耐药性的产生，并控制耐药菌的传播。

部分药物存在药物损害，链霉素与庆大霉素、卡那霉素配合使用，会加重对听觉神经中枢的损害。家禽对敌百虫很敏感，应避免使用。盐霉素抗球虫效果较好，但它对马属动物有害，只能用于猪、牛、兔、禽。有些抗菌药物因为代谢较慢，用药后可能会造成药物残留。因此，这些药物都有休药期的规定，用药时必须充分考虑动物及其产品的上市日期，防止"药残"超标造成安全隐患。

（六）注意抗菌药物与免疫的关系

一些抗菌药对某些活菌疫苗的主动免疫过程有干扰作用，磺胺、四环素、利福平等药物可影响机体的免疫反应，引起防御机能不全，临床上猪丹毒、布氏杆菌、沙门氏病过早应用抗菌药会造成抗体出现推迟或不出现。在接种活菌苗同时应用抗菌药（如四环素），明显影响疫苗的主动免疫过程。在用抗菌药物治传染病时，用药早、疗效高，但不利于抗体形成，易引起第二次感染，用药迟、疗效降低，但抗体形成好。一般在传染病暴发时，早用药治疗，病情控制后，进行必要的疫苗接种。在接种活菌苗时，一般在前 3d 到接种后 1 周，不宜用抗菌药物。

（七）下列情况要严加控制或尽量避免应用抗生素

1. 病毒性感染，除并发细菌感染外、均不宜使用抗菌药，因一般抗菌药都无抗病毒作用。

2. 发热原因不明，除病情危急外，不要轻易使用抗菌药。因使用后病原微生物不易被检出，并使临床表现不典型，难以正确诊断而延误及时治疗。

第七节　配伍禁忌与应用注意事项

抗生素在使用过程中应严格遵守配伍禁忌。

一、β - 内酰胺类

β - 内酰胺类抗生素系指化学结构中含有 β - 内酰胺环的一类抗生素,临床常用的主要是青霉素类和头孢菌素类。

临床应用青霉素对革兰氏阳性菌和阴性球菌、革兰氏阳性杆菌、螺旋体和放线菌高度敏感,但对金黄色葡萄球菌易产生耐药性。临床上主要用于革兰氏阳性球菌引起的链球菌、李氏杆菌、坏疽及钩端螺旋体病以及肾盂肾炎、膀胱炎等。

(一)配伍禁忌

1. 青霉素类和头孢菌素类与克拉维酸、舒巴坦、TMP 合用有较好的抑酶保护和协同增效作用。

2. 青霉素类与氨基糖苷类药理上呈协同作用（如有理化性质变化，分开使用）。

3. 青霉素类不能与四环素类、氯霉素类、大环内酯类、磺胺类等抗菌药合用（青霉素类为快速杀菌剂,四环素类等为抑菌剂,合用干扰了青霉素类的作用）。

4. 青霉素类与维生素 C、碳酸氢钠等不能同时使用(酸碱度变化,理化性配伍禁忌)。

5. 头孢菌素类忌与氨基糖苷类混合使用。

6. 青霉素类和头孢类在静脉注射时,最好与氯化钠配合。

7. 青霉素类和头孢类与 5%或 10%葡萄糖配合时应即配即用，长时间会破坏抗生素的效价。

(二)应用注意事项

偶有过敏反应,主要表现为出汗、呼吸及心跳加快、肌肉颤抖、站立不稳、浮肿及荨麻疹等,严重时出现休克,如抢救不及时可引起死亡。出现过敏反应时应及时注射肾上腺素、地塞米松、维生素 C 等。乳用牛在用青霉素治疗期间,所产乳汁严禁给人食用,以防对青霉素过敏的人群引起过敏反应。青霉素稀释后性质不稳定,宜现用现配。

半合成青霉素是保留青霉素结构中的主核,改造其侧链而合成的一系列衍生物,有耐酸和耐酶且广谱等特点。临床最常用的是氨苄青霉素与羟氨苄青霉素。氨苄青霉素是梭菌感染、鸡的坏死性肠炎的首选药,对大肠杆菌、沙门氏菌、巴氏杆菌病均有较强的疗效。对乳腺炎、传染性胸膜肺炎、外伤感染也有效。应用时注意,与氨基糖苷类抗生素配合应用可增强疗效;静脉注射不宜与碱性药物和浓葡萄糖配合使用;草食动物不宜长时间口服;与青霉素 G 有交叉过敏现象。

二、氨基糖苷类

氨基糖苷类包括链霉素、庆大霉素、卡那霉素、丁胺卡那霉素、新霉素、小诺霉素等。

(一)药物间相互作用

1. 氨基糖苷类与青霉素类或头孢菌素类联用有协同作用。例如与青霉素联合作用于草绿色链球菌;与耐酶半合成青霉素(如苯唑西林)联合作用于金黄葡萄菌;与头孢菌素类联合作用于肺炎杆菌;与青霉素或氨苄西林联合作用于李斯德氏菌属。

2. 本类药物在碱性环境中抗菌作用较强,与碱性药(如碳酸氢钠、氨茶碱等)联用可增强抗菌效力,但毒性亦相应增强。pH 值超过 8.4 时,则使抗菌作用减弱。

3. Ca^{2+}、Mg^{2+}、Na^+、NH_4^+、K^+ 等阳离子可抑制氨基糖苷类的抗菌活性,做药敏测定试验时应注意培养基中的阳离子浓度。

4. 与利尿药(如呋塞米等)、红霉素等联合可能会增强本类药物的耳毒性。

5. 头孢菌素、右旋糖酐可能加强本类药物的肾毒性。

6. 骨骼肌松弛药(氯琥珀胆碱等)或具有此种作用的药物可加强本类药物的肌肉阻滞作用。

(二)注意事项

不良反应主要表现为耳毒性表现,前庭功能失调,多见于卡那霉素和庆大霉素。耳蜗神经损害多见于卡那霉素、丁胺卡那霉素。肾毒性主要损害近端肾小管，可出现蛋白尿、管型尿，继而出现红细胞、尿量减少或增多，进而发生氮质血症、肾功能减退、排钾增多等。各种氨基糖苷类抗生素均可引起神经肌肉麻痹作用，有潜在性危险。

过敏反应包括过敏性休克、皮疹、荨麻疹、药热、溶血性贫血等。

三、四环素类

四环素类药物包括四环素、土霉素、甲稀土霉素、金霉素、去甲金霉素和多西环素等。这类药物是一种能够广泛地抑制致病菌的抗生素，医疗上常常用来控制炎症，效果也比较好。

(一)配伍禁忌

1. 四环素类与同类药物及非同类药物如泰妙菌素、泰乐菌素配伍用于胃肠道和呼吸道感染时有协同作用。

2. TMP、DVD 对本品有明显的增效作用。

3. 与适量硫酸钠(1∶1)同时给药，有利于本品吸收。

4. 碱性物质如 $NaHCO_3$、氨茶碱以及含钙、镁、铝、锌、铁等金属离子(包括含此类离子的中药)能与四环素类药物络合而阻滞四环素类吸收。

5. 四环素类与氯霉素类合用有较好的协同作用（阻碍蛋白质合成的不同环节）。

(二)注意事项

四环素类药服后，经胃肠道吸收，在血液中保持一定的有效浓度，约有 10% 不能被排出，它们主要沉积在胃和牙齿中。它对钙离子有亲和力，与钙结合在一起，生成一种四环素钙的黄色复合物。

应用时注意除土霉素外，其他不宜肌肉注射；静脉注射时勿漏出血管外，注射速度应缓慢；成年反刍动物、马属动物和兔不宜内服给药。

四、大环内酯类

临床常用的大环内酯类有红霉素、白霉素、依托红霉素、琥乙红霉素、阿奇霉素、乙酰螺旋霉素、麦迪霉素等。配伍禁忌如下：

1. 红霉素与磺胺二甲嘧啶、磺胺嘧啶、磺胺间氧甲嘧啶、TMP 的复方可用于治疗呼吸道病。

2. 红霉素与泰乐菌素或链霉素联用，可获得协同作用。

3. 北里霉素治疗时常与链霉素、氯霉素合用。

4. 泰乐菌素可与磺胺类合用。

5. $NaHCO_3$ 可增加本品的吸收。

6. 红霉素不宜与 β – 内酰胺类、林可霉素、氯霉素、四环素联用。

五、氯霉素类

包括有氯霉素、甲砜霉素及氟甲砜霉素(氟苯尼考)等。甲砜霉素及氟甲砜霉素的抗菌谱与氯霉素相似，且不会出现再生障碍性贫血。

(一)配伍禁忌

1. 氯霉素类与林可霉素、红霉素、链霉素、青霉素类、氟喹诺酮类等具有拮抗作用。

2. 氯霉素类不可与磺胺类、$NaHCO_3$、氨茶碱、人工盐等碱性药物配合使用。

(二)注意事项

氯霉素为广谱抗生素，由于其对血液系统的毒性较大，故禁止使用。

六、氟喹诺酮类

氟喹诺酮类抗生素药物是近年来迅速发展起来的抗生素，具有抗菌谱广、抗菌力强、结构简单、给药方便，与其他常用抗菌药物无交叉耐药性，合成方法生产、疗效价格比高等优势，因而愈来愈受到各国的重视，成为竞相生产和应用的热点抗生素。

(一)配伍禁忌

1. 氟喹诺酮类与杀菌性抗菌药(青霉素类、氨基苷类)及 TMP 在治疗特定细菌感染方面有协同作用，如环丙沙星 + 氨苄青霉素对金黄色葡萄球菌表现相加作用。

2. 氟喹诺酮类与 TMP 有协同作用，如环丙沙星 +TMP 对金黄色葡萄球菌、链球菌、禽大肠杆菌、鸡白痢沙门氏菌有协同作用。

3.氟喹诺酮类与利福平、氯霉素类、大环内酯类(如红霉素)、硝基呋喃类合用有拮抗作用。

4.氟喹诺酮类可与磺胺类药物配伍应用。

5.氟喹诺酮类慎与氨茶碱合用,因含铝、镁的抗酸剂及多属离子对本类药物的吸收有影响。

6.给药期间饲喂全价饲料可干扰本品的吸收。

7.抗胆碱药(如阿托品)会减少胃酸分泌,减少氟喹诺酮类的吸收,避免同时使用。

8.氟喹诺酮类抑制茶碱的代谢,与茶碱联合应用时,使茶碱的血药浓度升高,可出现茶碱的毒性反应,应注意。

(二)注意事项

中华人民共和国农业农村部公告第 2292 号决定,自 2016 年 12 月 31 日起停止经营、使用用于食品动物的洛美沙星、培氟沙星、氧氟沙星、诺氟沙星 4 种原料药的各种盐、酯及其各种制剂。

七、磺胺类

磺胺类抗生素是指具有对氨基苯磺酰胺结构的一类化学合成抗生素药物的总称,是一类用于预防和治疗细菌感染性疾病的化学治疗药物。磺胺抗生素种类可达数千种。配伍禁忌如下:

1.磺胺类与抗菌增效剂(TMP 或 DVD)合用有确定的协同作用。

2.应尽量避免与青霉素类药物同时使用。

3.液体型磺胺药不能与酸性药物如维生素 C、盐酸麻黄素、四环素、青霉素等合用,否则会析出沉淀。

4.固体剂型磺胺药物与氯化钙、氯化铵合用会增加泌尿系统的毒性。

八、林可酰胺类

用于敏感的革兰氏阳性菌,尤其是金葡萄菌、链球菌、厌氧菌的感染以及猪的支原体病。配伍禁忌如下:

1.林可酰胺类应用时注意与庆大霉素等联合,对葡萄球菌、链球菌等革兰氏阳性菌有协同作用。

2. 林可酰胺类不宜与抗蠕动止泻药同用,可使肠内毒素延迟排出,从而导致腹泻时间延长和病情加剧。

3. 林可酰胺类具神经肌肉阻断作用,与其他具有此种效应的药物如氨基糖苷类和多肽类等合用时应予注意。

4. 林可酰胺类与红霉素合用有拮抗作用,与卡那霉素类同瓶静脉注射时有配伍禁忌。

5. 林可霉素可与四环素或氟哌酸配合应用于治疗合并感染。

6. 林可霉素可与壮观霉素合用(利高霉素)治疗鸡慢性呼吸道病。

7. 有效供给口服补液盐和适量维生素可减少本品的副作用,提高疗效。

8. 林可霉素可与新霉素(用于乳腺炎)、恩诺沙星合用。

9. 林可酰胺类禁用于兔、仓鼠、马和反刍兽,可发生严重的胃肠反应,甚至死亡。

第八节　常用抗生素

根据抗生素的化学结构,可将其分类为:β-内酰胺类,如青霉素类、头孢类等;氨基糖苷类,如链霉素、卡那霉素类、庆大霉素等;四环素类,如土霉素、四环素、多西环素等;氯霉素类,如甲砜霉素、氟苯尼考等;大环内酯类,如红霉素、泰乐菌素、替米考星等。

一、β-内酰胺类

(一)青霉素类

青霉素类分为天然青霉素和半合成青霉素。天然青霉素是从青霉菌的培养液中提取制得,主要有青霉素 F、G、X、K 和双氢 F 五种。尤其是青霉素 G,又称卞青霉素(俗称青霉素),较稳定,作用最强,产量较高,故在临床上使用最广。由于天然青霉素不耐酸、不耐青霉素酶、抗菌谱窄、容易引起过敏反应。青霉素属杀菌性抗生素，其杀菌机制是抑制细菌细胞壁的合成，对繁殖期的细菌有强大的杀菌作用，故称繁殖期杀菌剂。本品主要对革兰氏阳性菌有效，因为革兰氏阳性菌细胞壁中的 60% 以上的成分是粘肽。

青霉素钠（青霉素 G 钠）

【性状】 白色结晶性粉末，极易溶于水，有吸湿性，性质较稳定，耐热性也强。但配成水溶液后既不稳定，耐热性也降低，在室温下抗菌活性易于消失。因此，其水溶液应现用现配。

【作用与应用】 抗菌谱较窄，主要对革兰氏阳性菌有作用，对部分革兰氏阴性菌、各种螺旋体和放线菌也有强大的杀菌作用。主要用于敏感细菌所致的各种疾患，如炭疽、气肿疽、恶性水肿、放线菌病、坏死杆菌病、牛肾盂肾炎、钩端螺旋体病及乳腺炎、子宫炎、肺炎、败血症等。青霉素对细菌产生的毒素无效，故治疗破伤风时宜与破伤风抗毒素合用。

【药物相互作用】

1. 丙磺舒、阿司匹林、保泰松、磺胺药对青霉素的排泄有阻滞作用，合用可升高青素类的血药浓度，也可能增加毒性。

2. 氯霉素、红霉素、四环素类等抑菌剂对青霉素的杀菌活性有干扰作用，不宜合用。

3. 重金属离子（尤其是铜、锌、汞）、醇类、酸、碘、氧化剂、还原剂、羟基化合物及呈酸性的葡萄糖注射液或四环素注射液都可破坏青霉素的活性，属禁忌配伍。

4. 胺类与青霉素 G 可形成不溶性盐，使吸收发生变化。这种相互作用可利用以延缓青霉素的吸收，如普鲁卡因青霉素。

5. 青霉素 G 钠溶液与某些药物溶液（两性霉素、头孢噻吩、盐酸氯丙嗪、盐酸林可霉素、酒石酸去甲肾上腺素、盐酸土霉素、盐酸四环素、B 族维生素及维生素 C 不宜混合，因可产生混浊、絮状物或沉淀。

【不良反应】 青霉素安全范围广，主要的不良反应是引起过敏反应，局部表现为注射部位水肿、疼痛，全身表现为荨麻疹、皮疹、虚脱。也可诱导胃肠道的两重感染。

【最高残留限量】 残留标准物：卞青霉素。肌肉、脂肪、肝、肾 $50\mu g/kg$，奶

4μg/kg

【用法与用量】 肌内注射,一次量:每千克体重1万～2万单位,用2～3d,临用前加灭菌注射用水适量使溶解。

1. 苯唑西林钠(苯唑青霉素钠)

为半合成的耐酸、耐酶的异咪唑类青霉素。

【性状】 白色粉末或结晶性粉末;无臭或微臭。在水中易溶,在丙酮或丁醇中极微溶解,在醋酸乙酯或石油醚中几乎不溶。2%水溶液的pH值为5.0～7.0。

【用途】 主要用于耐青霉素金黄色葡萄球菌感染,如败血症、肺炎、乳腺炎、烧伤创面感染等。

【药物相互作用】 参见青霉素钠。

(1)同其他β-内酰胺类抗生素一样,与氨基糖苷类抗生素混合后,可明显减弱两者的抗菌活性,故不能在同一容器内给药。

(2)与氨卞西林或庆大霉素联合用药可相互增强对肠球菌的抗菌活性。

(3)在静脉注射液中本品与庆大霉素、土霉素、四环素、新生霉素、多黏菌素B、磺胺嘧啶、呋喃妥因、去甲肾上腺素、戊巴比妥、维生素B族、维生素C等均呈配伍禁忌。

(4)与丙磺舒联用可提高和延长本品的血药浓度。

【注意】 参见青霉素钠。

【用法与用量】 肌肉注射,一次量:每千克体重牛10～15mg,2～3次/d,连用2～3d。

2. 氯唑西林钠

为半合成的耐酸、耐酶的异乙恶唑类青霉素。

【性状】 白色粉末或结晶性粉末;微臭,味苦;有引湿性。在乙醇中溶解,在醋酸乙酯中几乎不溶。10%水溶性的pH值应为5.0～7.0。

【用途】 同苯唑西林钠。用于产青霉素酶葡萄球菌引起的各种严重感染如败血症、骨髓炎、呼吸道感染、心内膜炎及化脓性关节炎等,亦用于牛的乳腺炎。

【药物相互作用】

(1)氯唑西林钠溶液与下列药物溶液呈物理性配伍禁忌(产生混浊、絮状物或沉淀):琥乙红霉素、盐酸土霉素、盐酸四环素、硫酸庆大霉素、硫酸多黏菌素

B、维生素 C 和盐酸氯丙嗪。

（2）与黏菌素甲磺酸钠、硫酸卡那霉素溶液混合即失效。

【注意】　参见青霉素钠。

（1）本品适用于内服和乳腺内投药。

（2）肾功能严重减退时应适当减少剂量。

（3）乳管注入休药期，牛 10d，奶废弃期 2d。

【用法与用量】　内服，一次量：每千克体重犬、猫 20 ~ 40mg，2 次 /d，连用 2 ~ 3d。乳管注入，奶牛每乳室 200mg，每日或隔日 1 次。

3. 氨苄西林钠

为半合成的广谱青霉素。

【性状】　白色或类白色的粉末或结晶；无臭或微臭，味微苦；有引湿性。在水中易溶，在乙醇中略溶，在乙醚中不溶。10% 水溶液的 pH 值应为 8 ~ 10。

【用途】　主用于敏感菌引起的肺部、肠道、胆道、尿路等感染和败血症。如巴氏杆菌病、肺炎、乳腺炎、子宫炎、肾盂肾炎、犊白痢、沙门氏菌肠炎等。

【药物相互作用】　参见青霉素钠。

（1）本品溶液与下列药物有配伍禁忌：琥珀氯霉素、琥乙红霉素、乳糖酸红霉素、盐酸土霉素、盐酸四环素、盐酸金霉素、硫酸阿米卡星、硫酸卡那霉素、硫酸庆大霉素、硫酸链霉素、盐酸林可霉素、硫酸多黏菌素 B、氯化钙、葡萄糖酸钙、维生素 B 族、维生素 C 等。

（2）本品在体外对金黄葡萄球菌的抗菌作用可被林可霉素抑制；大肠杆菌、变形杆菌和肠杆菌属的抗菌作用可被卡那霉素加强。庆大霉素能加速氨苄西林对 B 组链球菌的体外菌作用。

【注意】　参见青霉素钠。

（1）对青霉素耐药的细菌感染不宜应用。

（2）对青霉素过敏的动物禁用；成年反刍动物禁止内服。

（3）本品溶解后应立即使用。其稳定性随浓度和温度而异，即两者愈高，稳定性愈差。在 5℃时 1% 氨苄西林钠溶液的效价能保持 7d。

（4）在酸性葡萄糖溶液中分解较快，有乳酸和果糖存在时亦使稳定性降低，故宜以中性液体作溶剂。

（5）休药期，牛 6d，牛奶废弃期 2d。

【用法与用量】 肌内、静脉注射：一次量，每千克体重家畜 10 ~ 20mg，2 ~ 3 次 /d，连用 2 ~ 3d。

4. 阿莫西林（羟氨苄青霉素）

【性状】 本品系阿莫西林的三水化合物。为白色或类白色结晶性粉末；味微苦。在水中微溶，在乙醇中几乎不溶。0.5% 水溶液的 pH 值为 3.5 ~ 5.5。本品的耐酸性比氨苄西林强。本品的钠盐为白色或类白色粉末或结晶；无臭或微臭，味微苦；有引湿性。在水或乙醇中易溶，在乙醚中不溶。

【用途】 同氨苄西林钠。主用于牛的巴氏杆菌、嗜血杆菌、链球菌、葡萄球菌性呼吸道感染，坏死梭杆菌性腐蹄病，链球菌和敏感金葡菌性乳腺炎（泌乳奶牛）；犊牛大肠杆菌性肠炎，敏感菌感染如链球菌、大肠杆菌、引起的呼吸道感染、泌尿生殖道感染和胃肠道感染及多种细菌引起的皮炎和软组织感染。

【药物相互作用】 参见氨苄西林钠。

（1）对细菌敏感的氨基糖苷类抗生素在亚抑菌浓度时可增强本品对粪链球菌的体外杀菌作用。

（2）本品对产 β —内酰胺酶细菌的抗菌活性可被克拉维酸增强。

【注意】 参见青霉素钠、氨苄西林钠。

（1）本品在胃肠道的吸收不受食物影响。为避免动物发生呕吐、恶心等胃肠道症状，宜在饲后服用。

（2）牛内服休药期 20d，注射休药期 25d，牛奶废弃期 4d。

【用法与用量】 内服：一次量，每千克体重犊 10 ~ 20mg，2 次 /d，连用 5d。皮下、肌肉注射：一次量每千克体重牛 6 ~ 10mg，1 次 /d，连用 5d。

（二）头孢菌素类

头孢菌素类抗生素为一类半合成的广谱抗生素。常用的约 30 种，兽医临床应用不广，仅有头孢噻吩、头孢氨苄、头孢羟氨苄、头孢噻呋、头孢匹林等少数品种。

根据抗菌谱，对 β —内酰胺酶的稳定性以及对革兰氏阴性杆菌抗菌活性的差异可分 4 代。

第 1 代头孢菌素的抗菌谱同广谱青霉素，虽对青霉素酶稳定，但仍可被多数革兰氏阴性菌产生的内酰胺酶所分解,因此主要用于革兰氏阳性菌(链球菌、产酶葡萄球菌等)和少数革兰氏阴性菌(大肠杆菌、嗜血杆菌、沙门氏菌等)的感染。包括注射用的头孢噻吩、头孢噻啶、头孢唑啉、头孢匹林及内服用的头孢氨苄、头孢拉定、头孢羟氨苄。

第 2 代头孢菌素对革兰氏阳性菌的抗菌活性与第 1 代相近或稍弱,但抗菌谱增广,能耐大多数产内酰胺酶,对革兰氏阴性菌的抗菌活性增强。主要有头孢替安、头孢呋辛、头孢克洛等。

第 3 代头孢菌素抗金黄葡萄球菌等革兰氏阳性菌的活性不如第 1、2 代(个别除外),但耐 β—内酰胺酶的性能强,对革兰氏阴性菌的作用优于第 2 代,可有效地抑杀一些对第 1、2 代耐药的革兰氏阴性菌菌株。包括头孢噻肟、头孢唑肟、头孢曲松等。

20 世纪 90 年代又有第四代新头孢菌素问世,包括头孢匹罗、头孢吡肟等注射用品种,其抗菌特点是抗菌谱广,对卢—内酰胺酶稳定,金葡菌等革兰氏阳性球菌的抗菌活性增强。

1. 头孢氨苄(先锋Ⅳ)

为半合成的第 1 代内服头孢菌素。

【性状】 白色或微黄色结晶性粉末;微臭。在水中微溶,在乙醇、氯仿或乙醚中不溶。0.5% 水溶液的 pH 值应为 3.5～5.5。

【用途】 用于敏感菌所致的呼吸道、泌尿道、皮肤和软组织感染。对严重感染不宜应用。

【药物相互作用】 正丙磺舒可延迟本品的肾排泄,也可增加本品的胆道排泄。

【注意】

(1)本品可引起犬流涎、呼吸急促和兴奋不安及猫呕吐、体温升高等不良反应。

(2)应用本品期间虽罕见肾毒性,但病畜肾功能严重损害或合用其他对肾有害的药物时则易于发生。

(3)对头孢菌素过敏动物禁用,对青霉素过敏动物慎用。

【用法与用量】 内服:一次量,每千克体重 20～30mg,2～3 次 /d。

2. 头孢羟氨苄

为半合成的第 1 代内服头孢菌素。

【性状】 白色或类白色结晶性粉末,有特异性臭味。在水中微溶,在乙醇、氯仿或乙醚中几乎不溶。0.5%水溶液的 pH 值应为 4.0～6.0。在弱酸性条件下稳定。

【用途】 主要用于犬、猫的呼吸道、泌尿生殖道、皮肤和软组织等部位的敏感菌感染。

【药物相互作用】【注意】 参见头孢氨苄。

(1)头孢菌素类有交叉过敏反应,病畜对一种头孢菌素或青霉素、青霉素衍生物过敏,也可能对其他头孢菌素过敏。

(2)肾功能严重减退时应将本品减量。

(3)有时会出现呕吐、腹泻、昏睡等不良反应。如发生呕吐,可投喂食物予以缓解。

【用法与用量】 内服:一次量每千克体重马 25mg,犬,猫 20mg,1～2 次 /d。

3. 头孢噻呋

为半合成的第三代动物专用头孢菌素。制成钠盐和盐酸盐供注射用。

【用途】 本品牛主要用于溶血性巴氏杆菌、多杀性巴氏杆菌与嗜血杆菌引起的呼吸道病(运输热、肺炎)。对化脓棒状杆菌等呼吸道感染也有效。也可治疗坏死梭杆菌、产黑色拟杆菌引起的腐蹄病。

【用法与用量】 肌内注射:一次量每千克体重牛 1～2mg,每日 1 次,连用3d。

4. 克拉维酸钾(棒酸钾)

【性状】 白色或微黄色结晶性粉末;微臭;极易引湿。在水中极易溶解,在甲醇中易溶,在乙醇中微溶,在乙醚中不溶。极易引湿,其1%水溶液的 pH 值应为6.0～8.0。

【用途】 本品单独应用无效。常与青霉素类药物联用,以克服细菌产生 β-内酰胺酶引起耐药性,而提高疗效。主用于产酶和不产酶金黄葡萄球菌、葡萄球菌、链球菌、大肠杆菌、巴斯德氏菌等引起的犬、猫皮肤和软组织感染。亦用于敏感菌所致的呼吸道和泌尿道感染。

【用法与用量】 内服:一次量,每千克体重家畜 10～15mg(以阿莫西林计),

2 次 /d；皮下、肌内注射：一次量每千克体重家畜 6～7mg（以阿莫西林计），1 次/d。

二、氨基糖苷类

氨基糖苷类曾称氨基糖甙类，是一类由氨基环醇和氨基糖以苷键相连接而形成的碱性抗生素。这类抗生素包括：①从链霉菌属的培养滤液中获得的链霉素、新霉素、卡那霉素、妥布霉素等；②从小单孢菌属的培养滤液中获得的庆大霉素、小诺霉素等；③半合成品如阿米卡星等。它们的共同特点是：①水溶性好，性质稳定；②抗菌谱较广，对葡萄球菌属、需氧革兰氏阴性杆菌及分枝杆菌属（结核杆菌）均有抗菌活性，主要抑制细菌合成蛋白质；③细菌对本类的不同品种间可部分或完全地交叉耐药；④胃肠道吸收差，肌内注射后大部分以原形经肾脏排出；⑤具不同程度的肾毒性和耳毒性，也有神经—肌肉接头的阻滞作用。

【抗菌作用】　主要对需氧革兰氏阴性杆菌有强大杀菌作用，有的品种对绿脓杆菌或金黄葡萄球菌及结核杆菌也有效，但对链球菌属和厌氧菌常无效。其作用机理主要为作用于细菌的核糖体，抑制蛋白质的正常合成，使细菌细胞膜通透性增强，导致细胞内钾离子、腺嘌呤、核苷酸等重要物质外漏，引起死亡。此类抗生素对静止期细菌的杀灭作用较强，属静止期杀菌剂。

【药物相互作用】

（1）氨基糖苷类与青霉素类或头孢菌素类联用有协同作用。例如与青霉素联合作用于草绿色链球菌；与耐酶半合成青霉素（如苯唑西林）联合作用于金黄葡萄菌；与头孢菌素类联合作用于肺炎杆菌；与青霉素或氨苄西林联合作用于李斯德氏菌属；与羧苄西林联合作用于绿脓杆菌等。

（2）本类药物在碱性环境中抗菌作用较强，与碱性药（如碳酸氢钠、氨茶碱等）联用可增强抗菌效力，但毒性亦相应增强。pH 值超过 8.4 时，则使抗菌作用减弱。

（3）Ca^{2+}、Mg^{2+}、Na^+ 等阳离子可抑制氨基糖苷类的抗菌活性，做药敏测定试验时应注意培养基中的阳离子浓度。

（4）与利尿药（如呋塞米等）、红霉素等联合可能会增强本类药物的耳毒性。

（5）头孢菌素、右旋糖酐可能加强本类药物的肾毒性。

(6)骨骼肌松弛药(氯琥珀胆碱等)或具有此种作用的药物可加强本类药物的肌肉阻滞作用。

【毒副作用】

(1)肾毒性。主要损害近曲小管上皮细胞,出现蛋白尿、管型尿、红细胞,严重时出现肾功能减退,其损害程度与剂量大小及疗程长短成正比。庆大霉素的发生率较高。由于氨基糖苷类主要从尿中排出,为避免药物积聚,损害肾小管,应给患畜足量饮水。肾脏损害常使血药浓度增高,易诱发耳毒性症状。

(2)耳毒性。可表现为前庭功能失调及耳蜗神经损害。两者可同时发生,亦可出现其中的一种反应。但前者多见于链霉素、庆大霉素等,而后者多见于新霉素、卡那霉素、阿米卡星等。耳毒性的发生机制尚未完全阐明,多认为与内耳淋巴液中药物浓度持久升高,损害内耳柯蒂器的毛细胞有关。早期的变化可逆,超过一定程度则变化不可逆。猫对氨基糖苷类的前庭效应极为敏感。由于氨基糖苷类能透过胎盘,进入胎儿体内,故孕畜注射本类药物可能引起新生畜的听觉受损或产生肾毒性。对某些需有敏锐听觉的犬应慎用。

(3)神经肌肉阻滞。本类药物可抑制乙酰胆碱的释放,并与 Ca^{2+} 络合,促进神经肌肉接头的阻滞作用。其症状为心肌抑制和呼吸衰竭,以新霉素、链霉素和卡那霉素较多发生。可静脉注射新斯的明和钙剂对抗。

(4)内服可能损害肠壁绒毛器官而影响肠道对脂肪、蛋白质、糖、铁等的吸收。亦可引起肠道菌群失调,发生厌氧菌或真菌的二重感染,动物中兔易发,忌用。皮肤黏膜感染时的局部应用易引起对该药的过敏反应和耐药菌的产生,宜慎用。

1. 硫酸链霉素

链霉素由放线菌属的灰链霉菌的培养滤液中提取而得。常用其硫酸盐。

【性状】 白色或类白色的粉末;无臭或几乎无臭,味微苦;有引湿性。在水中易溶,在乙醇或氯仿中不溶。

【作用与应用】 用于治疗各种敏感菌的急性感染,如家畜的呼吸道感染(肺炎、咽喉炎、支气管炎)、泌尿道感染、牛流感、放线菌病、钩端螺旋体病、细菌性胃肠炎、乳腺炎及家禽的呼吸系统病(传染性鼻炎等)、细菌性肠炎等。也可用于控制牛结核病的急性暴发(每天注射,连续 6~7d)。

【用法与用量】 内服:一次量,犊 1g,2~3 次/d;肌内注射:一次量,每千克体重 10~15mg,2 次 /d,连用 2~3d。

2. 硫酸卡那霉素

卡那霉素由链霉菌产生,临床用硫酸卡那霉素系由单硫酸卡那霉素或卡那霉素加一定量的硫酸制得。

【性状】 白色或类白色的粉末;无臭;有引湿性。在水中易溶。30%水溶液的 pH 值应为 6.0~8.0。水溶液稳定。

【用途作用与应用】 重感染,如败血症、泌尿生殖道感染、呼吸道感染、皮肤和软组织感染等。也曾用于缓解猪喘气病症状。

【用法与用量】 肌内注射:一次量家畜 10~15mg,2 次 /d。

3. 硫酸庆大霉素

庆大霉素由放线菌属小单孢菌所产生,它们的抗菌活性及毒性基本一致。常用其硫酸盐。

【性状】 白色或类白色的粉末;无臭;有引湿性。乙醚中不溶。

【抗菌谱】 对多种革兰氏阴性菌(如大肠杆菌、克雷伯氏菌、变形杆菌、绿脓杆菌、巴斯德氏菌、沙门氏菌等)及金黄葡萄球菌(包括 β - 内酰胺酶菌株)均有抗菌作用。多数链球菌(化脓链球菌、肺炎球菌、粪链球菌等)、厌氧菌(类杆菌属或梭状芽孢杆菌属)、结核杆菌、立克次体、真菌和病毒等对本品耐药。

【药物相互作用】【注意】 参见本节前言及硫酸链霉素。

(1)本品与青霉素 G 联合,对链球菌具协同作用。

(2)有呼吸抑制作用,不可静脉推注。

(3)休药期,猪肌内注射 40d;内服 3~10d。

【用法与用量】 内服:1d 量,每千克体重驹、犊仔猪、羔羊 10~15mg,2~3次。肌内注射:一次量,每千克体重家畜 2~4mg,犬、猫 3~5mg,2 次 /d,连用 2~3d。

4. 硫酸阿米卡星(硫酸丁胺卡那霉素)

阿米卡星为卡那霉素的半合成衍生物,常用其硫酸盐。

【性状】 白色或类白色结晶粉末;几乎无臭,无味。在水中极易溶解,在甲醇、丙酮、氯仿或乙醚中几乎不溶。

【作用与应用】 主要用于犬大肠杆菌、变形杆菌引起的泌尿生殖道感染(膀胱炎)及绿脓杆菌、大肠杆菌引起的皮肤和软组织感染。尤其适用于革兰氏阴性杆菌中对卡那霉素、庆大霉素或其他氨基糖苷类耐药的菌株所引起的感染。其他动物可酌情试用。也可子宫灌注治疗大肠杆菌、绿脓杆菌、克雷伯氏菌引起的马子宫内膜炎、子宫炎和子宫蓄脓。

【用法与用量】 皮下、肌内注射：一次量每千克体重马、牛 10mg，禽 15mg，2～3 次 /d，连用 2～3d；子宫灌注：一次量，马 2g，溶入 200mL 灭菌生理盐水中，1 次 /d。

5. 盐酸大观霉素

大观霉素为链霉菌所产生的由中性糖和氨基环醇以苷键结合而成的一种氨基环醇类抗生素。

【性状】 白色或类白色结晶性粉末。在水中易溶，在乙醇氯仿或乙醚中几乎不溶。1% 水溶液的 pH 值应为 3.8～5.6。

【作用与应用】 主要用于猪、鸡和火鸡。防治仔猪的肠道大肠杆菌病（白痢）及肉鸡的慢性呼吸道病和传染性滑囊炎。也有助于平养鸡的增重和改善饲料效率。对 1～3d 龄火鸡雏和刚出壳的雏鸡皮下注射可防治火鸡的气囊炎（火鸡支原体感染）和鸡的慢性呼吸道病（大肠杆菌伴发）。亦能控制关节炎支原体、鼠伤寒沙门氏菌和大肠杆菌等感染的死亡率，降低感染的严重程度。

【用法与用量】 内服：一次量，每千克体重，仔猪 10mg；混饮：1L 水，鸡 1～2g，连用 3～5d；皮下注射：每只火鸡雏 10mg，雏鸡 2.5～5.0mg，2 次 /d，连用 3～5d。

6. 硫酸安普霉素

从链霉菌培养液中提取的一种氨基环醇类抗生素。

【性状】 微黄色或黄褐色粉末，有引湿性。在水中易溶，在甲醇、丙酮、氯仿或乙醚中几乎不溶。

【作用与应用】 主要用于治疗猪大肠杆菌病和其他敏感菌所致的疾病。也可治疗犊牛肠杆菌和沙门氏菌引起的腹泻。对鸡的大肠杆菌、沙门氏菌及部分支原体感染也有效。

【用法与用量】 混饲：1000kg 饲料，猪 80～100g（以安普霉素计），连用 7d。混饮：1L 水，鸡 0.25～0.5g（以安普霉素计），连用 5d。

三、四环素类

四环素类抗生素是一类碱性广谱抗生素。包括从链霉菌属培养物提取的四环素、土霉素、金霉素以及多种半合成四环素如多西环素、米诺环素、二甲胺四环素等。四环素类早在 20 世纪的 60～70 年代即广泛应用,在兽医上尤为滥用,以致细菌对四环素类的耐药现象颇为严重,一些常见病原菌的耐药率很高。四环素、土霉素等盐类,口服能吸收,但不完全,而四环素、土霉素碱吸收更差。四环素类对多种革兰氏阳性和阴性菌及立克次体属、支原体属、螺旋体等均有效,其抗菌作用的强弱次序为米诺环素 > 多西环素 > 金霉素 > 四环素 > 土霉素。本类药物对革兰氏阳性菌的作用优于革兰氏阴性菌,而对变形杆菌、绿脓杆菌无作用。半合成四环素类对许多厌氧菌有良好作用,70%以上的厌氧菌对多西环素敏感。本类药物为快效抑菌药,其作用机理相似于氨基糖苷类,抑制肽链延长和蛋白质合成。此外,亦可改变细菌细胞膜通透性,导致胞内重要成分外漏,迅速抑制 DNA 的复制。高浓度也有杀菌作用。细菌在体外对四环素的耐药性产生较慢,同类品种间呈交叉耐药。肠杆菌科细菌通过耐药质粒介导耐药性,可传递、诱导其他敏感菌耐药。四环素可全身应用于敏感菌所致的呼吸道、肠道、泌尿道及软组织等部位感染和某些支原体病。金霉素现仅供局部应用,亦可与土霉素一样作为饲料药物添加剂用于畜牧生产。

1. 土霉素

【性状】 淡黄色的结晶性或无定形粉末;无臭;在日光下颜色变暗,在碱性溶液中易破坏失效。在乙醇中微溶,在水中极微溶解;在氢氧化钠试液和稀盐酸中溶解。其盐酸盐为黄色结晶性粉末,在水中易溶,10%水溶液的 pH 值应为 2.3～2.9。

【抗菌谱】 本品具广谱抑菌作用,敏感菌包括肺炎球菌、链球菌、部分葡萄球菌、炭疽杆菌、破伤风杆菌、棒状杆菌等革兰氏阳性菌以及大肠杆菌、巴斯德氏菌、沙门氏菌、布鲁氏菌、嗜血杆菌、克雷伯氏菌和鼻疽杆菌等革兰氏阴性菌。对支原体(如猪肺炎支原体)、衣原体、立克次体、螺旋体等也有一定程度的抑制作用。

【作用与应用】 用于防治巴氏杆菌病、布氏杆菌病、炭疽及大肠杆菌和沙门氏菌感染、急性呼吸道感染、马鼻疽、马腺疫和猪支原体肺炎等。对敏感菌所致泌尿道感染,宜同服维生素 C 酸化尿液。亦常用作饲料药物添加剂,除可一定程度地防治疾病外,还能改善饲料的利用效率和促进增重。

【药物相互作用】

(1)与碳酸氢钠同用,可能升高胃内 pH 值,而使四环素类的吸收减少及活性降低。

(2)与钙盐、铁盐或含金属离子钙、镁、铝、铋、铁等的药物(包括中草药)同用时,可与四环素类形成不溶性络合物,减少药物的吸收。

(3)与强利尿药如呋塞米等同用可使肾功能损害加重。

(4)四环素类属快效抑菌药,可干扰青霉素类对细菌繁殖期的杀菌作用,宜避免同用。

【注意】

(1)本品应避光密闭,在凉暗的干燥处保存,忌日光照射。忌与碱性溶液混合。不用金属容器盛药。忌与含氯量多的自来水和碱。

(2)内服时避免与乳制品和含钙、镁、铝、铁、铋等药物及含钙量较高的饲料勿用。食物可阻滞四环素类吸收,宜饲前空腹服用。

(3)成年反刍动物、马属动物和兔不宜内服四环素类,因易引起消化紊乱,导致减食、腹胀、下痢及维生素 B、K 缺乏等症状。长期应用可诱发耐药细菌和真菌的二重感染,严重者引起败血症而死亡。马有时在注射后亦可发生胃肠炎,宜慎用。

(4)肝、肾功能严重损害时的患畜忌用四环素类药物。

(5)休药期,牛、羊内服 5d,产奶期禁用;猪 5d。注射牛 22d,产奶期禁用;猪 20d。

【用法与用量】 内服:一次量每千克体重猪、驹、犊、羔 10～25mg。

2. 盐酸四环素

【性状】 黄色结晶性粉末;无臭;味苦;有引湿性;遇光色渐变深,在碱性浓度中易破坏失效。在水中溶解,在乙醇中略溶,在氯仿或乙醚中不溶。1%水溶液的 pH 值应为 1.8～2.8。

【抗菌谱】【作用与应用】 参见土霉素。

【用法与用量】　内服：一次量，每千克体重猪、驹、犊、羔 10 ~ 25mg，犬 15 ~ 50mg，禽 25 ~ 50mg，2 ~ 3 次 /d，连用 3 ~ 5d。静脉注射：一次量每千克体重家畜 5 ~ l0mg，2 次 /d，连用 2 ~ 3d。

3. 盐酸金霉素

常用盐酸盐，其水溶液在四环素类中最不稳定，在中性或碱性溶液中很快被破坏。抗菌作用同土霉素，因刺激性强现已不用于全身感染。多作为外用制剂和饲料药物添加剂的原料。盐酸金霉素眼膏可防治四环素类敏感菌引起的浅表眼部感染。规格为 0.5%，涂入眼睑内，2 ~ 4h/ 次。虽用于局部也可能使四环素类过敏动物发生过敏反应，并能促进耐药菌株生长。

4. 盐酸多西环素（强力霉素）

【性状】　淡黄色或黄色结晶性粉末；无臭，味苦。室温中稳定，遇光变质。在水或甲醇中易溶，在乙醇或丙酮中微溶，在氯仿中几乎不溶。1% 水溶液的 pH 值为 2.0 ~ 3.0。

【抗菌谱】　基本同土霉素。抗菌活性略强于土霉素和四环素。

【用途】　适应证同土霉素。尤适用于肾功能减退患畜。

（1）犬、猫内服常引起恶心、呕吐，可进食以缓和此种反应。

（2）给马静脉注射多西环素，即使低剂量，亦常伴发心脏节律不齐、虚脱和死亡。

【用法与用量】　内服：一次量每千克体重猪、驹、犊、羔 3 ~ 5mg；犬、猫 5 ~ 10mg，禽 15 ~ 25mg，1 次 /d，连用 3 ~ 5d。

四、氯霉素类

1. 氯霉素

又名左霉素，含等量的左旋体和无效右旋体的混旋体为合霉素（混旋氯霉素），现已淘汰。

【性状】　白色或微带黄绿色的针状、长片状结晶或结晶性粉末；味苦。干燥时稳定。在甲醇、乙醇、丙酮或丙二醇中易溶，在水中微溶，其 2.5% 水溶液的 pH 值应为 4.5 ~ 7.5。在弱酸性和中性溶液中较稳定，能耐煮沸，遇碱类易失效。

【作用与应用】　主要用于防治畜禽的沙门氏菌和大肠杆菌感染如幼畜副伤

寒、幼畜白痢、仔猪黄痢、鸡白痢、鸡伤寒、禽大肠杆菌病。对牛巴氏杆菌病、禽霍乱及敏感菌引起的泌尿道、呼吸道感染也有疗效。外用治疗牛、羊腐蹄病、牛乳腺炎、子宫炎及细菌性眼炎。

【药物相互作用】

(1)大环内酯类和林可霉素类抗生素的抗菌作用机理与氯霉素相似，可替代或阻止氯霉素与细菌核糖体的50s亚基相结合，故两者同用可发生拮抗而不宜联合应用。

(2)氯霉素是抑制细菌蛋白质合成的抑菌剂，对青霉素类杀菌剂的杀菌效果有干扰作用。应避免两类药物同用。

(3)氯霉素能拮抗维生素B，使机体对B的需要量增加，亦能拮抗维生素B的造血作用。

(4)氯霉素对肝脏微粒体的药物代谢酶有抑制作用，能影响其他药物的药效，如显著延长动物的戊巴比妥钠麻醉时间等。

(5)本品与某些抑制骨髓的药物如秋水仙碱、保泰松和青霉胺等同用，可增加毒性。

【注意】

(1)内服或注射时忌与碱性药物配伍。亦不宜与其他抗生素、复合维生素B等联合静脉注射。

(2)成年反刍动物内服本品无效，且能引起消化机能紊乱。其他动物长期应用亦可能由于菌群失调引起维生素缺乏和二重感染。

(3)本品对人有贫血、白细胞和血小板减少等不良反应，严重者发展为粒细胞性白血病及再生障碍性贫血，在动物中要引起重视。由于上述情况及耐氯霉素菌株的发展，加上新型抗菌药物如氟喹诺酮类药的广泛应用，使氯霉素的应用已普遍减少。现有不少国家，如美国、中国等已明文规定在食品动物中禁止应用。

(4)氯霉素有免疫抑制作用，禁用于疫苗免疫期间。

【用法与用量】 内服：一次量每千克体重犊牛、羔羊、犬、猫50mg，2次/d。

2. 甲砜霉素

本品是氯霉素的同类物，已人工合成。按干燥晶计算，含甲砜霉素不得少于98%。

【性状】 白色结晶粉末;无臭。在二甲基甲酰胺中易溶,在无水乙醇中略溶,在水中微溶,其水溶性略大于氯霉素。

【作用与应用】 适应证同氯霉素。主用于敏感菌引起的呼吸道、泌尿道和肠道等感染。

【药物相互作用】【注意】 详细参见氯霉素。

(1)本品也有血液系统毒性,主要为可逆性的红细胞生成抑制,但未见再生障碍性贫血的报道。

(2)肾功能不全患畜要减量或延长给药间期。

(3)本品有较强的免疫抑制作用,约比氯霉素强6倍。对疫苗接种期间的动物或免疫功能严重缺损的动物应禁用。

(4)除日本外,欧盟和美国等均禁用于食品动物。

【用法与用量】 内服:一次量每千克体重畜禽5~10mg,2次/d,连用2~3d。

3. 氟苯尼考(氟甲砜霉素)

【性状】 白色或类白色的结晶性粉末;无臭。在二甲基甲酰胺中极易溶解,在甲醇中溶解,在冰醋酸中略溶,在水或氯仿中极微溶解。0.5%水溶液的 pH 值应为 4.5~6.5。

【作用与应用】 主用于治疗巴斯德氏菌和嗜血杆菌引起的牛呼吸道疾病。对梭杆菌引起的牛腐蹄病有较好疗效。亦用于敏感菌所致的猪、鸡传染病如猪接触传染性胸膜肺炎等。

【药物相互作用】【注意】 参见氯霉素和甲砜霉素。

(1)本品勿用于哺乳期和孕期的母牛(有胚胎毒性)。

(2)本品不引起再生障碍性贫血,但用药后牛可出现短暂的厌食、饮水减少和腹泻等不良反应。注射部位可出现炎症。

(3)美国 FDA 批准的,仅有供牛用的注射剂。

(4)休药期,注射牛 28d。

【用法与用量】 内服:一次量每千克体重猪、鸡 20~30mg,2次/d,连用 3~5d。肌内注射:一次量每千克体重牛 20mg,猪、鸡 20~30mg,犬、猫 20~22mg,2次/d,连用 3~5d。

五、大环内酯类

自 1952 年发现代表品种红霉素以来已陆续有竹桃霉素、螺旋霉素、吉他霉素、麦迪霉素、交沙霉素及它们的衍生物问世。并出现动物专用品种如泰乐菌素、替米考星等。本类药物的抗菌谱和抗菌活性基本相似，主要对需氧革兰氏阳性菌、革兰氏阴性球菌、厌氧球菌及军团菌属、支原体属、衣原体属有良好作用。仅作用于分裂活跃的细菌，属生长期抑菌剂。系作用于细菌 50s 核糖体亚基，通过阻断转肽作用和 mRNA 位移而抑制细菌蛋白质合成。

本类药物内服可吸收，体内分布广泛，胆汁中浓度很高，不易透过血脑屏障。主要从胆汁排出，粪中浓度较高。

近年来已有新品种如罗红霉素、阿齐霉素和克拉霉素等问世，且被中国药典收载。

1. 红霉素

【性状】 白色或类白色结晶或粉末；无臭；味苦；微有引湿性。本品在甲醇、乙醇或丙酮中易溶，在水中极微溶解。0.066％水溶液的 pH 值应为 8.0～10.5。

【抗菌谱】 抗菌谱近似青霉素，对革兰氏阳性菌如金葡菌（包括耐青霉素菌株）、肺炎球菌、链球菌、炭疽杆菌、猪丹毒丝菌、李斯特氏菌、腐败梭菌、气肿疽梭菌等均有较强的抗菌作用。敏感的革兰氏阴性菌有流感嗜血杆菌、脑膜炎球菌、布鲁氏菌、巴斯德氏菌等，不敏感者大多为肠道杆菌如大肠杆菌、沙门氏菌等。此外，对弯杆菌、某些螺旋体、支原体、立克次体和衣原体等也有良好作用。

细菌对红霉素已出现不断增长的耐药性，使用疗程较长还可出现诱导性耐药。细菌常因 23s 核糖体 RNA 上的腺嘌呤残基转录后甲基化而对红霉素耐药。此外，阻止药物穿透细菌细胞膜也可发生耐药。

【作用与应用】 主要用于耐青霉素金黄葡萄球菌及其他敏感菌所致的各种感染，如肺炎、子宫炎、乳腺炎、败血症等。对鸡支原体病（慢性呼吸道病）和传染性鼻炎也有相当疗效。也可配成眼膏或软膏用于皮肤和眼部感染。红霉素可作为青霉素过敏动物的替代药物。

【药物相互作用】

（1）红霉素对氯霉素和林可霉素类的效应有拮抗作用，不宜同用。

（2）β－内酰胺类药物与本品（作为抑菌剂）联用时,可干扰前者的杀菌效能,故在治疗需要发挥快速杀菌作用的疾患时,两者不宜同用。

【注意】 本品忌与酸性物质配伍。内服虽易吸收,但能被胃酸破坏,可应用肠溶片或酸的依托红霉素即红霉素丙酸酯的十二烷基硫酸盐。

【用法与用量】 内服:一次量每千克体重犬、猫 10～20mg,2 次/d,连用 3～5d。外用:将眼膏或软膏涂于眼睑内或皮肤黏膜上。

2. 吉他霉素（北里霉素）

【性状】 白色或淡黄色粉末;无臭,味苦。在甲醇、乙醇、氯仿、乙醚中极易溶解,水中几乎不溶。

【抗菌谱】 近似红霉素,作用机制与红霉素相同。对大多数革兰氏阳性菌的抗菌作用略差于红霉素,对支原体的作用接近泰乐菌素,对某些革兰氏阴性菌、立克次氏体、螺旋体也有效。对耐药金葡菌的作用优于红霉素、氯霉素和四环素。

【药物相互作用】【注意】 参见红霉素。

本品与红霉素交叉耐药,对长期应用红霉素的鸡场宜少用。

【用法与用量】 内服:一次量每千克体重猪 20～30mg,禽 20～50mg,2 次/d,连用 3～5d。

3. 泰乐菌素

【性状】 白色至浅黄色粉末。在甲醇中易溶,在乙醇、丙酮、氯仿中溶解,在水中微溶,在己烷中几乎不溶。其盐类易溶于水,水溶液在 25℃,pH 值为 5.5～7.5 中可保存 3 个月不减效。

【抗菌谱】 抗菌作用机理和抗菌谱与红霉素相似。对革兰氏阳性菌和一些阴性菌有效。敏感菌有金黄葡萄球菌、化脓链球菌、肺炎链球菌、化脓棒状杆菌等。对支原体属特别有效,是大环内酯类中抗支原体作用最强的药物之一。

【作用与应用】 主要用于防治猪、禽支原体病,如鸡的慢性呼吸道病和传染性窦腔炎及猪的支原体肺炎和支原体关节炎。对敏感菌并发的支原体感染尤为有效。本品也用于治疗牛巴斯德氏菌引起的肺炎、运输热和化脓放线菌引起的腐蹄病以及猪巴斯德氏菌引起的肺炎和猪痢疾密螺旋体引起的下痢。

【用法与用量】 肌内注射:一次量每千克体重牛 18mg,猪 9mg,2 次/d,连用 2～3d。

4. 替米考星

替米考星是一种由泰乐菌素半合成的大环内酯类抗生素。

【抗菌谱】 抗菌作用与泰乐菌素相似,主要抗革兰氏阳性菌,对少数革兰氏阴性菌和支原体也有效。其对胸膜肺炎放线杆菌、巴斯德氏菌及畜禽支原体的活性比泰乐菌素强。

【作用与应用】 主用于防治敏感菌引起的牛肺炎和乳房炎,也用于猪、鸡的支原体病。

【药物相互作用】 参见红霉素。本品与肾上腺素联用可促进猪死亡。

【注意】

(1)本品禁止静脉注射。牛一次静脉注射 5mg/kg,即致死,对猪、灵长类动物和马也有致死的危险性。

(2)肌内注射和皮下注射均可出现局部反应(水肿等),亦不能与眼接触。皮下注射部位应选在牛肩后肋骨上的区域内。

(3)本品的注射用药慎用于除牛以外的动物。

(4)休药期:牛皮下注射 28d,猪内服 14d。产奶期奶牛和肉牛犊禁用。

【用法与用量】 皮下注射:一次量每千克体重牛 10mg,2 ~ 3 次 /d,3 ~ 5d 每个注射点不超过 15mL;混饲:1000kg 饲料猪 200 ~ 400g(以替米考星计)。

六、多肽类

多肽类抗生素是一类具多肽结构的化学物质。包括杆菌肽、多黏菌素类及专用于促进动物生长的杆菌肽锌、恩拉霉素等。后者多作为饲料药物添加剂在畜牧生产中广为应用。

1. 杆菌肽锌

【性状】 淡黄色或淡棕黄色粉末;无臭,味苦。在吡啶中易溶,在水、甲醇、丙酮、氯仿、乙醚中几乎不溶。

【用途】 主作为饲料药物添加剂,主用于幼龄畜禽的促生长和增进饲料利用率。其较高剂量亦可防治畜禽肠道的细菌性感染。

【用法与用量】 混饲:1000kg 饲料犊 3 月龄以下 10 ~ 100g;4 月龄以下 4 ~ 40g,禽 16 周龄以下 4 ~ 40g(以杆菌肽计)。

2. 黏菌素

黏菌素是一种多黏菌素类的多肽抗生素,由多黏芽孢杆菌的培养液中取得。常用其硫酸盐,按干燥品计算,1mg 的效价不得少于 17000 黏菌素单位。

【性状】　白色或微黄色粉末;无臭或几乎无臭;有引湿性。在水中易溶,在乙醇中微溶,在丙酮、氯仿或乙醚中几乎不溶。1% 水溶液的 pH 值应为 4.0 ~ 6.5。

【抗菌谱】　属窄谱抗生素。主要对革兰氏阴性菌有强大抗菌作用,敏感菌有绿脓杆菌、大肠杆菌、肠杆菌属、克雷伯氏菌属、沙门氏菌属、志贺氏菌属、巴斯德氏菌和弧菌等。而变形杆菌属、布鲁氏菌属、沙雷氏菌属和所有革兰氏阳性菌均对本品耐药。

【作用与应用】　主用于治疗革兰氏阴性杆菌(大肠杆菌等)引起的肠道感染,对绿脓杆菌感染(败血症、尿路感染、烧伤或外伤创面感染)也有效。

【用法与用量】　混饲:1000kg 饲料,犊牛 5 ~ 40g,仔猪 2 ~ 20g,鸡 2 ~ 20g(以黏菌素计);混饮:1L 水,猪 40 ~ 100mg,鸡 20 ~ 60mg(以黏菌素计)连用不超过 7d。

3. 硫酸多黏菌素 B

多黏菌素 B 由多黏芽孢杆菌的培养液中取得。常用其硫酸盐。

【性状】　白色结晶性粉末,易溶于水,有引湿性。2% 水溶液的 pH 值为 5.6 左右,其中性溶液在室温中放置一周不影响效价,碱性溶液不稳定。

【作用与应用】　用于治疗绿脓杆菌和其他革兰氏阴性杆菌所致的败血症及肺、尿路、肠道、烧伤创面等感染和乳腺炎等。

【用法与用量】　肌内注射:一日量,每千克体重马、牛、猪、羊 1mg;乳管注入每一乳室,牛 5 ~ 10mg;子宫腔注入:牛 10mg。

七、林克胺类抗生素

林可霉素(洁霉素)

【性状】　白色结晶性粉末;有微臭或特殊臭;味苦。在水或甲醇中易溶,在乙醇中略溶。10% 水溶液的 pH 值应为 3.0 ~ 3.5。性较稳定。

【抗菌谱】　较红霉素窄。林可霉素类的最大特点是对厌氧菌有良好抗菌活性,如梭杆菌属、消化球菌、消化链球菌、破伤风梭菌、产气荚膜梭菌及大多数放线菌均对本类抗生素敏感。本类药物的作用机理同红霉素,主要作用于细菌核糖体的 50s 亚基,通过抑制肽链的延长而影响蛋白质的合成。由于红霉素、氯霉素的作用部位与此相同,且前二者对核糖体的亲和力大于后者,因此本类药物不宜与红霉素或氯霉素合用,以免出现拮抗现象。

林可霉素系抑菌剂,但高浓度对高度敏感细菌也有杀菌作用。葡萄球菌对本品可缓慢地产生耐药性。细菌对林可霉素与克林霉素有完全的交叉耐药性,与红霉素可部分交叉耐药。

【作用与应用】 主用于敏感菌所致的各种感染如肺炎、支气管炎、败血症、骨髓炎、蜂窝织炎、化脓性关节炎和乳腺炎等。对猪的密螺旋体血痢、支原体肺炎及鸡的气囊炎、梭菌性坏死性肠炎和乳牛的急性腐蹄病等亦有防治功效。本品与大观霉素并用对禽败血性支原体和大肠杆菌感染的疗效超过单一药物。

【用法与用量】 内服:一次量每千克体重,猪 10～15mg,犬、猫 15～25mg,1～2 次 /d,连用 3～5d;混饮:1L 水,猪 40～70mg,鸡 17mg(以林可霉素计);肌内注射:一次量,每千克体重,猪 l0mg,1 次 /d,犬、猫 l0mg,2 次 /d,连用 3～5d。

八、化学合成抗菌药

1. 磺胺药及抗菌增效剂

磺胺药是一类化学合成的抗微生物药。具有抗菌谱广,疗效确实,性质稳定,价格低廉,使用方便等优点,但同时也有抗菌作用较弱,不良反应较多,细菌易产生耐药性,用量大,疗程偏长等缺陷。甲氧苄啶的出现使磺胺药的抗菌效力增强。目前在兽医临床上仍广泛应用。

【理化性状】 一般为白色或淡黄色结晶性粉末,难溶于水(磺胺醋酰除外),具有酸碱两性。在强酸或强碱溶液中易溶,均能形成相应的盐。其钠盐的水溶性较其母体化合物大,制剂多用。

【抗菌作用】 磺胺药抗菌作用范围广,对大多数革兰氏阳性菌和阴性菌都有抑制作用,为广谱抑菌剂。对磺胺药高度敏感的病原菌有:链球菌、肺炎球菌、沙门氏菌、化脓棒状杆菌;次敏感菌有:葡萄球菌、变形杆菌、巴斯德氏菌、大肠杆菌、产气荚膜梭菌、炭疽杆菌、李斯特氏菌、痢疾杆菌等。磺胺药对某些放线菌、衣原体（如砂眼）和某些原虫如球虫、阿米巴原虫、弓形虫也有较好的抑制作用。但对螺旋体、结核杆菌、立克次体、病毒等完全无效。

磺胺药通过阻止细菌的叶酸代谢而抑制其生长繁殖。对磺胺药敏感的细菌不能直接利用周围环境中的叶酸，必须吸收细菌体外的对氨基苯甲酸（PABA），在菌体内二氢叶酸合成酶的参与下，与二氢喋啶一起合成二氢叶酸，再经二氢叶酸还原酶的作用形成四氢叶酸，进一步与其他物质一起合成核酸。高等动植物能直接利用外源性叶酸，故其代谢不受磺胺类药物干扰。

【耐药性】 磺胺药在治疗过程中，可因剂量和疗程不足，使敏感菌产生耐药。易产生耐药的细菌有大肠杆菌、金黄葡萄球菌和巴斯德氏菌等，其原理可能与细菌产生大量的 PABA 有关。细菌对某种磺胺药产生耐药后，对其他一些磺胺药也无效，即存在交叉耐药性。

【不良反应】 磺胺药的不良反应一般不太严重。主要表现为急性和慢性中毒两种。

（1）急性中毒：多见于磺胺钠盐静脉注射时速度过快或剂量过大，内服剂量过大时也会发生。主要表现为神经兴奋、共济失调、肌无力、呕吐、昏迷、厌食和腹泻等症状。

（2）慢性中毒：多见于剂量偏大、用药时间过长而引起。主要症状为：①泌尿系统损伤。结晶尿、血尿、蛋白尿、尿闭、肾水肿；②消化系统障碍。食欲不振，呕吐、腹泻、疝痛、肠炎；③造血机能破坏。粒细胞、血小板减少，溶血性贫血，凝血障碍；④幼畜或雏禽免疫系统抑制。免疫器官出血及萎缩；⑤影响产蛋。产蛋下降，蛋破损率和软壳率增高；⑥过敏反应。药物热、皮疹等。

【应用原则】

（1）合理选药。全身性感染宜选肠道易吸收、作用强而副作用较小的药物如 SMM、SMZ、SD、SM2 等；肠道感染可选内服不易吸收的药物如 SST、PST、SG 等；治疗创伤时可选用 SN、SD-Ag 等；尿道感染可选用对泌尿道损伤小、尿中浓度高的 SIZ、SMZ 等。

（2）适宜的剂量。首次用大剂量（突击量，一般是维持量的 2 倍），以后每隔一定时间给予维持量，待症状消失后，还应以维持量的 1/2 ~ 1/3，为了巩固疗效，应当再连用 2 ~ 3d。

【药物相互作用】 有些含对氨基苯甲酰基的药物如普鲁卡因、苯唑卡因、丁卡因等在体内可生成 PABA,因此不宜与磺胺药合用。

【注意事项】

(1)严格掌握适应证,对病毒性疾病及发热病因不明时不宜用磺胺药。

(2)急性或严重感染时,为使血中迅速达到有效浓度,宜选用磺胺药钠盐注射。由于其宜深层肌肉内注射或缓慢静脉注射,并忌与酸性药物如维生素 C、氯化钙、青霉素。

(3)宜充分饮水,增加尿量,减少在尿结晶损害肾肚,并加速排出。

(4)杂食动物或肉食动物使用磺胺药时,应同时给予等量的碳酸氢钠使尿保持碱性增加磺胺药的溶解度。

(5)肾功能受损时,磺胺药排泄延缓,用时慎重。

(6)磺胺药可引起肠道菌群失调,维生素 B 和 K 的合成和吸收减少,此时宜补充相应的维生素。

(7)除专供外用的磺胺药外,尽量避免局部应用磺胺药,以免发生过敏反应和产生耐药菌株。

(8)治疗创伤时,影响磺胺药的疗效。

2. 喹诺酮类

【分类】 喹诺酮类按发现先后及抗菌性能可分 3 代。本类药物已受到国内外兽药界的普遍重视,除对部分人用品种如诺氟沙星、环丙沙星、二氟沙星等有条件地移植兽用外,还竞相研制动物专用品种。自德国于 1987 年创制恩诺沙星以来,已陆续有达诺沙星、倍诺沙星、奥 LC 沙星、沙拉沙星、马波沙星等品种问世。

【抗菌作用】 氟喹诺酮类药物属广谱杀菌药,对革兰氏阳性菌、革兰氏阴性菌、某些支原体、厌氧菌均有活性。相对而言,其对革兰氏阳性球菌的效力不如革兰氏阴性杆菌。所有品种对肺炎克雷伯氏菌属、大肠杆菌、沙门氏菌属、变形杆菌属等肠杆菌科细菌均有强大抗菌作用,对绿脓杆菌等假单胞菌的作用虽较肠杆菌科细菌差,但明显优于吡哌酸。

本类药物对革兰氏阳性球菌的作用很差,对革兰氏阴性杆菌和革兰氏阳性球菌均有较长的抗菌药后效应(PAE)。

细菌对本类药物可产生耐药性。据人医统计，近几年来，伴随氟喹诺酮类的广泛应用，细菌对该类药物的耐药性迅速增长，且在各品种间交叉耐药。其中大肠杆菌耐药性增高最为显著。葡萄球菌、绿脓杆菌对本类药物的耐药性也呈增高趋势。中国兽用氟喹诺酮类的耐药情况未见正式调查报告，但据兽医人员估计，情况亦较严重，如诺氟沙星最初用于家禽的饮水剂量为 25mg/L，目前在有的地区已难奏效。国外多年观察也发现氟喹诺酮类耐药性的发展，与食品动物和人使用的增加一致。因此在兽医用药中避免本类药物的不合理应用和滥用，提倡使用动物专用氟喹诺酮类是非常必要的。

由于本类药物的作用机理不同于其他抗菌药物，因此与许多药物间不存在交叉耐药现象。

【不良反应】　氟喹诺酮类药物的不良反应较第 1 代的萘啶酸轻微，在人所表现的消化道反应、神经系统反应和皮肤变态反应，动物中并不常见。多数动物均可耐受。但本类药物在有些动物中可出现一些少见的严重反应，如：

（1）骨关节损害，对幼龄动物（幼犬、幼驹）可引起负重软骨病变，导致疼痛和跛行。

（2）中枢神经系统反应，犬、猫出现兴奋不安，偶可诱发癫痫，雏鸡出现强直和痉挛。可能与抑制中枢神经的抑制性递质 γ 氨基丁酸（γ–GABA）有关。

（3）较高剂量用药偶可出现结晶尿，在肉食动物（尿液 pH 值低）和肾功能障碍动物中尤易发生。

【药物相互作用】

（1）本类药物与含阳离子的药物或饲料添加剂同时内服，血药浓度下降，从而减弱或失去抗微生物活性。

（2）本类药物能抑制茶碱和咖啡因的代谢，与它们联合应用时，可使茶碱和咖啡因的血药浓度升高。

（3）利福平和氯霉素、甲砜霉素、氟苯尼考（蛋白质合成抑制剂），均可使本类药物的抗菌作用降低，有的甚至完全消失（如萘啶酸、诺氟沙星）。

（4）丙磺舒能通过阻断肾小管分泌而与某些喹诺酮类药物发生相互作用，延迟后者的消除。

九、其他抗菌药

1. 乙酰甲喹

【性状】 黄色晶粉;无臭、味微苦。遇日光及高温色渐变深。在水、甲醇、乙醚、石油醚中微溶,易溶于氯仿、苯、丙酮中。

【作用与应用】 本品对猪痢疾、仔猪下痢、犊牛腹泻、犊牛副伤寒及禽霍乱、雏鸡白痢等均有效,对仔猪黄痢、白痢有效,尤对密螺旋体所致猪血痢有独特疗效,且复发率低。

【用法与用量】 内服:一次量,每千克体重牛、猪 5 ~ 10mg;肌肉注射:一次量,每千克体重牛、猪 2 ~ 5mg。

2. 喹乙醇

【性状】 浅黄色结晶性粉末;无臭、味苦。在热水中溶解,在冷水中微溶,在甲醇、氯仿中几乎不溶。

【药理作用】 对革兰氏阴性菌有很强的杀菌力,特别对致病性溶血性大肠杆菌敏感性最高,对革兰氏阳性菌的作用优于金霉素,对密螺旋体也有抑制作用;此外,喹乙醇可促进蛋白质同化,提高饲料转化率与瘦肉率,促进动物生长。本品毒性小,但仔猪和鸡超量易中毒。

【作用与应用】 为抗菌促生长剂。主用于猪的促生长,亦用于仔猪白痢、仔猪黄痢、马、猪胃肠炎的防治。

3. 呋喃妥因

【性状】 鲜黄色结晶性粉末;无臭、苦味;遇光色渐变深。在二甲基甲酰胺中溶解,水或氯仿中几乎不溶。

【药理作用】 抗菌谱广,对多数革兰氏阳性及阴性菌都有抗菌作用,此外,对某些真菌和原虫有杀灭作用,其中对大肠杆菌、沙门氏菌的作用较强,对产气杆菌、变形杆菌、绿脓杆菌、结核杆菌的作用较差。细菌对该药物不易产生耐药性,与抗生素与磺胺药之间无交叉耐药性,且其抗菌效力不受血液、脓汁、组织分解产物的影响。其作用机制为干扰细菌的氧化酶,阻断细菌的正常代谢。

【作用与应用】 适用于敏感菌(大肠杆菌、肺炎杆菌、产气杆菌、变形杆菌),尿路感染,如肾盂肾炎、肾盂炎、膀胱炎、尿道炎等。

【用法与用量】 内服：一次量，每千克体重家畜 6 ~ 7.5mg，2 ~ 3 次 /d。

4. 呋喃唑酮

【性状】 黄色粉末或黄色结晶性粉末；无臭，初无味后微苦。在氯仿中极微溶解，在水、乙醇中几乎不溶。

【作用与应用】 主要用于肠道感染，如鸡白痢、伤寒、副伤寒、大肠杆菌病等以及球虫感染。

【用法与用量】 内服：一次量，每千克体重驹、犊、猪 10 ~ 12mg，2 次 /d，连用 5 ~ 7d。

呋喃唑酮预混剂，混饲：每吨饲料，猪 2000 ~ 3000g，禽 1000 ~ 2000g。

第九节　抗真菌药与抗病毒药

一、抗真菌药

真菌种类很多，根据其感染部位不同可分为体表浅部真菌感染和深部真菌（全身）感染二大类。前者主要病原如毛癣菌、小孢子菌、表皮癣菌及念珠菌等。常感染皮肤、羽毛、趾甲（爪）、鸡冠、肉髯、口腔、消化道等部位，引起各种癣症和炎症。后者主要病原有白色念珠菌、新型隐球菌、组织胞浆菌、曲霉菌等，常感染深部组织及内脏器官如脑、肺、肝等，引起全身性真菌病。

兽医临床上用于治疗浅部真菌感染的药物有灰黄霉素、制霉菌素、水杨酸、十一烯酸水杨酸苯胺、发癣退或局部应用的咪康唑和克霉唑等；治疗深部真菌感染的药物有两性霉素 B、制霉菌素及咪唑类抗真菌药等。

二、抗病毒药

病毒是目前已知的最小微生物，它严格寄生在细胞内，只能在特殊宿主细胞内进行复制。病毒只含一种核酸——DNA 或 RNA，核酸是病毒的遗传物质，它组成病毒的基因组,外面受到衣壳(蛋白质外壳)的保护。病毒没有独立的代谢活力,它们没有完整的酶系统,也没有能够进行独立生长和繁殖的其他机构,因此必须利用宿主细胞的酶类和产能机构,并借助宿主细胞的核糖体合成蛋白质,乃至直接利用细胞成分。

由病毒引起的疾病在动物传染病中占有很大比重,常造成巨大损失,对待动物的病毒病主要在于免疫预防,由于采用疫苗接种与检疫隔离相结合的综合措施,中国已先后成功地消灭了天花、牛瘟等危害人畜的传染病,并能基本控制口蹄疫、猪瘟等疫病的流行。但在病毒的治疗上,由于病毒具有不同于细菌的某些特征,使之对化学治疗提出了更高的要求,即化学药物必须选择性地破坏或抑制细胞内(外)病毒的代谢,但对细胞,至少对未感染细胞不产生致死性损伤。但在目前已知的抗病毒药中能对病毒起选择性抑制作用(也就是对宿主细胞没有或仅有轻微毒害作用)的药物不多,多数对宿主细胞有毒,抗病毒谱较窄,临床应用有限。而且一旦病畜呈现病毒感染的症状时,机体内病毒增殖大多已达到相当程度。在某些病毒感染(例如流感和乙型脑炎)中大量病毒已在感染细胞内增殖和释放,组织损伤已经造成,机体已处于病毒血症阶段,甚至是病毒血症后期,此时应用有效的抗病毒药,尽管还可抑制病毒进一步增殖和扩散,但也往往起不到决定性的治疗作用。因此特异性治疗只有对病程较长的病毒性疾病如痘病毒和某些持续性病毒感染才有价值。此外,使机体发生体液免疫和细胞免疫或提高免疫功能也是有效的抗病毒手段。

目前临床上应用的抗病毒药有的只抑制 DNA 病毒,如阿昔洛韦、阿糖腺苷等;有的则对 RNA 病毒也有作用,如利巴韦林。它们主要在病毒增殖的各个阶段分别呈现作用,如金刚烷胺等阻止病毒进入细胞;阿糖腺苷、利巴韦林等抑制病毒核酸的复制;利福霉素类药物抑制病毒蛋白合成;干扰素诱导宿主细胞产生一种抗病毒蛋白,而抑制多种病毒繁殖;而丙种球蛋白或高效价免疫球蛋白则通过与病毒结合而阻止病毒吸附于细胞,也能起到一定程度的抗病毒作用。许多中草药如穿心莲、板蓝根、大青叶、黄芩等对某些病毒病也有一定程度的防治作用,但抗病毒机理尚未完全清楚。一般的抗菌药物如抗生素等对病毒没有作用,虽在病毒感染中能防治细菌性继发感染,但不宜盲目滥用。

下面介绍几种抗病毒药,由于兽医临床应用不广,整体资料匮乏,不可能对作用、用途、用法、用量等做全面地具体介绍,只能就其抗病毒作用特点和某些动物的试用情况简要阐述,期望国内在这一领域中开展研究,争取在兽医临床应用上有所突破。

1. 利巴韦林(三氮唑核苷)

系白色结晶性粉末,在水中易溶。本品对 RNA 病毒和 DNA 病毒具广谱抗病毒活性,体外有抑制痘苗病毒、流感病毒、副流感病毒、环状病毒(如蓝舌病病毒)、疱疹病毒(如牛鼻气管炎病病毒)、新城疫病毒、水泡性口炎病毒、轮状病毒和猫嵌杯样病毒的作用。本品进入被病毒感染的细胞后迅速磷酸化,竞争性抑制病毒合成酶,从而使细胞内鸟苷三磷酸减少,损害病毒 RNA 和蛋白质合成,使病毒的复制受抑。对呼吸道合胞体病毒也可能具免疫作用。

本品气雾吸入对人的呼吸道合胞病毒肺炎有效。在感染呼吸道合胞病毒的试验动物中,本品能抑制病毒的脱壳,缓解临床症状,且在腹腔注射时产生良好的抗病毒效应。内服对试验小鼠的轮状病毒感染可延长存活期但不提高存活率。

本品毒性低,动物试验有致畸胎作用。猫每天用每千克体重 75mg 剂量,连续 10d 可引起严重的血小板减少症,伴发骨髓抑制、黄疸和失重。

2. 盐酸金刚烷胺

本品对某些 RNA 病毒(黏病毒、副黏病毒、被盖病毒)有干扰病毒进入细胞,阻止病毒脱壳及其核酸释出等作用。能特异性地抑制甲型流感病毒,对其敏感株有明显的化学预防效应。但在体外和临床应用期间均可诱导耐药毒株的产生。本品的抗病毒作用无宿主特异性。

气雾疗法可降低本晶的毒性,感染流感的雪貂按每千克体重 6mg 的剂量做气雾吸入未见任何中毒反应,而发热反应和病毒脱壳则明显减少。动物试验有致畸胎作用。

3. 吗啉胍

常用盐酸盐。为白色结晶性粉末。在水中易溶。

对多种病毒如 RNA 病毒中的流感病毒、副流感病毒、呼吸道合胞病毒及 DNA 病毒中的腺病毒,鸡马立克氏病毒等均有一定程度的抗病毒活性。主要抑制病毒 RNA 聚合酶的活性及蛋白质的合成。用于流感、病毒性支气管炎等。因疗效可疑,现已少用。

第十节　抗寄生虫药物的合理使用

畜禽寄生虫病的危害性极大,给畜牧业生产造成无法估量的经济损失。严重的寄生虫感染,往往能引起大批畜禽死亡;轻度或慢性寄生虫感染,能使动物生产速度减慢、饲料报酬降低、畜产品质量下降或数量减少。某些寄生虫病,还是人畜共患病,直接威胁人类的健康和生命安全。在应用抗寄生虫药防治畜禽寄生虫病时,应遵循以下事项。

一、使用寄生虫药物注意事项

(一)正确选择抗寄生虫药

由于动物的寄生虫病多为混合感染,因此应选用高效、广谱、低毒、投药方便、价格低廉、无残留和不易产生耐药性等的抗寄生虫药。目前,虽然尚无完全符合上述条件的药物,但可根据药品的供应、经济条件、发病情况等,选用比较理想的药物来防治寄生虫病。用药前应详细了解寄生虫的种类、寄生部位、抗药性、严重程度、流行病学资料以及动物的品种、个体、性别、年龄、体质等差异,从而才有可能选用最理想的抗寄生虫药,获得最佳的防止效果。

高效:高效的抗寄生虫药其虫卵减少率应达 96% 以上,小于 70% 则属疗效较差。

广谱:指驱虫范围广。在实际应用中,要根据实际情况,联合用药以达到扩大驱虫的目的。

低毒:治疗寄生虫感染的大多数化学药物尽管有驱虫作用,但也有一定的毒性,对动物体有害。好的抗寄生虫药物应对寄生虫虫体有强大的杀灭作用,而对动物体无毒或毒性很小。此条件对杀灭体外寄生虫药物尤其重要。

投药方便:通过饮水、混饲、皮肤浇泼(透皮剂)等方式给药比较方便。

（二）防止耐药性的产生

有些蠕虫或球虫容易对某种长期使用的药物产生耐药性。为避免耐药性产生而使药物疗效降低，甚至无效，导致经济损失，可采用轮换用药、穿梭用药和联合用药的方法。轮换用药是指一种抗寄生虫药连用数月后，换用另一种作用机理不同的抗寄生虫药。穿梭用药是指在不同的生长阶段，分别使用不同的抗寄生虫药物，即开始时使用一种药物，到生长期时使用另一种药物。联合用药是指在同一饲养期内使用2种或2种以上的抗寄生虫药物。

（三）制定合理的用药方案

要根据所用动物及其感染寄生虫的种类选择适合的剂型和投药途径。要注意动物的年龄、性别、体质、病情及饲养管理条件等，了解用药历史，注意配伍禁忌，重视科学养殖，定期阶段性驱虫，减少经济损失。在制定驱虫计划时，考虑到长期使用一种药品及低剂量长期添加，造成畜禽对药品的敏感性下降，用药后达不到一定效果，导致寄生虫病严重，要做到定期更换或交替使用不同类型的抗寄生虫药，以减少耐药虫株的出现。在实施全群驱虫时，先进行小群试验，避免发生大批中毒，以确保疗效，用药剂量应严格按照产品说明书要求操作，严禁超剂量用药，严格遵守休药期规定，避免动物性食品中的兽药残留；驱虫后要集中处理好动物的排泄物，防止病原扩散。驱虫药要妥善保管，避免儿童接触，以免误食；操作人员也要注意做好自我防护。

（四）避免药物中毒

使用寄生虫药时，药物的剂量一定要按照规定的剂量使用。通常在规定的剂量范围内使用对动物是安全的，即使偶尔出现一些不良反应，动物亦可以耐过。如果药物使用不当，则可引起动物不良反应及中毒。此外，动物机体的个体差异及饲养管理等均能影响抗寄生虫药的作用。

（五）注意保护人体健康

通常抗寄生虫对人体都存在一定的危害，用药时要采取防护措施，尽量避免人体直接接触药物。为了保证人体健康，世界各国均对抗寄生虫药在畜产品中的残留量进行了大量的研究，并制定了容许残留量标准和停药期标准。因此，对用药的动物应严格遵守停药期规定，不能用药后立即将动物产品供人食用。

二、抗寄生虫药物对机体的不良反应

凡不符合用药目的并给患畜带来不适或痛苦的反应称为药物不良反应。多数不良反应是药物固有效应的延伸,在一般情况下是可以预知的,但不一定是可以避免的。理想的抗寄生虫药物,应对体内寄生虫有高度的选择性,并对宿主本身无毒性。目前所用药物还都不能符合这个理想,在有效剂量时,对于宿主或多或少都表现出一定的不良反应。

(一)药物本身引起的毒、副反应

由于药物选择性低,常用剂量时难以避免,反应的轻重与药物剂量有密切关系,剂量愈大,反应也愈重。例如氯喹对视网膜损害及对心肌和传导系统的抑制作用;奎宁大剂量易致第八对脑神经及视神经损害,有抑制心脏作用及致畸作用等。

(二)变态反应

常见于过敏体质,反应严重程度差异很大,与剂量无关。致敏原可能是药物本身或为其代谢物,最常见的症状是发热和皮疹。例如吡喹酮引起瘙痒、皮疹等过敏反应;哌嗪过敏患者可发生湿疹样皮肤反应、流泪、流涕、咳嗽及支气管痉挛等。

(三)治疗性休克

这也是一种过敏反应,但并非由于药物直接产生,而是由于药物作用后,寄生虫大量死亡的崩解产物所致。如吡喹酮治疗脑囊虫病时,虫体的死亡可引起剧烈头痛、低热、癫痫,甚至发生过敏性休克等。

(四)特异质反应

少数特异质机体对某些药物反应特别敏感,是药理遗传异常所致的反应。

第十一节 常用抗寄生虫药

抗寄生虫药物可分为抗蠕虫药(又称驱虫药,包括驱线虫药、驱绦虫药、驱吸虫药)、抗原虫药(抗球虫药、抗滴虫药)、体外杀虫药(又称杀昆虫和杀蜱螨药)。

一、抗球虫药物

主要有莫能菌素、盐霉素钠、拉沙洛西钠、赛杜霉素、海南霉素、地克珠利、托曲珠利、二硝基类、尼卡巴嗪、磺胺喹沙啉、磺胺间甲氧嘧啶、磺胺氯吡嗪钠、氨丙啉、氯苯胍、常山酮等。介绍几种常用抗球虫药的用法用量。

1. 莫能菌素:具有抗球虫和预防坏死性肠炎的作用,抗球虫谱广,主要用于预防家禽球虫病。使用莫能菌素预混剂混饲,每千克饲料,鸡 90～110mg(以莫能菌素计)。产蛋期禁用,禁与泰妙菌素、竹桃霉素及其他抗球虫药配伍使用。

2. 盐霉素钠:作用、应用同莫能菌素,毒性稍强。禁与泰妙菌素及其他抗球虫药配伍使用。使用盐霉素钠预混剂混饲鸡,每千克饲料加预混剂 600mg。

3. 拉沙洛西钠:毒性小,可与泰妙菌素合用,高剂量使用会导致垫料潮湿。使用拉沙洛西钠预混剂混饲鸡,每千克饲料加预混剂 75～125mg。

4. 海南霉素钠:中国自主研发的抗球虫药,为聚醚类抗生素中毒性最大的一种抗球虫药,仅限用于肉鸡,产蛋鸡及其他动物禁用,禁与其他抗球虫药配伍使用。使用海南霉素钠预混剂混饲,每千克饲料加预混剂 500～750mg。

5. 地克珠利:新型、高效、低毒抗球虫药,为较理想的杀球虫药物。本药作用时间短暂,停药 1d 后,作用基本消失,必须连续用药。用药浓度极低,连续用药易产生耐药性。使用地克珠利溶液混饮,每升水鸡 0.5～1mg(以地克珠利计),使用地克珠利预混剂混饲,每千克饲料 1mg(以地克珠利计)。

6. 二硝基类二硝托胺:适用于蛋鸡和肉用种鸡,产蛋期禁用。使用二硝托胺预混剂混饲,每千克饲料加预混剂 500mg。

7. 尼卡巴嗪：安全性高，球虫产生耐药性速度很慢。产蛋期禁用。使用尼卡巴嗪预混剂混饲，每千克饲料加预混剂 500～625mg。

8. 磺胺类磺胺喹沙啉：为抗球虫的专用磺胺药，主用于鸡球虫病，常与盐酸氨丙啉或抗菌增效剂联合使用，扩大抗球虫谱及增强抗球虫效应。使用磺胺喹沙啉钠可溶性粉混饮，每升水加可溶性粉 3～5g；使用磺胺喹沙啉、二甲氧苄啶预混剂混饲，每千克饲料加预混剂 500mg，连用不要超过 5d。

9. 磺胺氯吡嗪钠：抗球虫专用的磺胺药，且具较强的抗菌作用，甚至可以治疗禽霍乱及鸡伤寒，最适合于球虫病暴发时治疗用。使用磺胺氯吡嗪钠可溶性粉混饮，肉鸡、火鸡每升水加可溶性粉 1g；混饲，肉鸡、火鸡每千克饲料 2000mg，连用 3d。内服，每千克体重兔 10mg，连用 5～10d；羊 1.2mL（配成 10%水溶液），连用 3～5d。

10. 盐酸氨丙啉：高效、安全、低毒、不易产生耐药性，多与乙氧酰胺苯甲酯和磺胺喹沙啉并用，以增强疗效。用药浓度过高可能导致硫胺素缺乏症。使用盐酸氨丙啉可溶性粉混饮，每升水加可溶性粉，鸡 0.6g；使用复方盐酸氨丙啉可溶性混饮，每升水加可溶性粉，鸡 0.5g；使用盐酸氨丙啉、乙氧酰胺苯甲酯预混剂混饲，每千克饲料加预混剂，鸡 500mg。

二、抗锥虫药

家畜锥虫病是由寄生于血液和组织细胞间的锥虫引起的一类疾病。防治本类疾病，除应用抗锥虫药消灭虫体外，平时应重视消灭其传播媒介吸血昆虫，才能杜绝本病的发生。下面介绍几种抗锥虫药的用法用量。

1. 注射用三氮脒：用于家畜巴贝斯梨形虫病、泰勒梨形虫病、伊氏锥虫病和媾疫锥虫病。肌肉注射，一次量，每千克体重，马 3～4mg；牛、羊 3～5mg。临用前配成 5%～7%溶液。本品毒性大、安全范围较小。应用治疗量，有时马、牛也会出现不安、起卧、频繁排尿、肌肉震颤等不良反应。骆驼敏感，通常不用；马较敏感，忌用大剂量；水牛较黄牛敏感，连续应用时应慎重。大剂量应用可使乳牛产奶量减少。局部肌肉注射有刺激性，可引起肿胀，应分点深层肌内注射。

2. 甲硫喹嘧胺：本品的抗锥虫谱较广，对伊氏锥虫、马媾疫锥虫、刚果锥虫和活跃锥虫等有效，但对布氏锥虫作用较差。主要用于治疗马、牛、骆驼的伊氏锥虫病及马鼻疽。在临床上使用注射用喹嘧胺,肌肉注射或皮下注射,一次量,每千克体重,马、牛、骆驼4～5mg,临用前配成10%水悬液。用治疗剂量肌内或皮下注射,在注射部位可引起肿胀和硬结。马属动物对本品较敏感,注射后0.25～2h,出现兴奋不安、肌肉震颤、出汗、体温升高、腹痛、频排粪尿、口流白沫、呼吸困难、心跳加快等症状,一般在3～5h消失。反应严重的病畜可肌肉注射阿托品解救。

三、驱线虫药

1. 阿苯达唑:阿苯达唑不仅对多种线虫有效,而且对某些吸虫及绦虫也有较强的驱除作用。内服易吸收。毒性低,安全范围大,一般无不良反应。低剂量对牛、羊、猪的毛圆线虫、奥斯特线虫、牛仰口线虫、血矛线虫、食道口线虫、蛔虫等均有很高的驱除效果。高剂量还对莫尼茨绦虫、肝片形吸虫、大片形吸虫、猪毛首线虫、刚棘颚口线虫有极好效果。对鸡的四角赖利绦虫、蛔虫,犬的蛔虫、恶丝虫,猫、兔感染的克氏肺吸虫均有效。内服给药,一次量,每千克体重,马5～10mg;牛、羊10～15mg;猪5～10mg;犬25～50mg;禽10～20mg。

但阿苯达唑不能完全有效驱杀绦虫及肝片吸虫等,仅对绦虫和肝片吸虫等的成虫有效,而对其幼虫效果不理想。例如对牛的毛首线虫、前后盘吸虫,羊的肝片形吸虫未成熟虫体,猪的布氏姜片吸虫、细颈囊尾蚴,鸡异刺线虫、毛细线虫、钩状唇旋线虫成虫,对马裸头属绦虫等无效。

阿苯达唑在动物妊娠期内不宜使用。因其对孕畜(猪30d,牛、羊45d)具有胚毒及致畸影响。马、兔、猫对阿苯达唑比较敏感,应慎用。连续长期使用,能使蠕虫产生耐药性,也可能产生交叉耐药性

2. 阿维菌素:阿维菌素类具有较好的驱虫活性和较高的安全性,被视为目前应用最广泛的广谱、高效抗内、外寄生虫药。该类药物口服或注射给药易吸收,绝大部分从粪便中排泄。主要用于防治家禽线虫感染和体外寄生虫以及传播疾病的节肢动物,皮下注射或内服给药。肌肉注射会产生严重的局部反应。本品对吸虫和绦虫无效,对线虫及螨虱等体外寄生虫驱除作用缓慢,要数天后才能出现明显药效。

3. 盐酸左旋咪唑:广谱、高效、低毒的驱线虫药,对胃肠道线虫和肺线虫的成虫和幼虫均有效,能使寄生虫肌肉麻痹而迅速排出体外,因此用药后可观察到寄

生虫的排出。本品还有免疫增强作用。内服、肌肉注射吸收迅速完全。主要用于驱家禽消化道线虫和肺线虫,内服、皮下或肌肉注射给药,一次量,每千克体重,牛、羊、猪 7.5mg;犬、猫 10mg;禽 25mg。

4. 有机磷化合物:有机磷化合物对家禽安全范围小,用量大易引起中毒,可用阿托品或胆碱酯酶复活剂解毒。该类药物还用作体外杀虫剂。其中,精制敌百虫用于驱家畜胃肠道线虫、猪姜片虫、马胃蝇蛆、牛皮蝇蛆、羊鼻蝇蛆和蜱、螨、蚤、虱等。内服给药,每千克体重,马 30～50mg;牛 20～40mg;绵羊 80～100mg;山羊 50～70mg;猪 80～100mg。

5. 枸橼酸哌嗪主要用于驱畜禽的蛔虫。内服给药,一次量,每千克体重,马、牛 0.25g;羊、猪 0.25～0.3g;山羊 50～70mg;犬 0.1g;禽 0.25g。

四、驱绦虫药

1. 吡喹酮:广谱驱绦虫药、抗血吸虫药和驱吸虫药,毒性极低,应用安全,内服给药,一次量,每千克体重,马、牛、羊、猪 10～35mg;犬、猫 2.5mg～5mg;禽 10～20mg。

2. 氯硝柳胺:广为应用的传统抗绦虫药,对多种绦虫均有杀灭效果,内服给药,一次量,每千克体重,牛 40～60mg;羊 60～70mg;犬、猫 80～100mg;禽 50～60mg。

3. 硫双二氯酚用于治疗肝片吸虫病、同盘吸虫病、姜片吸虫病和绦虫病。内服给药,一次量,马 10～20mg;牛 40～60mg;羊、猪 75～100mg。鸡每千克体重 100～200mg,鹅、鸭每千克体重 30mg。

4. 氢溴酸槟榔碱:用于驱除犬细粒棘球绦虫,为传统的驱虫药。内服给药,一次量,每千克体重,犬 2mg。马属动物较敏感,猫最敏感,不宜使用。

五、外用杀虫药

对动物体外寄生虫具有杀灭作用的药物称杀虫药。杀虫药可分为有机磷类、有机氯类、拟除虫菊酯及其他类杀虫药。目前传统的有机氯杀虫剂已禁止使用,原因是其性质稳定,残留期长,在人和动物脂肪中大量富集,危害健康,且有的具有致癌作用;另外,还可严重污染农产品质量安全和环境质量安全。

一般来说所有杀虫药对动物机体都有一定的毒性作用,所以,在选用杀虫药时,尤其要注意其安全性。首先,在产品质量上,要求有较高的纯度和极少的杂质;在具体应用时,除严格掌握剂量、浓度和使用方法外,还需要加强动物的饲养管理,如伊维菌素、阿维菌素、精制敌百虫对体内外寄生虫及卫生害虫均具杀灭作用,因价格便宜使用很普遍,但安全性很低,使用时应注意剂量的把握避免中毒。氰戊菊酯对牛、羊、鸡、猪的体外寄生虫螨、虱、蜱、苍蝇、蚊子等杀虫力强,防治效果比敌百虫大 50～200 倍,可使体外寄生虫虫卵孵化后再次被杀死,一般用药 1 次即可,不需重复用药。大群动物灭虫前应做好预试工作,如遇有中毒现象,应立即停药并采取解救措施。

第十二节　消毒防腐药概述

随着畜牧业的日益集约化和规范化发展,密集饲养使动物相互接触的机会越来越多,各种传染性疾病防治显得更为突出。消毒防腐药能使动物生存的周围环境中的病原微生物减少并可有效地控制各种传染病的发生与扩散,是动物传染病的预防与扑灭的重要手段之一。

一、消毒防腐药的概念

消毒防腐药是杀灭病原微生物或抑制其生长繁殖的一类药物。消毒药是指能迅速杀灭病原微生物的药物,主要用于环境、厩舍、动物排泄物、用具和器械等非生物表面的消毒;防腐药是指仅能抑制病原微生物生长繁殖的药物,主要用于抑制局部皮肤、黏膜和创伤等生物体表的微生物感染,也用于食品及生物制品等的防腐。

防腐药和消毒药是根据用途和特性来分类的,在两者之间并无严格的界限,低浓度的消毒药仅能抑菌,而高浓度的防腐药也能杀菌。由于有些防腐药用于非生物体表时不起作用,而有些消毒药会损伤活组织,因而两者不应替换使用,绝大部分消毒防腐药只能使病原微生物的数量减少到公共卫生标准所允许的限量范围内,而不能达到完全灭菌,实践中也不需要杀死与传染病无关的腐生细菌。

消毒防腐与抗生素和其他抗菌药药物不同,这类药物没有明显的抗菌谱。在临床应用达到有效浓度时,往往亦对机体脏器产生损伤作用,一般不作全身给药。由于消毒药和防腐药之间很难区别,有人把用于局部皮肤、黏膜的抗感染药称为局部抗感染药,以区别于治疗全身感染的化学治疗药。广义而言,局部抗感染药可包括消毒药、繁殖或代谢的药物。

灭菌是指将病原微生物和非病原微生物全部杀死。燃烧、煮沸、流动蒸汽和高压蒸汽等物理方法是灭菌最有效的措施,但只使用于少数物体,如手术器械、玻璃器皿、纱布绷带等,而不使用于与病畜接触的周围环境中的大多数物体,如厩舍、墙壁、饲槽等。

当发生传染病时,对环境进行随时消毒和终末消毒;无疫病时对环境进行预防性消毒等都可以选用化学方法,即应用消毒药。因此,消毒药在防治动物传染病和提高畜牧生产经济效益上,具有重要的现实意义。

二、消毒防腐药的作用机制

各类消毒防腐药的作用机理各不相同,可归纳为以下 3 种。

(一)使菌体蛋白变性、沉淀。

极大部分的消毒防腐药是通过这一机理起作用的,其作用不具选择性,可损害一切生活物质,故称为"一般原浆毒"。由于不仅能杀菌,也能破坏宿主组织,因此适用于环境消毒。酚类、醛类、醇类、重金属盐类等是通过这一机理而产生作用的。往往一种消毒药不只是通过一种途径而起抗菌作用的,例如苯酚在高浓度时是蛋白变性剂,但在低于沉淀蛋白的浓度时,可通过抑制酶或损害细胞膜而呈现抗菌作用。

(二)改变菌体细胞膜的通透性。

如新洁尔灭等表面活性剂的杀菌作用是通过降低菌体的表面张力,增加菌体细胞膜的通透性,从而引起细胞内酶和营养物质漏失,水则向菌体内渗入,使菌体溶解和破裂。

（三）干扰或损害细菌生命必需的酶系统。

当消毒防腐药的化学结构与菌体内的代谢物相似时，可竞争或非竞争性地与酶结合，从而抑制酶的活性，导致菌体的抑制或死亡；也可通过氧化、还原等反应损害酶的活性基因，如高锰酸钾等氧化剂的氧化、漂白粉等卤化物的卤化等可通过氧化、还原等反应损害酶的活性基团，导致菌体的抑制或死亡。

三、影响消毒防腐药作用的因素

抗菌作用不仅取决于消毒防腐药的理化性质，而且受许多有关因素的影响。

（一）微生物的敏感性

病原微生物类型不同的菌种和处于不同状态的微生物，在形态结构和生理生化上各有特点，故对同一种消毒药的敏感性不同，如革兰氏阳性菌对消毒药一般比革兰氏阴性菌敏感；病毒对碱类很敏感，对酚类的抵抗力很大；适当浓度的酚类化合物几乎对所有不产生芽孢的繁殖型细菌均有杀灭作用，但对处于休眠期的芽孢作用不强。

（二）消毒药溶液的浓度和作用时间

药液的浓度对其作用产生着极为明显的影响，一般来讲当其他条件一致时，消毒药的杀菌效力一般随其溶液浓度的增加而增强，或者说呈现相同杀菌效力所需的时间，一般随消毒药液浓度的增加而缩短。但也有例外，如85%以上浓度的乙醇则是浓度越高作用越弱，因高浓度的乙醇可使菌体表层蛋白质全部变性凝固，而形成一层致密的蛋白膜，造成其他乙醇不能进入体内。另外，应根据消毒对象选择浓度，如同一种消毒防腐药在应用于外界环境、用具、器械消毒时可选择高浓度；而应用体表，特别是创伤面消毒时应选择低浓度。为取得良好的消毒效果，应选择有效寿命长的消毒药溶液，并应选取其合适的浓度和按消毒药的理化特性，达到规定的消毒作用；在一定时间内，消毒时间与效果成正比。

作用时间：消毒防腐药与病原微生物的接触达到一定时间才可发挥抑杀作用，一般作用时间越长，其作用越强。临床上可针对消毒对象的不同选择消毒时间，如应用甲醛溶液对雏鸡进行熏蒸消毒，时间仅需25min以下，而厩舍、库房则需12h以上。

(三)环境温度

药液与消毒环境的温度,可对消毒防腐药的效果产生很大的影响。消毒药的抗菌效果与环境温度呈正相关,每增高 10℃,效果增加 1～2 倍。即温度超高,杀菌力超强。消毒防腐药抗菌效力的检定,通常都在 15℃～20℃气温下进行,以与实际的环境温度相近。

(四)pH 值

环境或病变部位的 pH 值对有些消毒防腐药作用的影响较大。如戊二醛在酸性环境中较稳定,但杀菌能力较弱;当加入 0.3%碳酸氢钠,使其溶液 pH 值为 7.5～8.5 时,杀菌活性显著增强,不仅能杀死多种繁殖型细菌,因在碱性环境中形成的碱性戊二醛,易与菌体蛋白的氨基结合使之变性。含氯消毒剂作用的最佳 pH 值为 5～6。以分子形式起作用的酚、苯甲酸等,当环境 pH 值升高时,其分子的解离程度相应增加,杀菌效力随之减弱或消失。环境 pH 值升高可使菌体表面负电基团相应地增多,从而导致其与带正电荷的消毒药分子结合数量的增多,这是季铵盐类、洗必泰、染料类等防腐药作用增强的原因。

(五)有机物的存在

除表面性剂和酚类外,大部分都受有机物的影响。消毒环境中粪、尿等或创面上的脓、血、体液等有机物的存在,必然会影响杀菌效力,一方面可与消毒防腐药结合形成不溶性化合物,另一方面将其吸附、发生化学反应,或对微生物起机械性保护作用,可阻碍药物向消毒物中的渗透,而减弱消毒防腐药的效果。有机物越多,对消毒防腐药抗菌效力影响越大。因此,在环境、用具、器械消毒时,必须彻底清除消毒物表面的有机物;创伤面消毒时,必须先清除创面的脓血、脓汁及坏死组织和污物,以取得良好消毒效果。

(六)水质硬度

硬水中的 Ca^+ 和 Mg^{2+} 能与季铵盐类碘等结合形成不溶性盐类,从而降低其抗菌效力。

(七)消毒药物间相互作用

如乙醇＋碘→增强;高锰酸钾与碘酊之间会发生氧化还原反应降低消毒作用。

（八）配伍用药

消毒防腐药的配伍应用，对消毒防腐效果具有明显的影响，存在着配伍禁忌。如阳离子表面活性剂与阴离子表面活性剂，酸性消毒防腐药与碱性消毒防腐药等均存在着配伍禁忌现象。因此，在临床应用时，一般单用为宜。

（九）其他因素

消毒物表面的形状、结构和化学活性，消毒药的表面张力，剂型及其在溶液中的解离度等均可影响抗菌作用。

四、消毒防腐药的重要性

在畜牧业日益向集约化和规范化发展的今天，各种传染性疾病的防治更显示其重要性。由于越是密集饲养，动物互相接触的机会越频繁，病原微生物传播的速度也越快，一旦暴发传染病后，再采取措施，则为时已晚。在畜牧生产现场实行定期环境消毒，使动物周围环境中的病原微生物数量减少至最低程度，以预防其侵入动物机体，从而可有效地控制各种传染病的发生和扩散。此外，目前消毒防腐药的使用日益广泛，已从单纯的环境消毒，发展到动物体表、空气、饮水和饲料等的消毒。随着大规模畜禽养殖业的发展，不断出现一些高效、抗菌范围广、低毒、刺激性和腐蚀性较小的新型防腐消毒药。近年来，消毒防腐药的正确使用已成为世界各国普遍关注的问题。

过去曾被视为低毒的某些消毒药，近年来却发现在一定条件下（例如长期使用等），仍然具有相当强的毒、副作用。从安全角度考虑，消毒防腐药的刺激性、腐蚀性对环境的污染等的重要性，不亚于其急性毒性。由于频繁地使用消毒防腐药，对配制、操作等人员的健康和动物性食品中药物残留对消费者的安全问题，以及对保持环境卫生和维持生态平衡等问题已逐渐成为公众关心的问题。

五、理想消毒防腐药的条件

1. 抗菌谱广、杀菌能力强，而且在有体液脓液、坏死组织和其他有机物质存在时，仍能保持抗菌活性。

2. 作用产生迅速，其溶液的有效成分寿命长。

3. 具有较高的脂溶性和分布均匀的特点。

4. 对人和动物安全,防腐药不应对机体的组织有毒,也不妨碍创口愈合;消毒药应不具残留表面活性。

5. 药物本身应无恶臭、无色和无着色性,性质稳定,可溶于水。

6. 无易燃性和爆炸性(注意甲醛和高锰酸钾的合理运输和应用)。

7. 对金属、橡胶、塑料、衣物等无腐浊作用。

8. 价廉而易得。完全符合上述条件的消毒防腐药迄今未有,但是研究开发的努力方向。

第十三节　消毒防腐药的分类

消毒防腐药根据化学消毒剂对微生物的作用、化学消毒药的不同结构等不同的分类标准进行不同的分类。

一、根据化学消毒剂对微生物的作用分类

1. 凝固蛋白质和溶解脂肪类的化学消毒药:如甲醛、酚(石炭酸、甲酚及其衍生物——来苏儿、克辽林)、醇、酸等。

2. 溶解蛋白质类的化学消毒药:如氢氧化钠、石灰等。

3. 氧化蛋白质类的化学消毒药:如高锰酸钾、过氧化氢、漂白粉、氯胺、碘、硅氟氢酸、过氧乙酸等。

4. 与细胞膜作用的阳离子表面活性消毒剂:如新洁尔灭、洗必泰等。

5. 对细胞发挥脱水作用的化学消毒剂:如甲醛液、乙醇等。

6. 与硫基作用的化学消毒剂:如重金属盐类(升汞、红汞、硝酸银、蛋白银等)。

7. 与核酸作用的碱性染料:如龙胆紫(结晶紫)。还有其他类化学消毒剂,如戊二醛、环氧乙烷等。

以上各类化学消毒剂,虽各有其特点,但有的一种消毒剂同时具有几种药理

作用。

二、根据化学消毒药的不同结构分类

1. 酚类消毒药:如石炭酸等,能使菌体蛋白变性、凝固而呈现杀菌作用。

2. 醇类消毒药:如 70% 乙醇等,能使菌体蛋白凝固和脱水,而且有溶脂的特点,能渗入细菌体内发挥杀菌作用。

3. 酸类消毒药:如硼酸、盐酸等,能抑制细菌细胞膜的通透性,影响细菌的物质代谢。乳酸可使菌体蛋白变性和水解。

4. 碱类消毒药:碱类消毒药如氢氧化钠,能水解菌体蛋白和核蛋白,使细胞膜和酶受害而死亡。

5. 氧化剂:如过氧化氢、过氧乙酸等,一遇有机物即释放出初生态氧,破坏菌体蛋白和酶蛋白,呈现杀菌作用。

6. 卤素类消毒剂:如漂白粉等容易渗入细菌细胞内,对原浆蛋白产生卤化和氧化作用。

7. 重金属类:如升汞等,能与菌体蛋白结合,使蛋白质变性、沉淀而产生杀菌作用。

8. 表面活性别:如新洁尔灭、洗必泰等,朗吸附于细胞表面,溶解脂质,改变细胞膜的通透性,使菌体内的酶和代谢中间产物流失。

9. 染料类:如甲紫、利凡诺等,能改变细菌的氧化还原电位,破坏正常的离子交换机能,抑制酶的活性。

10. 挥发性溶剂:如甲醛等,能与菌体蛋白和核酸的氨基、烷基、巯基发生烷基化反应,使蛋白质变性或核酸功能改变,呈现杀菌作用。

第十四节　常用的消毒防腐药

兽医临床上常用的消毒防腐药物很多,为了便于做到正确、合理、安全、有效的应用,本节按消毒防腐药在临床上的应用对象不同与化学属性进行分类介绍。

一、主要用于环境、用具、器械的消毒防腐药

本类药物抗菌力强,抗微生物范围广,大部分对细菌、芽孢、病毒均有杀灭作用,是临床预防、治疗、扑灭传染病的常用药物,但大多数毒性大,对组织细胞具有明显的刺激、损伤,甚至腐蚀作用,故用于皮肤、黏膜防腐消毒时尤其应注意浓度与用量。

(一)卤素类

本类药物主要是氯、碘以及能释放出氯、碘的化合物。含氯消毒药主要通过释放出活性氯原子和初生态氧而呈杀菌作用,其杀菌能力与有效氯含量成正比。包括无机含氯消毒药和有机含氯消毒药两大类。无机含氯消毒药主要有漂白粉、复合亚氯酸钠等,有机含氯消毒药主要有二氯异氰脲酸、三氯异氰脲酸、溴氯海因等。含碘消毒药主要靠不断释放碘离子达到消毒作用。如碘的水溶液、碘的醇溶液(碘酊)和碘伏等。其中碘伏是近年来广泛使用的含碘消毒药,它是碘与表面活性剂(载体)及增溶剂形成的不定型络合物,其实质是含碘表面活性剂,故性能更为稳定。碘伏的主要品种有聚乙烯吡咯烷酮－碘（PVP–I）、聚乙烯醇碘（PVA–I）、聚乙二醇碘(PEG–I)、双链季铵盐络合碘等。

1. 含氯石灰

【基本概况】 本品又称漂白粉,为灰白色粉末;有氯臭味。本品是次氯酸钙、氯化钙和氢氧化钙的混合物,在空气中即吸收水分与二氧化碳而缓缓分解。本品为廉价有效的消毒药,部分溶于水,常制成含有效氯为 25% ~ 30% 的粉剂。

【作用与用途】

(1)本品加水后释放出次氯酸,次氯酸不稳定,分解为活性氯和初生态氧,而呈现杀菌作用。对细菌繁殖体、细菌芽孢、病毒及真菌都有杀灭作用,并可破坏肉毒杆菌毒素。如 1% 澄清液作用 0.5 ~ 1min 可抑制炭疽杆菌、沙门氏菌、猪丹毒杆菌和巴氏杆菌等多数繁殖型细菌的生长,1 ~ 5min 抑制葡萄球菌和链球菌;30% 漂白粉混悬液作用 7min 后,炭疽芽孢即停止生长;对结核杆菌和鼻疽杆菌效果较差。其杀菌作用快而强,但作用不持久。

(2)有除臭作用,因所含的氯可与氨和硫化氢发生反应。

本品用于厩舍、畜栏、场地、车辆、排泄物、饮水等的消毒;也用于玻璃器皿和非金属器具、肉联厂和食品厂设备的消毒以及鱼池消毒。

【应用注意】

(1)本品对金属有腐蚀作用,不能用于金属制品;可使有色棉织物褪色,不可用于有色衣物的消毒。

(2)现用现配;杀菌作用受有机物的影响;消毒时间一般至少 15～20min。

(3)使用本品时消毒人员应注意防护。本品可释放出氯气,对皮肤和黏膜有刺激作用,引起流泪、咳嗽,并可刺激皮肤和黏膜。严重时表现为躁动、呕吐、呼吸困难。

(4)在空气中容易吸收水分和二氧化碳而分解失效;在阳光照射下也易分解。

(5)不可与易燃易爆物品放在一起。

【用法与用量】　饮水消毒,50L 水加入 1g;用于畜舍等消毒,配成 5%～20%混悬液;粪池、污水沟、潮湿积水的地面消毒,直接用干粉撒布或按 1:5 比例与排泄物均匀混合;鱼池消毒,每立方米水加入 1g;鱼池带水清塘,每立方米水加入 20g。

2. 复合亚氯酸钠

【基本概况】　本品又称鱼用复合亚氯酸钠、百毒清,为白色粉末或颗粒;有弱漂白粉气味。本品主要成分为二氧化氯,常制成粉剂。

【作用与用途】

(1)本品对细菌繁殖体、细菌芽孢、病毒及真菌都有杀灭作用,并可破坏肉毒梭菌毒素。

(2)有除臭作用。

本品用于厩舍、饲喂器具及饮水等消毒;还可用于治疗鱼、虾、蟹、育珠蚌和螺的细菌性疾病。

【应用注意】

(1)本品溶于水后可形成次氯酸,pH 越低,次氯酸形成越多,杀菌作用越强。

(2)避免与强还原剂及酸性物质接触,不可与其他消毒剂联合使用。

(3)药液不能用金属容器配制或储存。

(4)现配现用。配制操作时穿戴防护用品,严禁垂直面对溶液,配好后不得加盖密封;不得使用高温水,宜在阴天或早、晚无强光照射下施药。泼洒时应将水溶液尽量贴近水面均匀泼洒,不能向空中或从上风处向下风处泼洒,严禁局部药物浓度过高。

(5)休药期:500 度日(温度×时间=500)。

【用法与用量】 本品 1g 加水 10mL 溶解,加活化剂 1.5mL 活化后,加水至 150mL。厩舍、饲喂器具消毒 15~20 倍稀释;饮水消毒 200~1700 倍稀释。一次量,每立方米水体,水产动物细菌病或病毒病 0.5~2.0g。

3. 溴氯海因

【基本概况】 本品为类白色或淡黄色结晶性粉末;有次氯酸刺激性气味。本品微溶于水,常制成粉剂。

【作用与用途】 本品是一种广谱杀菌剂,杀菌速度快,杀菌力强,受水质酸碱度、肥瘦度(即含有机物多少)影响小。对炭疽芽孢无效。

本品主要用于动物厩舍、运输工具等消毒;也用于鱼、虾、蟹的细菌性疾病(如烂腮病、打印病、烂尾病、肠炎病、竖鳞病、淡水鱼类细菌性出血症等)及养殖水体消毒。

【应用注意】

(1)本品对人的皮肤、眼及黏膜有强烈的刺激。

(2)配制时用木器或塑料容器将药物溶解均匀后使用,禁用金属容器盛放。

【用法与用量】 环境或运输工具消毒,喷洒、擦洗或浸泡,口蹄疫按 1∶400 倍稀释,猪水泡病按 1∶200 倍稀释,猪瘟按 1∶600 倍稀释,猪细小病毒病按 1∶60 倍稀释,鸡新城疫、法氏囊病按 1∶1000 倍稀释,细菌繁殖体按 1∶4000 倍稀释。水体消毒,每立方米水体用药 0.3~0.4g,每日一次,连用 1~2d。

4. 三氯异氰酸脲

【基本概况】 本品又称强氯精,为白色结晶性粉末;有次氯酸刺激性气味。本品易溶于水,呈酸性,常制成含氯量 60%~82% 的粉剂。

【作用与用途】 本品可杀灭细菌繁殖体、细菌芽孢、病毒、真菌和藻类,是一种高效、低毒、广谱、快速的杀菌消毒剂。

本品用于场地、器具、排泄物、饮用水、水产养殖等消毒。

【应用注意】

（1）本品应贮存在阴凉、干燥、通风良好的仓库内，禁止与易燃易爆、自燃自爆等物质混放，不可与氧化剂，还原剂混合贮存，不可与液氨、氨水、碳铵、硫酸铵、氯化铵、尿素等含有氨、铵、胺的无机盐或有机物以及非离子表面活性剂等混放，易发生爆炸或燃烧。

（2）与碱性药物联合使用，会相互影响其药效；与油脂类合用，可使油脂中的不饱和键氧化，从而使油脂变质；与硫酸亚铁合用，可使 Fe^{2+} 氧化成 Fe^{3+}，降低硫酸亚铁的药效。

（3）水溶液不稳定，现用现配。

（4）对皮肤、黏膜有刺激和腐蚀作用，使用人员应注意防护。

（5）水产养殖消毒时，根据不同的鱼类和水体的 pH 值，使用剂量适当增减。

（6）休药期：10d。

【用法与用量】 饮水消毒，每升水 4～6mg；喷洒消毒，每升水 200～400mg；带水清塘，每升水 4～10mg，10d 后可放鱼苗；全池泼洒，每升水 0.3～0.4mg；食品、牛奶加工厂、厩舍、蚕室、用具、车辆消毒，每升水 50～70mg。

5. 聚维酮碘

【基本概况】 本品又称碘络酮（即聚乙烯吡咯烷酮－碘，简称 PVP–I），为黄棕色至红棕色无定形粉末。在水中溶解。本品是 PVP 与碘的络合物。常制成溶液。

【作用与用途】

（1）本品是一种高效低毒的消毒药物，对细菌、病毒和真菌均有良好的杀灭作用。杀死细菌繁殖体的速度很快，但杀死芽孢一般需要较高浓度和较长时间。

（2）克服了碘酊强刺激性和易挥发性，对金属腐蚀性和黏膜刺激性均很小，且作用持久。

本品用于手术部位、皮肤、黏膜、创口的消毒和治疗；也用于手术器械、医疗用品、器具、蔬菜、环境的消毒；还用于水生动物的体表或鱼卵消毒、细菌病和病毒病的治疗。

【应用注意】

（1）使用时用水稀释，温度不宜超过 40℃。

（2）溶液变为白色或淡黄色，即失去杀菌力。

（3）药效会因有机物的存在而减弱，使用剂量要根据环境有机物的含量作出适当的增减。

（4）休药期：500d。

【用法与用量】 以聚维酮碘计：皮肤消毒及治疗皮肤病，5%溶液；奶牛乳头浸泡，0.5%～1%溶液；黏膜及创面冲洗，0.1%溶液；水产动物疾病防治，1%溶液。

6. 蛋氨酸碘

【基本概况】 本品为红棕色黏稠物。本品为蛋氨酸与碘的络合物，含有效碘43.0%以上。常制成粉剂和溶液。

【作用与用途】 本品在水中释放游离的分子碘而起消毒作用，对细菌、病毒和真菌均有杀灭作用。

本品用于虾池水体消毒及对虾白斑病的预防。

【应用注意】

（1）勿与维生素 C 及强还原剂同时使用。

（2）休药期：无。

【用法与用量】 以蛋氨酸碘粉计：拌饵投喂，1000kg 饲料，对虾 100～200g，每日 1～2 次，2～3d 为一疗程。以蛋氨酸碘溶液计：池水体消毒，虾一次量，1000L 水，本品 60～100mL，稀释 1000 倍后全池泼洒。

（二）醛类

醛类消毒剂主要是通过烷基化反应，使菌体蛋白质变性，酶和核酸的功能发生改变。本类药常用的有甲醛和戊二醛两种。甲醛是一种古老的消毒剂，被称为第 1 代化学消毒剂的代表。其优点是消毒可靠，缺点是有刺激性气味、作用慢，近年来的研究表明，甲醛有一定的致癌作用。戊二醛是第 3 代化学消毒剂的代表，被称为冷灭菌剂，用作怕热物品的灭菌，效果可靠，对物品腐蚀性小，灭菌谱广，低毒，国外对其评价很高。缺点是作用慢、价格高。

1. 甲醛溶液

【基本概况】 本品为无色或几乎无色的澄明液体，有刺激性，特臭。本品含甲醛不得少于 36%，其 40%溶液又称福尔马林，能与水或乙醇任意混合，常制成溶液。

【作用与用途】

（1）本品不仅能杀死繁殖型的细菌，也可杀死芽孢，以及抵抗力强的结核杆菌、病毒及真菌等。

（2）对皮肤和黏膜的刺激性很强，但不损坏金属、皮毛、纺织物和橡胶等。

（3）穿透力差，不易透入物品深部发挥作用；作用缓慢，消毒作用受温度和湿度的影响很大，温度越高，消毒效果越好，温度每升高 10℃，消毒效果可提高 2～4 倍，当环境温度为 0℃时，几乎没有消毒作用。

（4）具有滞留性，消毒结束后即应通风或用水冲洗，甲醛的刺激性气味不易散失，故消毒空间仅需相对密闭。

本品主要用于厩舍、仓库、孵化室、皮毛、衣物、器具等的熏蒸消毒，标本、尸体防腐；也用于肠道制酵。

【应用注意】

（1）本品对黏膜有刺激性和致癌作用，尤其肺癌。消毒时避免与口腔、鼻腔、眼睛等黏膜处接触，否则会引起接触部位角化变黑、皮炎，少数动物过敏。若药液污染皮肤，应立即用肥皂和水清洗；动物误服甲醛溶液，应迅速灌服稀氨水解毒。

（2）本品储存温度为 9℃以上。较低温度下保存时，凝聚为多聚甲醛而沉淀。

（3）用甲醛熏蒸消毒时，甲醛与高锰酸钾的比例应为 2∶1（甲醛毫升数与高锰酸钾克数的比例）；消毒人员应迅速撤离消毒场所，消毒场所事先密封，温度应控制在 18℃以上，湿度应为 70%～90%。

（4）消毒后在物体表面形成一层具腐蚀作用的薄膜。

【用法与用量】　以甲醛溶液计：内服，用水稀释 20～30 倍，一次量，牛 8～25mL；羊 1～3mL。标本、尸体防腐，5%～10%溶液。熏蒸消毒，每立方米 15mL。器械消毒，2%溶液。

2. 戊二醛

【基本概况】　本品为淡黄色的澄清液体；有刺激性，特臭。本品能与水或乙醇任意混合，常制成溶液。

【作用与用途】

（1）本品具有广谱、高效和速效的杀菌作用，对细菌繁殖体、芽孢、病毒、结核杆菌和真菌等均有很好的杀灭作用。

（2）对金属腐蚀性小。

本品用于动物厩舍、橡胶、温度计和塑料等不宜加热的器械或制品消毒；也可用于疫苗制备时的鸡胚消毒。

【应用注意】

(1)本品在碱性溶液中杀菌作用强(pH 为 5 ~ 8.5 时杀菌作用最强),但稳定性较差,2 周后即失效。

(2)与新洁尔灭或双长链季铵盐阳离子表面活性剂等消毒剂有协同作用,如对金黄色葡萄球菌有良好的协同杀灭作用。

(3)避免接触皮肤和黏膜。

【用法与用量】 以戊二醛计:2%溶液浸泡消毒橡胶、塑料制品及手术器械。20%溶液喷洒、擦洗或浸泡消毒环境或器具(械),口蹄疫 1∶200 倍稀释,猪水泡病 1∶100 倍稀释,猪瘟 1∶10 倍稀释,鸡新城疫和法氏囊病 1∶40 倍稀释,细菌性疾病 1∶500 ~ 1∶1000 倍稀释。

(三)碱类

碱对病毒和细菌的杀灭作用较强,但刺激性和腐蚀性也较强,有机物可影响其消毒效力。本类药物常用的主要有氢氧化钠和氧化钙。

1. 氢氧化钠

【基本概况】 本品又称烧碱、火碱、苛性钠,为白色干燥颗粒、块或薄片。本品含 96%氢氧化钠和少量的氯化钠、碳酸钠,极易溶于水。

【作用与用途】

(1)本品对细菌、芽孢、病毒有很强的杀灭作用。

(2)对寄生虫卵也有杀灭作用。

本品用于畜舍、车辆、用具等的消毒;也可用于牛、羊新生角的腐蚀。

【应用注意】

(1)本品对人畜组织有刺激和腐蚀作用,用时要注意保护。

(2)厩舍地面、用具消毒后经 6 ~ 12h 用清水冲洗干净再放入畜禽使用。

(3)不可应用于铝制品、棉毛织物及漆面的消毒。

【用法与用量】 消毒,1% ~ 2%热溶液。腐蚀动物新生角,5%溶液。

2. 氧化钙

【基本概况】 本品又称生石灰,为白色无定型块状。其主要成分为氧化钙,加水即成氢氧化钙,称为熟石灰,呈粉末状,几乎不溶于水。

【作用与用途】 本品本身无杀菌作用，加水后生成熟石灰放出氢氧根离子而起杀菌作用。对多数繁殖型病菌有较强的杀菌作用，但对芽孢、结核杆菌无效。

本品常用于厩舍墙壁、畜栏、地面、病畜排泄物及人行通道的消毒。

【应用注意】

（1）石灰乳现用现配，以新鲜生石灰为好（生石灰吸收空气中的二氧化碳，形成碳酸钙而失效）。

（2）本品不能直接撒布栏舍、地面，因畜禽活动时其粉末飞扬，可造成呼吸道、眼睛发炎或者直接腐蚀畜禽蹄爪。

【用法与用量】 涂刷或喷洒，10%～20%混悬液。撒布，将其粉末与排泄物、粪便直接混合。

（四）酚类

酚类消毒剂是一类古老的消毒剂，由于本类消毒剂均为低效消毒剂，大量应用对环境可造成污染，故应用时应注意。

1. 苯酚

【基本概况】 本品又称石炭酸，为无色或微红色针状结晶或结晶块，有特臭。本品为低效消毒剂，溶于水，常与醋酸、十二烷基苯磺酸等制成复合酚溶液。

【作用与用途】 本品杀灭细菌繁殖体和某些亲脂病毒作用较强。0.1%～1%溶液有抑菌作用；1%～2%溶液有杀灭细菌、真菌作用；5%溶液可在48h内杀死炭疽芽孢。

本品用于厩舍、畜栏、地面、器具、病畜排泄物及污物的消毒。

【应用注意】

（1）本品在碱性环境、脂类、皂类中杀菌力减弱，应用时避免与上述物品接触或混合。

（2）本品对动物有较强的毒性，被认为是一种致癌物，不能用于创面和皮肤的消毒；其浓度高于0.5%时对局部皮肤有麻醉作用，5%溶液对组织产生强烈的刺激和腐蚀作用。

（3）动物意外吞服或皮肤、黏膜大面积接触苯酚会引起全身性中毒，表现为中枢神经先兴奋、后抑制以及心血管系统受抑制，严重者可因呼吸麻痹致死。对误服中毒时可用植物油（忌用液体石蜡）洗胃，内服硫酸镁导泻，给予中枢兴奋剂和强心剂等进行对症治疗;对皮肤、黏膜接触部位可用 50%的乙醇或者水、甘油或植物油清洗,眼中可先用温水冲洗,再用 3%的硼酸液冲洗。

【用法与用量】 用具、器械和环境等消毒,2%～5%溶液。复合酚(酚 41.0%～49.0%、醋酸 22.0%～26.0%及十二烷基苯磺酸等配制而成的水溶性混合物):喷洒,配成 0.3%～1%的水溶液;浸涤,配成 1.6%的水溶液。

2. 甲酚

【基本概况】 本品又称煤酚、甲苯酚,为无色、淡紫红色或淡棕黄色的澄清液体;有类似苯酚的臭气,并微带焦臭。本品是从煤焦油中分馏而得,略溶于水,肥皂可使其易溶于水,并具有降低表面张力的作用,杀菌性能与苯酚相似,为此,常用钾肥皂乳化配成 50%甲酚皂(又称来苏儿)溶液。

【作用与用途】

(1)本品抗菌作用比苯酚强 3～10 倍,能杀灭繁殖型细菌,对结核杆菌、真菌有一定的杀灭作用;对细菌芽孢和亲水性病毒无效。

(2)较苯酚安全。

本品用于器械、厩舍、场地、病畜排泄物及皮肤黏膜的消毒。

【应用注意】

(1)有特殊异臭味,不宜用于肉、蛋或食品仓库的消毒。

(2)由于色泽污染,不宜用于棉、毛纤制品的消毒。

(3)本品对皮肤有刺激性,若用其 1%～2%溶液消毒手和皮肤,务必精确计算。

【用法与用量】 甲酚溶液:用具、器械、环境消毒,3%～5%溶液。甲酚皂溶液:喷洒或浸泡,器械、厩舍或排泄物等消毒,配成 5%～10%溶液。

3. 氯甲酚

【基本概况】 本品为无色或微黄色结晶;有特臭。本品微溶于水,常制成溶液。

【作用与用途】 本品对细菌繁殖体、真菌和结核杆菌均有较强的杀灭作用,但不能有效杀灭细菌芽孢。

本品主要用于畜、禽舍及环境消毒。

【应用注意】

(1)本品对皮肤及黏膜有腐蚀性。

（2）有机物可减弱其杀菌效能。pH 值较低时，杀菌效果较好。

（3）现用现配，稀释后不宜久贮。

【用法与用量】　以本品计：喷洒消毒，配成 0.3%～1% 溶液。

二、主要用于皮肤黏膜消毒防腐药

本类药物在临床应用浓度时，主要对细菌芽孢状态之外的微生物呈杀灭作用，只有碘制剂对细菌芽孢呈杀灭作用。但对黏膜的刺激性不同，应用时应根据需求认真选择。

（一）醇类

本类消毒剂可以杀灭细菌繁殖体，但不能杀灭细菌芽孢，属中性消毒剂，主要用于皮肤黏膜的消毒。其杀菌力随分子量的增加而加强，如乙醇的杀菌力比甲醇强 2 倍，丙醇的杀菌力比乙醇强 2.5 倍。但醇分子量越大其水溶性越差，故临床上应用最为广泛的是乙醇。近年来的研究发现，醇类消毒剂和戊二醛、碘伏等配伍，可以增强其作用。

1. 乙醇

【基本概况】　本品又称酒精，为无色的挥发性的液体。微有特臭，味炽烈，易挥发、易燃烧。本品能与水任意混合，是良好的有机溶媒。

【作用与用途】

（1）本品能杀死繁殖型细菌，对结核分枝杆菌、囊膜病毒也有杀灭作用，但对细菌芽孢无效。

（2）对组织有刺激作用，具有溶解皮脂与清洁皮肤的作用。当涂擦皮肤时能扩张局部血管，改善局部血液循环，如稀乙醇涂擦可预防动物褥疮的形成，浓乙醇涂擦可促进炎性产物吸收减轻疼痛，可用于治疗急性关节炎，腱鞘炎和肌炎等。

（3）无水乙醇纱布压迫手术出血创面 5min，可立即止血。

本品常用于皮肤消毒、器械的浸泡消毒；也用于急性关节炎、腱鞘炎等和胃肠臌胀的治疗；也用于中药酊剂及碘酊等的配制。

【应用注意】

（1）乙醇对黏膜的刺激性较大，不能用于黏膜和创面的抗感染。

（2）内服 40% 以上浓度的乙醇，可损伤胃肠黏膜。

(3)橡胶制品和塑料制品长期与之接触会变硬。

(4)本品可增强新洁尔灭、含碘消毒剂及戊二醛等的作用。

(5)乙醇在浓度为 20% ~ 75% 间,其杀菌作用随溶液浓度增高而增强。但浓度低于 20% 时,杀菌作用微弱;而高浓度酒精使组织表面形成一层蛋白凝固膜,妨碍渗透,影响杀菌作用,如高于 95% 时杀菌作用微弱。

【用法与用量】 皮肤消毒,75% 溶液。器械浸泡消毒或在患部涂擦和热敷治疗急性关节炎等,70% ~ 75% 溶液,5 ~ 20min。内服治疗胃肠臌胀的消化不良,40% 以下溶液。

(二)阳离子型表面活性剂类消毒剂

表面活性剂是一类能降低水溶液表面张力的物质。含有疏水基和亲水基,亲水基有离子型和非离子型两类。其中离子型表面活性剂可通过改变细菌细胞膜通透性,破坏细菌的新陈代谢,以及使蛋白变性和灭活菌体内多种酶系统而具有抗菌活性,而且阳离子型比阴离子型抗菌作用强。阳离子型表面活性剂可杀灭大多数繁殖型细菌、真菌和部分病毒,但不能杀死芽孢、结核杆菌和绿脓杆菌,并且刺激性小,毒性低,不腐蚀金属和橡胶,对织物没有漂白作用,还具有清洁洗涤作用。但杀菌效果受有机物影响大,不宜用于厩舍及环境消毒,不能杀灭无囊膜病毒与芽孢杆菌,不能与肥皂、十二烷基苯磺酸钠等阴离子表面活性剂合用。

1. 苯扎溴铵

【基本概况】 本品又称新洁尔灭,常温下为黄色胶状体,低温时可逐渐形成蜡状固体;味极苦。在水中易溶,水溶液呈碱性,振摇时产生大量泡沫。本品常制成有效成分含量为 5% 的溶液。

【作用与用途】

(1)本品为阳离子表面活性剂,只能杀灭一般细菌繁殖体,而不能杀灭细菌芽孢和分枝杆菌,对化脓性病原菌、肠道菌有杀灭的作用,对革兰氏阳性菌的效果要优于革兰氏阴性菌。

(2)对真菌效果甚微。

(3)对亲脂病毒如流感、牛痘、疱疹等病毒有一定杀灭作用,而对亲水病毒无作用。

本品主要用于手臂、手指、手术器械、玻璃、搪瓷、禽蛋、禽舍、皮肤黏膜的消毒及深部感染伤口的冲洗。

【应用注意】

(1)本品对阴离子表面活性剂,如肥皂、卵磷脂、洗衣粉、吐温-80等有颉颃作用,对碘、碘化钾、蛋白银、硝酸银、水杨酸、硫酸锌、硼酸(5%以上)、过氧化物、升汞、磺胺类药物以及钙、镁、铁、铝等金属离子都有颉颃作用。

(2)浸泡金属器械时应加入0.5%亚硝酸钠,以防器械生锈。

(3)可引起人的药物过敏。

(4)术者用肥皂洗手后,务必用水冲净后再用本品。

(5)不宜用于眼科器械和合成橡胶制品的消毒。

(6)其水溶液不得贮存于聚乙烯制作的容器内,以避免与增塑剂起反应而使药液失效。

【用法与用量】 以苯扎溴铵计:手臂、手指消毒,0.1%溶液,浸泡5min;禽蛋消毒,0.1%溶液,药液温度为40℃～43℃,浸泡3min;禽舍消毒,0.15%～2%溶液;黏膜、伤口消毒,0.01%～0.05%溶液。

2. 癸甲溴铵溶液

【基本概况】 本品又称百毒杀,为无色或微黄色黏稠性液体,振摇时有泡沫产生。本品是一种双链季铵盐类化合物,溶于水,常制成含量50%的溶液。

【作用与用途】

(1)本品为双链季铵盐消毒剂,能迅速渗入细胞膜,改变其通透性,而具有较强的杀菌作用,能杀灭有囊膜的病毒、真菌、藻类和部分虫卵。

(2)有除臭和清洁的作用。

本品常用于厩舍、孵化室、用具、饮水槽和饮水的消毒。

【应用注意】

(1)本品性质稳定,不受环境酸碱度、水质硬度、粪污、血流等有机物及光热影响。

(2)忌与碘、碘化钾、过氧化物、普通肥皂等配伍应用。

(3)原液对皮肤和眼睛有轻微刺激,避免与眼睛、皮肤和衣服直接接触,如溅及眼部和皮肤立即以大量清水冲洗至少15min。

(4)内服有毒性,如误服立即用大量清水或牛奶洗胃。

【用法与用量】 以癸甲溴铵计:厩舍、器具消毒,0.015%～0.05%溶液;饮水消毒,0.0025%～0.005%溶液。

（三）碘制剂

本类药物属卤素类消毒剂,抗病毒、芽孢作用很强,常用于皮肤黏膜消毒。应用历史悠久,在20世纪90年代发展很快。其作用机理与聚维酮碘相同,不再论述。

1. 碘酊

【基本概况】 本品为棕褐色液体,在常温下能挥发。本品是由碘与碘化钾、蒸馏水、乙醇按一定比例制成的酊剂。

【作用与用途】

（1）本品中的碘具有强大的杀菌作用,可杀灭细菌芽孢、真菌、病毒、原虫。浓度愈大,杀菌力愈大,但对组织的刺激性愈强。

（2）可引起局部组织充血,促进病变组织炎性产物的吸收,如10%酊剂用于皮肤刺激药。

（3）高浓度可破坏动物的睾丸组织,起到药物去势的作用。

本品用于术野及伤口周围皮肤、输液部位的消毒;也可作慢性筋腱炎、关节炎的局布涂敷应用和饮水消毒;也用于马属动物的药物去势。

【应用注意】

（1）由于碘对组织有较强的刺激性,其强度与浓度成正比,故不能应用于创伤面、黏膜面的消毒;皮肤消毒后宜用75%乙醇擦去,以免引起发泡、脱皮和皮炎;个别动物可发生全身性皮疹过敏反应。

（2）在酸性条件下,游离碘增多,杀菌作用增强。

（3）碘可着色,污染天然纤维织物不易除去,若本品污染衣物或操作台面时,一般可用1%的氢氧化钠或氢氧化钾溶液除去。

（4）碘在有碘化物存在时,在水中的溶解度可增加数百倍。因此,在配制碘酊时,先取适量的碘化钾或碘化钠完全溶于水后,然后加入所需碘,搅拌使形成碘与碘化物的络合物,加水至所需浓度;而碘在水和乙醇中能产生碘化氢,使游离碘含量减少,消毒力下降,刺激性增强。

（5）碘与水、乙醇的化学反应受光线催化,使消毒力下降变快。因此,必须置棕色瓶中避光。

【用法与用量】　注射部位、术野及伤口周围皮肤的消毒，2%～5%碘酊。饮水消毒，2%～5%碘酊，每升水加 3～5 滴。局部涂敷，5%～10%碘酊。

2. 碘甘油

【基本概况】　本品为棕褐色黏稠液体。在常温中有一定挥发性。本品为碘与碘化钾、蒸馏水、甘油按一定比例所制成的液体，刺激性较碘酊弱。

【作用与用途】　本品作用与碘酊相同，但抗菌力弱，刺激性较小。

本品常用于黏膜、溃疡面及口炎、咽炎、鼻炎的炎症治疗。

【应用注意】　参见碘酊。

【用法与用量】　参见碘酊。

3. 碘伏

【基本概况】　本品又称敌菌碘，为由碘、碘化钾、硫酸、磷酸等配制而成的含有效碘 2.7%～3.3% 的水溶液。

【作用与用途】　本品作用与碘酊相同。

本品用于手术部位和手术器械消毒。

【应用注意】　参见碘酊。

【用法与用量】　手术部位和手术器械消毒，配成 0.5%～1% 溶液。

三、主要用于创伤黏膜的消毒防腐药

本类药物除高锰酸钾有较强的杀菌作用外，其他药物的杀菌效力均很弱，但刺激性小或无刺激性，主要用于创伤、黏膜面的防腐，临床应用应根据需求严格选用。

（一）酸类

本类化合物对细菌繁殖体和真菌具有杀灭和抑制作用，但作用不强。为用于创伤、黏膜面的防腐消毒药物，酸性弱，刺激性小，不影响创伤愈合，故临床常用。

硼酸

【基本概况】　本品为无色微带珍珠光泽的结晶或白色疏松的粉末；无臭。本品溶于水，常制成软膏剂或临用前配成溶液。

【作用与用途】　本品对细菌和真菌有微弱的抑制作用，刺激性极小。

本品外用于洗眼或冲洗黏膜，治疗眼、鼻、口腔、阴道等黏膜炎症；也用其软膏涂敷患处,治疗皮肤创伤和溃疡等。

【应用注意】 外用一般毒性不大,但不适用于大面积创伤和新生肉芽组织,以避免吸收后蓄积中毒。

【用法与用量】 外用,2%～4%溶液冲洗或用软膏涂敷患处。

(二)过氧化物类

本类药物在中国是一类应用广泛的消毒剂,杀菌能力强且作用迅速,价格低廉。但不稳定、易分解、有的对消毒物品具有漂白和腐蚀作用。在药物未分解前对操作人员有一定的刺激性,应注意防护。

1. 过氧化氢溶液

【基本概况】 本品又称双氧水,为无色澄清液体;无臭或有类似臭氧的臭气。本品常制成浓度为 26%～28% 的水溶液。

【作用与用途】

(1)本品遇有机物或酶释放出新生态氧,产生较强的氧化作用,可杀灭细菌繁殖体、芽孢、真菌和病毒在内的各种微生物,但杀菌力较弱。

(2)作用时间短,穿透力弱,且受有机物的影响。

(3)由于本品接触创面时可产生大量气泡,能机械地松动脓块、血块、坏死组织及与组织粘连的敷料,有一定的清洁作用。

本品用于皮肤、黏膜、创面、瘘管的清洗。

【应用注意】

(1)本品对皮肤、黏膜有强刺激性,避免用手直接接触高浓度过氧化氢溶液,可发生灼伤。

(2)禁与有机物、碱、碘化物及强氧化剂配伍。

(3)不能注入胸腔、腹腔等密闭体腔或腔道、气体不易逸散的深部脓疮,以免产气过速,可导致栓塞或扩大感染。

(4)纯过氧化氢很不稳定,分解时发生爆炸并放出大量的热;浓度大于 65% 的过氧化氢和有机物接触时容易发生爆炸;稀溶液(30%)比较稳定,但受热、见光或有少量重金属离子存在或在碱性介质中,分解速度将大大加快,常制成浓度为 26%～28% 的水溶液,置入棕色玻璃瓶,避光,在阴凉处保存。

【用法与用量】　1%~3%溶液清洗化脓创面、痂皮;0.3%~1%溶液冲洗口腔黏膜。

2. 高锰酸钾

【基本概况】　本品为黑紫色、细长的棱形结晶或颗粒,带蓝色的金属光泽;无臭。本品溶于水,常制成粉剂。

【作用与用途】

(1)本品为强氧化剂,遇有机物或加热、加酸或碱等均可释放出新生氧,而呈现杀菌、除臭、氧化作用。杀菌作用比过氧化氢强而持久。

(2)本品在低浓度时对组织有收敛作用,因其生成的棕色二氧化锰可与蛋白结合成蛋白盐类复合物所致;高浓度时有刺激和腐蚀作用。

(3)有解毒作用。如可使士的宁等生物碱、氯丙嗪、磷和氰化物等氧化而失去毒性。

本品用于皮肤创伤及腔道炎症的创面消毒;与福尔马林联合应用于厩舍、库房、孵化器等的熏蒸消毒;也用于止血、收敛、有机物中毒,以及鱼的水霉病及原虫、甲壳类等寄生虫病的防治。

【应用注意】

(1)本品水溶液久置易还原成 MnO_2 而失效。故药液现用现配。

(2)本品遇福尔马林或甘油发生剧烈燃烧,与活性炭共研爆炸。

(3)内服可引起胃肠道刺激症状,严重时出现呼吸和吞咽困难等。中毒时,应用温水或添加3%过氧化氢溶液洗胃,并内服牛奶、豆浆或氢氧化铝凝胶,以延缓吸收。

(4)有刺激和腐蚀作用,应用于皮肤创伤、腔道炎症及有机毒物中毒时必须稀释为0.2%以下浓度。

(5)有机物极易使高锰酸钾分解而使作用减弱;在酸性环境中杀菌作用增强,如2%~5%溶液能在24h内杀死芽孢,而在1%溶液中加1.1%盐酸后,则能在30s内杀死炭疽芽孢。

【用法与用量】　动物腔道冲洗、洗胃及有机毒物中毒时的解救,0.05%~0.1%溶液;创伤冲洗,0.1%~0.2%溶液;水产动物疾病治疗,鱼塘泼洒,每升水加入4~5mg;消毒被病毒和细菌污染的蜂箱,0.1%~0.12%溶液。

(三)染料类

本类药是以它们的阳离子或阴离子，分别与细菌蛋白质的羧基和氨基相结合，从而影响其代谢，呈抗菌作用。

1. 乳酸依沙吖啶

【基本概况】 本品又称利凡诺、雷佛奴尔，为黄色结晶性粉末；无臭，味苦。本品属吖啶类碱性染料，略溶于水，常制成溶液和膏剂。

【作用与用途】

(1)本品对革兰氏阳性菌的抑菌作用较强，但抗菌作用产生较慢。对各种化脓菌均有较强的作用，而对魏氏梭状芽孢杆菌和酿脓链球菌最敏感。

(2)对组织无刺激，毒性低；穿透力强，血液、蛋白质对其无影响。

本品用于感染创、小面积化脓创。

【应用注意】

(1)本品长期使用可能延缓伤口愈合，不宜应用于新鲜创及创伤愈合期。

(2)本品溶液在光照下可分解生成褐绿色的剧毒产物。

(3)当溶液中氯化钠浓度高于 0.5%时，本品可从溶液中析出；有机物存在时活性增强。

【用法与用量】 0.1%溶液冲洗或湿敷感染创；1%软膏用于小面积化脓创面。

2. 甲紫

【基本概况】 本品为深绿紫色的颗粒性粉末或绿色有金属光泽的碎片；微臭。本品略溶于水，常制成溶液。

【作用与用途】

(1)本品对革兰氏阳性菌有选择性抑制作用，对霉菌也有作用。

(2)有收敛作用，对组织无刺激性。

本品用于皮肤、黏膜的烧伤、创伤和溃疡。

【应用注意】

(1)本品对皮肤、黏膜有着色作用，宠物脸面部创伤慎用。

(2)应密封避光保存。

【用法与用量】 外用，治疗创面感染和溃疡，配成 1%～2%水溶液或醇溶液；治疗烧伤，配成 0.1%～1%水溶液。

（四）其他

氧化锌

【基本概况】 本品为白色至极微黄白色的无砂性细微粉末；无臭。本品不溶于水，常制成膏剂。

【作用与用途】 本品的锌离子可与组织蛋白及菌体蛋白相结合而呈收敛、杀菌作用。

本品用于治疗湿疹、皮炎、皮肤糜烂、溃疡、创伤等。

【应用注意】 密封保存。

【用法与用量】 外用，患处涂敷。

第十五节 消毒防腐药的合理使用

为了正确发挥消毒防腐药的作用，应做到合理使用消毒防腐药，在使用时应注意以下几点：

（一）合理选药

不同的消毒防腐药，它们的作用和用途有一定的差异。应根据不同的目的和对象，选择合适的药物。例如环境消毒应选用氢氧化钠、氧化钙、戊二醛等；皮肤和黏膜消毒应选用乙醇、新洁尔灭、碘酊等；创伤的消毒应选用高锰酸钾、过氧化氢溶液等。另外，应根据微生物及动物机体对药物的易感性合理选药。消毒防腐药虽对各种病因微生物无严格的选择性，多数药物对繁殖性细菌效果好，但对病毒和细菌芽孢有效的也只有少数药物，故应该主要选药。个别药物对某些种属的动物毒性较大，选用时也应注意。

（二）注意配伍禁忌

为了达到更理性的疗效，消毒防腐药常可配合使用，但配合使用时应无配伍禁忌，特别是前一种药物处理后，对后一种药物发挥作用应无影响。比如酸类药不能与碱性药物同时使用，肥皂（阴离子表面活性物）不能和新洁尔灭等阳离子表面活性物配合使用。

(三)选择使用的浓度和作用时间

消毒防腐药一般配成溶液使用,其浓度和作用时间应合乎要求,并要选择合适的溶媒。一般来说,浓度越大、时间越长,效果越好,但对组织的毒性也相应增加,并且当浓度达到一定程度后,作用强度不再升高。因此,消毒时,须根据各种消毒防腐药的特性,选用适宜的浓度,达到规定的作用时间。

(四)药物必须与病原直接接触

消毒防腐药的抗菌作用与环境中有机物的多少成反比,有机物的数量越多,消毒效力越差。有机物一方面可以掩盖细菌起着保护作用,另一方面其中的蛋白质可以与消毒防腐药起结合反应,消耗了药量,使消毒效力降低。因此,在使用消毒防腐药前,应该将消毒场所打扫干净,将感染疮中的脓血冲洗干净,以便消毒药的作用发挥。

(五)提高所用药液和消毒环境的温度

温度高低与抗菌作用成正比,也就是温度越高,杀菌力越强。故对热稳定的药物,常用其热溶液。

(六)注意环境 pH 值对药效的影响。

如季胺类清洁剂,其杀菌作用随 pH 值升高而明显增强;而酸性药物在碱性环境中作用减弱。

第十六节　兽用生物制品概述

兽用生物制品是根据免疫学原理,利用天然或人工改造的微生物、寄生虫、生物毒素或生物组织及代谢产物等为原材料,采用生物学、分子生物学或生物化学等相应技术制成的生物活性制品,是防治畜禽和水生动物传染性疾病,保障养殖业健康发展的有力武器。这类物质专供相应疾病的诊断、预防和治疗之用。从狭义上讲,可将用于畜禽疾病的诊断、检疫、治疗和免疫预防的诊断液、疫苗和抗血清统称为兽用生物制品。

一、兽用生物制品的作用

疫苗和类毒素主要用于预防,以提高畜禽和水生生物机体的免疫水平,降低易感性;抗血清和抗毒素主要用于治疗或紧急预防;诊断液则是根据抗体—抗原反应的免疫学原理,用于诊断慢性或急性传染病的一种生物制品。

二、兽用生物制品的分类

根据所采用的材料、制法或用途的不同可分为疫苗、抗血清与抗毒素、类毒素和诊断液等类别。

(一)疫苗

凡是具有良好免疫原性的病原微生物(包括寄生虫),经繁殖和处理后制成的制品,用以接种动物能产生相应的免疫力者,均称为疫苗。除一般活菌(毒)疫苗、灭活疫苗外,还包括类毒素、类毒素与菌体混合疫苗、亚单位组分苗、基因缺失疫苗、活载体疫苗、人工合成疫苗、抗独特型抗体疫苗等。

1. 灭活疫苗。又称死疫苗,是以含有细菌或病毒的材料利用物理或化学的方法处理,使其丧失感染性和毒性而保持有免疫原性,并结合相应的佐剂,接种动物后能产生自动免疫、预防疫病的一类生物制品。如禽霍乱组织灭活苗,新城疫油乳剂灭活苗等。

2. 弱毒疫苗。又称活疫苗,是微生物的自然强毒株通过物理的、化学的和生物学的方法,连续传代,使其对原宿主动物丧失致病力,或只引起亚临诊感染,但仍保持良好的免疫原性、遗传特性的毒株,用以制备的疫苗,如猪瘟兔化弱毒疫苗、传染性支气管炎弱毒苗等。此外,从自然界筛选的自然弱毒株若同样具有上述遗传特性,也同样可以制备弱毒疫苗。

3. 单价疫苗。利用一种微生物菌(毒)株或同一种微生物中的单一血清型菌(毒)株的培养物制备的疫苗。

4. 多价疫苗。用同一种微生物中若干血清型菌(毒)株的增殖培养物制备的疫苗,如口蹄疫 A、O 型鼠化弱毒疫苗等。

5. 多联疫苗。凡由两种或两种以上的不同微生物培养物,按免疫学原理、方法组合而成。接种动物后能产生针对相应疾病的免疫保护,具有减少接种次数、免疫效果确定等优点,是一针防多病的生物制剂。

6. 同源疫苗。是指利用同种、同型或同源微生物株制备的,而又用于同种类动物预防疾病的疫苗。如猪瘟兔化弱毒疫苗。

7. 异源疫苗。①用不同种微生物制备的疫苗,接种动物后能使其获得对疫苗中不含有的病原体产生抵抗力,如火鸡疱疹病毒免疫鸡后,能够防制马立克氏病。②用同一种中一种型(生物型或动物源)微生物种毒制备的疫苗,接种动物后能使其获得对异型病原体的抵抗力。如接种猪型布氏杆菌弱毒苗后能使牛获得对牛型布氏杆菌病的免疫力。

8. 亚单位疫苗。①微生物经物理和化学方法处理,除去无效的毒性成分,提取其有效抗原部分,如细菌的荚膜、鞭毛,病毒的囊膜、衣壳蛋白等,经提取后制备不同的亚单位疫苗,如大肠杆菌 K88、K99 疫苗等,禽巴氏杆菌荚膜多糖苗等。②通过基因工程方法由载体表达的微生物免疫原基因产物,经提取后制备的疫苗,如鸡传染性贫血基因工程亚单位疫苗。

9. 基因重组疫苗。病毒微生物的免疫原基因,通过分子生物方法将其分离,然后与载体 DNA 相连接,实现遗传性状的转移与重新组合,再经载体将目的基因带进受体进行正常复制与表达,获得增殖培养物供制苗用,或直接将活载体接种宿主动物,直接在其体内表达抗原,诱导免疫反应,如以鸡痘病毒为载体的重组新城疫活疫苗,这类疫苗是目前的主要研究方向。

10. 基因缺失疫苗。应用基因操作技术,将病原微生物中与致病性有关的毒力基因序列除去或失性,使之成为无毒株或弱毒株,但仍保持有良好的免疫原性。这种基因缺失株稳定性好,不会因传代复制而恢复毒力,如传染性喉气管炎基因缺失苗。

11. 核酸疫苗。是指将一种病原微生物的免疫原基因,经质粒载体 DNA 接种给动物,能在动物体细胞中经转录转译合成抗原物质,刺激被免疫动物产生保护性免疫应答。它能通过主要组织相容性 I 类和 II 类抗原的途径,提供给动物免疫系统而激起体液免疫应答和细胞免疫应答,故既具有亚单位疫苗或灭活疫苗的安全性,又具有活疫苗的免疫全面的优点,这也是为了发展的趋势。

12. 类毒素指细菌外毒素经甲醛溶液或其他适当方法(酸处理)处理后,毒力减低但仍保持免疫原性,称为类毒素,例如破伤风类毒素制品。

（二）抗血清和抗毒素

由特定的病原微生物或类毒素、毒素以及亚单位成分免疫动物,采血制备的血清。用一般病原生物——细菌、病毒为抗原制备的称抗血清;用类毒素和毒素为抗原制备的称抗毒素。注射特定抗血清或抗毒素可预防或治疗特定病原引起的传染病。

（三）诊断制品

由病原微生物(包括寄生虫)制备抗原用于检测相应抗体,或是用制备的抗血清(抗体)检测抗原的制品均称为诊断制品。如菌悬浮液抗原、特异抗血清(如分型血清、因子血清)、分离纯化的标记抗体、单克隆抗体、核酸杂交探针以及菌素和毒素作的抗原等。

（四）血液生物制品

由动物血液分离提取各种组分,包括血浆、白蛋白、球蛋白、纤维蛋白原等。此外,还包括白细胞介素、单核细胞以及干扰素、转移因子等。

第十七节　兽用生物制品的合理使用

兽用生物制品生产、运输、存储等要求高,使用不当易造成免疫无效甚至引发疫病传播流行,故必须科学、安全、合理、有效的使用。使用时应注意以下几点:

1.熟悉本地区传染病的流行情况,针对某些传染病在流行季节之前进行预防。

预防接种是给健康畜禽群进行的免疫接种,每年的免疫接种要有计划和方案。有时也可以进行计划外的预防接种如输入或输出畜禽时,为了避免在运输途中或到达目的地后暴发某些传染病而进行预防接种。在发生传染病时,为了迅速控制和扑灭疫病的流行,而对疫区和受威胁区尚未发病的畜禽进行紧急免疫接种。从理论上讲,紧急接种时使用免疫血清较为安全有效,但因免疫血清用量大,价格高,免疫期短,而且在大批畜禽接种时往往供不应求,因此在实践中很少使用。

2. 预防接种前,应对被接种的畜禽进行详细的检查和调查了解,特别要注意其健康状况、年龄大小、怀孕或泌乳情况以及饲养管理情况,成年的、体质健壮或饲养管理条件较好的畜禽,接种后会产生较强的免疫力。幼年的、体弱的、患有慢性病或饲养管理条件差的畜禽,接种后产生的免疫力较差,也可能引起较为明显的接种反应。所以,对那些幼年的、体质弱的、患有慢性病的和怀孕后期的母畜,如果尚未受到传染威胁,最好暂时不接种免疫。对那些使用管理不佳的畜禽,在进行预防接种的同时,必须创造条件改善饲料管理。

3. 使用前,应仔细检查标签和说明书,是否与瓶签相符,应查明装量、稀释液、稀释度、每头剂量、使用方法及有关注意事项。严格按照说明书使用,防止造成事故。

4. 使用前应了解药品的生产日期、失效期,储运方法及时间。应特别注意是否存在高温、日晒、冻结、长霉、过期等造成药品的失效的因素。玻璃瓶有裂纹、瓶塞松动,以及药品色泽等物理性状与说明书不一致的药品不得使用。

5. 生物制品一般都怕热、怕光,有的还怕冻,一般温度越高,保存时间越短;最适宜的保存地点是在温度为 2℃~8℃ 的干燥暗处。一般活菌苗最怕热,在室温下放置几天效力就明显降低。因此,应按照说明和相关规定妥善储运,以免影响质量。各种生物制品稀释后更易失效,用冷水降温,应在 4h 内用完。

6. 预防注射过程应严格消毒,注射器应洗净,消毒,针头应逐只(头)更换,更不得一具注射器混用多种疫苗。吸取药液时,决不能用已给动物注射用过的针头吸取。在用弱毒菌苗免疫前后 10d 内,动物不得使用抗生素类药物。

7. 液体疫苗使用前应充分摇匀,每次吸取前再充分振摇;冻干疫苗加稀释液后,充分振摇,必须完全溶解后方可使用。

8. 使用抗病血清,应正确诊断,应先少量注射,半小时后若无过敏反应,再按规定使用,若发生过敏反应,及时注射肾上腺素急救。

9. 有的疫苗免疫后,能引起过敏等反应。故应详细观察,分析原因及时处理。

10. 弱毒疫苗,一般均具有残余毒力,能引起一定的免疫反应,尤其敏感动物,在首次使用地区或对良种动物,可能引起严重反应,正在疾病潜伏期的动物使用后,可能激发病情甚至引起死亡。为此,在全面开展防疫之前应对每批疫苗进行约 30 头畜禽的安全试验,尤其是纯良动物,更应慎重使用。确认安全后,方可全面展开免疫。

11. 雏禽、未断奶的幼畜,免疫机制尚不健全,且有母源抗体的作用,此时免疫,影响效力,若必须免疫时,应在断奶(孵出 4 周)后再进行注射。

12. 活疫苗做饮水免疫时,不得使用含消毒剂(如漂白粉)的水。

第十四章　疫情应急处置及无害化处理

第一节　动物疫病的分类和重大动物疫情的分级

一、动物疫病分类

中国对动物疫病实施分类管理,农业农村部公告(第1125号)公布了《一、二、三类动物疫病病种名录》,根据动物疫病对养殖业生产和人体健康的危害程度,把动物疫病分为三类,现将相关牛疫病摘录如下。

(一)一类动物疫病

对人与动物危害严重,需要采取紧急、严厉的强制预防、控制、扑灭等措施的为一类疫病,包括:口蹄疫、牛瘟、牛传染性胸膜肺炎、牛海绵状脑病、痒病、蓝舌病。

(二)二类动物疫病

可能造成重大经济损失,需要采取严格控制、扑灭等措施,防止扩散的为二类疫病。多种动物共患病:狂犬病、布鲁氏菌病、炭疽、伪狂犬病、魏氏梭菌病、副结核病、弓形虫病、棘球蚴病、钩端螺旋体病;

牛病:牛结核病、牛传染性鼻气管炎、牛恶性卡他热、牛白血病、牛出血性败血病、牛梨形虫病(牛焦虫病)、牛锥虫病、日本血吸虫病。

(三)三类动物疫病

常见多发、可能造成重大经济损失,需要控制和净化的为三类疫病。多种动物共患病:大肠杆菌病、李氏杆菌病、类鼻疽、放线菌病、肝片吸虫病、丝虫病、附红细胞体病、Q 热;

牛病:牛流行热、牛病毒性腹泻 / 黏膜病、牛生殖器弯曲杆菌病、毛滴虫病、牛皮蝇蛆病。

二、重大动物疫情的分级

重大动物疫情是指发病率或者死亡率高的动物疫病突然发生,传播迅速,给养殖业生产安全造成严重威胁、危害,以及可能对公众身体健康与生命安全造成危害的情形,包括特别重大动物疫情。重大动物疫情发生后,应按照《中华人民共和国动物防疫法》《重大动物疫情应急条例》以及《国家突发重大动物疫情应急预案》等规定,开展应急处置。

《国家突发重大动物疫情应急预案》根据突发重大动物疫情的性质、危害程度、涉及范围,将突发重大动物疫情划分为特别重大(Ⅰ级)、重大(Ⅱ级)、较大(Ⅲ级)和一般(Ⅳ级)四级。省级人民政府兽医行政管理部门可结合本地区突发重大动物疫情的实际情况、应对能力等,对较大和一般突发动物疫情的分级标准进行补充和调整,报省级人民政府和农业农村部备案。

(一)特别重大突发动物疫情(Ⅰ级)

1. 高致病性禽流感在 21 日内,相邻省份有 10 个以上县(市)区发生疫情;或在 1 个省(区、市)内有 20 个以上县(市)发生或者 10 个以上县(市)连片发生疫情;或在数省内呈多发态势。

2. 口蹄疫在 14 日内,在 5 个以上省份发生疫情,且疫区连片。

3. 动物暴发疯牛病等人畜共患病感染到人,并继续大面积扩散蔓延。

4. 农业农村部认定的其他特别重大突发动物疫情。

(二)重大突发动物疫情(Ⅱ级)

1. 高致病性禽流感在 21 日内,在 1 个省(区、市)内有 2 个以上市(地)发生疫情;或在 1 个省(区、市)内有 20 个以上疫点或者 5 个以上、10 个以下县(市)连片发生疫情。

2. 口蹄疫在 14 日内,在 1 个省(区、市)内有 2 个以上相邻市(地)或者 5 个以上县(市)发生疫情,或有新的口蹄疫亚型出现并发生疫情。

3. 在 1 个平均潜伏期内,20 个以上县(市)发生猪瘟、新城疫疫情,或疫点数达到 30 个以上。

4. 在中国已消灭的牛瘟、牛肺疫等又有发生,或中国尚未发生的疯牛病、非洲猪瘟、非洲马瘟等疫病传人或发生。

5. 在 1 个平均潜伏期内,布鲁氏菌病、结核病、狂犬病、炭疽等二类动物疫病呈暴发流行,波及 3 个以上市(地),或其中的人畜共患病发生感染人的病例,并有继续扩散趋势。

6. 农业农村部或省级人民政府兽医行政管理部门认定的其他重大突发动物疫情。

(三)较大突发动物疫情(Ⅲ级)

1. 高致病性禽流感在 21 日内,在 1 个市(地)行政区域内 2 个以上县(市)发生疫情,或疫点数达到 3 个以上。

2. 口蹄疫在 14 日内,在 1 个市(地)行政区域内 2 个以上县(市)发生疫情,或疫点数达到 5 个以上。

3. 在 1 个平均潜伏期内,在 1 个市(地)行政区域内 5 个以上县(市)发生猪瘟、新城疫疫情,或疫点数达到 10 个以上。

4. 在 1 个平均潜伏期内,在 1 个市(地)行政区域内 5 个以上县(市)发生布鲁氏菌病、结核病、狂犬病、炭疽等二类动物疫病呈暴发流行。

5. 高致病性禽流感、口蹄疫、炭疽等高致病性病原微生物菌种、毒种发生丢失。

6. 市(地)级以上人民政府兽医行政管理部门认定的其他较大突发动物疫情。

(四)一般突发动物疫情(Ⅳ级)

1. 高致病性禽流感、口蹄疫、猪瘟、新城疫疫情在 1 个县(市)行政区域内发生。

2. 二、三类动物疫病在 1 个县(市)行政区域内呈暴发流行。

(3)县级以上人民政府兽医行政管理部门认定的其他一般突发动物疫情。

第二节　动物疫情的报告和认定

一、动物疫情的报告

动物疫情报告是指按照《中华人民共和国动物防疫法》等法律法规的规定，兽医行政组织体系及行政相对人和有关人员，按照法定程序及时限向有关机构所作的关于疫病发生、流行情况的报告。

动物疫情的报告直接关系到动物疫情能否得到及时的控制和扑灭，疫情报告不及时往往导致疫情的扩散，加大疫情造成的经济损失，也给疫情的控制和扑灭带来更大的困难。《中华人民共和国动物防疫法》规定，从事动物疫情监测、检验检疫、疫病研究与诊疗以及动物饲养、屠宰、经营、隔离、运输等活动的单位和个人，发现动物染疫或者疑似染疫的，应当立即向当地兽医主管部门、动物卫生监督机构或者动物疫病预防控制机构报告，并采取隔离等控制措施，防止动物疫情扩散。其他单位和个人发现动物染疫或者疑似染疫的，应当及时报告。

接到动物疫情报告的单位，应当及时采取必要的控制处理措施，并按照国家规定的程序上报。中国对重大动物疫情实施逐级报告制度。

(一)重大动物疫情的报告程序和时限

1. 从事动物隔离、疫情监测、疫病研究与诊疗、检验检疫以及动物饲养、屠宰加工、运输、经营等活动的有关单位和个人，发现动物出现群体发病或者死亡的，应当立即向所在地的县级兽医行政管理部门、动物卫生监督机构或者动物疫病预防控制机构报告。县级以上人民政府兽医行政管理部门向社会公布动物疫情举报电话，并由专人负责受理动物疫情举报。

2. 县级动物疫病预防控制机构应立即赶赴现场调查核实。初步认为属于重大动物疫情的，由县级兽医行政管理部门在 2h 内将情况上报市级兽医行政管理部门，市级兽医行政管理部门接报告后，应立即上报省级兽医行政管理部门。

3. 省级兽医行政管理部门应当在接到报告后 1h 内报本级人民政府和国务院兽医主管部门。

4. 省级地方人民政府和国务院兽医主管部门应当在 4h 内向国务院报告。

（二）重大动物疫情报告的内容

1. 疫情发生的时间、地点。

2. 染疫、疑似染疫动物种类和数量、同群动物数量、免疫情况、死亡数量、临床症状、病理变化、诊断情况。

3. 流行病学和疫源追踪情况。

4. 已采取的控制措施。

5. 疫情报告的单位、负责人、报告人及联系方式。

二、动物疫情的认定和公布

动物疫情由县级以上人民政府兽医主管部门认定；其中重大动物疫情由省、自治区、直辖市人民政府兽医主管部门认定，必要时报国务院兽医主管部门认定。

重大动物疫情由国务院兽医主管部门按照国家规定的程序，及时准确公布；其他任何单位和个人不得公布重大动物疫情。

第三节　动物疫情的应急处理

一、控制和扑灭措施

（一）发生一类动物疫病时的控制和扑灭措施

1. 所在地县级以上地方人民政府农业农村主管部门应当立即派人到现场，划定疫点、疫区、受威胁区，调查疫源，及时报请本级人民政府对疫区实行封锁。疫区范围涉及两个以上行政区域的，由有关行政区域共同的上一级人民政府对疫区实行封锁，或者由各有关行政区域的上一级人民政府共同对疫区实行封锁。

必要时,上级人民政府可以责成下级人民政府对疫区实行封锁。

2. 县级以上地方人民政府应当立即组织有关部门和单位采取封锁、隔离、扑杀、销毁、消毒、无害化处理、紧急免疫接种等强制性措施。

3. 在封锁期间,禁止染疫、疑似染疫和易感染的动物、动物产品流出疫区,禁止非疫区的易感染动物进入疫区,并根据需要对出入疫区的人员、运输工具及有关物品采取消毒和其他限制性措施。

(二)发生二类动物疫病时的控制和扑灭措施

1. 所在地县级以上地方人民政府农业农村主管部门应当划定疫点、疫区、受威胁区;疫点、疫区、受威胁区的撤销和疫区封锁的解除,按照国务院农业农村主管部门规定的标准和程序评估后,由原决定机关决定并宣布。

2. 县级以上地方人民政府根据需要组织有关部门和单位采取隔离、扑杀、销毁、消毒、无害化处理、紧急免疫接种、限制易感染的动物和动物产品及有关物品出入等措施。

(三)发生三类动物疫病时的控制和防治措施

发生三类动物疫病时,所在地县级、乡级人民政府应当按照国务院农业农村主管部门的规定组织防治。

二、三类动物疫病呈暴发性流行时,按照一类动物疫病处理。

疫区内有关单位和个人,应当遵守县级以上人民政府及其农业农村主管部门依法作出的有关控制动物疫病的规定。任何单位和个人不得藏匿、转移、盗掘已被依法隔离、封存、处理的动物和动物产品。

发生动物疫情时,航空、铁路、道路、水路运输企业应当优先组织运送防疫人员和物资。

二、重大疫情处理

重大动物疫情给养殖业生产安全和公众身体健康造成严重的威胁、危害。按照《重大动物疫情应急条例》规定,国务院兽医主管部门、县级以上地方人民政府分别制定全国、本行政区域内的重大动物疫情应急预案,县级以上地方人民政府兽医主管部门按照不同动物疫病病种,制定实施方案。重大动物疫情发生后,应严格按照应急预案的规定处理。重大动物疫情应急预案和实施方案根据疫情状况及时调整。发生重大动物疫情时,国务院农业农村主管部门负责划定动物疫病风险区,禁止或者限制特定动物、动物产品由高风险区向低风险区调运。

(一)划定疫点、疫区和受威胁区

重大动物疫情发生后,县级以上地方人民政府兽医主管部门应当立即划定疫点、疫区和受威胁区,调查疫源,由同级人民政府启动重大动物疫情应急指挥系统、应急预案。

疫点、疫区和受威胁区的范围应当按照不同动物疫病病种及其流行特点和危害程度划定,具体划定标准由国务院兽医主管部门制定。

1.疫点,一般指患病动物所在的地点。相对独立的规模化养殖场(小区),以患病动物所在的养殖场(小区)为疫点;散养动物以患病动物所在的相对独立的饲养场所为疫点,若患病动物没有相对独立的饲养场所,以患病动物所在的自然村为疫点;放牧动物以患病动物所在的牧场及其活动场所为疫点;运输过程中发生疫情,以运载患病动物的车、船等为疫点;屠宰过程发生疫情,以患病动物所在的屠宰场为疫点;交易市场发生疫情,以患病动物所在市场为疫点。

2.疫区,从疫点边缘向外延伸一定范围的区域即为疫区,其延伸范围因动物疫病的不同而异。疫区的范围应按照农业农村部发布的相关动物疫病防治技术规范等要求进行划定,如高致病性禽流感疫区的划定是从疫点边缘向外延伸3千米的区域为疫区。划定疫区时,应当考虑当地的饲养环境、河流、山川等天然屏障。

3.受威胁区,从疫区边缘向外延伸一定范围的区域即为受威胁区。此区域是建立紧急免疫带或免疫屏障以防止动物疫病传播的重要区域。如发生高致病性禽流感时,从疫区边缘向外延伸5千米的区域为受威胁区,发生口蹄疫时,从疫区边缘向外延伸10千米的区域为受威胁区。

(二)应急处理措施

1.对疫点采取的措施

(1)扑杀并销毁染疫动物和易感染的动物及其产品。

(2)对病死的动物尸体、动物排泄物、被污染饲料、垫料、污水进行无害化处理。

(3)对被污染的物品、用具、动物圈舍、场地进行严格消毒。

2.对疫区采取的措施

（1）在疫区周围设置警示标志,在出入疫区的交通路口设置临时动物检疫消毒站,对出入的人员和车辆进行消毒。

（2）扑杀并销毁染疫和疑似染疫动物及其同群动物,销毁染疫和疑似染疫的动物产品,对其他易感染的动物实行圈养或者在指定地点放养,役用动物限制在疫区内使役。

（3）对易感染的动物进行监测,并按照国务院兽医主管部门的规定实施紧急免疫接种,必要时对易感染的动物进行扑杀。

（4）关闭动物及动物产品交易市场,禁止动物进出疫区和动物产品运出疫区。

（5）对动物圈舍、动物排泄物、垫料、污水和其他可能受污染的物品、场地,进行消毒或者无害化处理。

3. 对受威胁区采取的措施

（1）对易感染的动物进行监测。

（2）对易感染的动物根据需要实施紧急免疫接种。

（三）动物疫情应急处理中的注意事项

1. 加强宣传培训。县级以上人民政府及其兽医主管部门应当加强对重大动物疫情应急知识和重大动物疫病科普知识的宣传, 增强全社会的重大动物疫情防范意识。

2. 做好应急准备。县级以上地方人民政府应当成立应急预备队,在重大动物疫情应急指挥部的指挥下,具体承担疫情的控制和扑灭任务。应急预备队应当定期进行技术培训和应急演练。

县级以上地方人民政府及其有关部门, 应当根据重大动物疫情应急预案的要求,做好应急处理所需的疫苗、药品、设施设备和防护用品等物资的储备工作。

3. 做好人员防护。参加应急处理的人员,要按照卫生防护要求,穿着防护服、手套、胶水靴等,戴好防护口罩、眼镜,进出疫点、疫区时按照消毒要求做好个人消毒和健康防护工作,避免感染。

4. 病料采集。重大动物疫病应当由动物疫病预防控制机构采集病料,未经国务院兽医主管部门或者省、自治区、直辖市人民政府兽医主管部门批准,其他单位和个人不得擅自采集病料。

从事重大动物疫病病原分离的,应当遵守国家有关生物安全管理规定,防止病原扩散。

5. 协作发生人畜共患传染病的，县级以上人民政府兽医主管部门与同级卫生主管部门应当及时相互通报。

6. 做好应急处理记录对整个应急处理活动的每一个环节，都要做好记录，记录内容要详细、完整、规范。

第四节　病害动物无害化处理

为规范无害化处理工作，农业农村部颁布了《病死动物无害化处理技术规范》（农医发〔2017〕25号），规定了病死动物尸体及相关动物产品无害化处理方法的技术工艺和操作注意事项，以及在处理过程中包装、暂存、运输、人员防护和无害化处理记录要求。

一、无害化处理方法

（一）焚烧法

将病害动物尸体或病害动物产品投入焚化炉或用其他方式烧毁炭化的方法。

焚烧法具有处理彻底、对环境污染小等特点，适用于所有病害动物和病害动物产品的处理，应作为产地检疫环节发现病害动物处理的首选方法。采用焚化炉处理的，应注意对动物尸体及相关动物产品进行破碎预处理，使被处理物能够充分与空气接触，保证完全燃烧。采用其他方式烧毁的，应注意对动物尸体及相关动物产品叠放时中间添加助燃物（如木柴等），并确保充足燃烧时间。

（二）掩埋法

将动物尸体及相关动物产品投入化尸窖或掩埋坑中并覆盖、消毒，发酵或分解动物尸体及相关动物产品的方法。

掩埋法具有操作简单、成本低等特点，是目前无害化处理中采用的主要方法,但要注意本法不适用于患有炭疽等芽孢杆菌类疫病,以及牛海绵状脑病、痒病的染疫动物及产品、组织的处理。按照国务院办公厅印发的《关于建立病死畜禽无害化处理机制的意见》中集中处理与自行处理相结合的原则,政府应加大建成覆盖饲养、屠宰、经营、运输等各环节的病死畜禽无害化处理体系,建设集中处理的化尸窖,推广以化尸窖处理为主、掩埋坑处理为辅的处理方式。在选择掩埋坑处理时,一般与焚烧法相结合,多采取先焚烧后掩埋的处理方式;注意选择合适的挖坑地点。

采用单独掩埋法处理时, 坑底撒一层厚度为 2～5cm 的生石灰或漂白粉等消毒药,在向坑内投入动物尸体及相关动物产品时每层均覆盖消毒药,且投入物品上层距离地面 1.5m 进行掩埋,掩埋覆土不要压实,完成后设置警示标识。

(三)化制法

在密闭的高压容器内,通过向容器夹层或容器通入高温饱和蒸汽,在干热、压力或高温、压力的作用下,处理动物尸体及相关动物产品的方法。

化制法一般用于屠宰环节对检疫不合格动物产品的处理, 通过此法处理后的产品可有条件利用,如油脂工业用。

(四)发酵法

将动物尸体及相关动物产品与稻糖、木屑等辅料按要求摆放,利用动物尸体及相关动物产品产生的生物热或加入特定生物制剂, 发酵或分解动物尸体及相关动物产品的方法。

发酵法一般用于养殖环节对动物粪便、垫料等的处理,应选择平整、防渗地面处进行堆积,并注意防雨影响处理效果。因重大动物疫病及人畜共患病死亡的动物尸体和相关动物产品不得使用此种方式进行处理。

二、注意事项

1. 方法选择要适宜、有效。除重大动物疫病处置外,应采取就地、就近处置,减少因运输带来的疫病扩散风险。

2. 处理地点选址要适宜,要远离居民区、养殖区等场所和水源地、交通干线,选择地势较高、干燥的地方。

3. 需要对动物尸体及相关产品进行包装的,包装材料应符合密闭、防水、防渗、防破损、耐腐蚀等要求。

4. 需要运输的,运输车辆车厢应采取防腐、防渗措施进行铺垫,装载前和卸载后均要进行消毒处理。

5. 参与病害动物尸体及相关产品收集、装运、无害化处理操作的人员应做好人员防护,穿防护服、胶鞋、戴口罩、护目镜及手套等防护用具。

6. 做好收集、装运、无害化处理等环节记录。

7. 重大动物疫病处置中的无害化处理按重大动物疫情应急预案的要求开展。

第五节　消毒

消毒是指利用物理的、化学的和生物学的方法清除和杀灭动物体表及其生存环境和相关物品中的病原微生物,藉以切断传播途径,阻止和控制传染病的发生和蔓延的手段。按照消毒目的分为预防性消毒和疫源地消毒(包括紧急消毒和终末消毒)两种类型。

预防性消毒是指在未发现传染源、没有发生动物疫病的情况下,养殖场(户)等日常采用一定的消毒措施,以杀灭、清除动物体表、动物产品及设施设备或外部环境可能污染的病原微生物,达到防止动物传染病发生的目的。

紧急消毒(又称临时消毒)是指在发生动物传染病时,为了及时清除、消灭从患病动物体内排出的病原体而采取的应急性消毒措施。终末消毒是指在病畜解除隔离、痊愈或死亡后,或者在疫区解除封锁之前,对可能残留的病原体所进行的全面彻底的消毒。

一、消毒方法

消毒方法包括物理方法、化学方法和生物方法。在保证消毒效果的前提下,应该按照科学有效、安全环保的原则,尽量选择低残低毒、减少环境污染的方法。

（一）物理消毒方法

利用物理因素杀灭或消除病原微生物及其他有害微生物的方法。常用物理消毒方法主要包括自然净化、机械除菌、热力消毒灭菌等。

1. 自然净化。利用阳光中的紫外线和灼热及干燥作用达到消毒目的。主要用于便于移动的设备、用具和工作衣帽等,在太阳下进行暴晒达到预防性消毒的目的。

2. 机械除菌。利用具有一定消毒作用的紫外线、超声波等,可杀灭绝大部分微生物;利用通风和过滤除菌设备,可将微生物从传染媒介物上去掉。主要用于实验室、圈舍、进出养殖场、屠宰场人员等的预防性消毒。

3. 热力消毒灭菌。利用高温、高压使微生物的蛋白质和酶变性或凝固,新陈代谢受到障碍而死亡,从而达到消毒与灭菌的目的,包括焚烧、煮沸和蒸汽消毒等方法。焚烧是一种最彻底、最有效的消毒方法,一般在疫源地消毒时采用;在预防性消毒时可对空圈动物圈舍采用火焰喷射进行彻底消毒。对金属器械、玻璃器皿和工作衣帽可采取经济方便、效果较好的煮沸消毒方法,但煮沸法不适用于被芽孢细菌污染物等的消毒。蒸汽消毒是利用蒸汽渗透力达到杀灭病原微生物的效果,具有可靠、经济、快速的特点,适用于对一切耐湿物品的消毒,多用于实验室对实验用品使用前后的消毒。

（二）化学消毒方法

利用化学药物引起菌体蛋白凝固变性,干扰细菌的酶系统,损伤细菌的细胞膜,达到杀灭、清除病原微生物及其他有害微生物,或者抑制其生长、繁殖,从而达到消毒的目的。化学消毒法具有作用速度快、效力高、经济、使用方便,应用广泛的特点,因此被广泛利用。按照消毒剂的化学结构和作用,分为酚类、醛类、醇类、卤素类、季铵盐类、氧化剂、酸类、碱类、染料类等,化学消毒剂使用见第三篇相关章节。

化学消毒可以采取以下几种方式:

1. 喷雾消毒法。将配好的消毒液用喷雾器均匀喷洒到所需消毒的物体表面对场地、设施设备消毒均可采用。

2. 擦拭消毒法。用毛巾等浸蘸配置好的消毒液擦拭被消毒物体的表面,多用于对设施设备等微生物容易污染和繁殖的地方进行重点擦拭消毒。

3. 浸泡消毒法。将被消毒的物品浸置于相应的消毒液中进行消毒,如笼具、检疫用具、被污染衣物等均可采用此法消毒。

4. 混合消毒法。将消毒液或消毒粉直接与被消毒物品相混合搅匀进行消毒,通常用于对动物尸体、病害动物产品和清除堆积后的动物粪便、表层铲起的土壤等的消毒。

5. 重蒸消毒法。将消毒药物进行自然蒸发或加热蒸发,利用消毒药品所产生的气体进行空气和物体表面的消毒。通常用于畜禽圈舍、实验室定期消毒,对动物产品,如皮张、原毛、骨角等也可采用此方法进行消毒。

(三)生物消毒方法

利用动物、植物、微生物及其代谢产物杀灭或去除外环境中的病原微生物。主要用于水、土壤和生物体表面消毒生物处理。目前,主要是养殖场利用生物热消毒法,在预防性消毒中对动物粪便等排泄物进行堆积发酵,以达到杀灭各种病毒、细菌(芽孢菌除外)、寄生虫虫卵等病原体的目的。生物消毒方法作用缓慢,而且灭菌不彻底,一般不用于疫源地消毒。

二、预防性消毒

养殖场所、活畜禽交易场所要定期开展预防性消毒工作,采取物理消毒、化学消毒和生物消毒相结合的方法,先对场地和设施设备进行清扫、清洗,为消毒做好准备工作;其次按照消毒目的、化学消毒剂选择原则和应用对象,对器械、圈舍、场地、设备等采取火焰喷射、喷雾喷洒、擦拭、浸泡等方法进行消毒,对清扫后的污物和动物排泄物进行堆积发酵处理。要严格遵循消毒剂选用原则,做好消毒剂配置、消毒工作记录和消毒过程中消毒人员的个人防护工作。在选择化学消毒剂时应注意以下原则:

1. 在保证消毒效果的前提下,优先选择对人安全,对设施、设备及防疫消毒对象无损害、环境污染小的消毒剂。

2. 要充分考虑影响防疫消毒效果的各种因素(如环境、温度、湿度、有机物、酸碱度等)。

3. 选择消毒谱广,高效,消毒速度快,作用持久的消毒剂。

4. 针对相同的防疫消毒对象,应定期轮换消毒剂。

5. 要考虑不同的消毒剂的拮抗作用,避免混用。

6. 消毒剂应严格按说明书及有关规范进行配制和使用。

7. 应遵循现配现用原则。

三、疫源地消毒

按照农业农村部印发《高致病性禽流感等 14 个动物疫病防治技术规范》(农医发[2007]12 号)中的无害化处理或清洗消毒技术规范,针对发生口蹄疫、布鲁氏菌病、牛结核病、炭疽等动物疫病时的消毒工作,严格按技术规范执行,采取物理、化学消毒方法,运用焚烧、熏蒸、喷洒等针对性强、消毒效果好的方式进行消毒处理,并要按要求做到高频次、效果持久、不留死角地全覆盖消毒,结合无害化处理,以彻底消灭传染源,控制动物疫病的流行和传播。

附录一　中华人民共和国畜牧法

(2005 年 12 月 29 日第十届全国人民代表大会常务委员会第十九次会议通过 根据 2015 年 4 月 24 日第十二届全国人民代表大会常务委员会第十四次会议全国人民代表大会常务委员会《关于修改<中华人民共和国计量法>等五部法律的决定》修正)

第一章　总　则

第一条　为了规范畜牧业生产经营行为,保障畜禽产品质量安全,保护和合理利用畜禽遗传资源,维护畜牧业生产经营者的合法权益,促进畜牧业持续健康发展,制定本法。

第二条　在中华人民共和国境内从事畜禽的遗传资源保护利用、繁育、饲养、经营、运输等活动,适用本法。

本法所称畜禽,是指列入依照本法第十一条规定公布的畜禽遗传资源目录的畜禽。

蜂、蚕的资源保护利用和生产经营,适用本法有关规定。

第三条　国家支持畜牧业发展,发挥畜牧业在发展农业、农村经济和增加农民收入中的作用。县级以上人民政府应当采取措施,加强畜牧业基础设施建设,鼓励和扶持发展规模化养殖,推进畜牧产业化经营,提高畜牧业综合生产能力,发展优质、高效、生态、安全的畜牧业。

国家帮助和扶持少数民族地区、贫困地区畜牧业的发展,保护和合理利用草原,改善畜牧业生产条件。

第四条　国家采取措施,培养畜牧兽医专业人才,发展畜牧兽医科学技术研究和推广事业,开展畜牧兽医科学技术知识的教育宣传工作和畜牧兽医信息服务,推进畜牧业科技进步。

第五条　畜牧业生产经营者可以依法自愿成立行业协会,为成员提供信息、技术、营销、培训等服务,加强行业自律,维护成员和行业利益。

第六条　畜牧业生产经营者应当依法履行动物防疫和环境保护义务,接受有关主管部门依法实施的监督检查。

第七条　国务院畜牧兽医行政主管部门负责全国畜牧业的监督管理工作。县级以上地方人民政府畜牧兽医行政主管部门负责本行政区域内的畜牧业监督管理工作。

县级以上人民政府有关主管部门在各自的职责范围内,负责有关促进畜牧业发展的工作。

第八条　国务院畜牧兽医行政主管部门应当指导畜牧业生产经营者改善畜禽繁育、饲养、运输的条件和环境。

第二章　畜禽遗传资源保护

第九条　国家建立畜禽遗传资源保护制度。各级人民政府应当采取措施,加强畜禽遗传资源保护,畜禽遗传资源保护经费列入财政预算。

畜禽遗传资源保护以国家为主,鼓励和支持有关单位、个人依法发展畜禽遗传资源保护事业。

第十条　国务院畜牧兽医行政主管部门设立由专业人员组成的国家畜禽遗

传资源委员会,负责畜禽遗传资源的鉴定、评估和畜禽新品种、配套系的审定,承担畜禽遗传资源保护和利用规划论证及有关畜禽遗传资源保护的咨询工作。

第十一条　国务院畜牧兽医行政主管部门负责组织畜禽遗传资源的调查工作,发布国家畜禽遗传资源状况报告,公布经国务院批准的畜禽遗传资源目录。

第十二条　国务院畜牧兽医行政主管部门根据畜禽遗传资源分布状况,制定全国畜禽遗传资源保护和利用规划,制定并公布国家级畜禽遗传资源保护名录,对原产我国的珍贵、稀有、濒危的畜禽遗传资源实行重点保护。

省级人民政府畜牧兽医行政主管部门根据全国畜禽遗传资源保护和利用规划及本行政区域内畜禽遗传资源状况,制定和公布省级畜禽遗传资源保护名录,并报国务院畜牧兽医行政主管部门备案。

第十三条　国务院畜牧兽医行政主管部门根据全国畜禽遗传资源保护和利用规划及国家级畜禽遗传资源保护名录,省级人民政府畜牧兽医行政主管部门根据省级畜禽遗传资源保护名录,分别建立或者确定畜禽遗传资源保种场、保护区和基因库,承担畜禽遗传资源保护任务。

享受中央和省级财政资金支持的畜禽遗传资源保种场、保护区和基因库,未经国务院畜牧兽医行政主管部门或者省级人民政府畜牧兽医行政主管部门批准,不得擅自处理受保护的畜禽遗传资源。

畜禽遗传资源基因库应当按照国务院畜牧兽医行政主管部门或者省级人民政府畜牧兽医行政主管部门的规定,定期采集和更新畜禽遗传材料。有关单位、个人应当配合畜禽遗传资源基因库采集畜禽遗传材料,并有权获得适当的经济补偿。

畜禽遗传资源保种场、保护区和基因库的管理办法由国务院畜牧兽医行政主管部门制定。

第十四条　新发现的畜禽遗传资源在国家畜禽遗传资源委员会鉴定前,省级人民政府畜牧兽医行政主管部门应当制定保护方案,采取临时保护措施,并报国务院畜牧兽医行政主管部门备案。

第十五条　从境外引进畜禽遗传资源的,应当向省级人民政府畜牧兽医行政主管部门提出申请;受理申请的畜牧兽医行政主管部门经审核,报国务院畜牧兽医行政主管部门经评估论证后批准。经批准的,依照《中华人民共和国进出境动植物检疫法》的规定办理相关手续并实施检疫。

从境外引进的畜禽遗传资源被发现对境内畜禽遗传资源、生态环境有危害或者可能产生危害的,国务院畜牧兽医行政主管部门应当商有关主管部门,采取相应的安全控制措施。

第十六条　向境外输出或者在境内与境外机构、个人合作研究利用列入保护名录的畜禽遗传资源的,应当向省级人民政府畜牧兽医行政主管部门提出申请,同时提出国家共享惠益的方案;受理申请的畜牧兽医行政主管部门经审核,报国务院畜牧兽医行政主管部门批准。

向境外输出畜禽遗传资源的,还应当依照《中华人民共和国进出境动植物检疫法》的规定办理相关手续并实施检疫。

新发现的畜禽遗传资源在国家畜禽遗传资源委员会鉴定前,不得向境外输出,不得与境外机构、个人合作研究利用。

第十七条　畜禽遗传资源的进出境和对外合作研究利用的审批办法由国务院规定。

第三章　种畜禽品种选育与生产经营

第十八条　国家扶持畜禽品种的选育和优良品种的推广使用,支持企业、院校、科研机构和技术推广单位开展联合育种,建立畜禽良种繁育体系。

第十九条　培育的畜禽新品种、配套系和新发现的畜禽遗传资源在推广前,应当通过国家畜禽遗传资源委员会审定或者鉴定,并由国务院畜牧兽医行政主管部门公告。畜禽新品种、配套系的审定办法和畜禽遗传资源的鉴定办法,由国务院畜牧兽医行政主管部门制定。审定或者鉴定所需的试验、检测等费用由申请者承担,收费办法由国务院财政、价格部门会同国务院畜牧兽医行政主管部门制定。

培育新的畜禽品种、配套系进行中间试验,应当经试验所在地省级人民政府畜牧兽医行政主管部门批准。

畜禽新品种、配套系培育者的合法权益受法律保护。

第二十条 转基因畜禽品种的培育、试验、审定和推广,应当符合国家有关农业转基因生物管理的规定。

第二十一条 省级以上畜牧兽医技术推广机构可以组织开展种畜优良个体登记,向社会推荐优良种畜。优良种畜登记规则由国务院畜牧兽医行政主管部门制定。

第二十二条 从事种畜禽生产经营或者生产商品代仔畜、雏禽的单位、个人,应当取得种畜禽生产经营许可证。

申请取得种畜禽生产经营许可证,应当具备下列条件:

(一)生产经营的种畜禽必须是通过国家畜禽遗传资源委员会审定或者鉴定的品种、配套系,或者是经批准引进的境外品种、配套系;

(二)有与生产经营规模相适应的畜牧兽医技术人员;

(三)有与生产经营规模相适应的繁育设施设备;

(四)具备法律、行政法规和国务院畜牧兽医行政主管部门规定的种畜禽防疫条件;

(五)有完善的质量管理和育种记录制度;

(六)具备法律、行政法规规定的其他条件。

第二十三条 申请取得生产家畜卵子、冷冻精液、胚胎等遗传材料的生产经营许可证,除应当符合本法第二十二条第二款规定的条件外,还应当具备下列条件:

(一)符合国务院畜牧兽医行政主管部门规定的实验室、保存和运输条件;

(二)符合国务院畜牧兽医行政主管部门规定的种畜数量和质量要求;

(三)体外授精取得的胚胎、使用的卵子来源明确,供体畜符合国家规定的种畜健康标准和质量要求;

(四)符合国务院畜牧兽医行政主管部门规定的其他技术要求。

第二十四条 申请取得生产家畜卵子、冷冻精液、胚胎等遗传材料的生产经营许可证,应当向省级人民政府畜牧兽医行政主管部门提出申请。受理申请的畜牧兽医行政主管部门应当自收到申请之日起六十个工作日内依法决定是否发给生产经营许可证。

其他种畜禽的生产经营许可证由县级以上地方人民政府畜牧兽医行政主管部门审核发放,具体审核发放办法由省级人民政府规定。

种畜禽生产经营许可证样式由国务院畜牧兽医行政主管部门制定,许可证有效期为三年。发放种畜禽生产经营许可证可以收取工本费,具体收费管理办法由国务院财政、价格部门制定。

第二十五条　种畜禽生产经营许可证应当注明生产经营者名称、场(厂)址、生产经营范围及许可证有效期的起止日期等。

禁止任何单位、个人无种畜禽生产经营许可证或者违反种畜禽生产经营许可证的规定生产经营种畜禽。禁止伪造、变造、转让、租借种畜禽生产经营许可证。

第二十六条　农户饲养的种畜禽用于自繁自养和有少量剩余仔畜、雏禽出售的,农户饲养种公畜进行互助配种的,不需要办理种畜禽生产经营许可证。

第二十七条　专门从事家畜人工授精、胚胎移植等繁殖工作的人员,应当取得相应的国家职业资格证书。

第二十八条　发布种畜禽广告的,广告主应当提供种畜禽生产经营许可证和营业执照。广告内容应当符合有关法律、行政法规的规定,并注明种畜禽品种、配套系的审定或者鉴定名称;对主要性状的描述应当符合该品种、配套系的标准。

第二十九条　销售的种畜禽和家畜配种站(点)使用的种公畜,必须符合种用标准。销售种畜禽时,应当附具种畜禽场出具的种畜禽合格证明、动物防疫监督机构出具的检疫合格证明,销售的种畜还应当附具种畜禽场出具的家畜系谱。

生产家畜卵子、冷冻精液、胚胎等遗传材料,应当有完整的采集、销售、移植等记录,记录应当保存二年。

第三十条　销售种畜禽,不得有下列行为:

(一)以其他畜禽品种、配套系冒充所销售的种畜禽品种、配套系;

(二)以低代别种畜禽冒充高代别种畜禽;

(三)以不符合种用标准的畜禽冒充种畜禽;

(四)销售未经批准进口的种畜禽;

(五)销售未附具本法第二十九条规定的种畜禽合格证明、检疫合格证明的

种畜禽或者未附具家畜系谱的种畜;

(六)销售未经审定或者鉴定的种畜禽品种、配套系。

第三十一条 申请进口种畜禽的,应当持有种畜禽生产经营许可证。进口种畜禽的批准文件有效期为六个月。

进口的种畜禽应当符合国务院畜牧兽医行政主管部门规定的技术要求。首次进口的种畜禽还应当由国家畜禽遗传资源委员会进行种用性能的评估。

种畜禽的进出口管理除适用前两款的规定外,还适用本法第十五条和第十六条的相关规定。

国家鼓励畜禽养殖者对进口的畜禽进行新品种、配套系的选育;选育的新品种、配套系在推广前,应当经国家畜禽遗传资源委员会审定。

第三十二条 种畜禽场和孵化场(厂)销售商品代仔畜、雏禽的,应当向购买者提供其销售的商品代仔畜、雏禽的主要生产性能指标、免疫情况、饲养技术要求和有关咨询服务,并附具动物防疫监督机构出具的检疫合格证明。

销售种畜禽和商品代仔畜、雏禽,因质量问题给畜禽养殖者造成损失的,应当依法赔偿损失。

第三十三条 县级以上人民政府畜牧兽医行政主管部门负责种畜禽质量安全的监督管理工作。种畜禽质量安全的监督检验应当委托具有法定资质的种畜禽质量检验机构进行;所需检验费用按照国务院规定列支,不得向被检验人收取。

第三十四条 蚕种的资源保护、新品种选育、生产经营和推广适用本法有关规定,具体管理办法由国务院农业行政主管部门制定。

第四章　畜禽养殖

第三十五条 县级以上人民政府畜牧兽医行政主管部门应当根据畜牧业发展规划和市场需求,引导和支持畜牧业结构调整,发展优势畜禽生产,提高畜禽产品市场竞争力。

国家支持草原牧区开展草原围栏、草原水利、草原改良、饲草饲料基地等草原基本建设,优化畜群结构,改良牲畜品种,转变生产方式,发展舍饲圈养、划区轮牧,逐步实现畜草平衡,改善草原生态环境。

第三十六条 国务院和省级人民政府应当在其财政预算内安排支持畜牧业发展的良种补贴、贴息补助等资金,并鼓励有关金融机构通过提供贷款、保险服务等形式,支持畜禽养殖者购买优良畜禽、繁育良种、改善生产设施、扩大养殖规模,提高养殖效益。

第三十七条 国家支持农村集体经济组织、农民和畜牧业合作经济组织建立畜禽养殖场、养殖小区,发展规模化、标准化养殖。乡(镇)土地利用总体规划应当根据本地实际情况安排畜禽养殖用地。农村集体经济组织、农民、畜牧业合作经济组织按照乡(镇)土地利用总体规划建立的畜禽养殖场、养殖小区用地按农业用地管理。畜禽养殖场、养殖小区用地使用权期限届满,需要恢复为原用途的,由畜禽养殖场、养殖小区土地使用权人负责恢复。在畜禽养殖场、养殖小区用地范围内需要兴建永久性建(构)筑物,涉及农用地转用的,依照《中华人民共和国土地管理法》的规定办理。

第三十八条 国家设立的畜牧兽医技术推广机构,应当向农民提供畜禽养殖技术培训、良种推广、疫病防治等服务。县级以上人民政府应当保障国家设立的畜牧兽医技术推广机构从事公益性技术服务的工作经费。

国家鼓励畜禽产品加工企业和其他相关生产经营者为畜禽养殖者提供所需的服务。

第三十九条 畜禽养殖场、养殖小区应当具备下列条件:

(一)有与其饲养规模相适应的生产场所和配套的生产设施;

(二)有为其服务的畜牧兽医技术人员;

(三)具备法律、行政法规和国务院畜牧兽医行政主管部门规定的防疫条件;

(四)有对畜禽粪便、废水和其他固体废弃物进行综合利用的沼气池等设施或者其他无害化处理设施;

(五)具备法律、行政法规规定的其他条件。

养殖场、养殖小区兴办者应当将养殖场、养殖小区的名称、养殖地址、畜禽品种和养殖规模,向养殖场、养殖小区所在地县级人民政府畜牧兽医行政主管部门备案,取得畜禽标识代码。

省级人民政府根据本行政区域畜牧业发展状况制定畜禽养殖场、养殖小区的规模标准和备案程序。

第四十条 禁止在下列区域内建设畜禽养殖场、养殖小区:

(一)生活饮用水的水源保护区,风景名胜区,以及自然保护区的核心区和缓冲区;

(二)城镇居民区、文化教育科学研究区等人口集中区域;

(三)法律、法规规定的其他禁养区域。

第四十一条 畜禽养殖场应当建立养殖档案,载明以下内容:

(一)畜禽的品种、数量、繁殖记录、标识情况、来源和进出场日期;

(二)饲料、饲料添加剂、兽药等投入品的来源、名称、使用对象、时间和用量;

(三)检疫、免疫、消毒情况;

(四)畜禽发病、死亡和无害化处理情况;

(五)国务院畜牧兽医行政主管部门规定的其他内容。

第四十二条 畜禽养殖场应当为其饲养的畜禽提供适当的繁殖条件和生存、生长环境。

第四十三条 从事畜禽养殖,不得有下列行为:

(一)违反法律、行政法规的规定和国家技术规范的强制性要求使用饲料、饲料添加剂、兽药;

(二)使用未经高温处理的餐馆、食堂的泔水饲喂家畜;

(三)在垃圾场或者使用垃圾场中的物质饲养畜禽;

(四)法律、行政法规和国务院畜牧兽医行政主管部门规定的危害人和畜禽健康的其他行为。

第四十四条 从事畜禽养殖,应当依照《中华人民共和国动物防疫法》的规定,做好畜禽疫病的防治工作。

第四十五条 畜禽养殖者应当按照国家关于畜禽标识管理的规定,在应当加施标识的畜禽的指定部位加施标识。畜牧兽医行政主管部门提供标识不得收费,所需费用列入省级人民政府财政预算。

畜禽标识不得重复使用。

第四十六条 畜禽养殖场、养殖小区应当保证畜禽粪便、废水及其他固体废弃物综合利用或者无害化处理设施的正常运转,保证污染物达标排放,防止污染环境。

畜禽养殖场、养殖小区违法排放畜禽粪便、废水及其他固体废弃物,造成环境污染危害的,应当排除危害,依法赔偿损失。

国家支持畜禽养殖场、养殖小区建设畜禽粪便、废水及其他固体废弃物的综合利用设施。

第四十七条 国家鼓励发展养蜂业,维护养蜂生产者的合法权益。

有关部门应当积极宣传和推广蜜蜂授粉农艺措施。

第四十八条 养蜂生产者在生产过程中,不得使用危害蜂产品质量安全的药品和容器,确保蜂产品质量。养蜂器具应当符合国家技术规范的强制性要求。

第四十九条 养蜂生产者在转地放蜂时,当地公安、交通运输、畜牧兽医等有关部门应当为其提供必要的便利。

养蜂生产者在国内转地放蜂,凭国务院畜牧兽医行政主管部门统一格式印制的检疫合格证明运输蜂群,在检疫合格证明有效期内不得重复检疫。

第五章 畜禽交易与运输

第五十条 县级以上人民政府应当促进开放统一、竞争有序的畜禽交易市场建设。

县级以上人民政府畜牧兽医行政主管部门和其他有关主管部门应当组织搜集、整理、发布畜禽产销信息,为生产者提供信息服务。

第五十一条 县级以上地方人民政府根据农产品批发市场发展规划,对在畜禽集散地建立畜禽批发市场给予扶持。

畜禽批发市场选址,应当符合法律、行政法规和国务院畜牧兽医行政主管部门规定的动物防疫条件,并距离种畜禽场和大型畜禽养殖场三公里以外。

第五十二条　进行交易的畜禽必须符合国家技术规范的强制性要求。

国务院畜牧兽医行政主管部门规定应当加施标识而没有标识的畜禽，不得销售和收购。

第五十三条　运输畜禽，必须符合法律、行政法规和国务院畜牧兽医行政主管部门规定的动物防疫条件，采取措施保护畜禽安全，并为运输的畜禽提供必要的空间和饲喂饮水条件。

有关部门对运输中的畜禽进行检查，应当有法律、行政法规的依据。

第六章　质量安全保障

第五十四条　县级以上人民政府应当组织畜牧兽医行政主管部门和其他有关主管部门，依照本法和有关法律、行政法规的规定，加强对畜禽饲养环境、种畜禽质量、饲料和兽药等投入品的使用以及畜禽交易与运输的监督管理。

第五十五条　国务院畜牧兽医行政主管部门应当制定畜禽标识和养殖档案管理办法，采取措施落实畜禽产品质量责任追究制度。

第五十六条　县级以上人民政府畜牧兽医行政主管部门应当制定畜禽质量安全监督检查计划，按计划开展监督抽查工作。

第五十七条　省级以上人民政府畜牧兽医行政主管部门应当组织制定畜禽生产规范，指导畜禽的安全生产。

第七章　法律责任

第五十八条　违反本法第十三条第二款规定，擅自处理受保护的畜禽遗传资源，造成畜禽遗传资源损失的，由省级以上人民政府畜牧兽医行政主管部门处五万元以上五十万元以下罚款。

第五十九条　违反本法有关规定，有下列行为之一的，由省级以上人民政府畜牧兽医行政主管部门责令停止违法行为，没收畜禽遗传资源和违法所得，并处一万元以上五万元以下罚款：

（一）未经审核批准，从境外引进畜禽遗传资源的；

（二）未经审核批准，在境内与境外机构、个人合作研究利用列入保护名录的畜禽遗传资源的；

（三）在境内与境外机构、个人合作研究利用未经国家畜禽遗传资源委员会鉴定的新发现的畜禽遗传资源的。

第六十条　未经国务院畜牧兽医行政主管部门批准，向境外输出畜禽遗传资源的，依照《中华人民共和国海关法》的有关规定追究法律责任。海关应当将扣留的畜禽遗传资源移送省级人民政府畜牧兽医行政主管部门处理。

第六十一条　违反本法有关规定，销售、推广未经审定或者鉴定的畜禽品种的，由县级以上人民政府畜牧兽医行政主管部门责令停止违法行为，没收畜禽和违法所得；违法所得在五万元以上的，并处违法所得一倍以上三倍以下罚款；没有违法所得或者违法所得不足五万元的，并处五千元以上五万元以下罚款。

第六十二条　违反本法有关规定，无种畜禽生产经营许可证或者违反种畜禽生产经营许可证的规定生产经营种畜禽的，转让、租借种畜禽生产经营许可证的，由县级以上人民政府畜牧兽医行政主管部门责令停止违法行为，没收违法所得；违法所得在三万元以上的，并处违法所得一倍以上三倍以下罚款；没有违法所得或者违法所得不足三万元的，并处三千元以上三万元以下罚款。违反种畜禽生产经营许可证的规定生产经营种畜禽或者转让、租借种畜禽生产经营许可证，情节严重的，并处吊销种畜禽生产经营许可证。

第六十三条 违反本法第二十八条规定的，依照《中华人民共和国广告法》的有关规定追究法律责任。

第六十四条 违反本法有关规定，使用的种畜禽不符合种用标准的，由县级以上地方人民政府畜牧兽医行政主管部门责令停止违法行为，没收违法所得；违法所得在五千元以上的，并处违法所得一倍以上二倍以下罚款；没有违法所得或者违法所得不足五千元的，并处一千元以上五千元以下罚款。

第六十五条 销售种畜禽有本法第三十条第一项至第四项违法行为之一的，由县级以上人民政府畜牧兽医行政主管部门或者工商行政管理部门责令停止销售，没收违法销售的畜禽和违法所得；违法所得在五万元以上的，并处违法所得一倍以上五倍以下罚款；没有违法所得或者违法所得不足五万元的，并处五千元以上五万元以下罚款；情节严重的，并处吊销种畜禽生产经营许可证或者营业执照。

第六十六条 违反本法第四十一条规定，畜禽养殖场未建立养殖档案的，或者未按照规定保存养殖档案的，由县级以上人民政府畜牧兽医行政主管部门责令限期改正，可以处一万元以下罚款。

第六十七条 违反本法第四十三条规定养殖畜禽的，依照有关法律、行政法规的规定处罚。

第六十八条 违反本法有关规定，销售的种畜禽未附具种畜禽合格证明、检疫合格证明、家畜系谱的，销售、收购国务院畜牧兽医行政主管部门规定应当加施标识而没有标识的畜禽的，或者重复使用畜禽标识的，由县级以上地方人民政府畜牧兽医行政主管部门或者工商行政管理部门责令改正，可以处两千元以下罚款。

违反本法有关规定，使用伪造、变造的畜禽标识的，由县级以上人民政府畜牧兽医行政主管部门没收伪造、变造的畜禽标识和违法所得，并处三千元以上三万元以下罚款。

第六十九条 销售不符合国家技术规范的强制性要求的畜禽的，由县级以上地方人民政府畜牧兽医行政主管部门或者工商行政管理部门责令停止违法行为,没收违法销售的畜禽和违法所得,并处违法所得一倍以上三倍以下罚款;情节严重的,由工商行政管理部门并处吊销营业执照。

第七十条　畜牧兽医行政主管部门的工作人员利用职务上的便利,收受他人财物或者谋取其他利益,对不符合法定条件的单位、个人核发许可证或者有关批准文件,不履行监督职责,或者发现违法行为不予查处的,依法给予行政处分。

第七十一条　违反本法规定,构成犯罪的,依法追究刑事责任。

第八章　附　则

第七十二条　本法所称畜禽遗传资源,是指畜禽及其卵子(蛋)、胚胎、精液、基因物质等遗传材料。

本法所称种畜禽,是指经过选育、具有种用价值、适于繁殖后代的畜禽及其卵子(蛋)、胚胎、精液等。

第七十三条　本法自 2006 年 7 月 1 日起施行

附录二 中华人民共和国动物防疫法

第一章 总 则

第一条 为了加强对动物防疫活动的管理,预防、控制、净化、消灭动物疫病,促进养殖业发展,防控人畜共患传染病,保障公共卫生安全和人体健康,制定本法。

第二条 本法适用于在中华人民共和国领域内的动物防疫及其监督管理活动。

进出境动物、动物产品的检疫,适用《中华人民共和国进出境动植物检疫法》。

第三条 本法所称动物,是指家畜家禽和人工饲养、捕获的其他动物。

本法所称动物产品,是指动物的肉、生皮、原毛、绒、脏器、脂、血液、精液、卵、胚胎、骨、蹄、头、角、筋以及可能传播动物疫病的奶、蛋等。

本法所称动物疫病,是指动物传染病,包括寄生虫病。

本法所称动物防疫,是指动物疫病的预防、控制、诊疗、净化、消灭和动物、动物产品的检疫,以及病死动物、病害动物产品的无害化处理。

第四条 根据动物疫病对养殖业生产和人体健康的危害程度,本法规定的动物疫病分为下列三类:

(一)一类疫病,是指口蹄疫、非洲猪瘟、高致病性禽流感等对人、动物构成

特别严重危害,可能造成重大经济损失和社会影响,需要采取紧急、严厉的强制预防、控制等措施的;

（二）二类疫病,是指狂犬病、布鲁氏菌病、草鱼出血病等对人、动物构成严重危害,可能造成较大经济损失和社会影响,需要采取严格预防、控制等措施的;

（三）三类疫病,是指大肠杆菌病、禽结核病、鳖腮腺炎病等常见多发,对人、动物构成危害,可能造成一定程度的经济损失和社会影响,需要及时预防、控制的。

前款一、二、三类动物疫病具体病种名录由国务院农业农村主管部门制定并公布。国务院农业农村主管部门应当根据动物疫病发生、流行情况和危害程度,及时增加、减少或者调整一、二、三类动物疫病具体病种并予以公布。

人畜共患传染病名录由国务院农业农村主管部门会同国务院卫生健康、野生动物保护等主管部门制定并公布。

第五条　动物防疫实行预防为主,预防与控制、净化、消灭相结合的方针。

第六条　国家鼓励社会力量参与动物防疫工作。各级人民政府采取措施,支持单位和个人参与动物防疫的宣传教育、疫情报告、志愿服务和捐赠等活动。

第七条　从事动物饲养、屠宰、经营、隔离、运输以及动物产品生产、经营、加工、贮藏等活动的单位和个人,依照本法和国务院农业农村主管部门的规定,做好免疫、消毒、检测、隔离、净化、消灭、无害化处理等动物防疫工作,承担动物防疫相关责任。

第八条　县级以上人民政府对动物防疫工作实行统一领导,采取有效措施稳定基层机构队伍,加强动物防疫队伍建设,建立健全动物防疫体系,制定并组织实施动物疫病防治规划。

乡级人民政府、街道办事处组织群众做好本辖区的动物疫病预防与控制工作,村民委员会、居民委员会予以协助。

第九条　国务院农业农村主管部门主管全国的动物防疫工作。

县级以上地方人民政府农业农村主管部门主管本行政区域的动物防疫工作。

县级以上人民政府其他有关部门在各自职责范围内做好动物防疫工作。

军队动物卫生监督职能部门负责军队现役动物和饲养自用动物的防疫工作。

第十条　县级以上人民政府卫生健康主管部门和本级人民政府农业农村、野生动物保护等主管部门应当建立人畜共患传染病防治的协作机制。

国务院农业农村主管部门和海关总署等部门应当建立防止境外动物疫病输入的协作机制。

第十一条 县级以上地方人民政府的动物卫生监督机构依照本法规定,负责动物、动物产品的检疫工作。

第十二条 县级以上人民政府按照国务院的规定,根据统筹规划、合理布局、综合设置的原则建立动物疫病预防控制机构。

动物疫病预防控制机构承担动物疫病的监测、检测、诊断、流行病学调查、疫情报告以及其他预防、控制等技术工作;承担动物疫病净化、消灭的技术工作。

第十三条 国家鼓励和支持开展动物疫病的科学研究以及国际合作与交流,推广先进适用的科学研究成果,提高动物疫病防治的科学技术水平。

各级人民政府和有关部门、新闻媒体,应当加强对动物防疫法律法规和动物防疫知识的宣传。

第十四条 对在动物防疫工作、相关科学研究、动物疫情扑灭中作出贡献的单位和个人,各级人民政府和有关部门按照国家有关规定给予表彰、奖励。

有关单位应当依法为动物防疫人员缴纳工伤保险费。对因参与动物防疫工作致病、致残、死亡的人员,按照国家有关规定给予补助或者抚恤。

第二章 动物疫病的预防

第十五条 国家建立动物疫病风险评估制度。

国务院农业农村主管部门根据国内外动物疫情以及保护养殖业生产和人体健康的需要,及时会同国务院卫生健康等有关部门对动物疫病进行风险评估,并制定、公布动物疫病预防、控制、净化、消灭措施和技术规范。

省、自治区、直辖市人民政府农业农村主管部门会同本级人民政府卫生健康等有关部门开展本行政区域的动物疫病风险评估,并落实动物疫病预防、控制、净化、消灭措施。

第十六条 国家对严重危害养殖业生产和人体健康的动物疫病实施强制免疫。

国务院农业农村主管部门确定强制免疫的动物疫病病种和区域。

省、自治区、直辖市人民政府农业农村主管部门制定本行政区域的强制免疫计划;根据本行政区域动物疫病流行情况增加实施强制免疫的动物疫病病种和区域,报本级人民政府批准后执行,并报国务院农业农村主管部门备案。

第十七条 饲养动物的单位和个人应当履行动物疫病强制免疫义务,按照强制免疫计划和技术规范,对动物实施免疫接种,并按照国家有关规定建立免疫档案、加施畜禽标识,保证可追溯。

实施强制免疫接种的动物未达到免疫质量要求,实施补充免疫接种后仍不符合免疫质量要求的,有关单位和个人应当按照国家有关规定处理。

用于预防接种的疫苗应当符合国家质量标准。

第十八条 县级以上地方人民政府农业农村主管部门负责组织实施动物疫病强制免疫计划,并对饲养动物的单位和个人履行强制免疫义务的情况进行监督检查。

乡级人民政府、街道办事处组织本辖区饲养动物的单位和个人做好强制免疫,协助做好监督检查;村民委员会、居民委员会协助做好相关工作。

县级以上地方人民政府农业农村主管部门应当定期对本行政区域的强制免疫计划实施情况和效果进行评估,并向社会公布评估结果。

第十九条 国家实行动物疫病监测和疫情预警制度。

县级以上人民政府建立健全动物疫病监测网络,加强动物疫病监测。

国务院农业农村主管部门会同国务院有关部门制定国家动物疫病监测计划。省、自治区、直辖市人民政府农业农村主管部门根据国家动物疫病监测计划,制定本行政区域的动物疫病监测计划。

动物疫病预防控制机构按照国务院农业农村主管部门的规定和动物疫病监测计划,对动物疫病的发生、流行等情况进行监测;从事动物饲养、屠宰、经营、隔离、运输以及动物产品生产、经营、加工、贮藏、无害化处理等活动的单位和个人不得拒绝或者阻碍。

国务院农业农村主管部门和省、自治区、直辖市人民政府农业农村主管部门根据对动物疫病发生、流行趋势的预测,及时发出动物疫情预警。地方各级人民政府接到动物疫情预警后,应当及时采取预防、控制措施。

第二十条 陆路边境省、自治区人民政府根据动物疫病防控需要,合理设置动物疫病监测站点,健全监测工作机制,防范境外动物疫病传入。

科技、海关等部门按照本法和有关法律法规的规定做好动物疫病监测预警工作,并定期与农业农村主管部门互通情况,紧急情况及时通报。

县级以上人民政府应当完善野生动物疫源疫病监测体系和工作机制,根据需要合理布局监测站点;野生动物保护、农业农村主管部门按照职责分工做好野生动物疫源疫病监测等工作,并定期互通情况,紧急情况及时通报。

第二十一条 国家支持地方建立无规定动物疫病区,鼓励动物饲养场建设无规定动物疫病生物安全隔离区。对符合国务院农业农村主管部门规定标准的无规定动物疫病区和无规定动物疫病生物安全隔离区,国务院农业农村主管部门验收合格予以公布,并对其维持情况进行监督检查。

省、自治区、直辖市人民政府制定并组织实施本行政区域的无规定动物疫病区建设方案。国务院农业农村主管部门指导跨省、自治区、直辖市无规定动物疫病区建设。

国务院农业农村主管部门根据行政区划、养殖屠宰产业布局、风险评估情况等对动物疫病实施分区防控,可以采取禁止或者限制特定动物、动物产品跨区域调运等措施。

第二十二条 国务院农业农村主管部门制定并组织实施动物疫病净化、消灭规划。

县级以上地方人民政府根据动物疫病净化、消灭规划,制定并组织实施本行政区域的动物疫病净化、消灭计划。

动物疫病预防控制机构按照动物疫病净化、消灭规划、计划,开展动物疫病净化技术指导、培训,对动物疫病净化效果进行监测、评估。

国家推进动物疫病净化,鼓励和支持饲养动物的单位和个人开展动物疫病净化。饲养动物的单位和个人达到国务院农业农村主管部门规定的净化标准的,由省级以上人民政府农业农村主管部门予以公布。

第二十三条 种用、乳用动物应当符合国务院农业农村主管部门规定的健康标准。

饲养种用、乳用动物的单位和个人,应当按照国务院农业农村主管部门的要求,定期开展动物疫病检测;检测不合格的,应当按照国家有关规定处理。

第二十四条 动物饲养场和隔离场所、动物屠宰加工场所以及动物和动物产品无害化处理场所,应当符合下列动物防疫条件:

(一)场所的位置与居民生活区、生活饮用水水源地、学校、医院等公共场所的距离符合国务院农业农村主管部门的规定;

(二)生产经营区域封闭隔离,工程设计和有关流程符合动物防疫要求;

(三)有与其规模相适应的污水、污物处理设施,病死动物、病害动物产品无害化处理设施设备或者冷藏冷冻设施设备,以及清洗消毒设施设备;

(四)有与其规模相适应的执业兽医或者动物防疫技术人员;

(五)有完善的隔离消毒、购销台账、日常巡查等动物防疫制度;

(六)具备国务院农业农村主管部门规定的其他动物防疫条件。

动物和动物产品无害化处理场所除应当符合前款规定的条件外,还应当具有病原检测设备、检测能力和符合动物防疫要求的专用运输车辆。

第二十五条 国家实行动物防疫条件审查制度。

开办动物饲养场和隔离场所、动物屠宰加工场所以及动物和动物产品无害化处理场所,应当向县级以上地方人民政府农业农村主管部门提出申请,并附具相关材料。受理申请的农业农村主管部门应当依照本法和《中华人民共和国行政许可法》的规定进行审查。经审查合格的,发给动物防疫条件合格证;不合格的,应当通知申请人并说明理由。

动物防疫条件合格证应当载明申请人的名称(姓名)、场(厂)址、动物(动物产品)种类等事项。

第二十六条 经营动物、动物产品的集贸市场应当具备国务院农业农村主管部门规定的动物防疫条件,并接受农业农村主管部门的监督检查。具体办法由国务院农业农村主管部门制定。

县级以上地方人民政府应当根据本地情况,决定在城市特定区域禁止家畜家禽活体交易。

第二十七条 动物、动物产品的运载工具、垫料、包装物、容器等应当符合国务院农业农村主管部门规定的动物防疫要求。

染疫动物及其排泄物、染疫动物产品,运载工具中的动物排泄物以及垫料、包装物、容器等被污染的物品,应当按照国家有关规定处理,不得随意处置。

第二十八条 采集、保存、运输动物病料或者病原微生物以及从事病原微生物研究、教学、检测、诊断等活动,应当遵守国家有关病原微生物实验室管理的规定。

第二十九条 禁止屠宰、经营、运输下列动物和生产、经营、加工、贮藏、运输下列动物产品:

(一)封锁疫区内与所发生动物疫病有关的;

(二)疫区内易感染的;

(三)依法应当检疫而未经检疫或者检疫不合格的;

(四)染疫或者疑似染疫的;

(五)病死或者死因不明的;

(六)其他不符合国务院农业农村主管部门有关动物防疫规定的。

因实施集中无害化处理需要暂存、运输动物和动物产品并按照规定采取防疫措施的,不适用前款规定。

第三十条 单位和个人饲养犬只,应当按照规定定期免疫接种狂犬病疫苗,凭动物诊疗机构出具的免疫证明向所在地养犬登记机关申请登记。

携带犬只出户的,应当按照规定佩戴犬牌并采取系犬绳等措施,防止犬只伤人、疫病传播。

街道办事处、乡级人民政府组织协调居民委员会、村民委员会,做好本辖区流浪犬、猫的控制和处置,防止疫病传播。

县级人民政府和乡级人民政府、街道办事处应当结合本地实际,做好农村地区饲养犬只的防疫管理工作。

饲养犬只防疫管理的具体办法,由省、自治区、直辖市制定。

第三章　动物疫情的报告、通报和公布

第三十一条　从事动物疫病监测、检测、检验检疫、研究、诊疗以及动物饲养、屠宰、经营、隔离、运输等活动的单位和个人，发现动物染疫或者疑似染疫的，应当立即向所在地农业农村主管部门或者动物疫病预防控制机构报告，并迅速采取隔离等控制措施，防止动物疫情扩散。其他单位和个人发现动物染疫或者疑似染疫的，应当及时报告。

接到动物疫情报告的单位，应当及时采取临时隔离控制等必要措施，防止延误防控时机，并及时按照国家规定的程序上报。

第三十二条　动物疫情由县级以上人民政府农业农村主管部门认定；其中重大动物疫情由省、自治区、直辖市人民政府农业农村主管部门认定，必要时报国务院农业农村主管部门认定。

本法所称重大动物疫情，是指一、二、三类动物疫病突然发生，迅速传播，给养殖业生产安全造成严重威胁、危害，以及可能对公众身体健康与生命安全造成危害的情形。

在重大动物疫情报告期间，必要时，所在地县级以上地方人民政府可以作出封锁决定并采取扑杀、销毁等措施。

第三十三条　国家实行动物疫情通报制度。

国务院农业农村主管部门应当及时向国务院卫生健康等有关部门和军队有关部门以及省、自治区、直辖市人民政府农业农村主管部门通报重大动物疫情的发生和处置情况。

海关发现进出境动物和动物产品染疫或者疑似染疫的，应当及时处置并向农业农村主管部门通报。

县级以上地方人民政府野生动物保护主管部门发现野生动物染疫或者疑似染疫的，应当及时处置并向本级人民政府农业农村主管部门通报。

国务院农业农村主管部门应当依照我国缔结或者参加的条约、协定，及时向有关国际组织或者贸易方通报重大动物疫情的发生和处置情况。

第三十四条 发生人畜共患传染病疫情时，县级以上人民政府农业农村主管部门与本级人民政府卫生健康、野生动物保护等主管部门应当及时相互通报。

发生人畜共患传染病时，卫生健康主管部门应当对疫区易感染的人群进行监测，并应当依照《中华人民共和国传染病防治法》的规定及时公布疫情，采取相应的预防、控制措施。

第三十五条 患有人畜共患传染病的人员不得直接从事动物疫病监测、检测、检验检疫、诊疗以及易感染动物的饲养、屠宰、经营、隔离、运输等活动。

第三十六条 国务院农业农村主管部门向社会及时公布全国动物疫情，也可以根据需要授权省、自治区、直辖市人民政府农业农村主管部门公布本行政区域的动物疫情。其他单位和个人不得发布动物疫情。

第三十七条 任何单位和个人不得瞒报、谎报、迟报、漏报动物疫情，不得授意他人瞒报、谎报、迟报动物疫情，不得阻碍他人报告动物疫情。

第四章 动物疫病的控制

第三十八条 发生一类动物疫病时，应当采取下列控制措施：

（一）所在地县级以上地方人民政府农业农村主管部门应当立即派人到现场，划定疫点、疫区、受威胁区，调查疫源，及时报请本级人民政府对疫区实行封锁。疫区范围涉及两个以上行政区域的，由有关行政区域共同的上一级人民政府对疫区实行封锁，或者由各有关行政区域的上一级人民政府共同对疫区实行封锁。必要时，上级人民政府可以责成下级人民政府对疫区实行封锁；

（二）县级以上地方人民政府应当立即组织有关部门和单位采取封锁、隔离、扑杀、销毁、消毒、无害化处理、紧急免疫接种等强制性措施；

（三）在封锁期间，禁止染疫、疑似染疫和易感染的动物、动物产品流出疫区，禁止非疫区的易感染动物进入疫区,并根据需要对出入疫区的人员、运输工具及有关物品采取消毒和其他限制性措施。

第三十九条 发生二类动物疫病时,应当采取下列控制措施:

(一)所在地县级以上地方人民政府农业农村主管部门应当划定疫点、疫区、受威胁区;

(二)县级以上地方人民政府根据需要组织有关部门和单位采取隔离、扑杀、销毁、消毒、无害化处理、紧急免疫接种、限制易感染的动物和动物产品及有关物品出入等措施。

第四十条 疫点、疫区、受威胁区的撤销和疫区封锁的解除,按照国务院农业农村主管部门规定的标准和程序评估后,由原决定机关决定并宣布。

第四十一条 发生三类动物疫病时,所在地县级、乡级人民政府应当按照国务院农业农村主管部门的规定组织防治。

第四十二条 二、三类动物疫病呈暴发性流行时,按照一类动物疫病处理。

第四十三条 疫区内有关单位和个人,应当遵守县级以上人民政府及其农业农村主管部门依法作出的有关控制动物疫病的规定。

任何单位和个人不得藏匿、转移、盗掘已被依法隔离、封存、处理的动物和动物产品。

第四十四条 发生动物疫情时,航空、铁路、道路、水路运输企业应当优先组织运送防疫人员和物资。

第四十五条 国务院农业农村主管部门根据动物疫病的性质、特点和可能造成的社会危害,制定国家重大动物疫情应急预案报国务院批准,并按照不同动物疫病病种、流行特点和危害程度,分别制定实施方案。

县级以上地方人民政府根据上级重大动物疫情应急预案和本地区的实际情况,制定本行政区域的重大动物疫情应急预案,报上一级人民政府农业农村主管部门备案,并抄送上一级人民政府应急管理部门。县级以上地方人民政府农业农村主管部门按照不同动物疫病病种、流行特点和危害程度,分别制定实施方案。

重大动物疫情应急预案和实施方案根据疫情状况及时调整。

第四十六条 发生重大动物疫情时,国务院农业农村主管部门负责划定动物疫病风险区,禁止或者限制特定动物、动物产品由高风险区向低风险区调运。

第四十七条 发生重大动物疫情时,依照法律和国务院的规定以及应急预案采取应急处置措施。

第五章　动物和动物产品的检疫

第四十八条 动物卫生监督机构依照本法和国务院农业农村主管部门的规定对动物、动物产品实施检疫。

动物卫生监督机构的官方兽医具体实施动物、动物产品检疫。

第四十九条 屠宰、出售或者运输动物以及出售或者运输动物产品前,货主应当按照国务院农业农村主管部门的规定向所在地动物卫生监督机构申报检疫。

动物卫生监督机构接到检疫申报后,应当及时指派官方兽医对动物、动物产品实施检疫;检疫合格的,出具检疫证明、加施检疫标志。实施检疫的官方兽医应当在检疫证明、检疫标志上签字或者盖章,并对检疫结论负责。

动物饲养场、屠宰企业的执业兽医或者动物防疫技术人员,应当协助官方兽医实施检疫。

第五十条 因科研、药用、展示等特殊情形需要非食用性利用的野生动物,应当按照国家有关规定报动物卫生监督机构检疫,检疫合格的,方可利用。

人工捕获的野生动物,应当按照国家有关规定报捕获地动物卫生监督机构检疫,检疫合格的,方可饲养、经营和运输。

国务院农业农村主管部门会同国务院野生动物保护主管部门制定野生动物检疫办法。

第五十一条 屠宰、经营、运输的动物,以及用于科研、展示、演出和比赛等非食用性利用的动物,应当附有检疫证明;经营和运输的动物产品,应当附有检疫证明、检疫标志。

第五十二条 经航空、铁路、道路、水路运输动物和动物产品的,托运人托运时应当提供检疫证明;没有检疫证明的,承运人不得承运。

进出口动物和动物产品,承运人凭进口报关单证或者海关签发的检疫单证运递。

从事动物运输的单位、个人以及车辆,应当向所在地县级人民政府农业农村主管部门备案,妥善保存行程路线和托运人提供的动物名称、检疫证明编号、数量等信息。具体办法由国务院农业农村主管部门制定。

运载工具在装载前和卸载后应当及时清洗、消毒。

第五十三条　省、自治区、直辖市人民政府确定并公布道路运输的动物进入本行政区域的指定通道,设置引导标志。跨省、自治区、直辖市通过道路运输动物的,应当经省、自治区、直辖市人民政府设立的指定通道入省境或者过省境。

第五十四条　输入到无规定动物疫病区的动物、动物产品,货主应当按照国务院农业农村主管部门的规定向无规定动物疫病区所在地动物卫生监督机构申报检疫,经检疫合格的,方可进入。

第五十五条　跨省、自治区、直辖市引进的种用、乳用动物到达输入地后,货主应当按照国务院农业农村主管部门的规定对引进的种用、乳用动物进行隔离观察。

第五十六条　经检疫不合格的动物、动物产品,货主应当在农业农村主管部门的监督下按照国家有关规定处理,处理费用由货主承担。

第六章　病死动物和病害动物产品的无害化处理

第五十七条　从事动物饲养、屠宰、经营、隔离以及动物产品生产、经营、加工、贮藏等活动的单位和个人,应当按照国家有关规定做好病死动物、病害动物产品的无害化处理,或者委托动物和动物产品无害化处理场所处理。

从事动物、动物产品运输的单位和个人,应当配合做好病死动物和病害动物产品的无害化处理,不得在途中擅自弃置和处理有关动物和动物产品。

任何单位和个人不得买卖、加工、随意弃置病死动物和病害动物产品。

动物和动物产品无害化处理管理办法由国务院农业农村、野生动物保护主管部门按照职责制定。

第五十八条 在江河、湖泊、水库等水域发现的死亡畜禽,由所在地县级人民政府组织收集、处理并溯源。

在城市公共场所和乡村发现的死亡畜禽,由所在地街道办事处、乡级人民政府组织收集、处理并溯源。

在野外环境发现的死亡野生动物,由所在地野生动物保护主管部门收集、处理。

第五十九条 省、自治区、直辖市人民政府制定动物和动物产品集中无害化处理场所建设规划,建立政府主导、市场运作的无害化处理机制。

第六十条 各级财政对病死动物无害化处理提供补助。具体补助标准和办法由县级以上人民政府财政部门会同本级人民政府农业农村、野生动物保护等有关部门制定。

第七章　动物诊疗

第六十一条 从事动物诊疗活动的机构,应当具备下列条件:

(一)有与动物诊疗活动相适应并符合动物防疫条件的场所;

(二)有与动物诊疗活动相适应的执业兽医;

(三)有与动物诊疗活动相适应的兽医器械和设备;

(四)有完善的管理制度。

动物诊疗机构包括动物医院、动物诊所以及其他提供动物诊疗服务的机构。

第六十二条 从事动物诊疗活动的机构,应当向县级以上地方人民政府农业农村主管部门申请动物诊疗许可证。受理申请的农业农村主管部门应当依照本法和《中华人民共和国行政许可法》的规定进行审查。经审查合格的,发给动物诊疗许可证;不合格的,应当通知申请人并说明理由。

第六十三条　动物诊疗许可证应当载明诊疗机构名称、诊疗活动范围、从业地点和法定代表人(负责人)等事项。

动物诊疗许可证载明事项变更的,应当申请变更或者换发动物诊疗许可证。

第六十四条　动物诊疗机构应当按照国务院农业农村主管部门的规定,做好诊疗活动中的卫生安全防护、消毒、隔离和诊疗废弃物处置等工作。

第六十五条　从事动物诊疗活动,应当遵守有关动物诊疗的操作技术规范,使用符合规定的兽药和兽医器械。

兽药和兽医器械的管理办法由国务院规定。

第八章　兽医管理

第六十六条　国家实行官方兽医任命制度。

官方兽医应当具备国务院农业农村主管部门规定的条件,由省、自治区、直辖市人民政府农业农村主管部门按照程序确认,由所在地县级以上人民政府农业农村主管部门任命。具体办法由国务院农业农村主管部门制定。

海关的官方兽医应当具备规定的条件,由海关总署任命。具体办法由海关总署会同国务院农业农村主管部门制定。

第六十七条　官方兽医依法履行动物、动物产品检疫职责,任何单位和个人不得拒绝或者阻碍。

第六十八条　县级以上人民政府农业农村主管部门制定官方兽医培训计划,提供培训条件,定期对官方兽医进行培训和考核。

第六十九条　国家实行执业兽医资格考试制度。具有兽医相关专业大学专科以上学历的人员或者符合条件的乡村兽医,通过执业兽医资格考试的,由省、自治区、直辖市人民政府农业农村主管部门颁发执业兽医资格证书;从事动物诊疗等经营活动的,还应当向所在地县级人民政府农业农村主管部门备案。

执业兽医资格考试办法由国务院农业农村主管部门商国务院人力资源主管部门制定。

第七十条 执业兽医开具兽医处方应当亲自诊断,并对诊断结论负责。

国家鼓励执业兽医接受继续教育。执业兽医所在机构应当支持执业兽医参加继续教育。

第七十一条 乡村兽医可以在乡村从事动物诊疗活动。具体管理办法由国务院农业农村主管部门制定。

第七十二条 执业兽医、乡村兽医应当按照所在地人民政府和农业农村主管部门的要求,参加动物疫病预防、控制和动物疫情扑灭等活动。

第七十三条 兽医行业协会提供兽医信息、技术、培训等服务,维护成员合法权益,按照章程建立健全行业规范和奖惩机制,加强行业自律,推动行业诚信建设,宣传动物防疫和兽医知识。

第九章 监督管理

第七十四条 县级以上地方人民政府农业农村主管部门依照本法规定,对动物饲养、屠宰、经营、隔离、运输以及动物产品生产、经营、加工、贮藏、运输等活动中的动物防疫实施监督管理。

第七十五条 为控制动物疫病,县级人民政府农业农村主管部门应当派人在所在地依法设立的现有检查站执行监督检查任务;必要时,经省、自治区、直辖市人民政府批准,可以设立临时性的动物防疫检查站,执行监督检查任务。

第七十六条 县级以上地方人民政府农业农村主管部门执行监督检查任务,可以采取下列措施,有关单位和个人不得拒绝或者阻碍:

(一)对动物、动物产品按照规定采样、留验、抽检;

(二)对染疫或者疑似染疫的动物、动物产品及相关物品进行隔离、查封、扣押和处理;

（三）对依法应当检疫而未经检疫的动物和动物产品,具备补检条件的实施补检,不具备补检条件的予以收缴销毁;

（四）查验检疫证明、检疫标志和畜禽标识;

（五）进入有关场所调查取证,查阅、复制与动物防疫有关的资料。

县级以上地方人民政府农业农村主管部门根据动物疫病预防、控制需要,经所在地县级以上地方人民政府批准,可以在车站、港口、机场等相关场所派驻官方兽医或者工作人员。

第七十七条 执法人员执行动物防疫监督检查任务,应当出示行政执法证件,佩带统一标志。

县级以上人民政府农业农村主管部门及其工作人员不得从事与动物防疫有关的经营性活动,进行监督检查不得收取任何费用。

第七十八条 禁止转让、伪造或者变造检疫证明、检疫标志或者畜禽标识。

禁止持有、使用伪造或者变造的检疫证明、检疫标志或者畜禽标识。

检疫证明、检疫标志的管理办法由国务院农业农村主管部门制定。

第十章 保障措施

第七十九条 县级以上人民政府应当将动物防疫工作纳入本级国民经济和社会发展规划及年度计划。

第八十条 国家鼓励和支持动物防疫领域新技术、新设备、新产品等科学技术研究开发。

第八十一条 县级人民政府应当为动物卫生监督机构配备与动物、动物产品检疫工作相适应的官方兽医,保障检疫工作条件。

县级人民政府农业农村主管部门可以根据动物防疫工作需要,向乡、镇或者特定区域派驻兽医机构或者工作人员。

第八十二条 国家鼓励和支持执业兽医、乡村兽医和动物诊疗机构开展动物防疫和疫病诊疗活动;鼓励养殖企业、兽药及饲料生产企业组建动物防疫服务团队,提供防疫服务。地方人民政府组织村级防疫员参加动物疫病防治工作的,应当保障村级防疫员合理劳务报酬。

第八十三条 县级以上人民政府按照本级政府职责,将动物疫病的监测、预防、控制、净化、消灭,动物、动物产品的检疫和病死动物的无害化处理,以及监督管理所需经费纳入本级预算。

第八十四条 县级以上人民政府应当储备动物疫情应急处置所需的防疫物资。

第八十五条 对在动物疫病预防、控制、净化、消灭过程中强制扑杀的动物、销毁的动物产品和相关物品,县级以上人民政府给予补偿。具体补偿标准和办法由国务院财政部门会同有关部门制定。

第八十六条 对从事动物疫病预防、检疫、监督检查、现场处理疫情以及在工作中接触动物疫病病原体的人员,有关单位按照国家规定,采取有效的卫生防护、医疗保健措施,给予畜牧兽医医疗卫生津贴等相关待遇。

第十一章　法律责任

第八十七条 地方各级人民政府及其工作人员未依照本法规定履行职责的,对直接负责的主管人员和其他直接责任人员依法给予处分。

第八十八条 县级以上人民政府农业农村主管部门及其工作人员违反本法规定,有下列行为之一的,由本级人民政府责令改正,通报批评;对直接负责的主管人员和其他直接责任人员依法给予处分:

(一)未及时采取预防、控制、扑灭等措施的;

(二)对不符合条件的颁发动物防疫条件合格证、动物诊疗许可证,或者对符合条件的拒不颁发动物防疫条件合格证、动物诊疗许可证的;

(三)从事与动物防疫有关的经营性活动,或者违法收取费用的;

（四）其他未依照本法规定履行职责的行为。

第八十九条 动物卫生监督机构及其工作人员违反本法规定，有下列行为之一的，由本级人民政府或者农业农村主管部门责令改正，通报批评；对直接负责的主管人员和其他直接责任人员依法给予处分：

（一）对未经检疫或者检疫不合格的动物、动物产品出具检疫证明、加施检疫标志，或者对检疫合格的动物、动物产品拒不出具检疫证明、加施检疫标志的；

（二）对附有检疫证明、检疫标志的动物、动物产品重复检疫的；

（三）从事与动物防疫有关的经营性活动，或者违法收取费用的；

（四）其他未依照本法规定履行职责的行为。

第九十条 动物疫病预防控制机构及其工作人员违反本法规定，有下列行为之一的，由本级人民政府或者农业农村主管部门责令改正，通报批评；对直接负责的主管人员和其他直接责任人员依法给予处分：

（一）未履行动物疫病监测、检测、评估职责或者伪造监测、检测、评估结果的；

（二）发生动物疫情时未及时进行诊断、调查的；

（三）接到染疫或者疑似染疫报告后，未及时按照国家规定采取措施、上报的；

（四）其他未依照本法规定履行职责的行为。

第九十一条 地方各级人民政府、有关部门及其工作人员瞒报、谎报、迟报、漏报或者授意他人瞒报、谎报、迟报动物疫情，或者阻碍他人报告动物疫情的，由上级人民政府或者有关部门责令改正，通报批评；对直接负责的主管人员和其他直接责任人员依法给予处分。

第九十二条 违反本法规定，有下列行为之一的，由县级以上地方人民政府农业农村主管部门责令限期改正，可以处一千元以下罚款；逾期不改正的，处一千元以上五千元以下罚款，由县级以上地方人民政府农业农村主管部门委托动物诊疗机构、无害化处理场所等代为处理，所需费用由违法行为人承担：

（一）对饲养的动物未按照动物疫病强制免疫计划或者免疫技术规范实施免疫接种的；

（二）对饲养的种用、乳用动物未按照国务院农业农村主管部门的要求定期

开展疫病检测,或者经检测不合格而未按照规定处理的;

(三)对饲养的犬只未按照规定定期进行狂犬病免疫接种的;

(四)动物、动物产品的运载工具在装载前和卸载后未按照规定及时清洗、消毒的。

第九十三条 违反本法规定,对经强制免疫的动物未按照规定建立免疫档案,或者未按照规定加施畜禽标识的,依照《中华人民共和国畜牧法》的有关规定处罚。

第九十四条 违反本法规定,动物、动物产品的运载工具、垫料、包装物、容器等不符合国务院农业农村主管部门规定的动物防疫要求的,由县级以上地方人民政府农业农村主管部门责令改正,可以处五千元以下罚款;情节严重的,处五千元以上五万元以下罚款。

第九十五条 违反本法规定,对染疫动物及其排泄物、染疫动物产品或者被染疫动物、动物产品污染的运载工具、垫料、包装物、容器等未按照规定处置的,由县级以上地方人民政府农业农村主管部门责令限期处理;逾期不处理的,由县级以上地方人民政府农业农村主管部门委托有关单位代为处理,所需费用由违法行为人承担,处五千元以上五万元以下罚款。

造成环境污染或者生态破坏的,依照环境保护有关法律法规进行处罚。

第九十六条 违反本法规定,患有人畜共患传染病的人员,直接从事动物疫病监测、检测、检验检疫,动物诊疗以及易感染动物的饲养、屠宰、经营、隔离、运输等活动的,由县级以上地方人民政府农业农村或者野生动物保护主管部门责令改正;拒不改正的,处一千元以上一万元以下罚款;情节严重的,处一万元以上五万元以下罚款。

第九十七条 违反本法第二十九条规定,屠宰、经营、运输动物或者生产、经营、加工、贮藏、运输动物产品的,由县级以上地方人民政府农业农村主管部门责令改正、采取补救措施,没收违法所得、动物和动物产品,并处同类检疫合格动物、动物产品货值金额十五倍以上三十倍以下罚款;同类检疫合格动物、动物产品货值金额不足一万元的,并处五万元以上十五万元以下罚款;其中依法应当检疫而未检疫的,依照本法第一百条的规定处罚。

前款规定的违法行为人及其法定代表人(负责人)、直接负责的主管人员和其他直接责任人员,自处罚决定作出之日起五年内不得从事相关活动;构成犯罪的,终身不得从事屠宰、经营、运输动物或者生产、经营、加工、贮藏、运输动物产品等相关活动。

第九十八条 违反本法规定,有下列行为之一的,由县级以上地方人民政府农业农村主管部门责令改正,处三千元以上三万元以下罚款;情节严重的,责令停业整顿,并处三万元以上十万元以下罚款:

(一)开办动物饲养场和隔离场所、动物屠宰加工场所以及动物和动物产品无害化处理场所,未取得动物防疫条件合格证的;

(二)经营动物、动物产品的集贸市场不具备国务院农业农村主管部门规定的防疫条件的;

(三)未经备案从事动物运输的;

(四)未按照规定保存行程路线和托运人提供的动物名称、检疫证明编号、数量等信息的;

(五)未经检疫合格,向无规定动物疫病区输入动物、动物产品的;

(六)跨省、自治区、直辖市引进种用、乳用动物到达输入地后未按照规定进行隔离观察的;

(七)未按照规定处理或者随意弃置病死动物、病害动物产品的;

(八)饲养种用、乳用动物的单位和个人,未按照国务院农业农村主管部门的要求定期开展动物疫病检测的。

第九十九条 动物饲养场和隔离场所、动物屠宰加工场所以及动物和动物产品无害化处理场所,生产经营条件发生变化,不再符合本法第二十四条规定的动物防疫条件继续从事相关活动的,由县级以上地方人民政府农业农村主管部门给予警告,责令限期改正;逾期仍达不到规定条件的,吊销动物防疫条件合格证,并通报市场监督管理部门依法处理。

第一百条 违反本法规定,屠宰、经营、运输的动物未附有检疫证明,经营和运输的动物产品未附有检疫证明、检疫标志的,由县级以上地方人民政府农业农村主管部门责令改正,处同类检疫合格动物、动物产品货值金额一倍以下罚款;对货主以外的承运人处运输费用三倍以上五倍以下罚款,情节严重的,处五倍以上十倍以下罚款。

违反本法规定,用于科研、展示、演出和比赛等非食用性利用的动物未附有检疫证明的,由县级以上地方人民政府农业农村主管部门责令改正,处三千元以上一万元以下罚款。

第一百零一条 违反本法规定,将禁止或者限制调运的特定动物、动物产品由动物疫病高风险区调入低风险区的,由县级以上地方人民政府农业农村主管部门没收运输费用、违法运输的动物和动物产品,并处运输费用一倍以上五倍以下罚款。

第一百零二条 违反本法规定,通过道路跨省、自治区、直辖市运输动物,未经省、自治区、直辖市人民政府设立的指定通道入省境或者过省境的,由县级以上地方人民政府农业农村主管部门对运输人处五千元以上一万元以下罚款;情节严重的,处一万元以上五万元以下罚款。

第一百零三条 违反本法规定,转让、伪造或者变造检疫证明、检疫标志或者畜禽标识的,由县级以上地方人民政府农业农村主管部门没收违法所得和检疫证明、检疫标志、畜禽标识,并处五千元以上五万元以下罚款。

持有、使用伪造或者变造的检疫证明、检疫标志或者畜禽标识的,由县级以上人民政府农业农村主管部门没收检疫证明、检疫标志、畜禽标识和对应的动物、动物产品,并处三千元以上三万元以下罚款。

第一百零四条 违反本法规定,有下列行为之一的,由县级以上地方人民政府农业农村主管部门责令改正,处三千元以上三万元以下罚款:

(一)擅自发布动物疫情的;

(二)不遵守县级以上人民政府及其农业农村主管部门依法作出的有关控制动物疫病规定的;

(三)藏匿、转移、盗掘已被依法隔离、封存、处理的动物和动物产品的。

第一百零五条 违反本法规定,未取得动物诊疗许可证从事动物诊疗活动的,由县级以上地方人民政府农业农村主管部门责令停止诊疗活动,没收违法所得,并处违法所得一倍以上三倍以下罚款;违法所得不足三万元的,并处三千元以上三万元以下罚款。

动物诊疗机构违反本法规定,未按照规定实施卫生安全防护、消毒、隔离和处置诊疗废弃物的,由县级以上地方人民政府农业农村主管部门责令改正,处一千元以上一万元以下罚款；造成动物疫病扩散的，处一万元以上五万元以下罚款；情节严重的,吊销动物诊疗许可证。

第一百零六条 违反本法规定，未经执业兽医备案从事经营性动物诊疗活动的,由县级以上地方人民政府农业农村主管部门责令停止动物诊疗活动,没收违法所得，并处三千元以上三万元以下罚款；对其所在的动物诊疗机构处一万元以上五万元以下罚款。

执业兽医有下列行为之一的，由县级以上地方人民政府农业农村主管部门给予警告,责令暂停六个月以上一年以下动物诊疗活动；情节严重的,吊销执业兽医资格证书：

（一）违反有关动物诊疗的操作技术规范,造成或者可能造成动物疫病传播、流行的；

（二）使用不符合规定的兽药和兽医器械的；

（三）未按照当地人民政府或者农业农村主管部门要求参加动物疫病预防、控制和动物疫情扑灭活动的。

第一百零七条 违反本法规定，生产经营兽医器械，产品质量不符合要求的,由县级以上地方人民政府农业农村主管部门责令限期整改；情节严重的,责令停业整顿,并处二万元以上十万元以下罚款。

第一百零八条 违反本法规定,从事动物疫病研究、诊疗和动物饲养、屠宰、经营、隔离、运输,以及动物产品生产、经营、加工、贮藏、无害化处理等活动的单位和个人,有下列行为之一的,由县级以上地方人民政府农业农村主管部门责令改正,可以处一万元以下罚款；拒不改正的,处一万元以上五万元以下罚款,并可以责令停业整顿：

（一）发现动物染疫、疑似染疫未报告,或者未采取隔离等控制措施的；

（二）不如实提供与动物防疫有关的资料的；

（三）拒绝或者阻碍农业农村主管部门进行监督检查的；

（四）拒绝或者阻碍动物疫病预防控制机构进行动物疫病监测、检测、评估的；

（五）拒绝或者阻碍官方兽医依法履行职责的。

第一百零九条 违反本法规定,造成人畜共患传染病传播、流行的,依法从重给予处分、处罚。

违反本法规定,构成违反治安管理行为的,依法给予治安管理处罚;构成犯罪的,依法追究刑事责任。

违反本法规定,给他人人身、财产造成损害的,依法承担民事责任。

第十二章 附 则

第一百一十条 本法下列用语的含义:

(一)无规定动物疫病区,是指具有天然屏障或者采取人工措施,在一定期限内没有发生规定的一种或者几种动物疫病,并经验收合格的区域;

(二)无规定动物疫病生物安全隔离区,是指处于同一生物安全管理体系下,在一定期限内没有发生规定的一种或者几种动物疫病的若干动物饲养场及其辅助生产场所构成的,并经验收合格的特定小型区域;

(三)病死动物,是指染疫死亡、因病死亡、死因不明或者经检验检疫可能危害人体或者动物健康的死亡动物;

(四)病害动物产品,是指来源于病死动物的产品,或者经检验检疫可能危害人体或者动物健康的动物产品。

第一百一十一条 境外无规定动物疫病区和无规定动物疫病生物安全隔离区的无疫等效性评估,参照本法有关规定执行。

第一百一十二条 实验动物防疫有特殊要求的,按照实验动物管理的有关规定执行。

第一百一十三条 本法自 2021 年 5 月 1 日起施行。

主要参考文献

[1]中国兽药典委员会.中华人民共和国兽药典(2010年版).中国农业出版社,2011.

[2]孔繁瑶主编.家畜寄生虫学[M].北京:中国农业大学出版社,2010.

[3]王光雷,王玉珏编著.牛寄生虫病综合防治技术[M].北京:金盾出版社,2014.

[4]王国栋,章四新,冯东亚,等.家畜传染病学[M].成都:西南交通大学出版社,2017.

[5]陈薄言.兽医传染病学[M].第六版.北京:中国农业出版社,2015.

[6]罗晓林.中国牦牛[M].成都:四川科学技术出版社,2019.

[7]张容昶,胡江.牦牛生产技术[M].北京:金盾出版社,2002.

[8]李世林,罗光荣,严扎甲.牦牛养殖[M].四川:四川民族出版社,2019.

[9]郭宪,胡俊杰,阎萍.牦牛科学养殖与疾病防治[M].北京:中国农业出版社,2018.

[10]阎萍.牦牛养殖实用技术问答[M].兰州:甘肃民族出版社,2007.

[11] 杨杜录. 天祝白牦牛生产技术 [M]. 兰州: 甘肃科学技术出版社,2010.

[12]梁育林,张海明.天祝白牦牛保种选育技术[M].兰州:甘肃科学技术出版社,2009.

[13]于船等.中国兽药知识大全[M].四川科技出版社,1997.

[14]袁宗辉等.动物用药指南[M].中国农业出版社,1998.

[15]陈杖榴.兽医药理学[M].中国农业出版社,2010.

[16]沈建忠,谢联金.兽医药理学[M].中国农业大学出版社,2000.

[17]廖陶雪,方炳虎,罗满林.兽医常用消毒药及其合理运用[J].广东奶业,2016(4):23-29.

[18]冯忠武.兽药与动物性食品安全[J].中国兽药杂志,2004(9):1-5.

[19]田慧云,朱曦.浅谈兽药残留的危害及监控措施[J].湖北畜牧兽医,2008(6):8-9.

[20]陈敏艳,孙涛等.兽药残留及危害[J].动物医学进展,2005(10):111-113.

[21]赵坤,张彬,孙健.浅谈基层兽药经营管理中存在的问题及对策[J].中国畜牧兽医文摘,2011(6):13-14.

[22]张军莹.规范使用兽药保障畜产品质量安全[J].兽药与饲料添加剂,2009(5):30-31.

[23]陈昌,史万贵等.甘肃省畜禽主要寄生虫病诊断与防治手册[M].甘肃科学技术出版社,2017.

[24]阎萍.牦牛养殖实用技术问答[M].兰州:甘肃民族出版社,2006.